수학 좀 한다면

디딤돌 초등수학 기본 5-1

펴낸날 [개정판 1쇄] 2024년 8월 10일 [개정판 2쇄] 2025년 1월 8일 | **펴낸이** 이기열 | **펴낸곳** (주)디딤돌 교육 | **주소** (03972) 서울특별시 마포구 월드컵북로 122 청원선와이즈타워 **대표전화** 02-3142-9000 | **구입문의** 02-322-8451 | **내용문의** 02-323-9166 | **팩시밀리** 02-338-3231 | **홈페이지** www.didimdol.co.kr | **등록번호** 제10-718호 | 구입한 후에는 철회되지 않으며 잘못 인쇄된 책은 바꾸어 드립니다.

내 실력에 딱!
최상위로 가는 '맞춤 학습 플랜'

STEP 1 On-line

나에게 맞는 공부법은?
맞춤 학습 가이드를 만나요.

교재 선택부터 공부법까지! 디딤돌에서 제공하는 시기별 맞춤 학습 가이드를 통해 아이에게 맞는 학습 계획을 세워 주세요.
(학습 가이드는 디딤돌 학부모카페 '맘이가'를 통해 상시 공지합니다.
cafe.naver.com/didimdolmom)

STEP 2 Book

맞춤 학습 스케줄표
계획에 따라 공부해요.

교재에 첨부된 '맞춤 학습 스케줄표'에 맞춰 공부 목표를 달성합니다.

STEP 3 On-line

이럴 땐 이렇게!
'맞춤 Q&A'로 해결해요.

궁금하거나 모르는 문제가 있다면,
'맘이가' 카페를 통해 질문을 남겨 주세요.
디딤돌 수학쌤 및 선배맘님들이 친절히 답변해 드립니다.

STEP 4 Book

다음에는 뭐 풀지?
다음 교재를 추천받아요.

학습 결과에 따라 후속 학습에 사용할 교재를 제시해 드립니다.
(교재 마지막 페이지 수록)

★ 디딤돌 플래너 만나러 가기

디딤돌 초등수학 기본 5-1

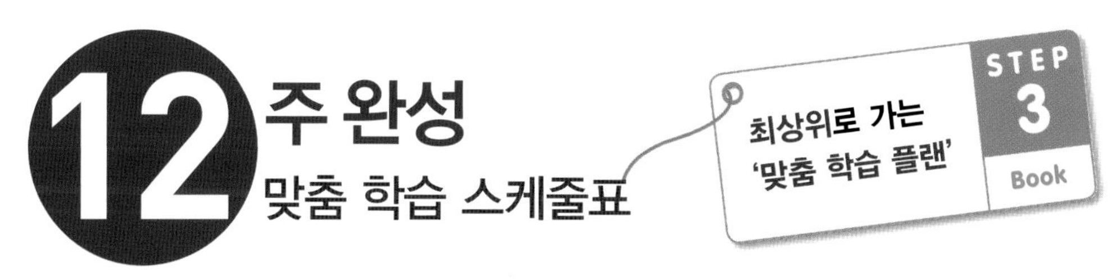

여유를 가지고 깊이 있게 한 학기 과정을 완성할 수 있도록 설계하였습니다.
학기 중 교과서와 함께 공부하고 싶다면 주 5일 12주 완성 과정을 이용해요.

공부한 날짜를 쓰고 하루 분량 학습을 마친 후, 부모님께 확인 check ☑를 받으세요.

1 자연수의 혼합 계산

1주					2주	
월 일	월 일	월 일	월 일	월 일	월 일	월 일
8~10쪽	11~13쪽	14~16쪽	17~19쪽	20~21쪽	22~23쪽	24~25쪽

2 약수와 배수

3주					4주	
월 일	월 일	월 일	월 일	월 일	월 일	월 일
35~37쪽	38~40쪽	41~43쪽	44~46쪽	47~49쪽	50~51쪽	52~53쪽

3 규칙과 대응

5주					6주	
월 일	월 일	월 일	월 일	월 일	월 일	월 일
62~64쪽	65~67쪽	68~70쪽	71~73쪽	74~75쪽	76~77쪽	80~82쪽

4 약분과 통분

7주					8주	5
월 일	월 일	월 일	월 일	월 일	월 일	월 일
92~94쪽	95~97쪽	98~99쪽	100~101쪽	102~103쪽	106~108쪽	109~111쪽

5 분수의 덧셈과 뺄셈

9주					10주	
월 일	월 일	월 일	월 일	월 일	월 일	월 일
121~122쪽	123~124쪽	125~126쪽	127~128쪽	129~130쪽	131~132쪽	136~138쪽

6 다각형의 둘레와 넓이

11주					12주	
월 일	월 일	월 일	월 일	월 일	월 일	월 일
148~150쪽	151~153쪽	154~156쪽	157~158쪽	159~160쪽	161~162쪽	163~164쪽

2 약수와 배수		
☐	☐	☐
월 일	월 일	월 일
36~39쪽	40~43쪽	44~47쪽

	4 약분과 통분	
☐	☐	☐
월 일	월 일	월 일
74~77쪽	80~83쪽	84~87쪽

셈과 뺄셈		
☐	☐	☐
월 일	월 일	월 일
118~121쪽	122~125쪽	126~129쪽

☐	☐	☐
월 일	월 일	월 일
160~163쪽	164~167쪽	168~170쪽

효과적인 수학 공부 비법

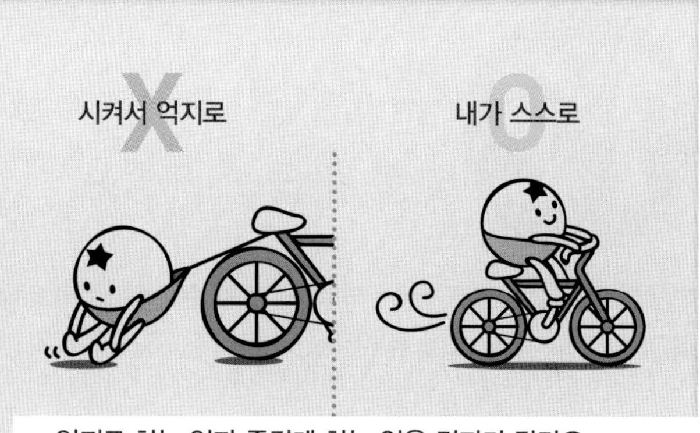

억지로 하는 일과 즐겁게 하는 일은 결과가 달라요.
목표를 가지고 스스로 즐기면 능률이 배가 돼요.

급하게 쌓은 실력은 무너지기 쉬워요.
조금씩이라도 매일매일 단단하게 실력을 쌓아가요.

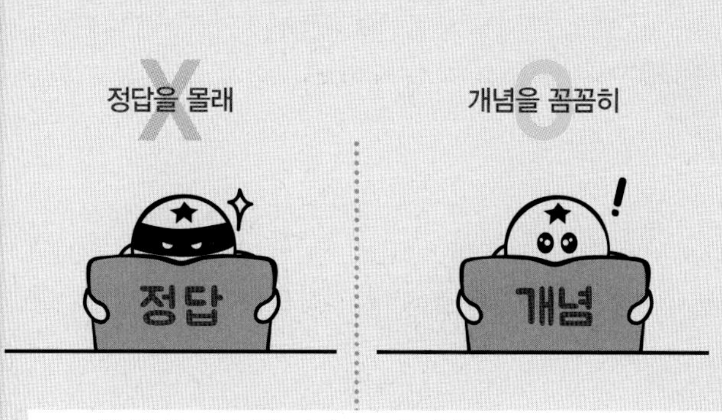

모든 문제는 개념을 바탕으로 출제돼요.
쉽게 풀리지 않을 땐, 개념을 펼쳐 봐요.

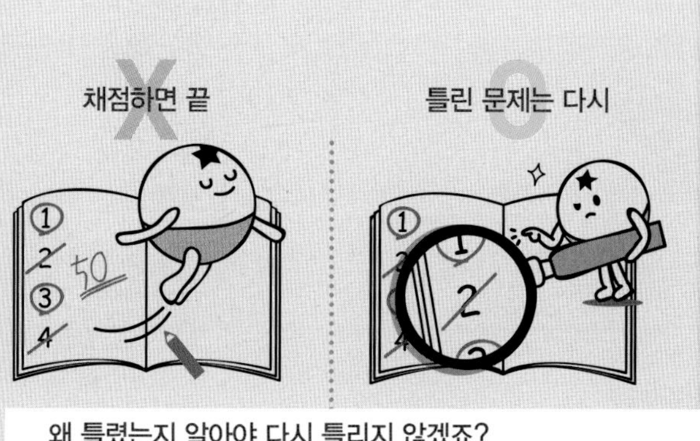

왜 틀렸는지 알아야 다시 틀리지 않겠죠?
틀린 문제와 어림짐작으로 맞힌 문제는 꼭 다시 풀어 봐요.

2 약수와 배수

월 일 26~27쪽	월 일 28~29쪽	월 일 32~34쪽
월 일 54~55쪽	월 일 56~57쪽	월 일 58~59쪽

4 약분과 통분

월 일 83~85쪽	월 일 86~88쪽	월 일 89~91쪽

분수의 덧셈과 뺄셈

월 일 112~114쪽	월 일 115~117쪽	월 일 118~120쪽

6 다각형의 둘레와 넓이

월 일 139~141쪽	월 일 142~144쪽	월 일 145~147쪽
월 일 165~166쪽	월 일 167~168쪽	월 일 169~170쪽

효과적인 수학 공부 비법

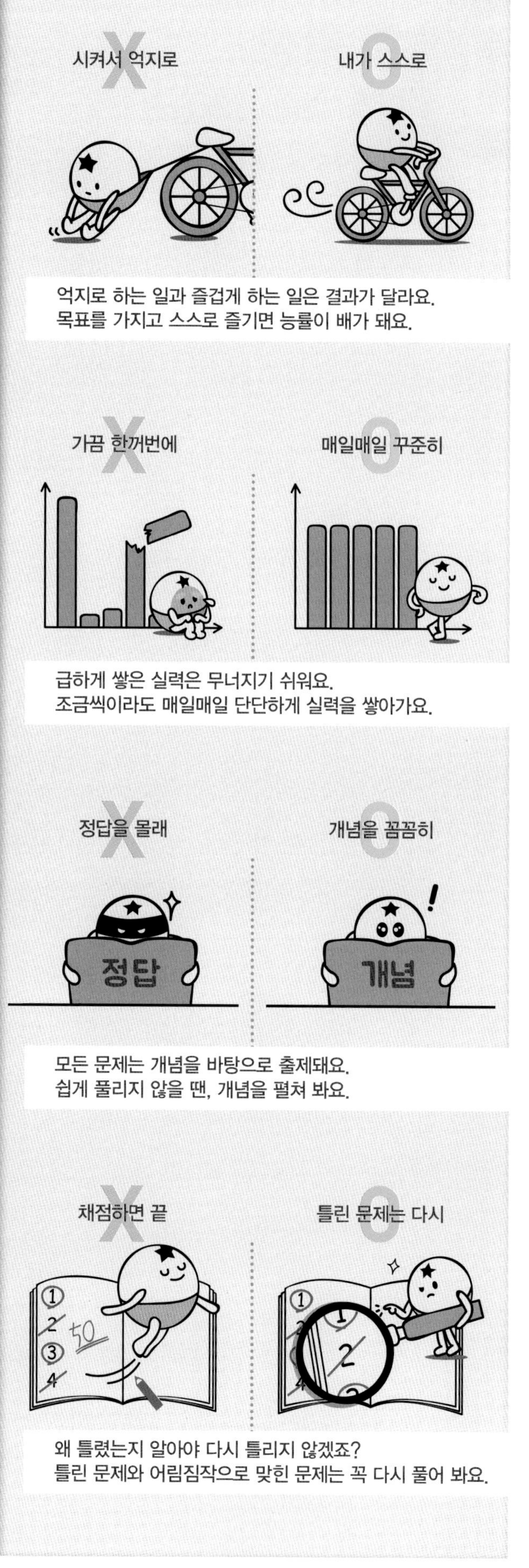

자르는 선

디딤돌 초등수학 기본 5-1

짧은 기간에 집중력 있게 한 학기 과정을 완성할 수 있도록 설계하였습니다.
방학 때 미리 공부하고 싶다면 주 5일 8주 완성 과정을 이용해요.

공부한 날짜를 쓰고 하루 분량 학습을 마친 후, 부모님께 확인 check ☑를 받으세요.

1 자연수의 혼합 계산						
1주 ☐	☐	☐	☐	☐	2주 ☐	☐
월 일	월 일	월 일	월 일	월 일	월 일	월 일
8~11쪽	12~15쪽	16~19쪽	20~23쪽	24~26쪽	27~29쪽	32~35쪽

2 약수와 배수				3 규칙과 대응		
3주 ☐	☐	☐	☐	☐	4주 ☐	☐
월 일	월 일	월 일	월 일	월 일	월 일	월 일
48~50쪽	51~53쪽	54~56쪽	57~59쪽	62~65쪽	66~69쪽	70~73쪽

4 약분과 통분				5 분수의 덧셈과 뺄셈		
5주 ☐	☐	☐	☐	☐	6주 ☐	☐
월 일	월 일	월 일	월 일	월 일	월 일	월 일
89~91쪽	92~95쪽	96~99쪽	100~103쪽	106~109쪽	110~113쪽	114~117쪽

5 분수의 덧셈과 뺄셈	6 다각형의 둘레와 넓이					
7주 ☐	☐	☐	☐	☐	8주 ☐	☐
월 일	월 일	월 일	월 일	월 일	월 일	월 일
130~132쪽	136~139쪽	140~143쪽	144~147쪽	148~151쪽	152~155쪽	156~159쪽

MEMO

자르는 선 ✂

수학 좀 한다면

초등수학 기본

상위권으로 가는 기본기

5-1

개념 학습으로 잡는 올바른 공부 습관!

HELP!
공부했는데도
중요한 개념을 몰라요.

1 이 단원에서 꼭 알아야 할 핵심 개념!

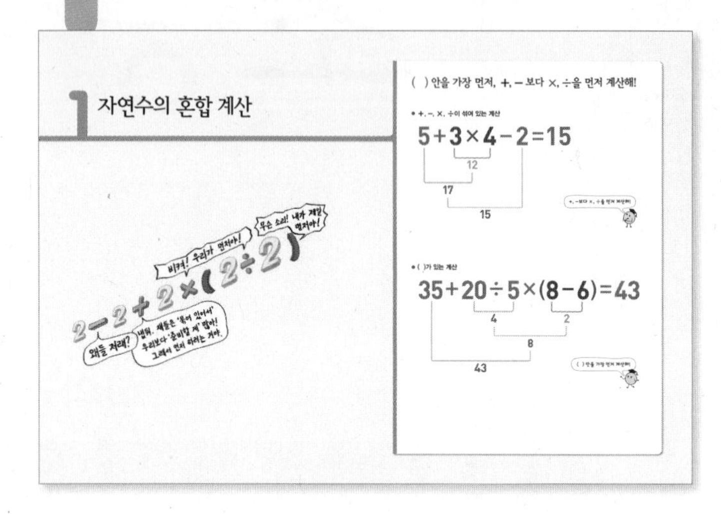

이 단원의 핵심 개념이 한 장의 사진처럼 뇌에 남습니다.

HELP!
개념을 생각하지 않고
외워서 풀어요.

2 한 눈에 보이는 개념 정리!

개념 강의로 어렵지 않게 혼자 공부할 수 있어요.

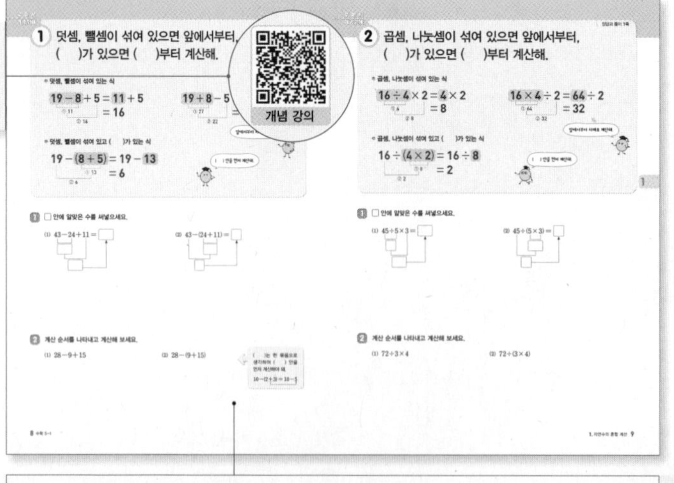

글만 줄줄 적혀 있는 개념은 이제 그만! 외우지 않아도 개념이 한눈에 이해됩니다.

2 계산 순서를 나타내고 계산해 보세요.

(1) $28-9+15$ (2) $28-(9+15)$

( )는 한 묶음으로 생각하여 ( ) 안을 먼저 계산해야 돼.
$10-(2+3)=10-5$

문제를 외우지 않아도 배운 개념들이 떠올라요.

HELP!
같은 개념인데 학년이 바뀌면 어려워 해요.

치밀하게 짜인 연계학습 문제들을 풀다보면 이미 배운 내용과 앞으로 배울 내용이 쉽게 이해돼요.

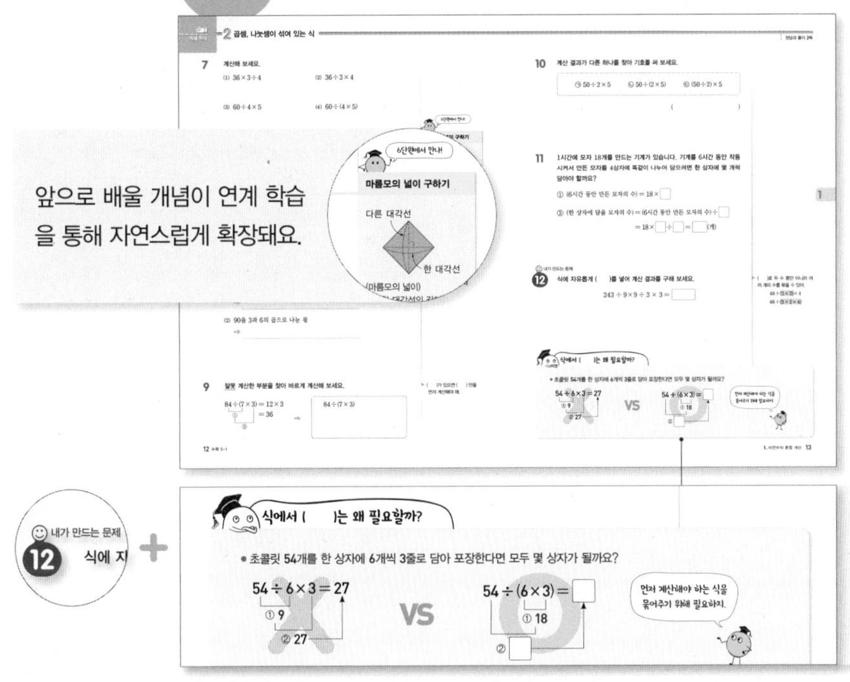

개념 이해가 완벽한지 확인하는 방법! 내가 문제를 만들어 보기!

HELP!
어려운 문제는 풀기 싫어해요.

4 발전 문제로 개념 완성!

핵심 개념을 알면 어려운 문제는 없습니다!

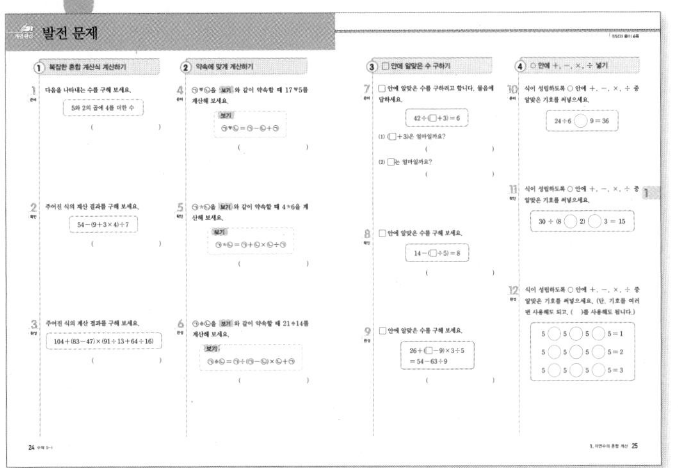

이 책의 **차례**

1 자연수의 혼합 계산 ······ 6

1 덧셈, 뺄셈이 섞여 있는 식
2 곱셈, 나눗셈이 섞여 있는 식
3 덧셈, 뺄셈, 곱셈이 섞여 있는 식
4 덧셈, 뺄셈, 나눗셈이 섞여 있는 식
5 덧셈, 뺄셈, 곱셈, 나눗셈이 섞여 있는 식

2 약수와 배수 ······ 30

1 약수
2 배수
3 곱을 이용하여 약수와 배수의 관계 알기
4 공약수와 최대공약수
5 최대공약수 구하기
6 공배수와 최소공배수
7 최소공배수 구하기

3 규칙과 대응 ······ 60

1 두 양 사이의 관계 알아보기
2 대응 관계를 식으로 나타내기
3 생활 속에서 대응 관계를 찾아 식으로 나타내기

4 약분과 통분 78

1 크기가 같은 분수 (1)
2 크기가 같은 분수 (2)
3 분수를 간단하게 나타내기
4 분모가 같은 분수로 나타내기
5 분수의 크기 비교
6 분수와 소수의 크기 비교

5 분수의 덧셈과 뺄셈 104

1 받아올림이 없는 진분수의 덧셈
2 받아올림이 있는 진분수의 덧셈
3 받아올림이 있는 대분수의 덧셈
4 받아내림이 없는 진분수의 뺄셈
5 받아내림이 없는 대분수의 뺄셈
6 받아내림이 있는 대분수의 뺄셈

6 다각형의 둘레와 넓이 134

1 정다각형의 둘레 구하기
2 사각형의 둘레 구하기
3 1 cm^2
4 직사각형의 넓이 구하기
5 1 m^2, 1 km^2
6 평행사변형의 넓이 구하기
7 삼각형의 넓이 구하기
8 마름모의 넓이 구하기
9 사다리꼴의 넓이 구하기

1 자연수의 혼합 계산

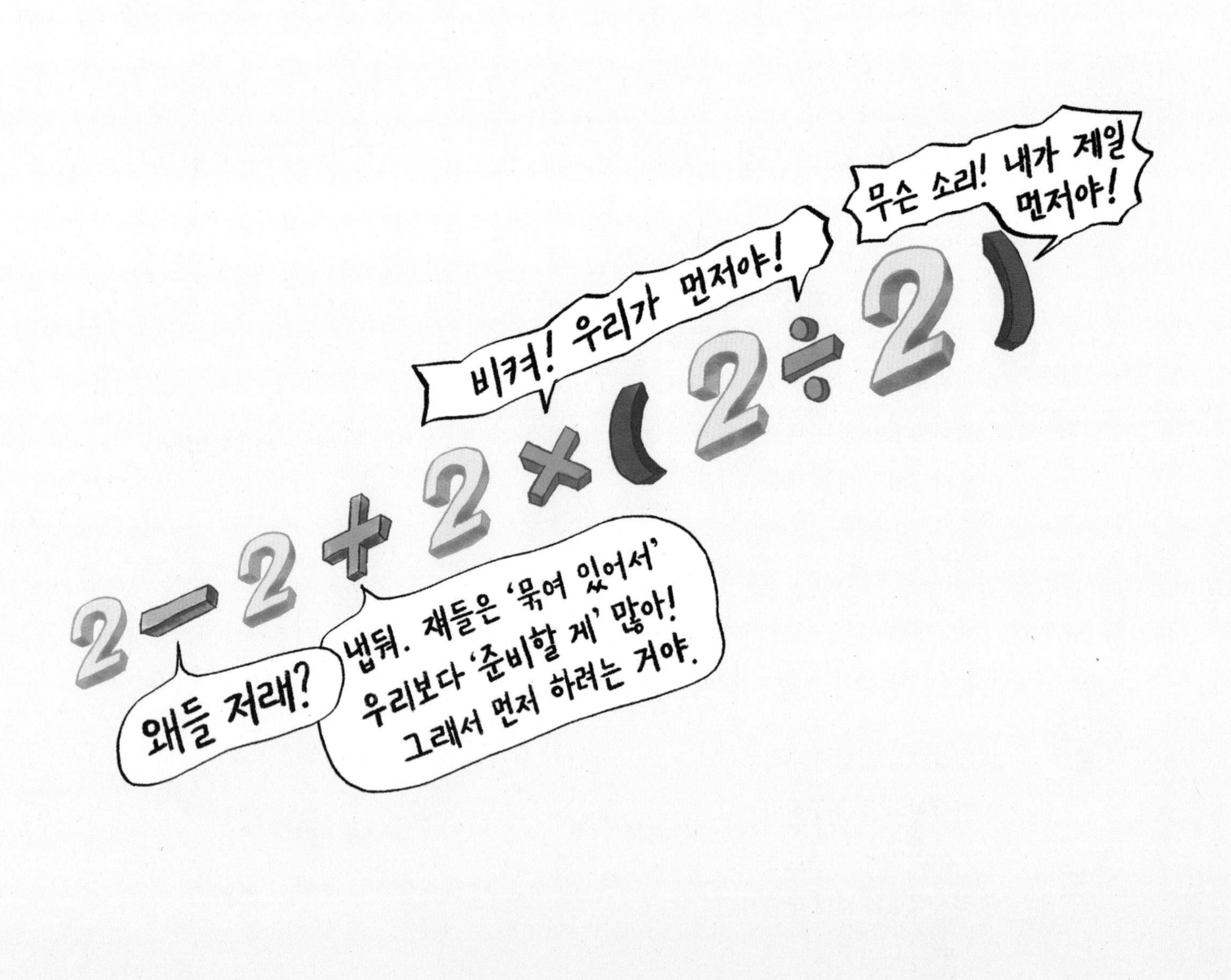
무슨 소리! 내가 제일 먼저야!
비켜! 우리가 먼저야!
왜들 저래?
냅둬. 쟤들은 '묶여 있어서' 우리보다 '준비할 게' 많아! 그래서 먼저 하려는 거야.

( ) 안을 가장 먼저, +, − 보다 ×, ÷을 먼저 계산해!

● +, −, ×, ÷이 섞여 있는 계산

$$5+3\times4-2=15$$

12

17

15

+, −보다 ×, ÷을 먼저 계산해!

● ( )가 있는 계산

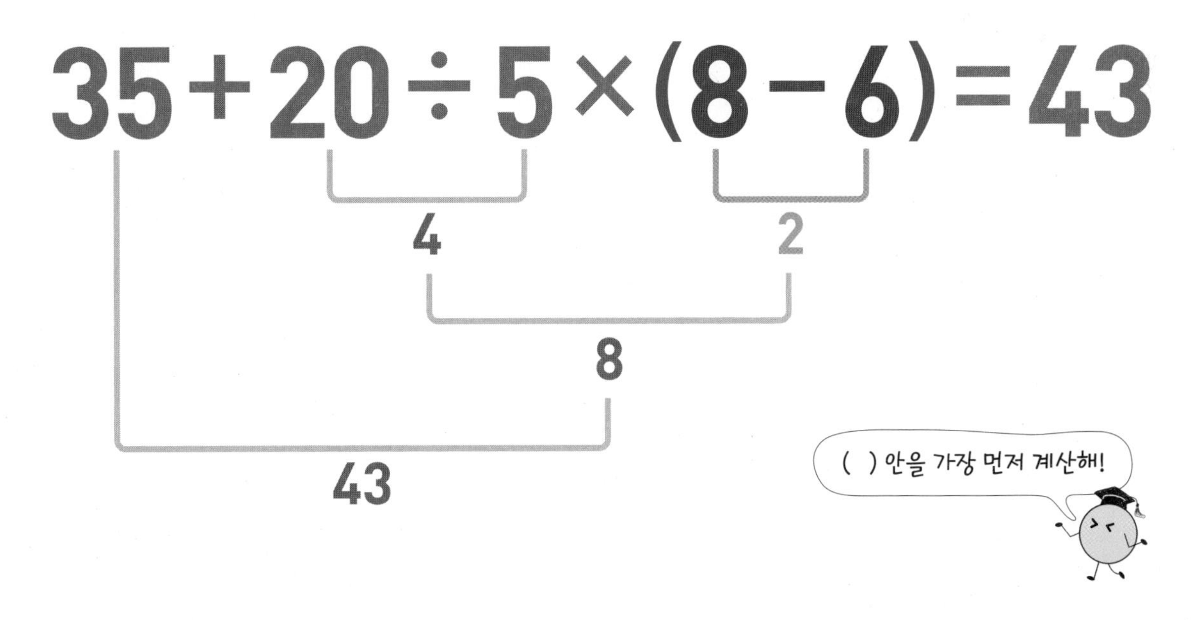

1 덧셈, 뺄셈이 섞여 있으면 앞에서부터, ( )가 있으면 ( )부터 계산해.

● 덧셈, 뺄셈이 섞여 있는 식

$19-8+5=11+5$
$=16$
① 11 ② 16

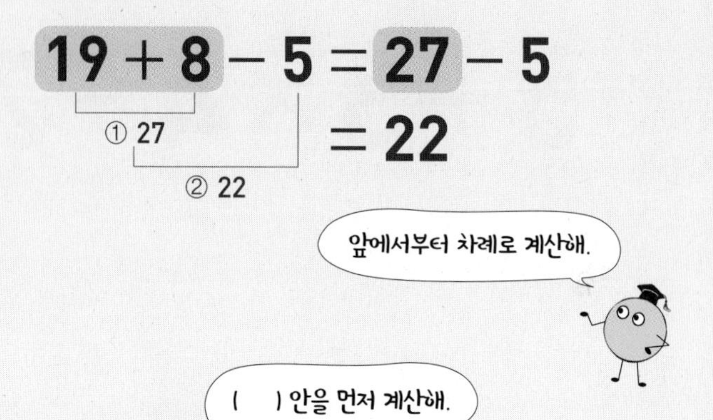

● 덧셈, 뺄셈이 섞여 있고 ( )가 있는 식

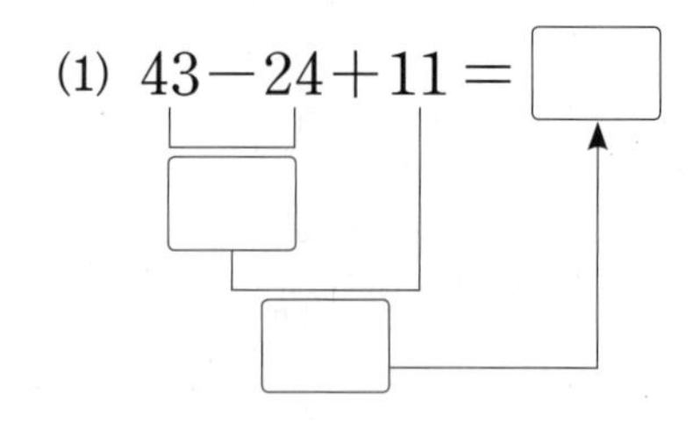

( ) 안을 먼저 계산해.

1 □ 안에 알맞은 수를 써넣으세요.

(1) $43-24+11=$ □

(2) $43-(24+11)=$ □

2 계산 순서를 나타내고 계산해 보세요.

(1) $28-9+15$

(2) $28-(9+15)$

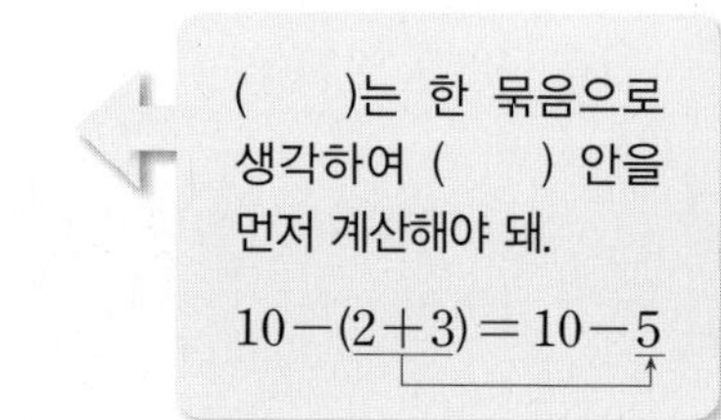

정답과 풀이 1쪽

2 곱셈, 나눗셈이 섞여 있으면 앞에서부터, (   )가 있으면 (   )부터 계산해.

● 곱셈, 나눗셈이 섞여 있는 식

$16 \div 4 \times 2 = 4 \times 2$
$= 8$

① 4
② 8

$16 \times 4 \div 2 = 64 \div 2$
$= 32$

① 64
② 32

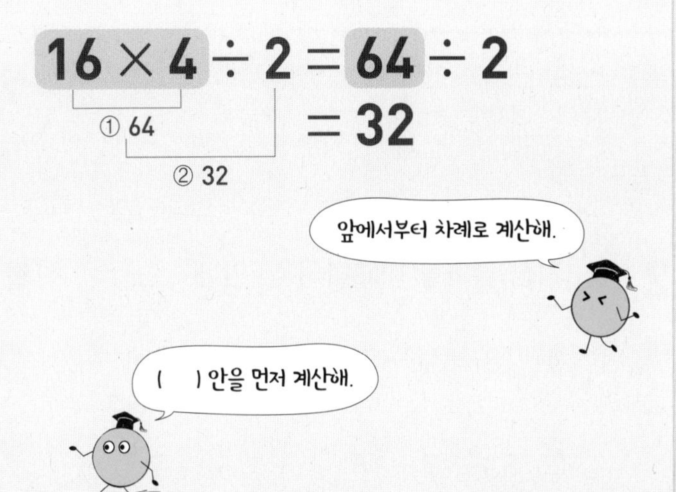

● 곱셈, 나눗셈이 섞여 있고 (   )가 있는 식

$16 \div (4 \times 2) = 16 \div 8$
$= 2$

① 8
② 2

1 □ 안에 알맞은 수를 써넣으세요.

(1) $45 \div 5 \times 3 =$ □

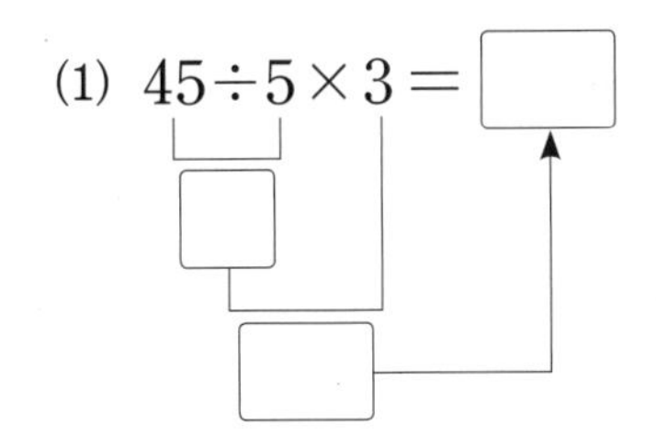

(2) $45 \div (5 \times 3) =$ □

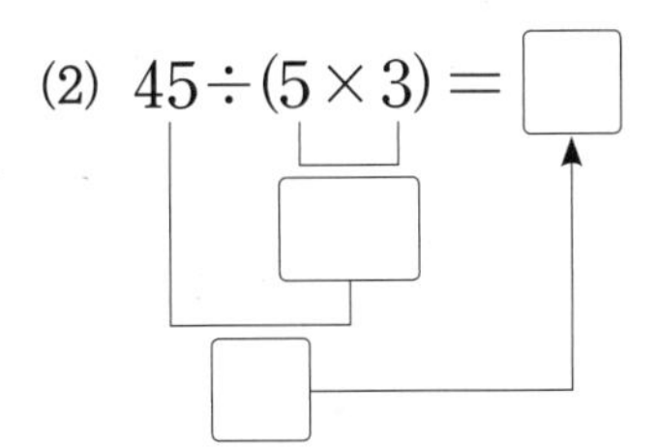

2 계산 순서를 나타내고 계산해 보세요.

(1) $72 \div 3 \times 4$

(2) $72 \div (3 \times 4)$

1 덧셈, 뺄셈이 섞여 있는 식

1 계산해 보세요.

(1) $34+25-16$　　(2) $34-25+16$

(3) $71-29+10$　　(4) $71-(29+10)$

▶ 덧셈, 뺄셈이 섞여 있으면 앞에서부터, (　)가 있으면 (　)부터 계산해.

2 계산 결과를 비교하여 ○ 안에 >, =, <를 알맞게 써넣으세요.

(1) $18+31-22$ ◯ $18+(31-22)$

(2) $53-(7+16)$ ◯ $53-7+16$

▶ 수와 연산 기호가 같은 식에서 (　)가 있는 식과 없는 식의 계산 결과는 같을 수도 있고 다를 수도 있어.

3 보기 와 같이 (　)를 사용하여 하나의 식으로 나타내어 보세요.

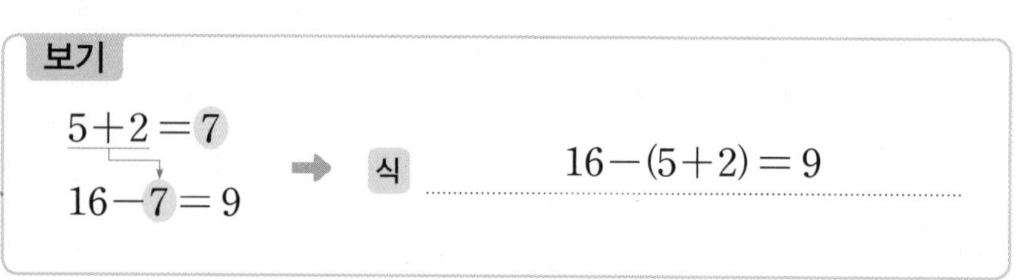

$19-11=8$
$35-8=27$ ➡ 식 ....

▶ 두 식에 공통으로 들어 있는 수를 찾아봐.
●+▲=★
◆−★=♥
➡ ◆−(●+▲)=♥

4 수직선을 보고 □ 안에 알맞은 수를 써넣으세요.

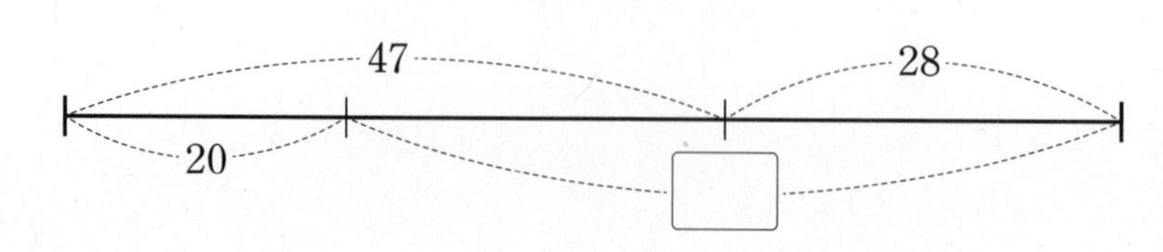

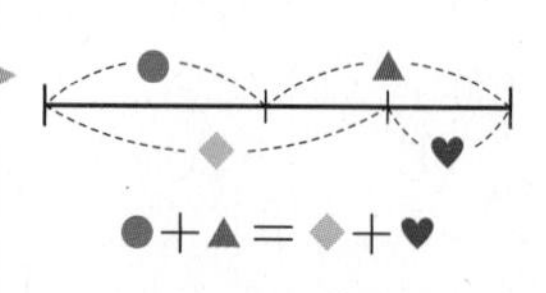

●+▲=◆+♥

5 책꽂이에 과학책 14권, 역사책 37권이 있었는데 그중에서 책 25권을 꺼냈습니다. 책꽂이에 남아 있는 책은 몇 권일까요?

① (책꽂이에 있는 책의 수) = 14 + □

② (책꽂이에 남아 있는 책의 수) = (책꽂이에 있는 책의 수) − □

= 14 + □ − □ = □(권)

☺ 내가 만드는 문제

6 ○ 안에 1부터 9까지의 수를 자유롭게 써넣어 식을 완성해 보세요.

▶ ●−■에서 ●가 ■보다 크거나 같은 수이어야 해.

(1) ○ − ○ + ○ = □

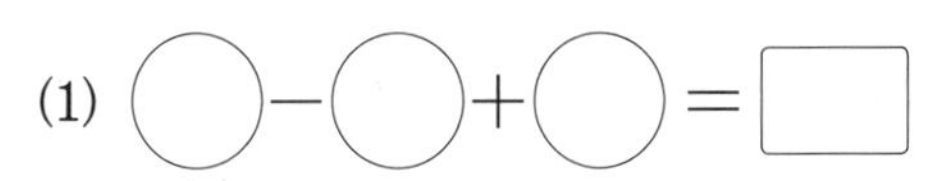

(2) ○ + ○ − ○ = □

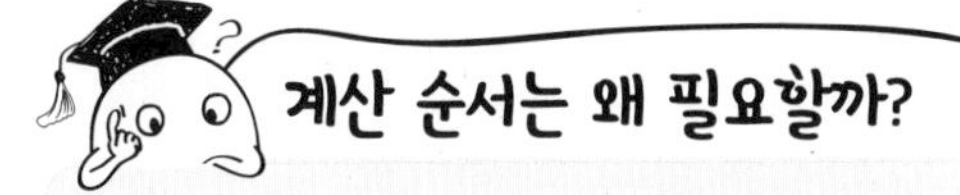

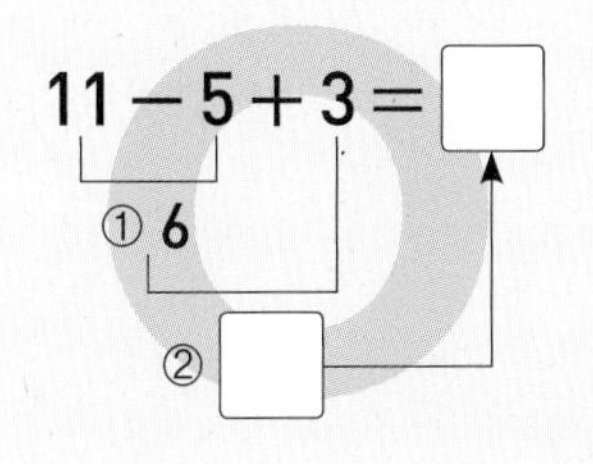

VS

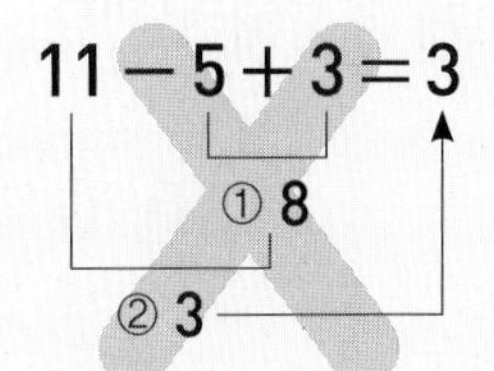

계산 순서를 정하지 않으면 서로 다른 계산 결과가 나오기 때문이야.

7 계산해 보세요.

(1) $36 \times 3 \div 4$ (2) $36 \div 3 \times 4$

(3) $60 \div 4 \times 5$ (4) $60 \div (4 \times 5)$

+ 보기 와 같이 마름모의 넓이를 구해 보세요.

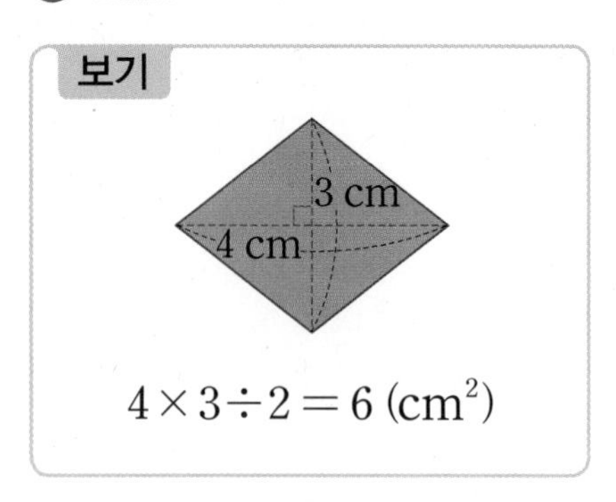

$4 \times 3 \div 2 = 6\ (cm^2)$

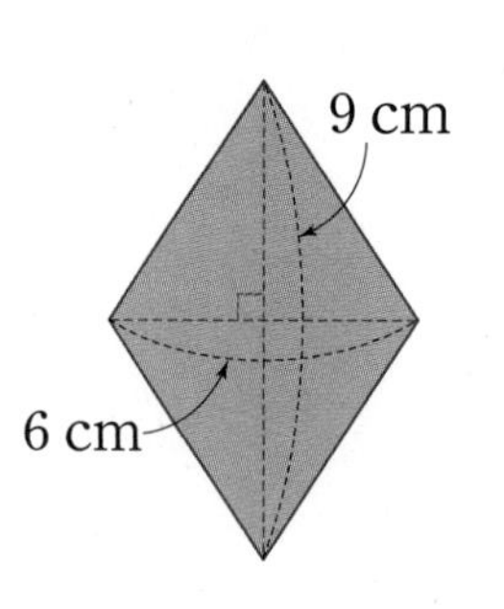

$6 \times \square \div 2 = \square\ (cm^2)$

마름모의 넓이 구하기

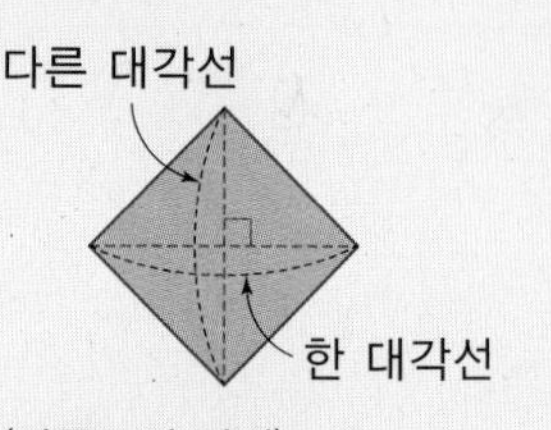

(마름모의 넓이)
=(한 대각선의 길이)
×(다른 대각선의 길이)
÷2

8 다음을 하나의 식으로 나타내고 계산해 보세요.

(1) 90과 3의 곱을 6으로 나눈 몫

➡ ....

(2) 90을 3과 6의 곱으로 나눈 몫

➡ ....

▶ 먼저 계산해야 할 부분은 ( )로 묶어서 나타내.

9 잘못 계산한 부분을 찾아 바르게 계산해 보세요.

$84 \div (7 \times 3) = 12 \times 3$
$= 36$
(① $84 \div 7$, ② $\times 3$)

➡ $84 \div (7 \times 3)$

▶ ( )가 있으면 ( ) 안을 먼저 계산해야 해.

10 계산 결과가 다른 하나를 찾아 기호를 써 보세요.

㉠ $50 \div 2 \times 5$　　㉡ $50 \div (2 \times 5)$　　㉢ $(50 \div 2) \times 5$

(　　　　　　　　)

11 1시간에 모자 18개를 만드는 기계가 있습니다. 기계를 6시간 동안 작동시켜서 만든 모자를 4상자에 똑같이 나누어 담으려면 한 상자에 몇 개씩 담아야 할까요?

① (6시간 동안 만든 모자의 수) $= 18 \times \square$

② (한 상자에 담을 모자의 수) $=$ (6시간 동안 만든 모자의 수) $\div \square$

$= 18 \times \square \div \square = \square$(개)

1

내가 만드는 문제

12 식에 자유롭게 (　　)를 넣어 계산 결과를 구해 보세요.

$243 \div 9 \times 9 \div 3 \times 3 = \square$

▶ (　　)로 두 수뿐만 아니라 여러 개의 수를 묶을 수 있어.

$48 \div (3 \times 2) \times 4$

$48 \div (3 \times 2 \times 4)$

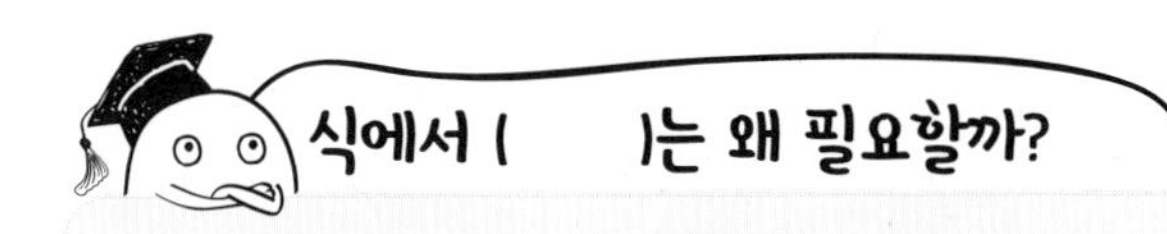

• 초콜릿 54개를 한 상자에 6개씩 3줄로 담아 포장한다면 모두 몇 상자가 될까요?

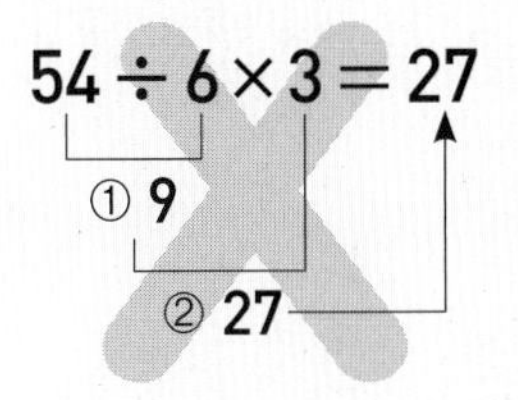

VS

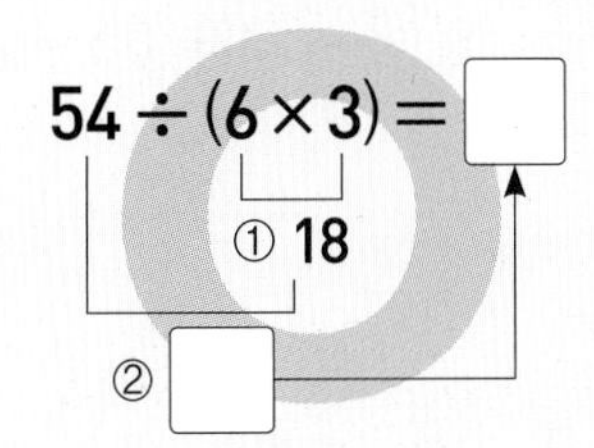

먼저 계산해야 하는 식을 묶어주기 위해 필요하지.

3 덧셈, 뺄셈, 곱셈이 섞여 있으면 곱셈부터, ( )가 있으면 ( )부터 계산해.

● 덧셈, 뺄셈, 곱셈이 섞여 있는 식

$$30-7\times3+9=30-21+9$$
$$=9+9$$
$$=18$$

① 21 ② 9 ③ 18

● 덧셈, 뺄셈, 곱셈이 섞여 있고 ( )가 있는 식

$$(30-7)\times3+9=23\times3+9$$
$$=69+9$$
$$=78$$

① 23 ② 69 ③ 78

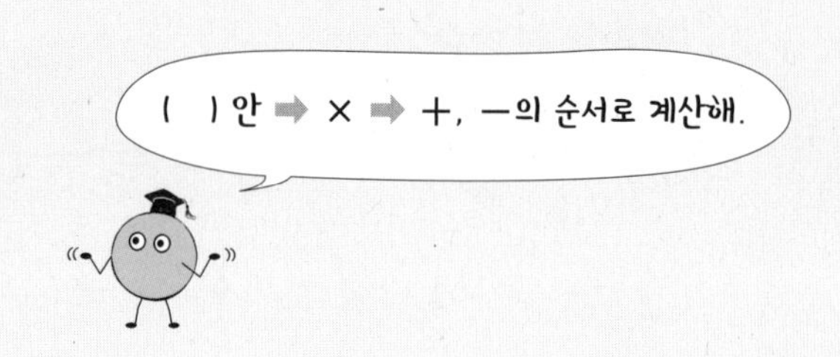

1 □ 안에 알맞은 수를 써넣으세요.

(1) $13+6\times8-5=$ □

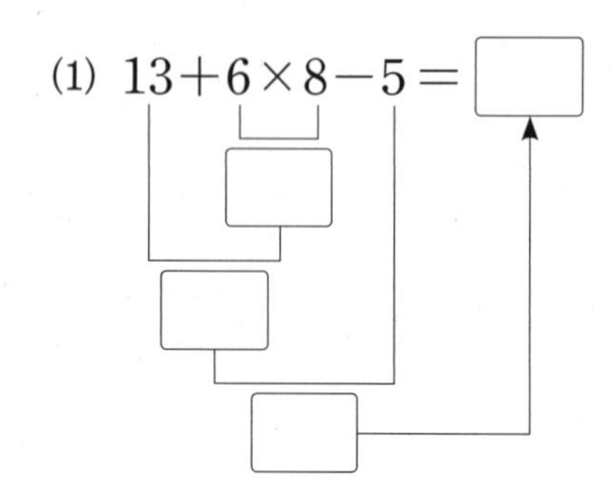

(2) $13+6\times(8-5)=$ □

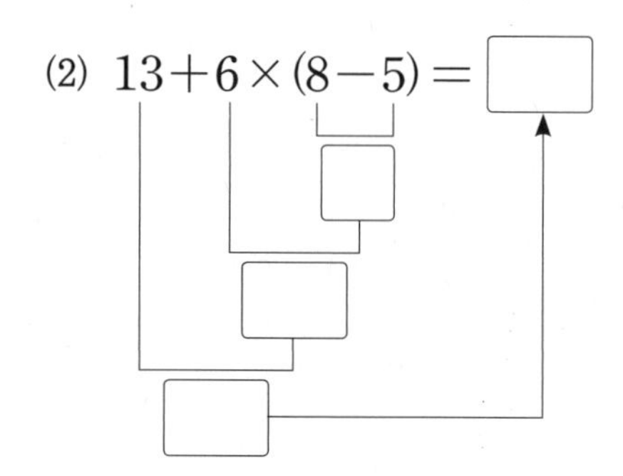

2 계산 순서를 나타내고 계산해 보세요.

(1) $65-4\times11+2$

(2) $65-4\times(11+2)$

정답과 풀이 2쪽

4 덧셈, 뺄셈, 나눗셈이 섞여 있으면 나눗셈부터, ( )가 있으면 ( )부터 계산해.

● 덧셈, 뺄셈, 나눗셈이 섞여 있는 식

$27-12\div3+5=27-4+5$
$=23+5$
$=28$

① 4
② 23
③ 28

● 덧셈, 뺄셈, 나눗셈이 섞여 있고 ( )가 있는 식

$(27-12)\div3+5=15\div3+5$
$=5+5$
$=10$

① 15
② 5
③ 10

( ) 안 ➡ ÷ ➡ +, −의 순서로 계산해.

1

1 □ 안에 알맞은 수를 써넣으세요.

(1) $20+36\div9-6=$ □

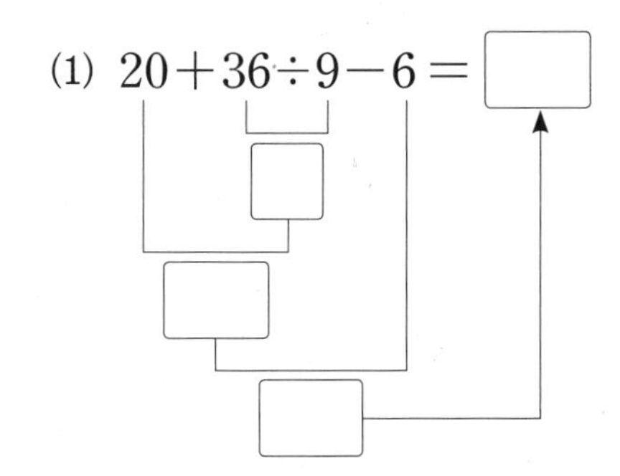

(2) $20+36\div(9-6)=$ □

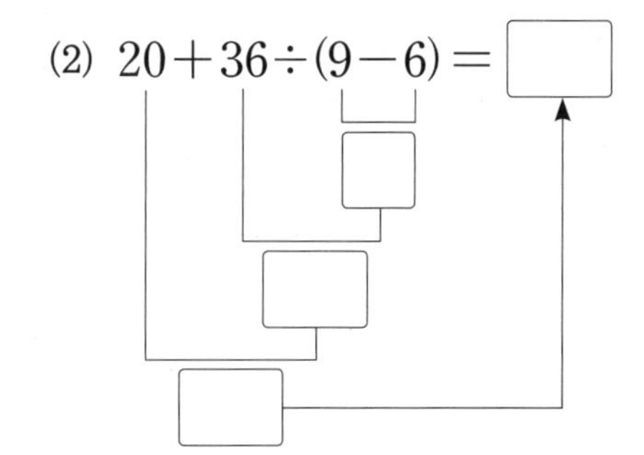

2 계산 순서를 나타내고 계산해 보세요.

(1) $84-49\div7+10$

(2) $(84-49)\div7+10$

5 덧셈, 뺄셈, 곱셈, 나눗셈이 섞여 있으면 곱셈, 나눗셈부터, (   )가 있으면 (   )부터.

● 덧셈, 뺄셈, 곱셈, 나눗셈이 섞여 있는 식

$$6 + 18 \div 3 \times 2 - 7 = 6 + 6 \times 2 - 7$$
$$= 6 + 12 - 7$$
$$= 18 - 7$$
$$= 11$$

① 6
② 12
③ 18
④ 11

×, ÷을 먼저 앞에서부터 차례로 계산하고, +, −을 앞에서부터 차례로 계산해.

● 덧셈, 뺄셈, 곱셈, 나눗셈이 섞여 있고 (   )가 있는 식

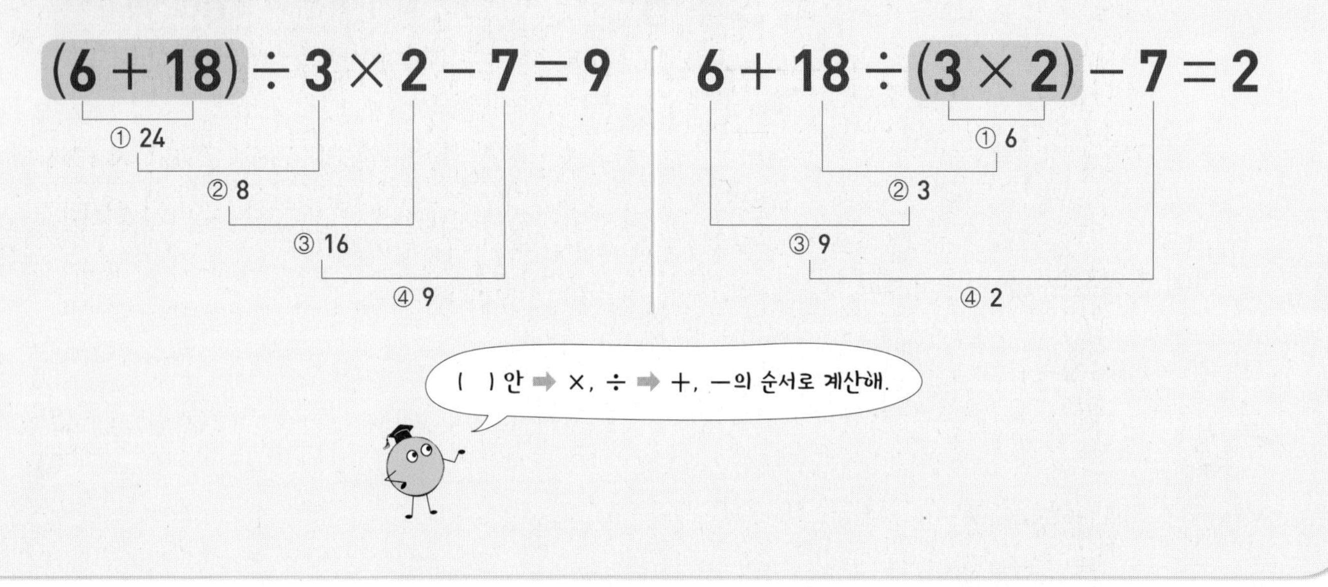

1 계산 순서에 맞게 기호를 써 보세요.

$$70 - 4 \times 12 + 35 \div 5$$

(− : ㉠, × : ㉡, + : ㉢, ÷ : ㉣)

㉡ ➡ □ ➡ □ ➡ □

2 계산 순서에 맞게 □ 안에 알맞은 수를 써넣으세요.

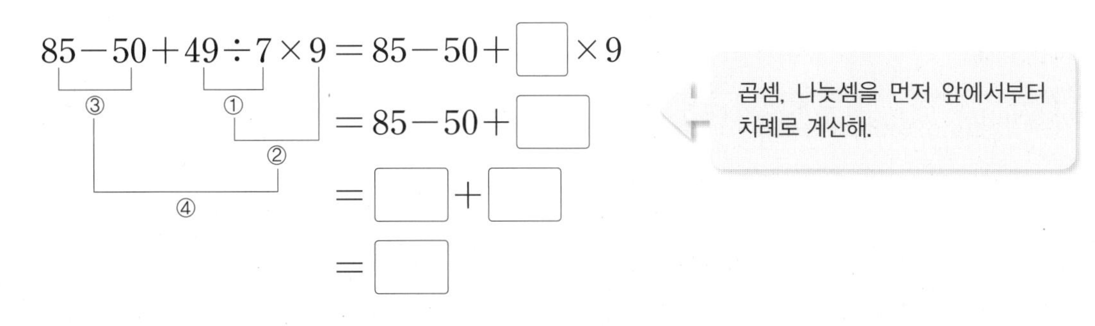

3 □ 안에 알맞은 수를 써넣으세요.

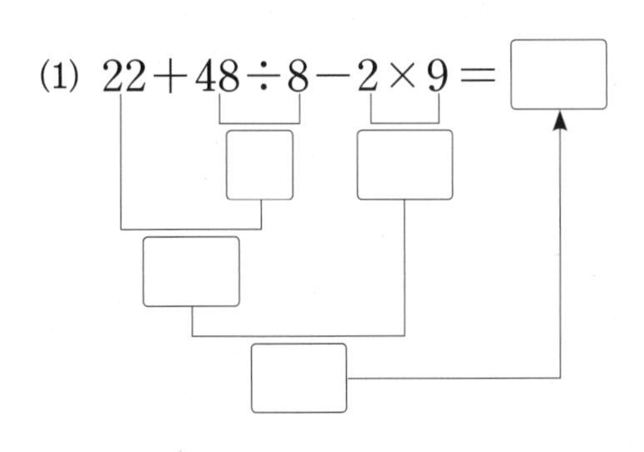

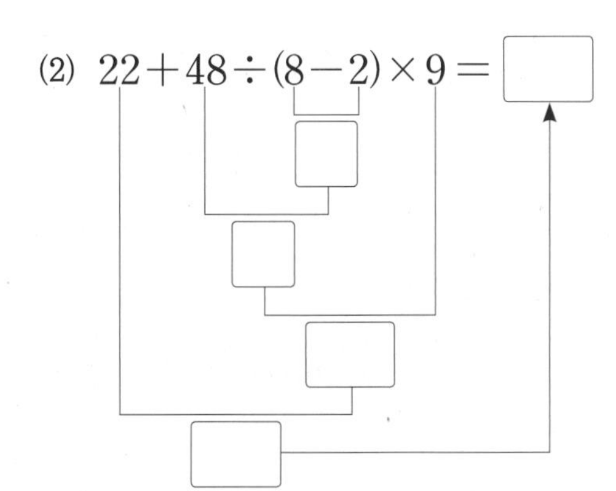

1

4 □ 안에 알맞은 수를 써넣으세요.

(1) $64+8\times5\div4-13$

$=64+\square\div4-13$

$=64+\square-13$

$=\square-13$

$=\square$

(2) $40-(3\times7+6)\div9$

$=40-(\square+6)\div9$

$=40-\square\div9$

$=40-\square$

$=\square$

5 계산 순서를 나타내고 계산해 보세요.

(1) $17+3\times8-54\div6$

(2) $(17+3)\times8-54\div6$

3 덧셈, 뺄셈, 곱셈이 섞여 있는 식

1 계산해 보세요.

▶ 덧셈, 뺄셈, 곱셈이 섞여 있으면 곱셈부터, (　　)가 있으면 (　　)부터 계산해.

(1) $50-7\times6+9$　　(2) $50-7+6\times9$

(3) $28+12\times8-3$　　(4) $28+12\times(8-3)$

2 주어진 식을 보고 바르게 설명한 친구는 누구인지 써 보세요.

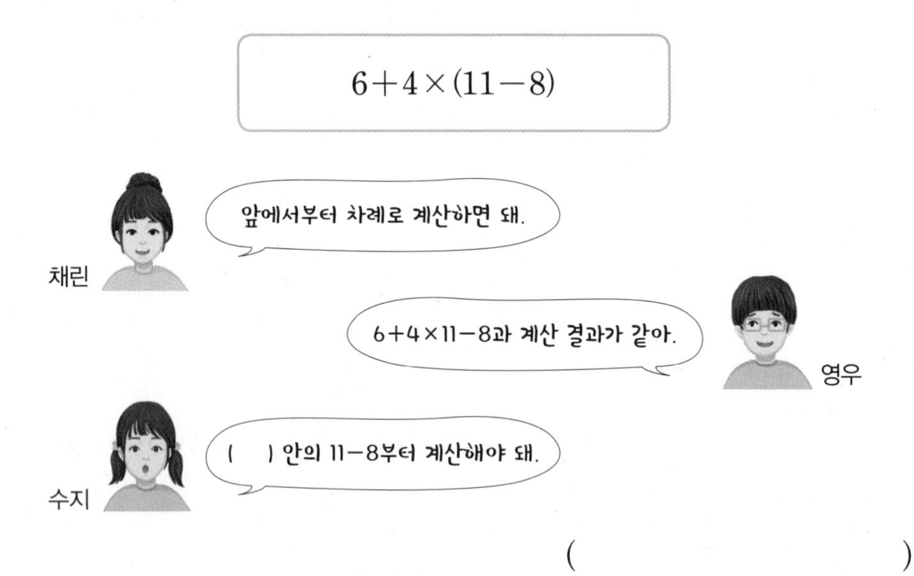

(　　　　　　　　　　)

3 계산 결과를 찾아 이어 보세요.

▶ 계산 순서를 잘 생각해 봐.

$(80-12)\times5+13$ •	• 33
$80-12\times5+13$ •	• 353

4 계산 결과가 큰 것부터 차례로 기호를 써 보세요.

▶ ( ) 안을 가장 먼저 계산해.

㉠ $(7+9)-5\times3$
㉡ $(7+9-5)\times3$
㉢ $7+(9-5)\times3$

( )

5 시우네 반 학생 35명은 14명씩 2모둠으로 나누어 피구를 하고 나머지는 다른 반 학생 4명과 함께 응원했습니다. 응원한 학생은 모두 몇 명일까요?

① (피구를 한 학생 수) $=14\times\square$

② (시우네 반 학생 중 응원한 학생 수) $=\square-$(피구를 한 학생 수)

③ (응원한 전체 학생 수) $=\square-$(피구를 한 학생 수)$+4$
$=\square-14\times\square+4=\square$(명)

1

내가 만드는 문제

6 두 식의 계산 결과가 서로 다르도록 두 식을 ( )로 각각 한 번씩 묶고 계산 결과를 구해 보세요.

▶ ( )로 묶는 방법이 달라도 ( ) 안을 가장 먼저 계산해야 해.

$20+8\times4-2\times6=\square$

$20+8\times4-2\times6=\square$

( )를 사용하여 계산 결과를 다르게 할 수 있을까?

● 식 $18-2\times3+5$를 ( )로 묶기

$(18-2)\times3+5=16\times3+5=\square$

$18-2\times(3+5)=18-2\times8=\square$

$18-(2\times3+5)=18-(6+5)=\square$

식을 ( )로 묶는 방법에 따라 계산 결과를 다르게 할 수 있어.

4 덧셈, 뺄셈, 나눗셈이 섞여 있는 식

7 계산해 보세요.

(1) $70-48\div12+6$

(2) $70-48+12\div6$

(3) $34+63\div9-2$

(4) $34+63\div(9-2)$

▶ 덧셈, 뺄셈, 나눗셈이 섞여 있으면 나눗셈부터, (　　)가 있으면 (　　)부터 계산해.

8 보기 와 같이 두 식을 하나의 식으로 나타내어 보세요.

보기

$44\div4=11$
$66-11=55$
➡ 식 $66-44\div4=55$

$81\div9=9$
$91+9-4=96$
➡ 식 ……………………

▶ 나눗셈을 덧셈, 뺄셈보다 먼저 계산하니까 (　　)는 안 넣어도 되겠지?

9 계산 결과를 찾아 이어 보세요.

$80\div10-2+5$ •	• 1
$80\div10-(2+5)$ •	• 11
$80\div(10-2)+5$ •	• 15

▶ (　　)가 있으면 (　　) 안을 가장 먼저 계산해야 돼.

10 계산 결과를 비교하여 ○ 안에 >, =, <를 알맞게 써넣으세요.

(1) $49-28\div7+14$ ○ $(49-28)\div7+14$

(2) $35+(40-25)\div5$ ○ $35+40-25\div5$

11 잘못 계산한 부분을 찾아 바르게 계산해 보세요.

▶ 나눗셈보다 ( )가 있으면 ( ) 안을 먼저 계산해.

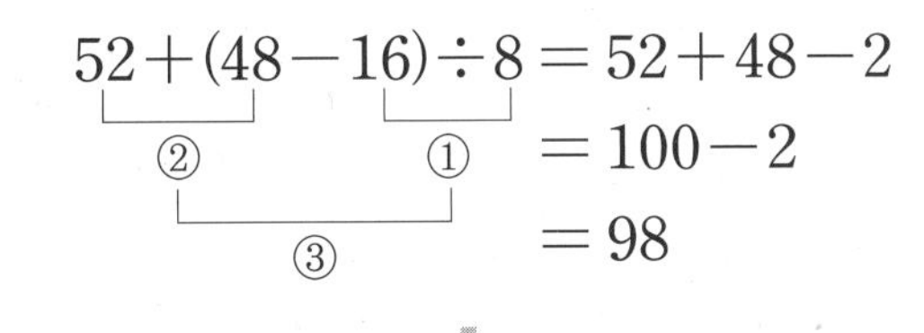

$=52+48-2$

$=100-2$

$=98$

↓

$52+(48-16)\div8$

12 ○ 안에 1부터 9까지의 수를 자유롭게 써넣고 계산 결과를 구해 보세요.

$30\div6+(17-○)=□$

+, −, ÷이 섞여 있는 식에서 ÷을 먼저 계산하는 이유는?

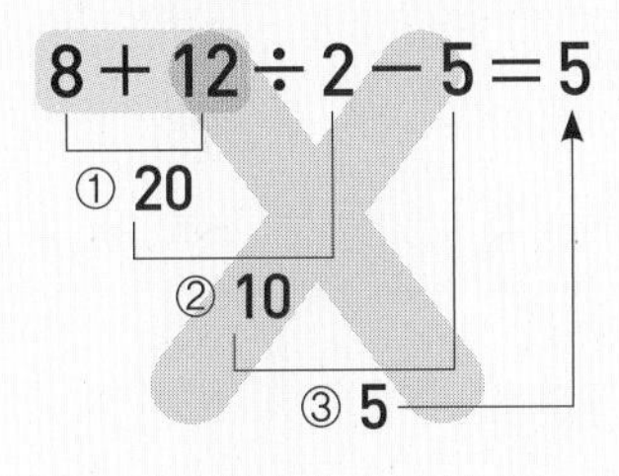

VS

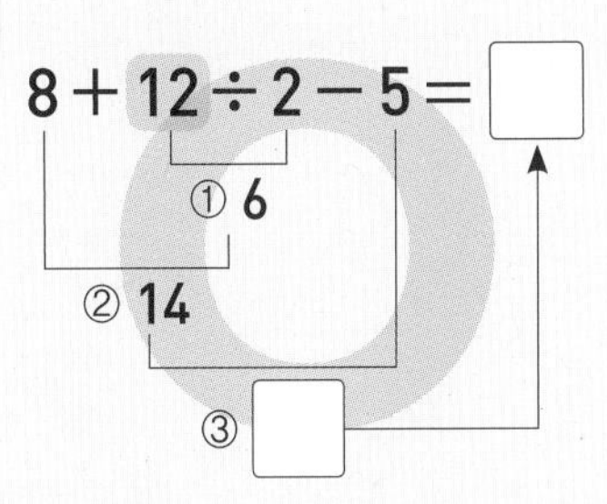

➡ 나누어지는 수가 다르면 계산 결과가 (달라 , 같아)집니다.

5 덧셈, 뺄셈, 곱셈, 나눗셈이 섞여 있는 식

13 계산해 보세요.

(1) $5+36\div4\times10-2$

(2) $5\times36-4+10\div2$

(3) $42-12\times5\div6+9$

(4) $42-12\times5\div(6+9)$

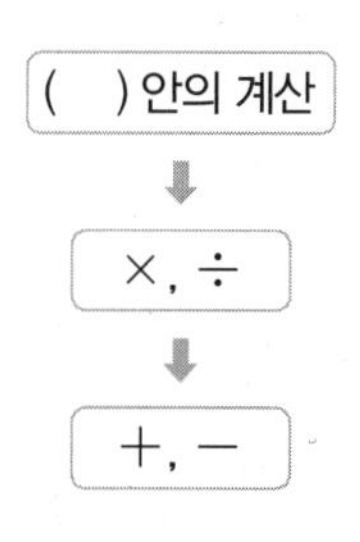

보기 와 같이 사다리꼴의 넓이를 구해 보세요.

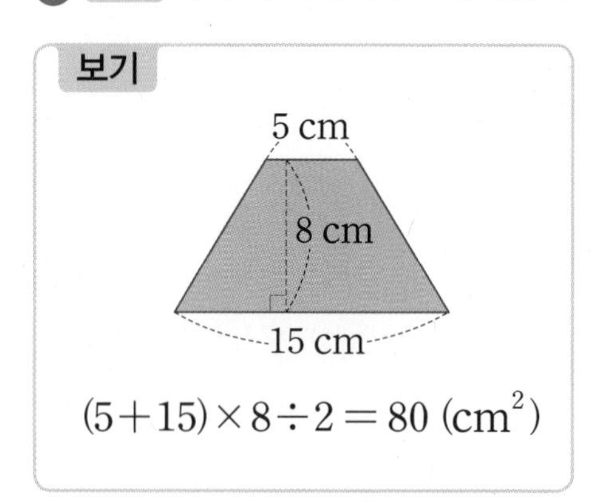

$(5+15)\times8\div2=80\ (\text{cm}^2)$

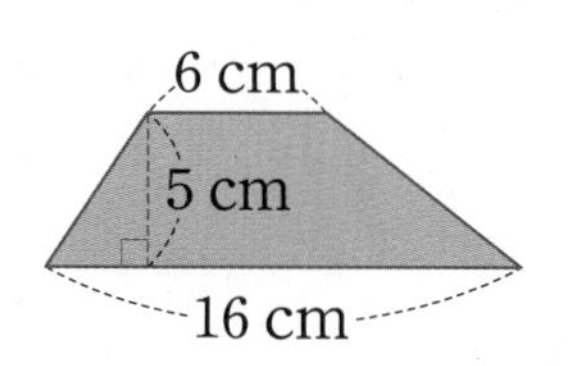

$(6+\square)\times\square\div2$

$=\square\ (\text{cm}^2)$

사다리꼴의 넓이 구하기

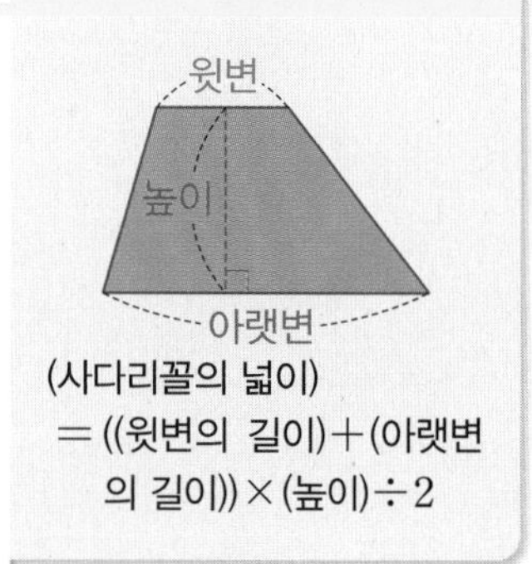

(사다리꼴의 넓이)
=((윗변의 길이)+(아랫변의 길이))×(높이)÷2

14 계산 결과가 큰 것부터 차례로 기호를 써 보세요.

㉠ $6\times(7+13)-12\div3$
㉡ $6\times7+13-12\div3$
㉢ $6\times(7+13-12\div3)$

( )

15 □ 안에 들어갈 수 있는 자연수는 모두 몇 개인지 구해 보세요.

$$37+11-4\times 6\div 3<\square<37+(11-4)\times 6\div 3$$

(　　　　　　　　)

▶ 먼저 두 식의 계산 결과부터 구해 봐.

16 온도를 나타내는 단위에는 섭씨(°C), 화씨(°F) 등이 있습니다. 현재 기온이 화씨온도로 77도일 때 서준이의 설명을 보고 현재 기온을 섭씨온도로 나타내면 몇 °C인지 구해 보세요.

화씨온도에서
32를 뺀 수에 5를 곱하고
9로 나누면 섭씨온도가 돼.

서준

(　　　　　　　　)

▶

섭씨온도계와 화씨온도계

내가 만드는 문제

17 ○ 안에 +, −, ×, ÷을 한 번씩 써넣어 식을 만들고 계산해 보세요.

128 ○ 64 ○ 16 ○ 8 ○ 2 = □

▶ 나누는 두 수가 나누어떨어져야 돼.

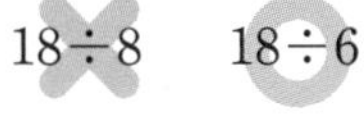

식을 완성하기 위해 알맞은 연산 기호는 어떻게 찾을까?

3 ㉠ 4 ㉡ 7 = 19

① ㉠ 안에 써넣을 수 있는 연산 기호 찾기: + 또는 ×

3㉠4는 4가 3보다 더 크므로 ㉠에 −, ÷을 써넣을 수 없어.

② 계산 결과가 19가 되는 식 찾기

㉮ 3 ⊕ 4 ⊕ 7 = □　　㉯ 3 ⊕ 4 ⊖ 7 = 0　　㉰ 3 ⊕ 4 ⊗ 7 = □

㉱ 3 ⊗ 4 ⊕ 7 = □　　㉲ 3 ⊗ 4 ⊖ 7 = □　　㉳ 3 ⊗ 4 ⊗ 7 = 84

➡ 계산 결과가 19가 되는 식은 □ 입니다.

발전 문제

1 복잡한 혼합 계산식 계산하기

1 준비

다음을 나타내는 수를 구해 보세요.

5와 2의 곱에 4를 더한 수

(　　　　　　　　)

2 확인

주어진 식의 계산 결과를 구해 보세요.

$54-(9+3\times4)\div7$

(　　　　　　　　)

3 완성

주어진 식의 계산 결과를 구해 보세요.

$104+(83-47)\times(91\div13+64\div16)$

(　　　　　　　　)

2 약속에 맞게 계산하기

4 준비

㉠♥㉡을 보기 와 같이 약속할 때 17♥5를 계산해 보세요.

보기

㉠♥㉡＝㉠－㉡＋㉠

(　　　　　　　　)

5 확인

㉠★㉡을 보기 와 같이 약속할 때 4★6을 계산해 보세요.

보기

㉠★㉡＝㉠＋㉡×㉡÷㉠

(　　　　　　　　)

6 완성

㉠♠㉡을 보기 와 같이 약속할 때 21♠14를 계산해 보세요.

보기

㉠♠㉡＝㉠÷(㉠－㉡)×㉡＋㉠

(　　　　　　　　)

3 □ 안에 알맞은 수 구하기

7 준비

□ 안에 알맞은 수를 구하려고 합니다. 물음에 답하세요.

$$42 \div (\square + 3) = 6$$

(1) ($\square + 3$)은 얼마일까요?

(　　　　　　　　　)

(2) □는 얼마일까요?

(　　　　　　　　　)

8 확인

□ 안에 알맞은 수를 구해 보세요.

$$14 - (\square \div 5) = 8$$

(　　　　　　　　　)

9 완성

□ 안에 알맞은 수를 구해 보세요.

$$26 + (\square - 9) \times 3 \div 5 = 54 - 63 \div 9$$

(　　　　　　　　　)

4 ○ 안에 +, −, ×, ÷ 넣기

10 준비

식이 성립하도록 ○ 안에 +, −, ×, ÷ 중 알맞은 기호를 써넣으세요.

$$24 \div 6 \bigcirc 9 = 36$$

11 확인

식이 성립하도록 ○ 안에 +, −, ×, ÷ 중 알맞은 기호를 써넣으세요.

$$30 \div (8 \bigcirc 2) \bigcirc 3 = 15$$

12 완성

식이 성립하도록 ○ 안에 +, −, ×, ÷ 중 알맞은 기호를 써넣으세요. (단, 기호를 여러 번 사용해도 되고, (　)를 사용해도 됩니다.)

$$5 \bigcirc 5 \bigcirc 5 \bigcirc 5 = 1$$

$$5 \bigcirc 5 \bigcirc 5 \bigcirc 5 = 2$$

$$5 \bigcirc 5 \bigcirc 5 \bigcirc 5 = 3$$

5 혼합 계산식의 활용

13 준비

기범이네 반의 한 모둠은 남학생 4명, 여학생 3명입니다. 모두 5모둠일 때 기범이네 반 전체 학생은 몇 명인지 하나의 식으로 나타내고 답을 구해 보세요.

식

답

14 확인

대화를 보고 준영이와 지민이가 일주일 동안 훌라후프를 모두 몇 번 했는지 구해 보세요.

준영: 난 일주일 동안 매일 훌라후프를 25번씩 했어.
지민: 난 일주일 중 2일은 쉬고 나머지 날은 훌라후프를 32번씩 했어.

( )

15 완성

지구에서 잰 무게는 달에서 잰 무게의 약 6배입니다. 세 사람이 모두 달에서 몸무게를 잰다면 선생님의 몸무게는 수현이와 하준이의 몸무게의 합보다 약 몇 kg 더 무거운지 구해 보세요.

- 지구에서 선생님의 몸무게: 78 kg
- 지구에서 수현이의 몸무게: 34 kg
- 지구에서 하준이의 몸무게: 32 kg

( )

6 수 카드로 혼합 계산식 만들기

16 준비

3장의 수 카드를 한 번씩만 사용하여 계산 결과가 가장 크게 되도록 □ 안에 알맞은 수를 써넣고 답을 구해 보세요.

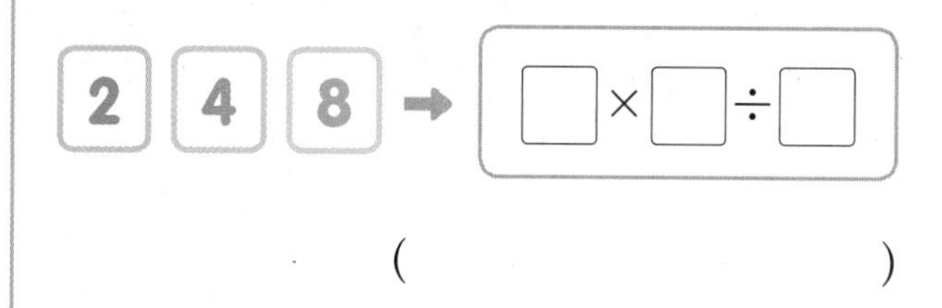

( )

17 확인

3장의 수 카드를 한 번씩만 사용하여 계산 결과가 가장 크게 되도록 □ 안에 알맞은 수를 써넣고 답을 구해 보세요.

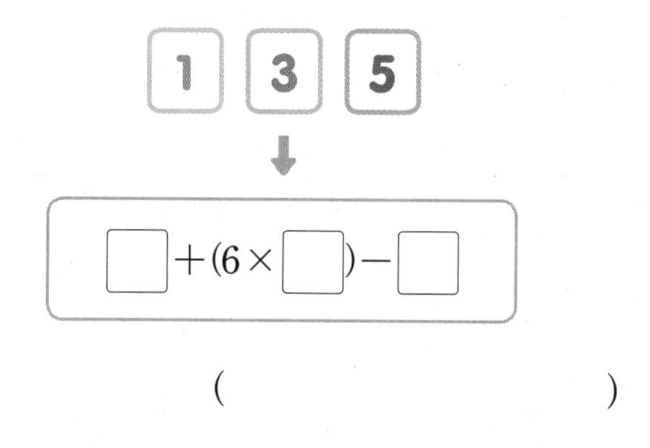

( )

18 완성

3장의 수 카드를 한 번씩만 사용하여 계산 결과가 가장 클 때와 가장 작을 때는 얼마인지 각각 구해 보세요.

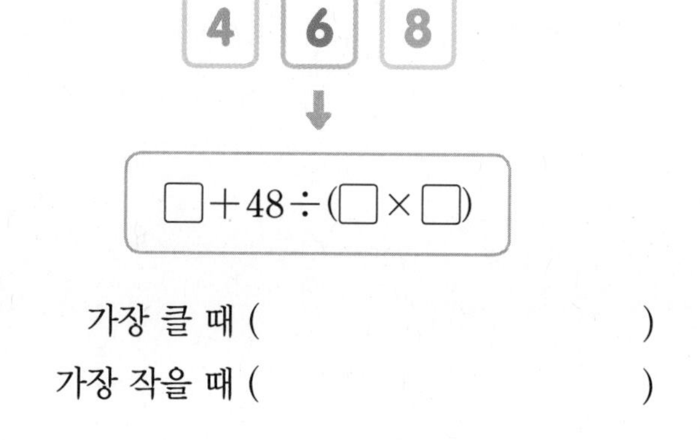

가장 클 때 ( )
가장 작을 때 ( )

단원 평가

점수 확인

1 가장 먼저 계산해야 하는 부분을 찾아 기호를 써 보세요.

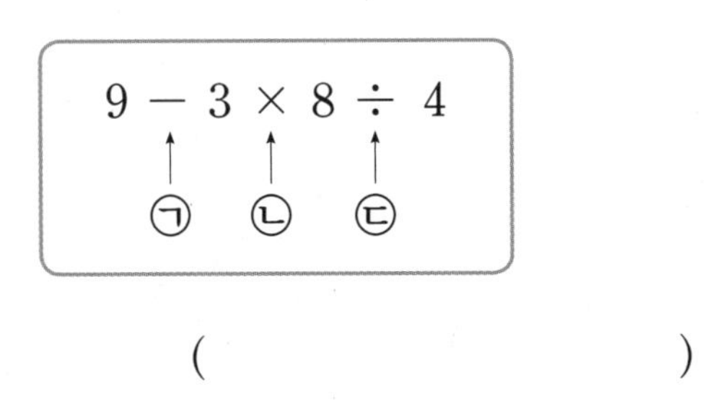

( )

2 □ 안에 알맞은 수를 써넣으세요.

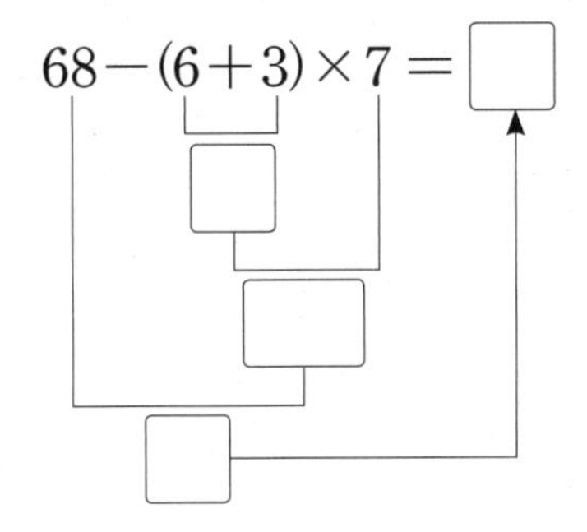

3 계산 순서를 나타내고 계산해 보세요.

(1) $14+30\div5\times2$

(2) $14+30\div(5\times2)$

4 □ 안에 알맞은 수를 써넣으세요.

(1) $378+196=378+200-\square$

$=\square-\square=\square$

(2) $12\times25=12\times50\div\square$

$=\square\div\square=\square$

5 계산 결과가 다른 하나를 찾아 기호를 써 보세요.

㉠ $8\times9\div3+21$
㉡ $8\times(9\div3)+21$
㉢ $8\times9\div(3+21)$

( )

6 계산 결과를 비교하여 ○ 안에 >, =, <를 알맞게 써넣으세요.

(1) $45-6+8$ ○ $32\div4\times5$

(2) $(84-21)\div7$ ○ $84-(21\div7)$

7 수직선을 보고 □ 안에 알맞은 수를 써넣으세요.

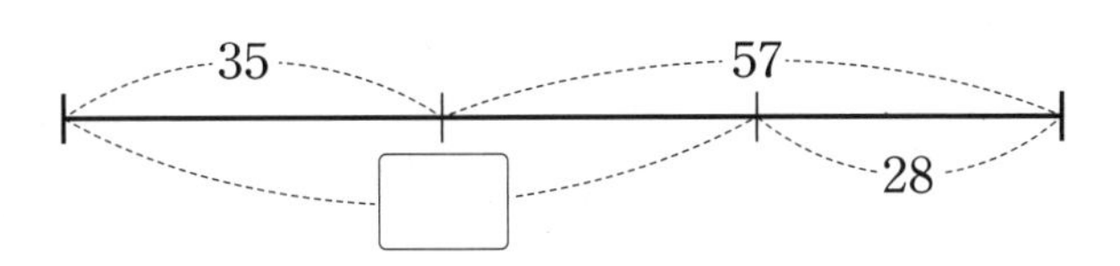

8 찬호의 아버지의 몸무게는 76 kg이고 찬호의 몸무게는 아버지 몸무게의 반보다 5 kg 더 무겁습니다. 찬호의 몸무게는 몇 kg인지 하나의 식으로 나타내고 답을 구해 보세요.

식

답

9 문제를 식으로 바르게 나타낸 것을 고르세요.

( )

> 딸기 120개를 한 상자에 6개씩 4줄로 담으려고 합니다. 딸기를 모두 담으려면 상자가 몇 개 필요할까요?

① $120-(6\times4)$ ② $120\div(6\times4)$
③ $120\times6\times4$ ④ $120\times6\div4$
⑤ $120\div6\times4$

10 잘못 계산한 부분을 찾아 바르게 계산해 보세요.

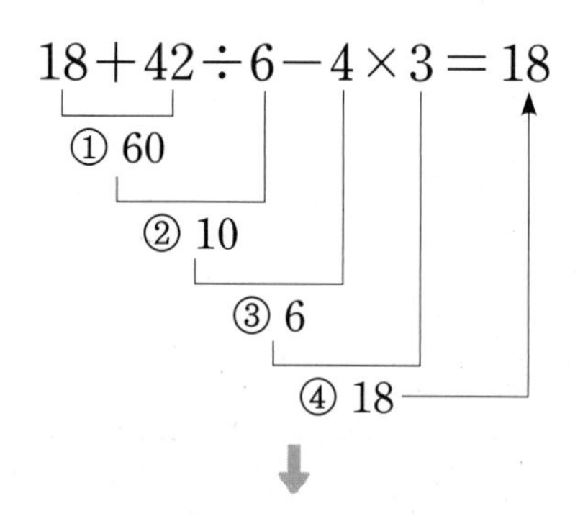

$18+42\div6-4\times3$

11 □ 안에 들어갈 수 있는 자연수는 모두 몇 개인지 구해 보세요.

> $15-6\times8\div4<\square<(15-6)\times8\div4$

( )

12 다음을 하나의 식으로 나타내고 계산해 보세요.

> 25와 17의 합에서 56을 8로 나눈 몫의 3배만큼을 뺀 수

➡

13 연필 한 타는 12자루입니다. 미림이는 연필 4타를 7명에게 5자루씩 나누어 주었습니다. 남은 연필은 몇 자루인지 하나의 식으로 나타내고 답을 구해 보세요.

식

답

14 식이 성립하도록 ( )로 묶어 보세요.

> $80 - 8 \times 4 + 5 = 8$

15 □ 안에 알맞은 수를 구해 보세요.

> $67-(22+8)\times\square\div9=47$

( )

16 ㉠♣㉡을 보기 와 같이 약속할 때 9♣12를 계산해 보세요.

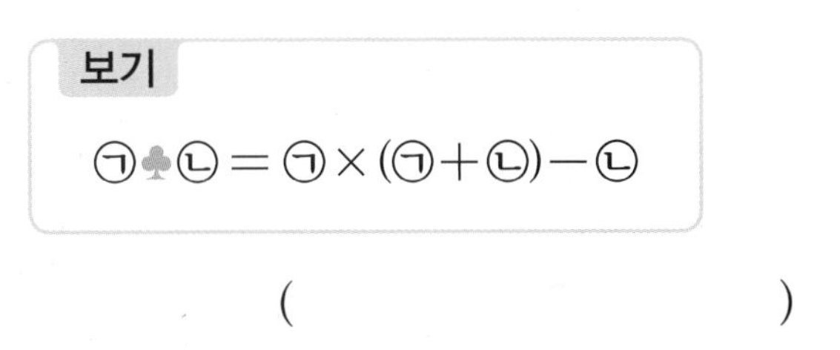
보기

㉠♣㉡ = ㉠ × (㉠ + ㉡) − ㉡

(　　　　　　　　　)

17 식이 성립하도록 ○ 안에 +, −, ×, ÷ 중 알맞은 기호를 써넣으세요.

46 ○ 28 ○ 7 ○ 11 = 39

18 3장의 수 카드를 한 번씩만 사용하여 계산 결과가 가장 크게 되도록 □ 안에 알맞은 수를 써넣고 답을 구해 보세요.

6　2　3

↓

15 × □ ÷ □ − □

(　　　　　　　　　)

정답과 풀이 7쪽

술술 서술형

19 버스에 26명이 타고 있었는데 이번 정류장에서 8명이 내린 후 13명이 탔습니다. 현재 버스 안에 있는 사람은 모두 몇 명인지 풀이 과정을 쓰고 답을 구해 보세요.

풀이 ....

답 ....

20 (　　)를 사용하여 하나의 식으로 나타내려고 합니다. 풀이 과정을 쓰고 식을 써 보세요.

$16-4=12$

$70\times12=840$

풀이 ....

식 ....

2 약수와 배수

약수는 나눗셈으로, 배수는 곱셈으로!

약수	배수
어떤 수를 나누어떨어지게 하는 수	어떤 수를 1배, 2배, 3배, ... 한 수
$4 \div 1 = 4$	$4 \times 1 = 4$
$4 \div 2 = 2$	$4 \times 2 = 8$
$4 \div 3 = 1 \cdots 1$	$4 \times 3 = 12$
$4 \div 4 = 1$	$4 \times 4 = 16$
	$4 \times 5 = 20$
	⋮

약수의 개수는 정해져 있지만
배수는 셀 수 없이 많아!

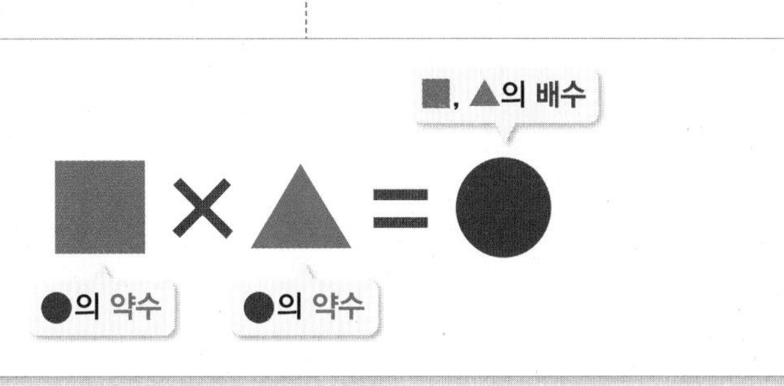

1 약수는 어떤 수를 나누어떨어지게 하는 수야.

● 약수

	나눗셈으로 찾기	곱셈으로 찾기
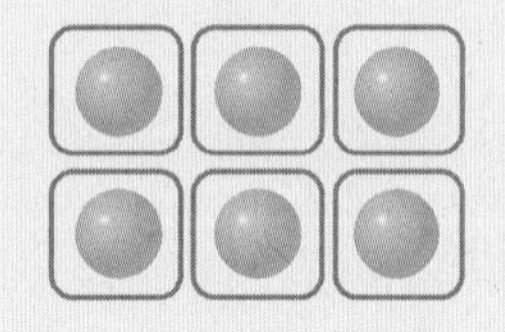	$6 \div 1 = 6$	$1 \times 6 = 6$
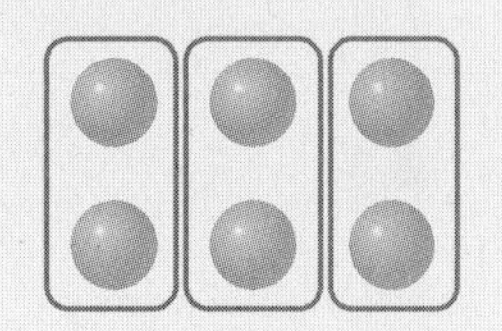	$6 \div 2 = 3$	$2 \times 3 = 6$
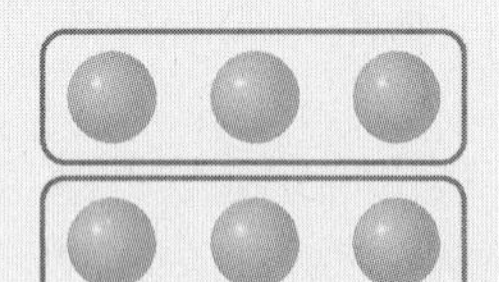	$6 \div 3 = 2$	$3 \times 2 = 6$
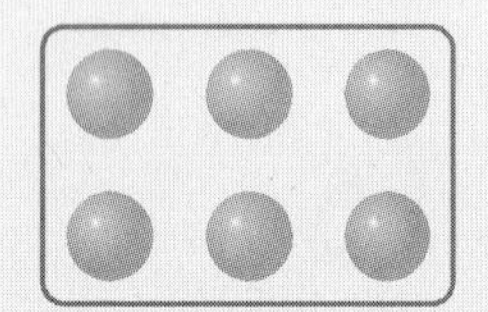	$6 \div 6 = 1$	$6 \times 1 = 6$

6을 나누어떨어지게 하는 수

6의 약수: 1, 2, 3, 6

가장 작은 약수: 1　　가장 큰 약수: 어떤 수 자신

1은 모든 수의 약수야!

1 14의 약수를 구하려고 합니다. □ 안에 알맞은 수를 써넣으세요.

$14 \div \square = 14$　　$14 \div \square = 7$　　$14 \div \square = 2$　　$14 \div \square = 1$

14의 약수 ➡ □, □, □, □

2 20의 약수를 구하려고 합니다. □ 안에 알맞은 수를 써넣으세요.

$\square \times 20 = 20$　　$\square \times 10 = 20$　　$\square \times 5 = 20$

$\square \times 4 = 20$　　$\square \times 2 = 20$　　$\square \times 1 = 20$

20의 약수 ➡ □, □, □, □, □, □

정답과 풀이 9쪽

2 배수는 어떤 수를 1배, 2배, 3배, ... 한 수야.

● 배수

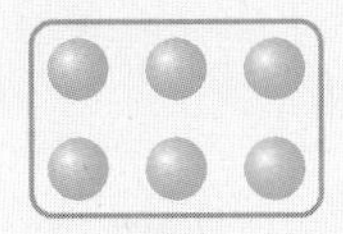

$6 \times 1 = 6$

$6 \times 2 = 12$

$6 \times 3 = 18$

$6 \times 4 = 24$

⋮

6을 1배, 2배, 3배, ... 한 수

6의 배수: 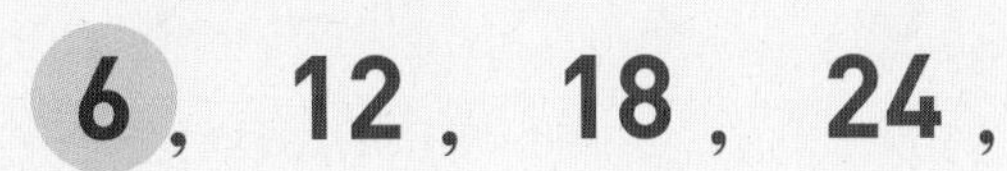 6, 12, 18, 24, ...

가장 작은 배수: 어떤 수 자신

가장 큰 배수는 알 수 없습니다.

1 수직선에 주어진 수의 배수를 ↓로 나타내어 보세요.

(1) 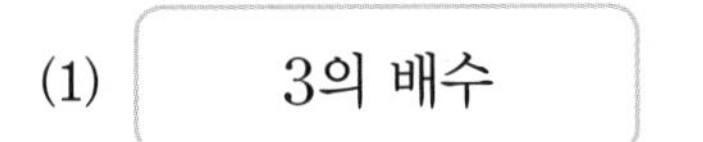 3의 배수

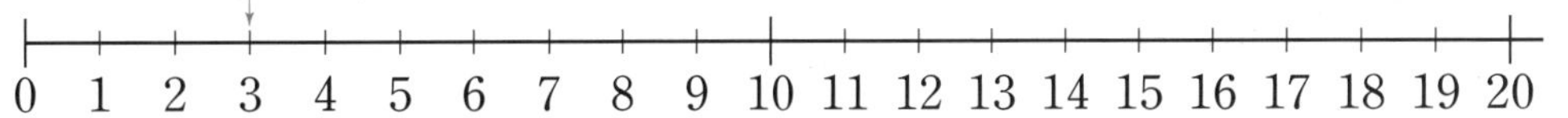

(2) 6의 배수

0 1 2 3 4 5 6 7 8 9 10 11 12 13 14 15 16 17 18 19 20

2 배수를 가장 작은 수부터 차례로 구해 보세요.

(1)  5의 배수 ➡ 5, ☐, ☐, ☐, ☐, ...

(2) 9의 배수 ➡ 9, ☐, ☐, ☐, ☐, ...

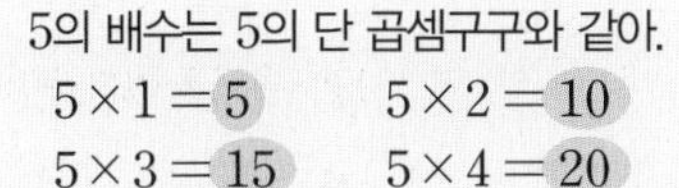
5의 배수는 5의 단 곱셈구구와 같아.

$5 \times 1 = 5$ $5 \times 2 = 10$

$5 \times 3 = 15$ $5 \times 4 = 20$

$5 \times 5 = 25$ $5 \times 6 = 30$

⋮

3 곱셈식에서 약수와 배수의 관계를 찾을 수 있어.

- 18을 두 수의 곱으로 나타내어 약수와 배수의 관계 알아보기

18 = 2 × 9 ➡ 2와 9는 18의 약수

➡ 18은 2와 9의 배수

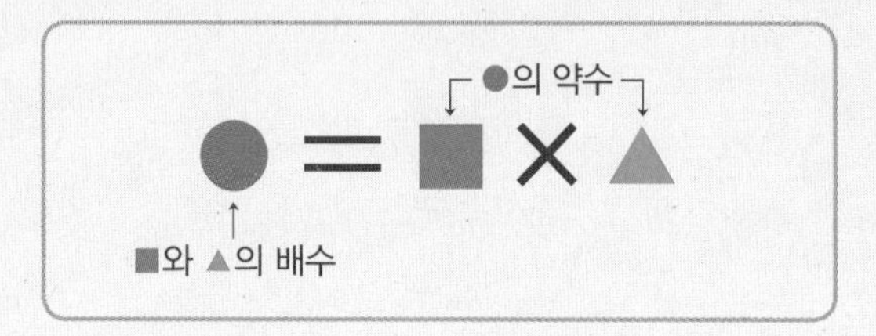

- 18을 여러 수의 곱으로 나타내어 약수와 배수의 관계 알아보기

18 = 1 × 18 = 2 × 9 = 3 × 6 = 2 × 3 × 3

➡ 1, 2, 3, 6, 9, 18은 18의 약수

➡ 18은 1, 2, 3, 6, 9, 18의 배수

1 식을 보고 알맞은 말에 ○표 하세요.

(1) $9 \times 8 = 72$

➡ 72는 9와 8의 (약수 , 배수)입니다.

➡ 9와 8은 72의 (약수 , 배수)입니다.

(2) $21 = 3 \times 7$

➡ 3과 7은 21의 (약수 , 배수)입니다.

➡ 21은 3과 7의 (약수 , 배수)입니다.

(3) $30 = 2 \times 3 \times 5$

➡ 30은 2와 3과 5의 (약수 , 배수)입니다.

➡ 2와 3과 5는 30의 (약수 , 배수)입니다.

2 21을 두 수의 곱으로 나타낸 것입니다. □ 안에 알맞은 수를 써넣으세요.

$21=1\times21$　　$21=3\times7$

●는 ■와 ▲의 배수
● = ■ × ▲
■와 ▲는 ●의 약수

(1) 21의 약수는 1, 3, □, □입니다.

(2) 21은 1, □, □, □의 배수입니다.

3 8을 두 수의 곱으로 나타내고 □ 안에 알맞은 수를 써넣으세요.

$8=1\times$□　　$8=2\times$□

(1) 8의 약수는 1, □, □, □입니다.

(2) 8은 □, □, □, □의 배수입니다.

4 20을 여러 수의 곱으로 나타내고 □ 안에 알맞은 수를 써넣으세요.

$20=1\times20$　　$20=2\times10$　　$20=4\times5$

　　$=2\times2\times$□　　$=2\times$□$\times5$

(1) 20의 약수는 1, □, □, □, □, □입니다.

(2) 20은 □, □, □, □, □, □의 배수입니다.

5 □ 안에 알맞은 수를 써넣으세요.

(1) 15의 약수는 □, □, □, □입니다.

(2) 15는 □, □, □, □의 배수입니다.

1 약수

1 **나눗셈을 이용하여 10의 약수를 구해 보세요.**

(1) 나눗셈을 하여 □ 안에 알맞은 수를 써넣으세요.

$10 \div 1 = 10$　　　$10 \div 2 = 5$

$10 \div 3 =$ □ ⋯ □　　　$10 \div 4 =$ □ ⋯ □

$10 \div 5 =$ □　　　$10 \div 6 =$ □ ⋯ □

$10 \div 7 =$ □ ⋯ □　　　$10 \div 8 =$ □ ⋯ □

$10 \div 9 =$ □ ⋯ □　　　$10 \div 10 =$ □

(2) 10의 약수를 모두 구해 보세요.

(　　　　　　　　　　)

▶ ●를 ▲로 나누었을 때 나누어떨어지면 ▲는 ●의 약수야.

2 **왼쪽 수가 오른쪽 수의 약수가 되는 것에 ○표, 아닌 것에 ×표 하세요.**

(1) | 8 | 63 | (　　　)　　(2) | 7 | 42 | (　　　)

▶ | 2 | 8 | ➡ $8 \div 2 = 4$
오른쪽 수를 왼쪽 수로 나누었을 때 나누어떨어지면 왼쪽 수는 오른쪽 수의 약수야.

3 **28의 약수를 모두 찾아 ○표 하세요.**

1	2	4	5	6	7	8
12	14	18	20	24	25	28

▶ $12 = 1 \times 12$, $12 = 2 \times 6$, $12 = 3 \times 4$
➡ 12의 약수: 1, 2, 3, 4, 6, 12

4 **□ 안에 알맞은 수를 써넣으세요.**

(1) 16의 약수 ➡ 1, 2, □, □, 16

(2) 24의 약수 ➡ □, 2, □, 4, □, 8, □, 24

정답과 풀이 9쪽

5 다음 중 약수의 개수가 가장 많은 수를 찾아 ○표 하세요.

18	21	30	32

중학교에서 만나!

소수와 합성수 알아보기

- 소수: 1보다 큰 자연수 중 약수가 1과 자기 자신뿐인 수
  2의 약수: 1, 2
  3의 약수: 1, 3
  ➡ (약수의 개수) = 2개
- 합성수: 1보다 큰 자연수 중 소수가 아닌 수
  4의 약수: 1, 2, 4
  6의 약수: 1, 2, 3, 6
  ➡ (약수의 개수) > 2개

➕ □ 안에 알맞은 수를 써넣으세요.

(1) 7은 약수의 개수가 □개이므로 소수입니다.

(2) 9는 약수의 개수가 □개이므로 합성수입니다.

내가 만드는 문제

6 보기 에서 수를 한 개 고르고, 고른 수의 약수를 모두 찾아 ○표 하세요.

보기

16	20	36	48	60

□의 약수

1 3 7 10 2 8 5 4 9 6

약수는 나누어떨어지게 하는 수인데 곱셈을 이용해서 구할 수도 있을까?

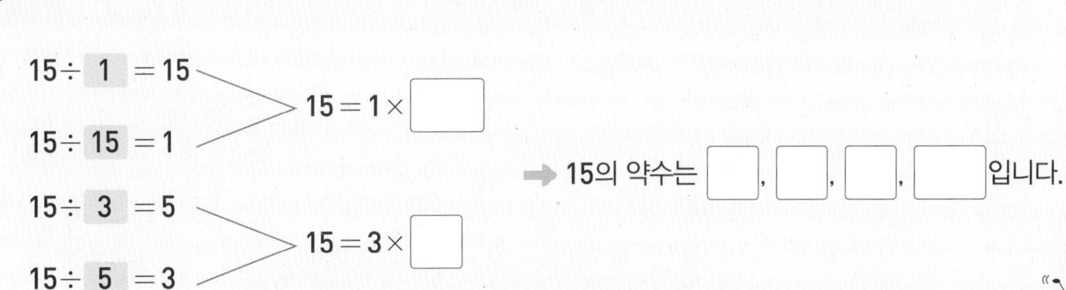

●=■×▲에서 곱하는 두 수 ■와 ▲가 ●의 약수야.

7 수 배열표를 보고 4의 배수에는 ○표, 7의 배수에는 △표 하세요.

1	2	3	4	5	6	7	8	9	10
11	12	13	14	15	16	17	18	19	20
21	22	23	24	25	26	27	28	29	30
31	32	33	34	35	36	37	38	39	40

▶ ♥의 배수는 ♥의 단 곱셈구구를 떠올리면 돼.

8 규칙을 찾아 빈칸에 알맞은 수를 써넣으세요.

(1)

8	16	24		40	48	

(2)

14	28		56	70		

▶ 수가 몇씩 커지는지 규칙을 찾아봐.

9 주어진 수의 배수가 아닌 수를 모두 찾아 ×표 하세요.

(1) 6 ➡ 72 86 102 134 198

(2) 9 ➡ 99 117 168 194 207

▶ 주어진 수를 몇 배하여 구할 수 있는지 확인해 봐.

➕ 배수 판정법을 이용하여 □ 안에 알맞은 수를 써넣으세요.

360
- 일의 자리 숫자가 □이므로 2의 배수와 5의 배수
- 각 자리 숫자의 합이 □이므로 3의 배수와 9의 배수
- 끝의 두 자리 숫자 60이 4의 배수이므로 4의 배수
- 3의 배수이면서 짝수이므로 □의 배수

배수 판정법
- 일의 자리 숫자가 0, 2, 4, 6, 8이면 **2의 배수**
- 각 자리 숫자의 합이 3의 배수이면 **3의 배수**
- 끝의 두 자리 숫자가 00 또는 4의 배수이면 **4의 배수**
- 일의 자리 숫자가 0, 5이면 **5의 배수**
- 3의 배수 중에서 짝수이면 **6의 배수**
- 각 자리 숫자의 합이 9의 배수이면 **9의 배수**

10 **배수에 대해 바르게 설명한 것에 ○표, 잘못 설명한 것에 ×표 하세요.**

(1) 1은 모든 수의 배수입니다. (　　　　)

(2) 어떤 수의 배수 중 가장 작은 수는 자기 자신입니다. (　　　　)

(3) 어떤 수의 배수 중 가장 큰 수는 구할 수 없습니다. (　　　　)

	가장 작은 수	가장 큰 수
약수	1	자기 자신
배수	자기 자신	구할 수 없음

11 **짝 지어진 두 수가 모두 13의 배수인 것을 찾아 기호를 써 보세요.**

㉠ (26, 89)　㉡ (38, 65)　㉢ (52, 91)　㉣ (47, 78)

(　　　　　　　　)

내가 만드는 문제

□ 안에 두 자리 수를 자유롭게 정하여 써넣고, 써넣은 수의 배수를 가장 작은 수부터 차례로 4개 써 보세요.

□의 배수 ➡ □, □, □, □, ...

약수는 몇 개인지 셀 수 있지만 배수는 셀 수 없이 많아.

어떤 수의 배수에 어떤 수 자신이 포함될까?

• 5의 배수

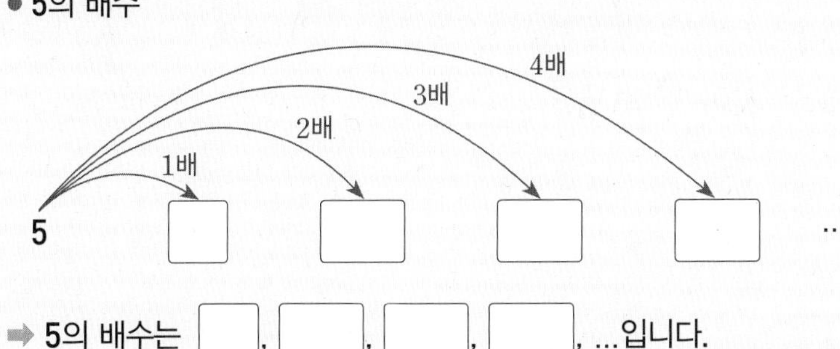

➡ 5의 배수는 □, □, □, □, ...입니다.

어떤 수 자신은 어떤 수를 1배 한 수이기 때문에 배수에 포함 돼.

3 곱을 이용하여 약수와 배수의 관계 알기

13 식을 보고 □ 안에 '약수'와 '배수'를 알맞게 써넣으세요.

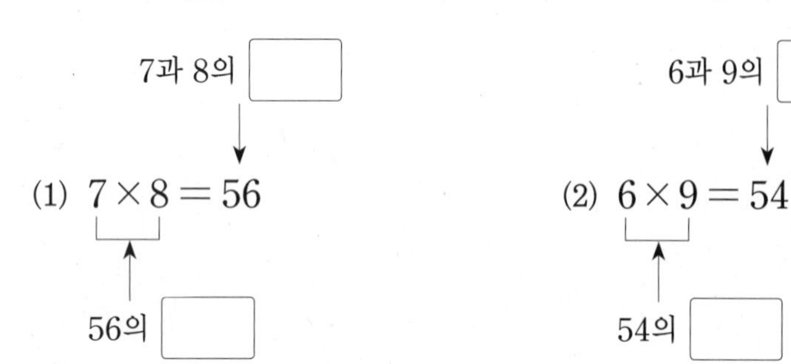

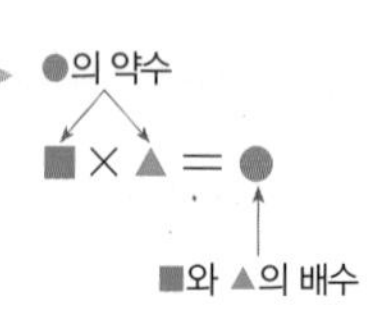

14 두 수가 약수와 배수의 관계인 것끼리 찾아 이어 보세요.

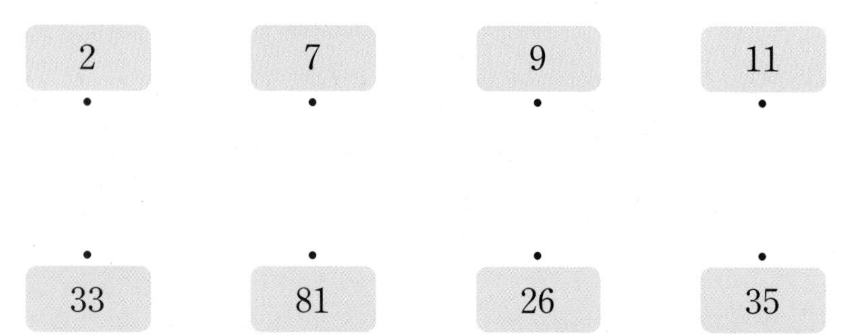

▶ ♥>◆일 때
♥÷◆가 나누어떨어지면
➡ ♥는 ◆의 배수
◆는 ♥의 약수

15 □ 안에 알맞은 수를 써넣고 약수와 배수의 관계를 써 보세요.

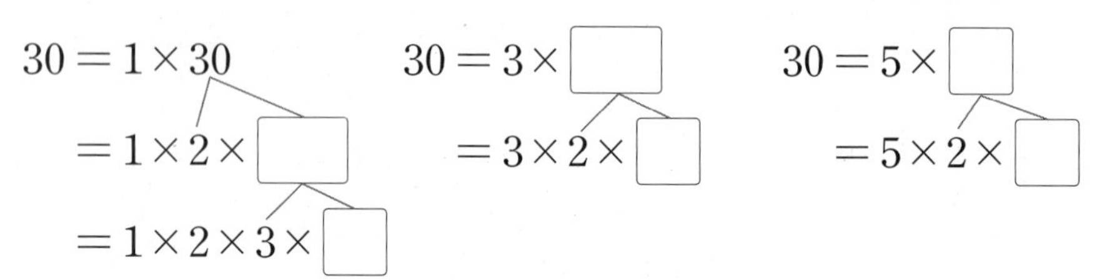

30은 .... 의 배수이고

.... 은 30의 약수입니다.

▶ 곱하는 두 수가 같으면 곱하는 순서가 달라도 계산 결과는 같아.
➡ $10=5\times2$, $10=2\times5$

16 보기 에서 약수와 배수의 관계인 수를 모두 찾아 써 보세요.

보기
3 　 5 　 8 　 11 　 48 　 55

약수 배수
(5 , 55) (,) (,) (,)

▶ 큰 수를 작은 수로 나누어 봐.

17 정사각형 16개로 서로 다른 직사각형을 만들어 약수와 배수의 관계를 알아보려고 합니다. □ 안에 알맞은 수를 써넣으세요.

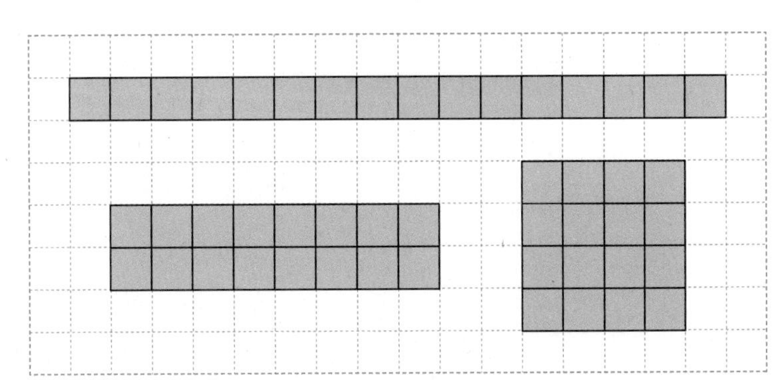

(1) 직사각형을 보고 16을 두 수의 곱으로 나타내어 보세요.

$16 = \square \times 1$　　$16 = \square \times 2$　　$16 = 4 \times \square$

(2) 16의 약수는 1, 2, □, □, □입니다.

(3) 16은 □, □, □, □, □의 배수입니다.

▶ $4 = 4 \times 1$　$4 = 2 \times 2$

➡ 4의 약수: 1, 2, 4

2

내가 만드는 문제

18 보기 와 같이 두 수가 약수와 배수의 관계가 되도록 빈 곳에 알맞은 수를 써 보세요.

▶ 2 —배수→ 10, 10 —약수→ 2 ⬇ 2 | 10

약수와 배수의 관계인 두 수를 어떻게 찾을 수 있을까?

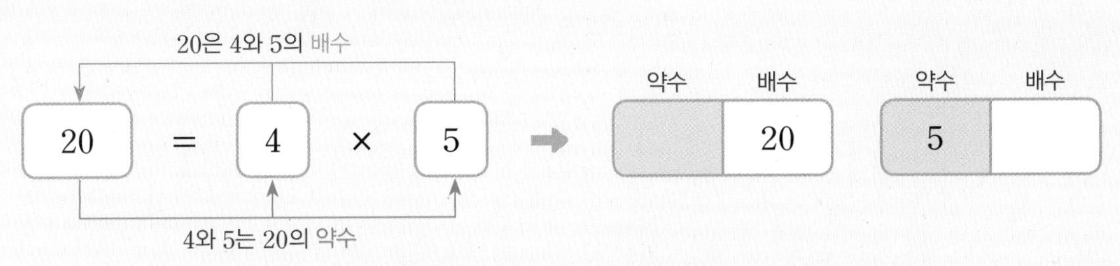

➡ 약수와 배수의 관계인 수를 찾으려면 어떤 수를 두 수의 곱으로 나타내어 봅니다.

4 두 수의 약수 중 공통된 수는 공약수라고 해.

● 공약수와 최대공약수

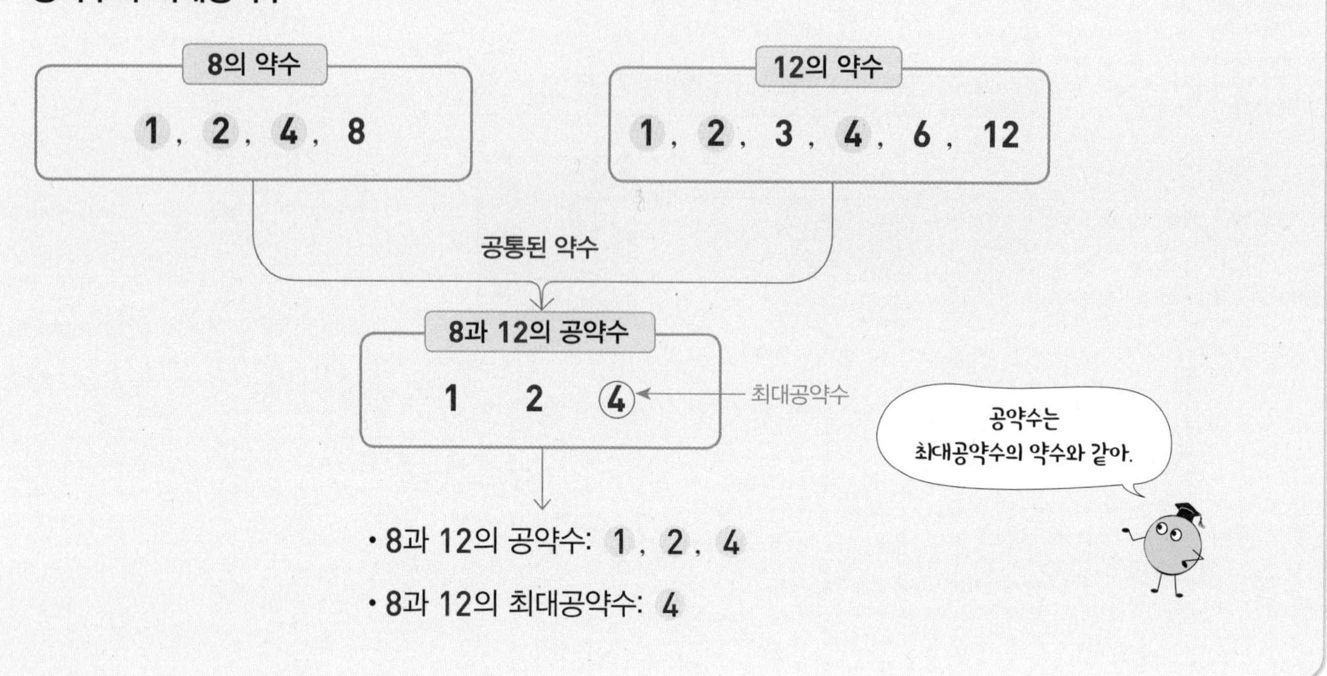

• 8과 12의 공약수: 1, 2, 4

• 8과 12의 최대공약수: 4

1 사과 6개와 딸기 18개를 최대한 많은 친구에게 남김없이 똑같이 나누어 주려고 합니다. 물음에 답하세요.

(1) 6의 약수 ➡ □, □, □, □

18의 약수 ➡ □, □, □, □, □, □

(2) 6과 18의 공약수 ➡ □, □, □, □

6과 18의 최대공약수 ➡ □

(3) 사과 6개와 딸기 18개를 최대 □명에게 똑같이 나누어 줄 수 있습니다.

정답과 풀이 11쪽

5 두 수의 공약수 중 가장 큰 수는 최대공약수라고 해.

● **최대공약수 구하기**

방법 1 두 수의 곱으로 나타낸 곱셈식 이용하기

$8 = 1 \times 8$　　　$12 = 1 \times 12$

$8 = 2 \times 4$　　　$12 = 2 \times 6$　➡ 최대공약수 4

$12 = 3 \times 4$

공통으로 들어 있는 수 중 가장 큰 수를 찾습니다.

방법 2 여러 수의 곱으로 나타낸 곱셈식 이용하기

$8 = 2 \times 2 \times 2$

$12 = 2 \times 2 \times 3$

➡ 최대공약수 $2 \times 2 = 4$

공통으로 들어 있는 곱셈식을 찾습니다.

방법 3 공약수로 나누기

$$\begin{array}{r|rr} 2 & 8 & 12 \\ \hline 2 & 4 & 6 \\ \hline & 2 & 3 \end{array}$$

$2 \otimes 2$ → 최대공약수 4

나눈 공약수들을
모두 곱하여
최대공약수를 구해.

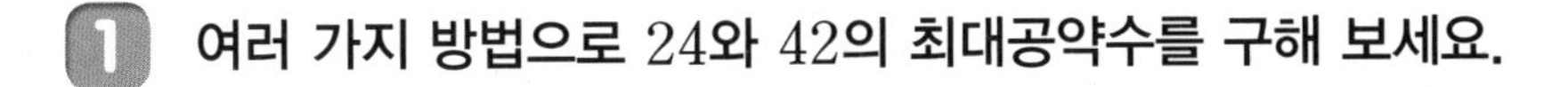

1 여러 가지 방법으로 24와 42의 최대공약수를 구해 보세요.

(1) $24 = \square \times 12 = 2 \times \square \times 4$

$42 = \square \times 21 = 2 \times \square \times 7$

➡ $\square \times \square = \square$ (최대공약수)

(2)

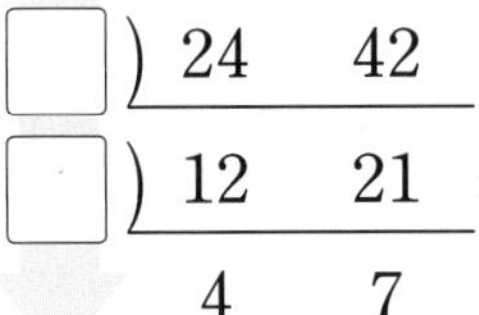

$$\begin{array}{r|rr} \square & 24 & 42 \\ \hline \square & 12 & 21 \\ \hline & 4 & 7 \end{array}$$

$\square$ 최대공약수

6 두 수의 배수 중 공통된 수는 공배수라고 해.

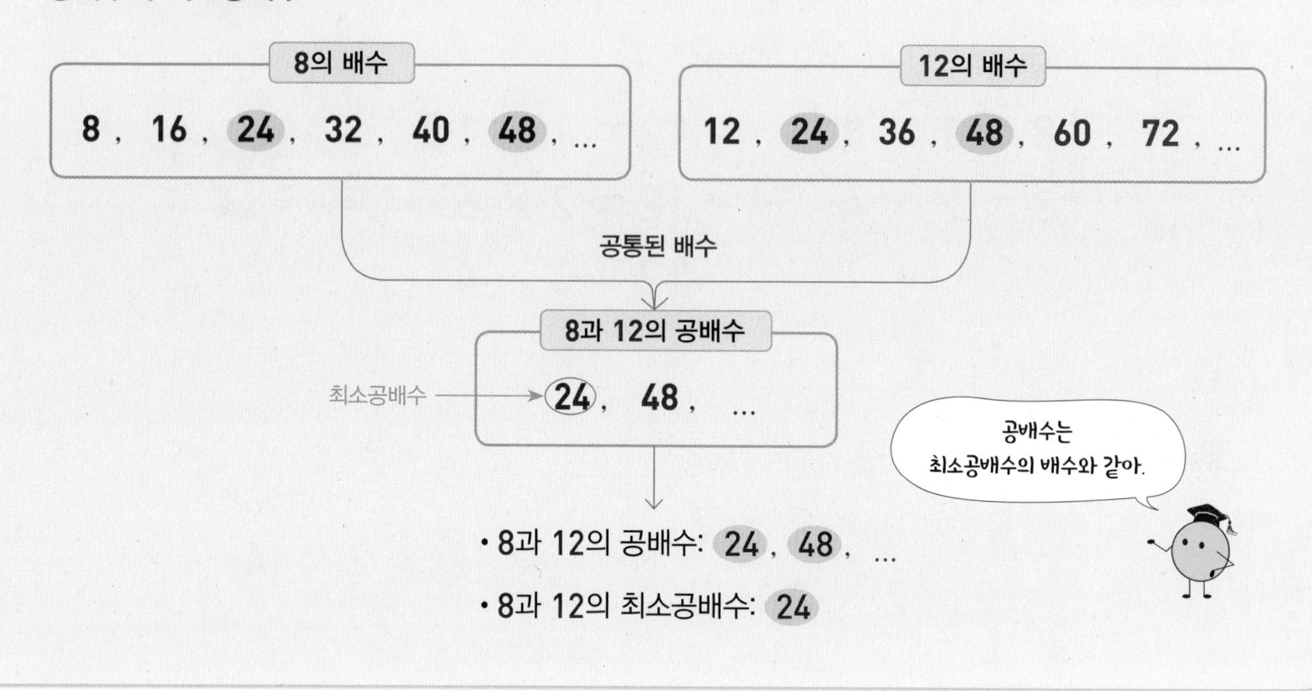

1 민서는 2의 배수에, 준호는 3의 배수에 색칠하고 있습니다. 물음에 답하세요.

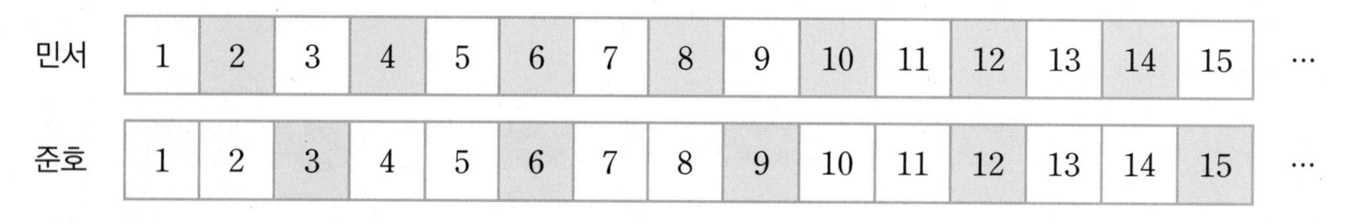

민서	1	2	3	4	5	6	7	8	9	10	11	12	13	14	15	…
준호	1	2	3	4	5	6	7	8	9	10	11	12	13	14	15	…

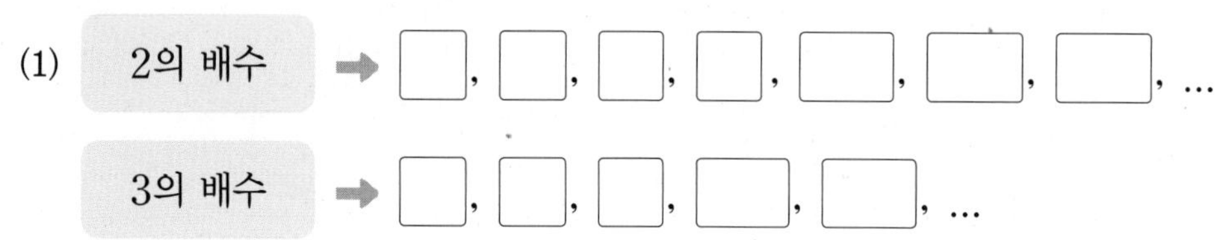

(1) 2의 배수 ➡ ☐, ☐, ☐, ☐, ☐, ☐, ☐, …

3의 배수 ➡ ☐, ☐, ☐, ☐, ☐, …

(2) 2와 3의 공배수 ➡ ☐, ☐, …

2와 3의 최소공배수 ➡ ☐

(3) 민서와 준호가 공통으로 색칠하게 되는 수 중 가장 작은 수는 ☐입니다.

정답과 풀이 11쪽

7 두 수의 공배수 중 가장 작은 수는 최소공배수라고 해.

● **최소공배수 구하기**

방법 1 두 수의 곱으로 나타낸 곱셈식 이용하기

$8 = 1 \times 8$

$8 = 2 \times 4$

$12 = 1 \times 12$

$12 = 2 \times 6$

$12 = 3 \times 4$

두 수의 최대공약수가 들어 있는 식을 찾습니다.

➡ $2 \times 3 \times 4 = 24$ (최소공배수)

최대공약수인 4와 나머지 수 2, 3을 곱합니다.

방법 2 여러 수의 곱으로 나타낸 곱셈식 이용하기

$8 = 2 \times 2 \times 2$

$12 = 2 \times 2 \times 3$

➡ $2 \times 2 \times 2 \times 3 = 24$ (최소공배수)

방법 3 공약수로 나누기

$$\begin{array}{r|rr} 2 & 8 & 12 \\ \hline 2 & 4 & 6 \\ \hline & 2 & 3 \end{array}$$

$2 \times 2 \times 2 \times 3$ ➡ 최소공배수 24

나눈 공약수와 남은 몫을 모두 곱하여 최소공배수를 구해.

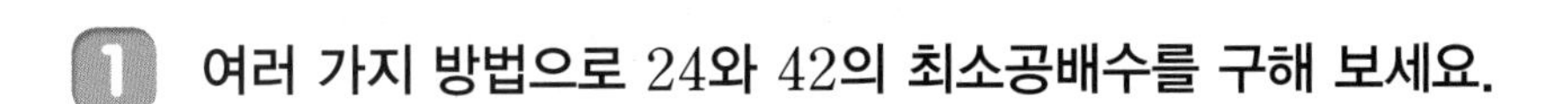

1 여러 가지 방법으로 24와 42의 최소공배수를 구해 보세요.

(1) $24 = \square \times 12 = 2 \times \square \times 4$

$42 = \square \times 21 = 2 \times \square \times 7$

➡ $\square \times \square \times \square \times \square = \square$ (최소공배수)

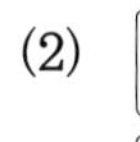

(2)

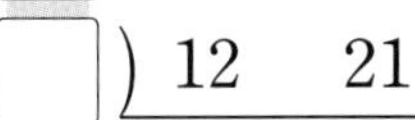

$$\begin{array}{r|rr} \square & 24 & 42 \\ \hline \square & 12 & 21 \\ \hline & \square & \square \end{array}$$

➡ $\square$ 최소공배수

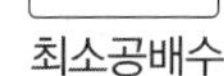

4 공약수와 최대공약수

1 18의 약수와 27의 약수를 나타낸 그림입니다. 18과 27의 공약수와 최대공약수를 구해 보세요.

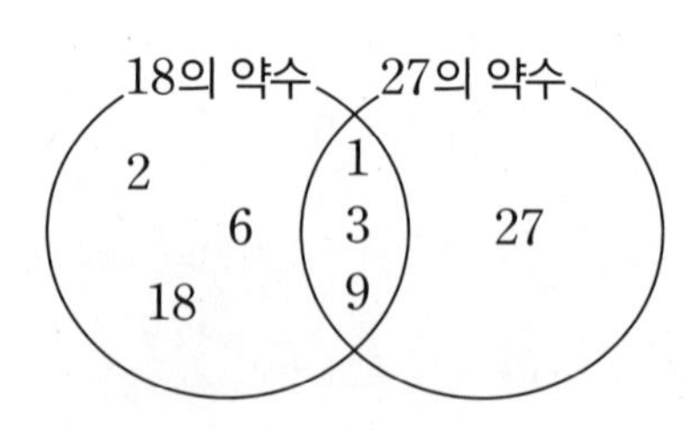

공약수 ➡ ____________

최대공약수 ➡ ____________

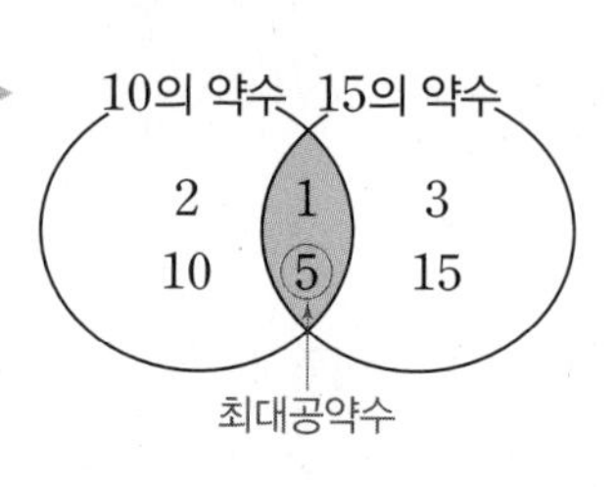

2 빈칸에 20과 30의 약수를 모두 써넣고, 20과 30의 공약수와 최대공약수를 구해 보세요.

20의 약수	
30의 약수	

공약수 ➡ ____________

최대공약수 ➡ ____________

▶ 두 수의 약수 중 같은 수는?

3 16과 20의 공약수는 모두 몇 개인지 구해 보세요.

( )

4 어떤 두 수의 최대공약수가 다음과 같을 때 두 수의 공약수를 모두 구해 보세요.

(1) 15 ➡ ____________

(2) 24 ➡ ____________

▶ 두 수의 공약수가 1, 2, 3, 6일 때
⬇
최대공약수: 6
⬇
최대공약수의 약수: 1, 2, 3, 6

정답과 풀이 12쪽

5 **공약수와 최대공약수에 대해 잘못 설명한 것을 찾아 기호를 써 보세요.**

㉠ 두 수의 공약수 중 가장 작은 수는 1입니다.
㉡ 두 수의 공약수 중 가장 큰 수를 최대공약수라고 합니다.
㉢ 두 수의 최대공약수의 약수는 두 수의 공약수와 같습니다.
㉣ 약수와 배수의 관계인 두 수의 최대공약수는 두 수 중 큰 수입니다.

(　　　　　　　　)

▶ 약수와 배수의 관계인 두 수 5와 15의 최대공약수를 생각해 볼까?

6 **자 12개와 지우개 32개를 최대한 여러 모둠에게 남김없이 똑같이 나누어 주려고 합니다. 한 모둠에 자와 지우개를 각각 몇 개씩 줄 수 있을까요?**

① 12와 32의 공약수는 □, □, □이므로 최대공약수는 □입니다.

② 자 12개와 지우개 32개를 최대 □모둠에게 똑같이 나누어 줄 수 있습니다.

③ 한 모둠에 자를 □개씩, 지우개를 □개씩 줄 수 있습니다.

▶ '최대한', '가능한 많이'라는 말이 나오면 최대공약수!

2

모든 수의 공약수인 수가 있을까?

1의 약수 ➡ 1
2의 약수 ➡ □, 2
3의 약수 ➡ □, 3
4의 약수 ➡ □, 2, 4
5의 약수 ➡ □, 5
6의 약수 ➡ □, 2, 3, 6
7의 약수 ➡ □, 7
8의 약수 ➡ □, 2, 4, 8

'1'은 모든 수를
나누어떨어지게 하므로
모든 수의 공약수야.

➡ 1은 모든 수의 약수이므로 어떤 둘 이상의 수의 공약수에는 반드시 □이 포함됩니다.

5 최대공약수 구하기

7 54와 42를 두 수의 곱으로 나타낸 곱셈식을 이용하여 최대공약수를 구하려고 합니다. □ 안에 알맞은 수를 써넣으세요.

▶ ●=■×▲ ★=■×◆
➡ ■는 ●와 ★의 공약수

$54=1\times54$	$42=1\times42$
$54=\square\times27$	$42=\square\times21$
$54=\square\times18$	$42=\square\times14$
$54=\square\times9$	$42=\square\times7$

최대공약수: □

8 16과 56을 여러 수의 곱으로 나타낸 곱셈식을 이용하여 최대공약수를 구하려고 합니다. □ 안에 알맞은 수를 써넣으세요.

▶ 공통으로 들어 있는 곱셈식은?

$16=2\times2\times2\times\square$
$56=2\times2\times\square\times\square$

➡ 최대공약수: □

9 □ 안에 알맞은 수를 써넣으세요.

▶ 두 수의 공약수 중 1을 제외하고 가장 작은 수부터 차례로 나누는 것이 쉬워.

(1)
```
□ ) 18   30
□ )  9   15
     □    □
```
최대공약수: □

(2)
```
□ ) 70   28
□ ) 35   14
     □    □
```
최대공약수: □

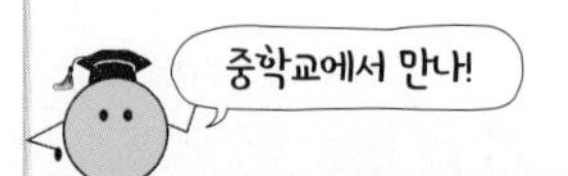

소인수분해 알아보기

- 인수: $6=2\times3$에서 2와 3
- 소인수: 어떤 자연수의 인수 중 소수인 수
  6의 소인수는 2와 3

➡ 소인수분해는 자연수를 소인수들만의 곱으로 나타낸 것

➕ 여러 가지 방법으로 최대공약수를 구해 보세요.

① 소인수분해 이용

$12=2\times2\times3$
$18=2\times3\times3$

최대공약수: $2\times3=\square$

② 나눗셈 이용

```
□ ) 12   18
□ )  6    9
     2    3
```
□ 최대공약수

10 24와 32의 최대공약수를 구해 보세요.

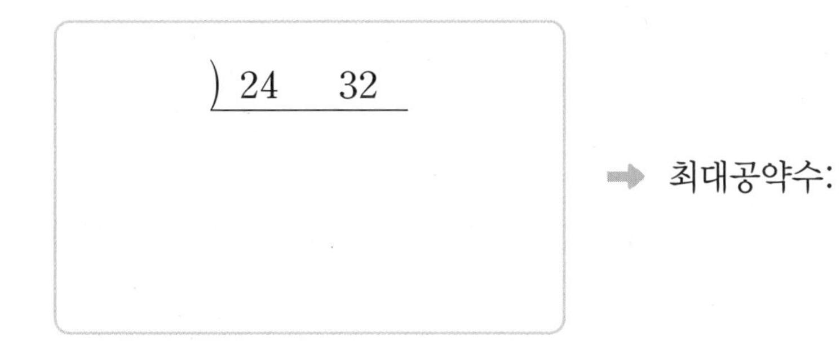

➡ 최대공약수: □

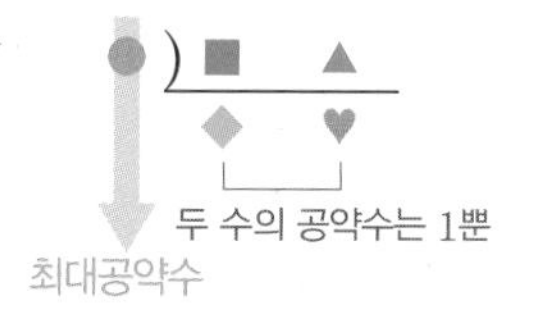

11 두 수의 최대공약수를 구한 다음 공약수를 모두 구해 보세요.

▶ 두 수의 공약수는 두 수의 최대공약수의 약수와 같아.

두 수	최대공약수	공약수
(27, 63)		
(42, 98)		

내가 만드는 문제

12 보기 에서 두 수를 골라 □ 안에 써넣고 두 수의 최대공약수를 구해 보세요.

▶ 두 수의 공약수로 나누어야 해.

보기

60 72 45 18 36 30

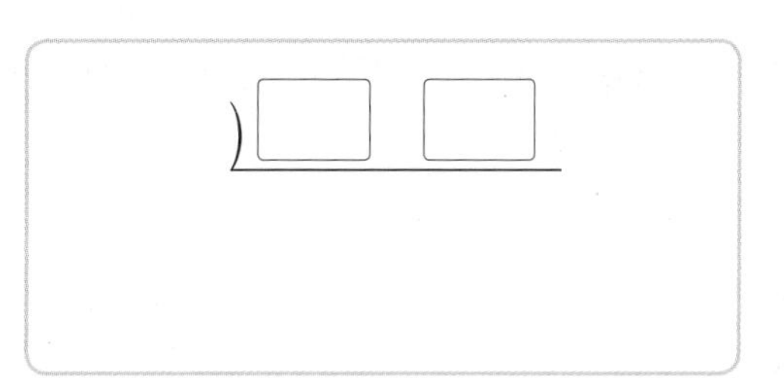

최대공약수: □

) ___ 는 도대체 무슨 기호일까?

| 2)12 → 6 | 2)18 → 9 |

➡ 2) 12 18 / 3) 6 □ / □ □

13 6의 배수와 9의 배수를 나타낸 그림입니다. 6과 9의 공배수와 최소공배수를 구해 보세요.

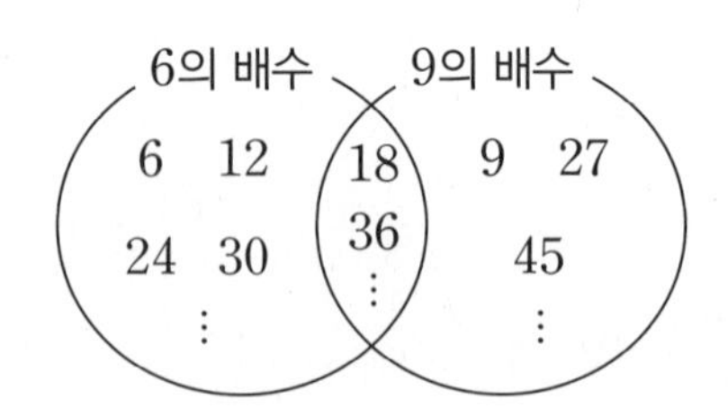

공배수 ➡ ☐, ☐, ...

최소공배수 ➡ ☐

▶
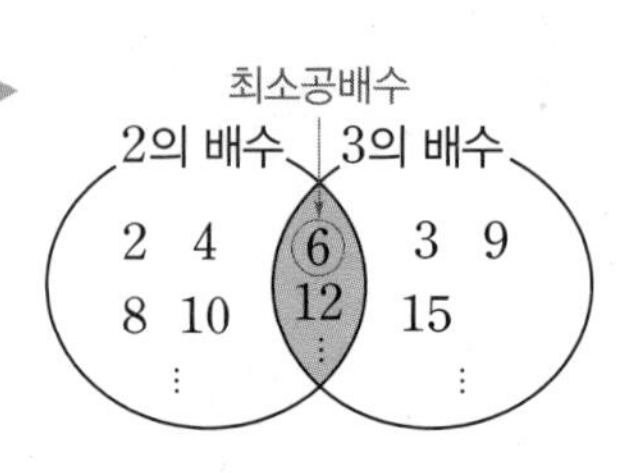

14 빈칸에 4와 6의 배수를 가장 작은 수부터 6개씩 써넣고, 4와 6의 공배수와 최소공배수를 구해 보세요.

4의 배수	
6의 배수	

공배수 ➡ ☐, ☐, ...

최소공배수 ➡ ☐

▶ 두 수의 배수 중 같은 수는?

15 어떤 두 수의 최소공배수가 다음과 같을 때 두 수의 공배수를 가장 작은 수부터 4개 써 보세요.

(1) 16 ➡

(2) 21 ➡

▶ 두 수의 공배수가 2, 4, 6, 8, ... 일 때
⬇
최소공배수: 2
⬇
최소공배수의 배수: 2, 4, 6, 8, ...

16 공배수와 최소공배수에 대해 바르게 설명한 것에 ○표, 잘못 설명한 것에 ×표 하세요.

(1) 두 수의 공배수는 두 수의 최소공배수의 배수와 같습니다.
( )

(2) 약수와 배수의 관계인 두 수의 최소공배수는 두 수 중 작은 수입니다.
( )

(3) 두 수의 공배수 중 가장 작은 수는 항상 두 수의 곱입니다.
( )

▶ 3과 9의 최소공배수 ➡ 9
3과 9의 곱 ➡ 27
VS
4와 5의 최소공배수 ➡ 20
4와 5의 곱 ➡ 20

17 두 수의 최소공배수가 더 큰 것을 찾아 기호를 써 보세요.

㉠ (3, 9)　　㉡ (6, 4)

(　　　　　　　　)

18 다음과 같이 하영이와 민준이가 규칙에 따라 각각 구슬을 놓을 때 빨간색 구슬이 처음으로 나란히 놓이는 곳은 몇 번째일까요?

▶ 빨간색 구슬은 몇의 배수마다 놓일까?

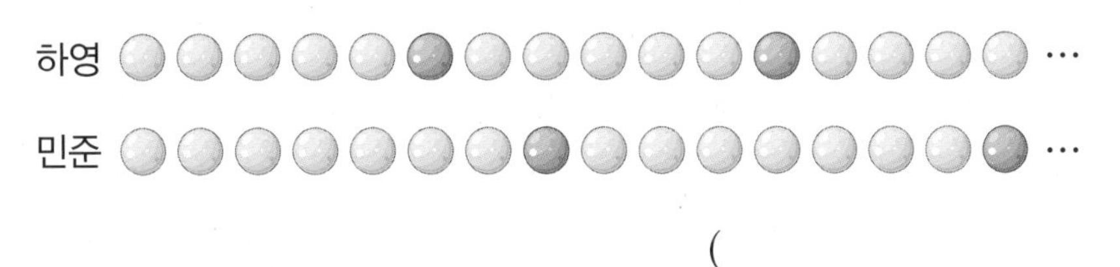

(　　　　　　　　)

내가 만드는 문제

19 □ 안에 수를 자유롭게 정하여 써넣고 두 수의 공배수와 최소공배수를 구해 보세요. (단, 공배수는 가장 작은 수부터 3개만 써 보세요.)

▶ 먼저 두 수의 배수를 각각 구해 봐.

30과 □의 ─ 공배수 ➡ ....
　　　　　└ 최소공배수 ➡ ....

최소공약수, 최대공배수도 구할 수 있을까?

● 최소공약수

10) 20　50
　　 2　 5

1, 2, 5, 10
최소공약수　최대공약수

➡ 최소공약수는 항상 □ 입니다.

● 최대공배수

10) 20　50
　　 2　 5

100, 200, 300, ...
최소공배수

➡ 공배수는 셀 수 없이 많으므로
최대공배수는 구할 수 (있습니다 , 없습니다).

7 최소공배수 구하기

20 32와 28을 두 수의 곱으로 나타낸 곱셈식을 이용하여 최소공배수를 구하려고 합니다. □ 안에 알맞은 수를 써넣으세요.

$32 = \square \times 32$　　$28 = \square \times 28$

$32 = \square \times 16$　　$28 = \square \times 14$

$32 = \square \times 8$　　$28 = \square \times 7$

최소공배수: $\square \times \square \times \square = \square$

▶ $8 = 1 \times 8$　$10 = 1 \times 10$
$8 = 2 \times 4$　$10 = 2 \times 5$
➡ 최소공배수: $2 \times 4 \times 5 = 40$

21 30과 42를 여러 수의 곱으로 나타낸 곱셈식을 이용하여 최소공배수를 구하려고 합니다. □ 안에 알맞은 수를 써넣으세요.

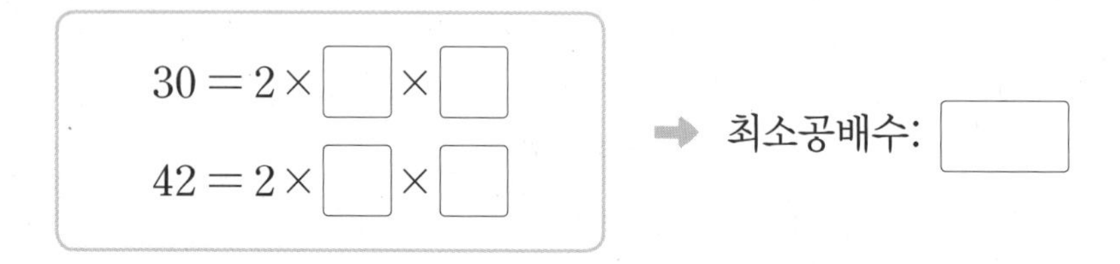

$30 = 2 \times \square \times \square$

$42 = 2 \times \square \times \square$

➡ 최소공배수: □

▶ 공통으로 들어 있는 곱셈식은?

22 □ 안에 알맞은 수를 써넣으세요.

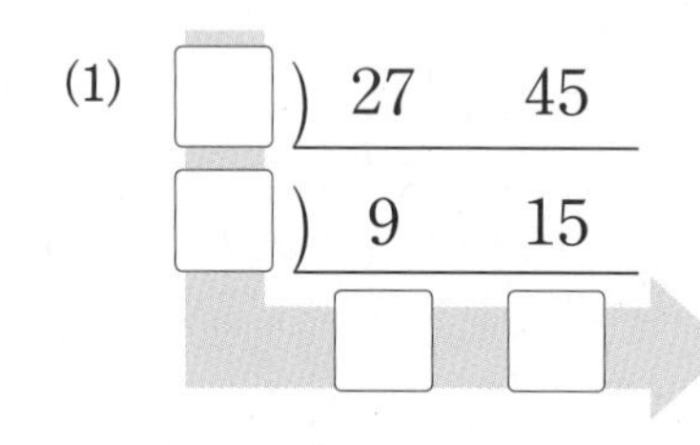

(1)
□) 27　45
□) 9　15
　　□　□

최소공배수: □

(2)
□) 60　50
□) 30　25
　　□　□

최소공배수: □

▶ 최소공배수를 구할 때는 나눈 공약수들과 밑에 남은 몫도 모두 곱해.

➕ 여러 가지 방법으로 최소공배수를 구해 보세요.

① 소인수분해 이용

$18 = 2 \times 3^2$

$24 = 2^3 \times 3$

최소공배수: $2^3 \times 3^2 = 72$

$3^2 = 3 \times \square$

$2^3 = 2 \times 2 \times 2$

② 나눗셈 이용

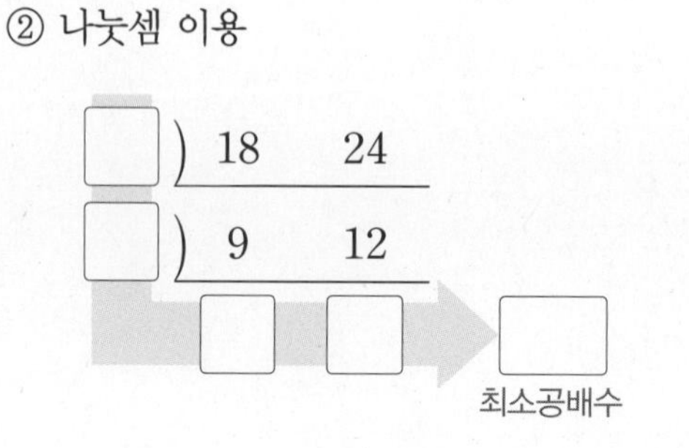

□) 18　24
□) 9　12
　　□　□　→ □

최소공배수

거듭제곱 알아보기

초등 $2+2+2 = 2 \times 3$
같은 수의 덧셈을 곱셈으로 표현

중등 $2 \times 2 \times 2 = 2^3$
같은 수의 곱셈을 거듭제곱으로 표현

➡ 거듭제곱은 같은 수를 거듭하여 곱한 것

곱해진 개수만큼

$2 \times 2 \times 2 = 2^3$ ← 지수, 밑
└ 2가 3번 ┘

23 72와 54의 최소공배수를 구해 보세요.

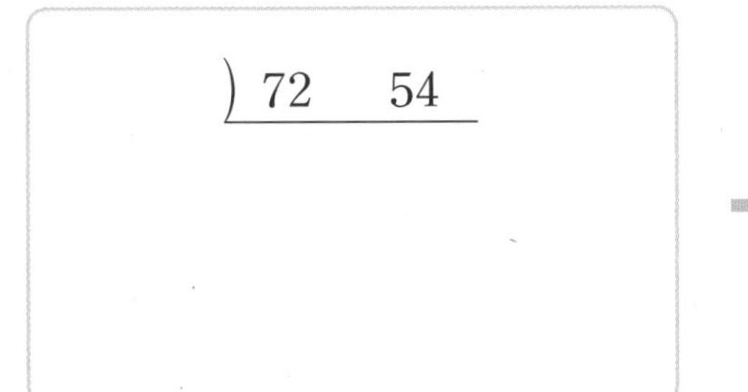

➡ 최소공배수: ☐

▶ ●) ■ ▲ / ◆ ♥ ➡ 최소공배수
두 수의 공약수는 1뿐

24 두 수의 최소공배수를 구한 다음 공배수를 구해 보세요. (단, 공배수는 가장 작은 수부터 4개만 써 보세요.)

두 수	최소공배수	공배수
(25, 10)		
(36, 24)		

▶ 두 수의 공배수는 두 수의 최소공배수의 배수와 같아.

내가 만드는 문제

25 최대공약수가 12인 두 수를 ☐ 안에 써넣고, 두 수의 최소공배수를 구해 보세요.

12) ☐ ☐
☐ ☐

➡ 최소공배수: ☐

▶ 남은 몫을 먼저 정해 봐.
●) ■ / ◆ ➡ ●×◆=■

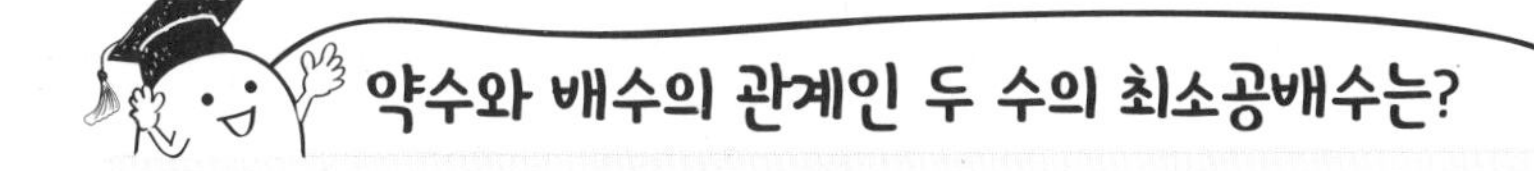

- 7과 49의 최소공배수

7) 7 49
⊗ 1 ⊗ 7 ➡ ☐ 최소공배수

- 15와 45의 최소공배수

3) 15 45
⊗ 5) 5 15
⊗ 1 ⊗ 3 ➡ ☐ 최소공배수

➡ 약수와 배수의 관계인 두 수의 최소공배수는 두 수 중 (작은 수 , 큰 수)입니다.

발전 문제

① ■번째 배수 구하기

1 준비

3의 배수를 가장 작은 수부터 차례로 4개 써 보세요.

(　　　　　　　　　　)

2 확인

어떤 수의 배수를 가장 작은 수부터 차례로 나열했습니다. □ 안에 알맞은 수를 써넣으세요.

7, 14, 21, □, 35, 42, □, ...

3 완성

어떤 수의 배수를 가장 작은 수부터 차례로 나열했습니다. 22번째 수를 구해 보세요.

9, 18, 27, 36, ...

(　　　　　　　　　　)

② 조건을 만족하는 수 구하기

4 준비

조건을 모두 만족하는 수를 구해 보세요.

- 28의 약수입니다.
- 1보다 큰 홀수입니다.

(　　　　　　　　　　)

5 확인

조건을 모두 만족하는 수를 구해 보세요.

- 15와 25의 공배수입니다.
- 200에 가장 가까운 수입니다.

(　　　　　　　　　　)

6 완성

조건을 모두 만족하는 수를 구해 보세요.

- 5보다 크고 30보다 작습니다.
- 5의 배수입니다.
- 45의 약수입니다.

(　　　　　　　　　　)

3 나누는 어떤 수 구하기

7 준비

25를 어떤 수로 나누면 나머지가 4입니다. 어떤 수가 될 수 있는 자연수를 모두 구해 보세요.

(　　　　　　　　)

8 확인

54와 63을 어떤 수로 나누면 모두 나누어떨어집니다. 어떤 수가 될 수 있는 자연수를 모두 구해 보세요.

(　　　　　　　　)

9 완성

59를 어떤 수로 나누면 나머지가 3이고, 34를 어떤 수로 나누면 나머지가 2입니다. 어떤 수가 될 수 있는 자연수 중에서 가장 큰 수를 구해 보세요.

(　　　　　　　　)

4 최대공약수를 이용하여 두 수 구하기

10 준비

㉠과 ㉡을 두 수의 곱으로 나타낸 곱셈식을 보고 ㉠과 ㉡의 최대공약수를 구해 보세요.

㉠ $=1\times15$　　㉠ $=3\times5$

㉡ $=1\times21$　　㉡ $=3\times7$

(　　　　　　　　)

11 확인

㉠과 ㉡의 최대공약수가 10일 때 □ 안에 알맞은 수 중에서 가장 작은 수를 써넣으세요.

㉠ $=$ □ $\times5\times7$

㉡ $=2\times3\times$ □

12 완성

㉠과 ㉡의 최대공약수가 15일 때 ㉠과 ㉡을 각각 구해 보세요.

★) ㉠　㉡

●) 10　15

　　2　3

㉠ (　　　　　　　　)

㉡ (　　　　　　　　)

5 최대공약수의 활용

13 준비

12와 32를 모두 나누어떨어지게 하는 자연수 중에서 가장 큰 수를 구해 보세요.

( )

14 확인

가로가 60 cm, 세로가 45 cm인 직사각형 모양의 종이를 크기가 같은 정사각형 여러 개로 남는 부분 없이 자르려고 합니다. 잘라 만들 수 있는 가장 큰 정사각형의 한 변의 길이는 몇 cm일까요?

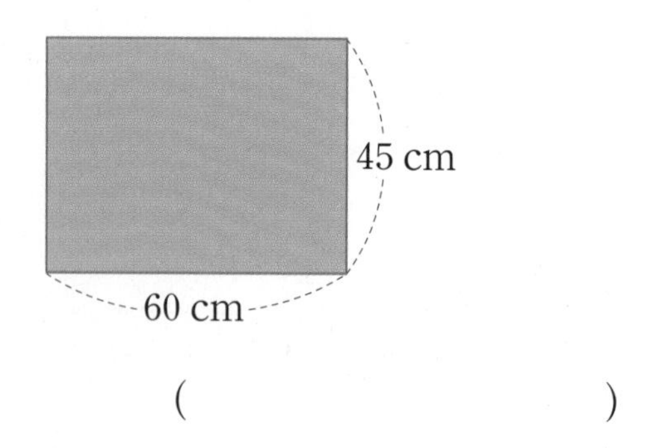

( )

15 완성

연필 24자루와 볼펜 32자루를 최대한 많은 학생에게 남김없이 똑같이 나누어 주려고 합니다. 한 학생에게 연필과 볼펜을 각각 몇 자루씩 줄 수 있을까요?

연필 ( )

볼펜 ( )

6 최소공배수의 활용

16 준비

8의 배수도 되고 12의 배수도 되는 수 중에서 가장 작은 수를 구해 보세요.

( )

17 확인

가로가 10 cm, 세로가 25 cm인 직사각형 모양의 종이를 겹치지 않게 늘어놓아 가장 작은 정사각형을 만들었습니다. 만든 정사각형의 한 변의 길이는 몇 cm일까요?

( )

18 완성

수지는 9일마다 운동을 하고, 유리는 15일마다 운동을 합니다. 수지와 유리가 오늘 같이 운동을 하였다면 며칠 뒤에 처음으로 다시 같이 운동을 하게 될까요?

( )

단원 평가

점수 확인

1 □ 안에 알맞은 수를 써넣으세요.

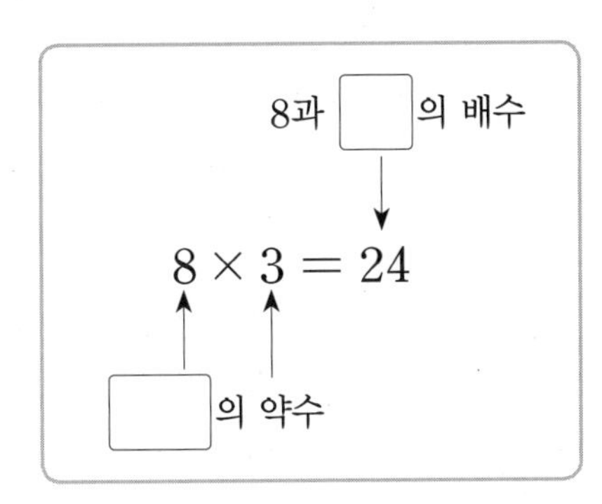

2 약수를 구해 보세요.

(1) 49의 약수

( )

(2) 27의 약수

( )

3 8의 배수를 모두 찾아 ○표 하세요.

32	10	26	81	56

4 16과 40을 두 수의 곱으로 나타낸 곱셈식을 보고 16과 40의 공약수와 최대공약수를 구해 보세요.

$16 = 1 \times 16$ $\quad 40 = 1 \times 40$

$16 = 2 \times 8$ $\quad 40 = 2 \times 20$

$16 = 4 \times 4$ $\quad 40 = 4 \times 10$

$40 = 5 \times 8$

공약수 ( )

최대공약수 ( )

5 28과 70을 여러 수의 곱으로 나타낸 곱셈식을 이용하여 최대공약수를 구하려고 합니다. □ 안에 알맞은 수를 써넣으세요.

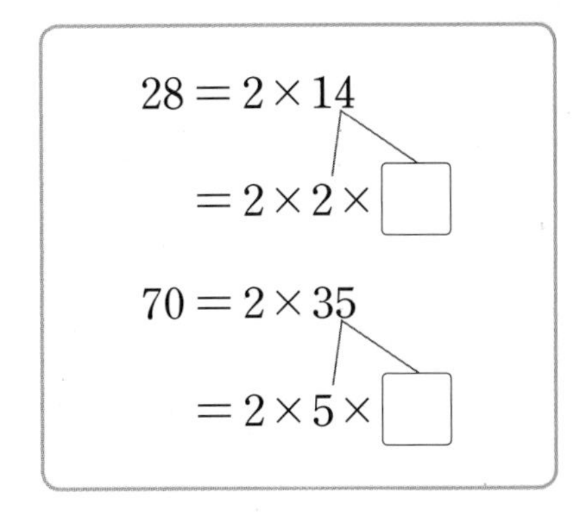

최대공약수: □ × □ = □

6 60과 84의 최소공배수를 구해 보세요.

2) 60 84
2) 30 42
3) 15 21
5 7

( )

7 두 수가 약수와 배수의 관계인 것을 찾아 기호를 써 보세요.

㉠ (2, 11) ㉡ (5, 37)

㉢ (14, 56) ㉣ (18, 80)

( )

8 다음 중 약수의 개수가 가장 적은 것을 찾아 ○표 하세요.

54	81	45

9 두 수의 최대공약수와 최소공배수를 구해 보세요.

42	66

최대공약수 (　　　　　　　　)
최소공배수 (　　　　　　　　)

10 어떤 두 수의 최소공배수는 28입니다. 이 두 수의 공배수를 가장 작은 수부터 차례로 3개 써 보세요.

(　　　　　　　　)

11 어떤 수의 배수를 가장 작은 수부터 차례로 쓴 것입니다. 15번째 수를 구해 보세요.

7, 14, 21, 28, 35, ...

(　　　　　　　　)

12 바르게 설명한 것을 모두 찾아 기호를 써 보세요.

㉠ 6의 배수는 모두 3의 배수입니다.
㉡ 14의 약수는 2와 7뿐입니다.
㉢ 8과 12는 약수와 배수의 관계입니다.
㉣ 15는 15의 약수이면서 배수입니다.

(　　　　　　　　)

13 어떤 두 수의 최대공약수가 120일 때 두 수의 공약수는 모두 몇 개인지 구해 보세요.

(　　　　　　　　)

14 조건을 모두 만족하는 수를 구해 보세요.

- 72의 약수입니다.
- 4보다 크고 40보다 작습니다.
- 2의 배수가 아닙니다.

(　　　　　　　　)

15 직사각형 모양의 종이를 크기가 같은 정사각형 여러 개로 남는 부분 없이 자르려고 합니다. 잘라 만들 수 있는 가장 큰 정사각형의 한 변의 길이는 몇 cm일까요?

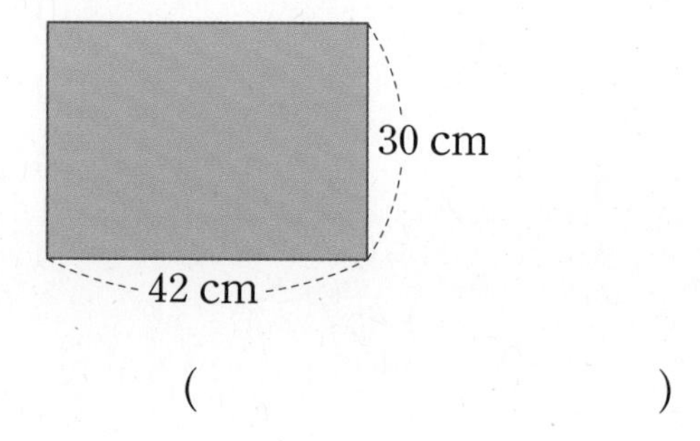

(　　　　　　　　)

16 ㉠과 ㉡의 최대공약수가 9일 때 ㉠과 ㉡을 각각 구해 보세요.

▲)	㉠	㉡
♥)	15	21
	5	7

㉠ (　　　　　　　　)

㉡ (　　　　　　　　)

17 15와 33을 어떤 수로 나누면 모두 나머지가 3입니다. 어떤 수가 될 수 있는 자연수를 구해 보세요.

(　　　　　　　　)

18 사탕 72개와 젤리 45개를 최대한 많은 학생에게 남김없이 똑같이 나누어 주려고 합니다. 한 학생에게 사탕과 젤리를 각각 몇 개씩 줄 수 있을까요?

사탕 (　　　　　　　　)

젤리 (　　　　　　　　)

정답과 풀이 15쪽

술술 서술형

19 50보다 크고 100보다 작은 수 중에서 9의 배수는 모두 몇 개인지 풀이 과정을 쓰고 답을 구해 보세요.

풀이 ....

답 ....

20 어느 기차역에서 부산행은 30분마다, 목포행은 45분마다 출발합니다. 오전 9시에 부산행 기차와 목포행 기차가 동시에 출발했다면 다음번에 동시에 출발하는 시각은 오전 몇 시 몇 분인지 풀이 과정을 쓰고 답을 구해 보세요.

풀이 ....

답 ....

2

3 규칙과 대응

다이어트 계획표
1주차 2주차 3주차 4주차 5주차 …
몸무게 (kg) 60 58 56 54 52 …
어휴... 또 오늘까지??
오늘까지만 먹고
1주일에 2kg씩 빼면 돼!
초코과자
콜라

대응 관계를 식으로 나타낼 수 있어!

	□의 수(개)	○의 수(개)
	1	2
	2	3
	3	4
	4	5
⋮	⋮	⋮

○의 수는 □의 수보다
한 개 더 많구나!

(□의 수) + 1 = (○의 수)

1 한 양이 변할 때 다른 양이 그에 따라 변하는 관계가 대응이야.

● **탁자의 수와 의자의 수 사이의 대응 관계 알아보기**

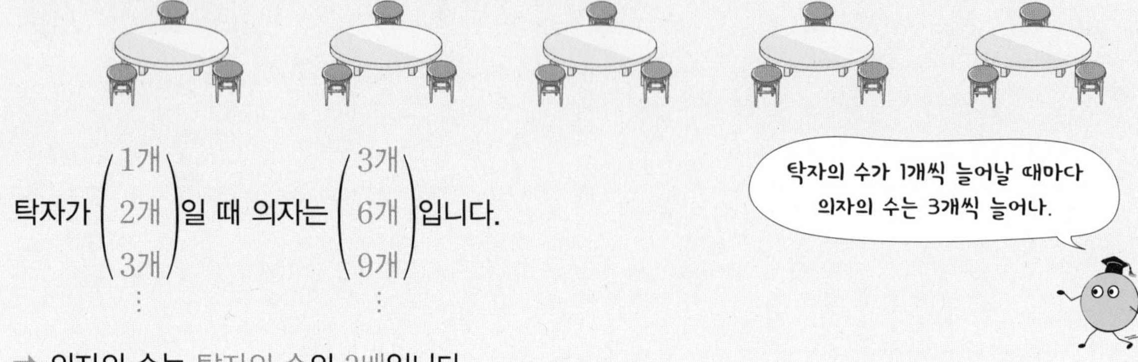

탁자가 (1개, 2개, 3개, ⋮)일 때 의자는 (3개, 6개, 9개, ⋮)입니다.

➡ 의자의 수는 탁자의 수의 3배입니다.

➡ 탁자의 수는 의자의 수를 3으로 나눈 것과 같습니다.

● **마름모의 수와 삼각형의 수 사이의 대응 관계 알아보기**

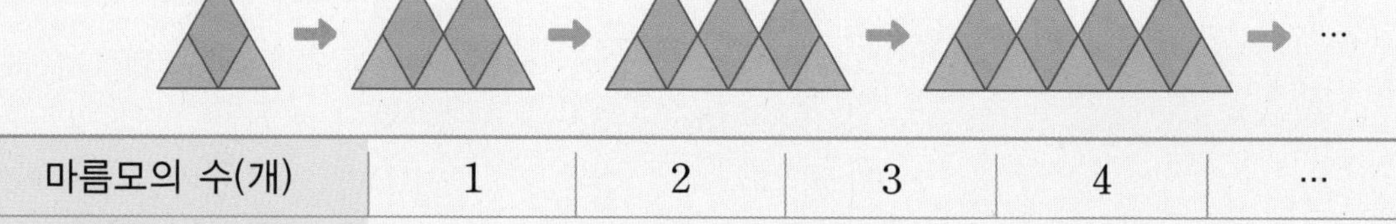

마름모의 수(개)	1	2	3	4	…
삼각형의 수(개)	2	3	4	5	…

➡ 삼각형의 수는 마름모의 수보다 1개 많습니다.

➡ 마름모의 수는 삼각형의 수보다 1개 적습니다.

1 삼각형의 수와 원의 수 사이의 대응 관계를 알아보려고 합니다. 물음에 답하세요.

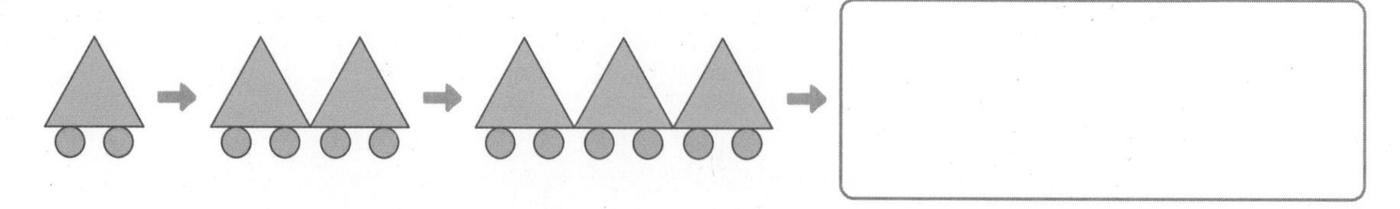

(1) 빈칸에 삼각형과 원을 알맞게 그려 보세요.

(2) 삼각형의 수가 1개씩 늘어날 때마다 원의 수는 ☐개씩 늘어납니다.

(3) 원의 수는 삼각형의 수의 ☐배입니다.

(4) 삼각형의 수는 원의 수를 ☐(으)로 나눈 것과 같습니다.

2 자동차의 수와 바퀴의 수 사이의 대응 관계를 알아보려고 합니다. 물음에 답하세요.

(1) 자동차의 수와 바퀴의 수가 어떻게 변하는지 표를 이용하여 알아보세요.

자동차의 수(대)	1	2	3	4	5	…
바퀴의 수(개)	4					…

(2) 자동차의 수와 바퀴의 수 사이에는 어떤 대응 관계가 있는지 □ 안에 알맞은 수를 써넣으세요.

- 바퀴의 수는 자동차의 수의 □배입니다.
- 자동차의 수는 바퀴의 수를 □(으)로 나눈 것과 같습니다.

3 사각형과 원으로 규칙적인 배열을 만들고 있습니다. 물음에 답하세요.

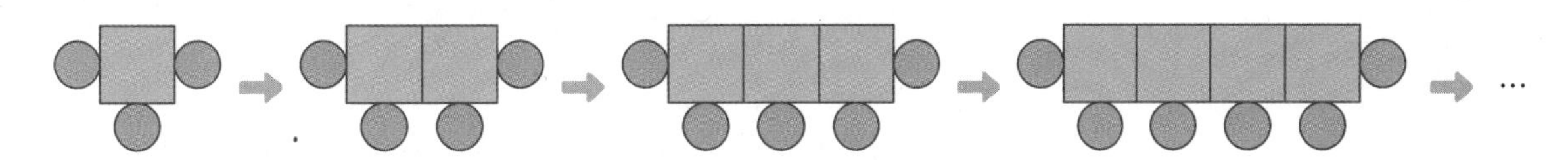

(1) 위 배열에서 변하는 부분과 변하지 않는 부분을 생각하며 사각형의 수와 원의 수가 어떻게 변하는지 표를 이용하여 알아보세요.

사각형의 수(개)	1	2	3	4	…
원의 수(개)					…

(2) 사각형의 수와 원의 수 사이에는 어떤 대응 관계가 있는지 □ 안에 알맞은 수를 써넣고, 알맞은 말에 ○표 하세요.

- 원의 수는 사각형의 수보다 □개 (적습니다 , 많습니다).
- 사각형의 수는 원의 수보다 □개 (적습니다 , 많습니다).

(3) 사각형이 6개일 때 원은 몇 개 필요할까요? ( )

2 대응 관계를 식으로 나타낼 수 있어.

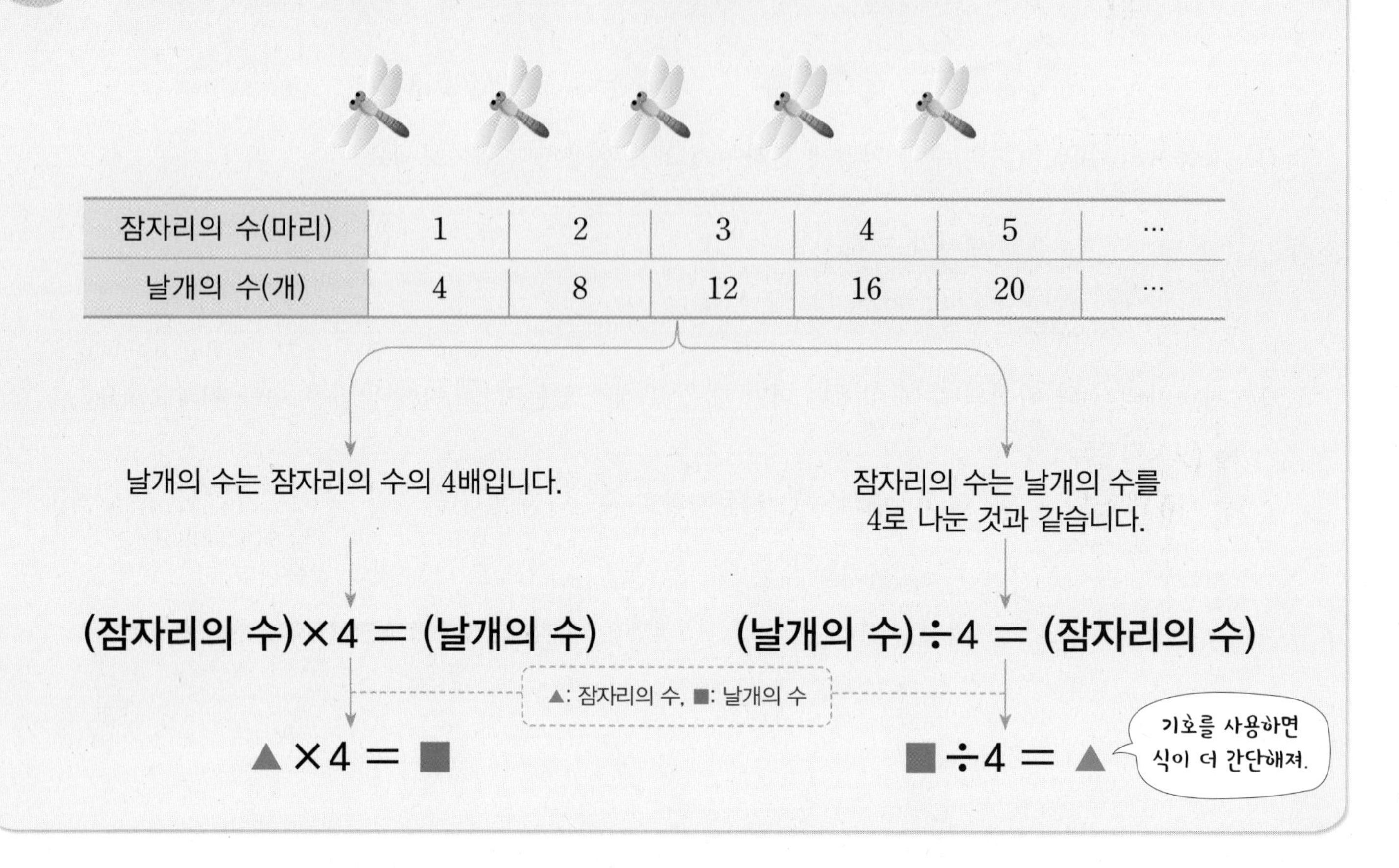

잠자리의 수(마리)	1	2	3	4	5	…
날개의 수(개)	4	8	12	16	20	…

날개의 수는 잠자리의 수의 4배입니다.

잠자리의 수는 날개의 수를 4로 나눈 것과 같습니다.

(잠자리의 수)×4 = (날개의 수)

(날개의 수)÷4 = (잠자리의 수)

▲: 잠자리의 수, ■: 날개의 수

▲×4 = ■

■÷4 = ▲

1 달걀판의 수와 달걀의 수 사이의 대응 관계를 알아보려고 합니다. 물음에 답하세요.

(1) 달걀판의 수와 달걀의 수 사이의 대응 관계를 표를 이용하여 알아보세요.

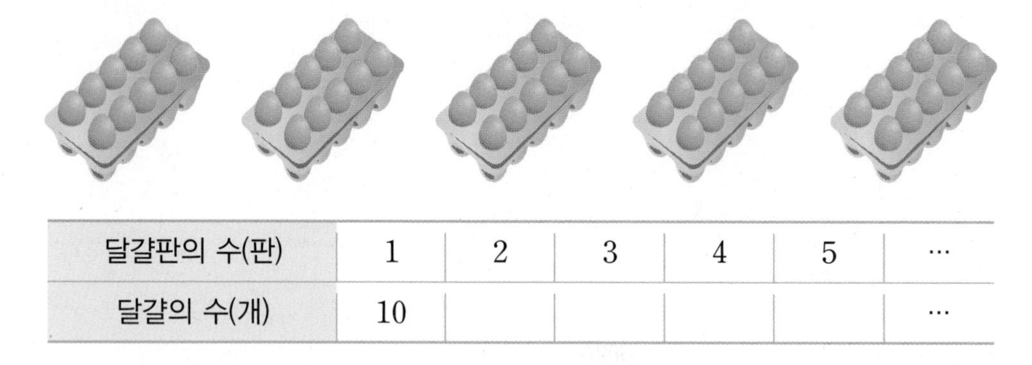

달걀판의 수(판)	1	2	3	4	5	…
달걀의 수(개)	10					…

(2) 달걀판의 수를 ●, 달걀의 수를 ◆라고 할 때, 두 양 사이의 대응 관계를 식으로 나타내어 보세요.

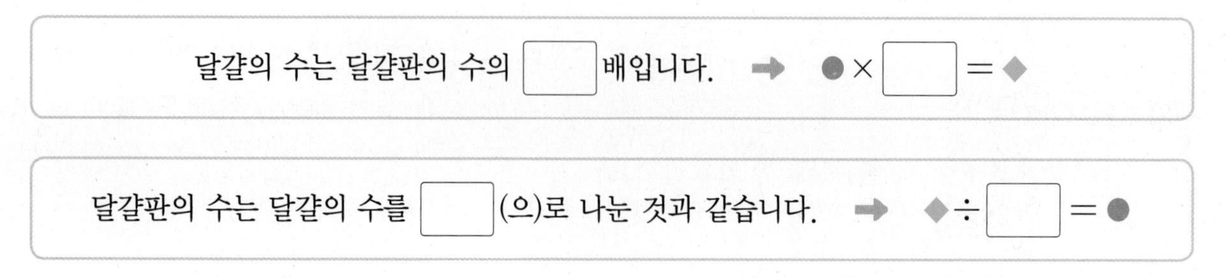

달걀의 수는 달걀판의 수의 □배입니다. ➡ ●×□=◆

달걀판의 수는 달걀의 수를 □(으)로 나눈 것과 같습니다. ➡ ◆÷□=●

정답과 풀이 17쪽

3 생활 속에서 대응 관계를 찾을 수 있어.

① 서로 대응하는 두 양을 찾기

➡ **사진의 수, 집게의 수**

② 대응 관계를 식으로 나타내기

➡ **(사진의 수) + 1 = (집게의 수), (집게의 수) − 1 = (사진의 수)**

➡ 사진의 수는 ♥, 집게의 수는 ♣일 때

♥ + 1 = ♣, ♣ − 1 = ♥

1 우유갑의 수와 우유의 양 사이의 대응 관계를 알아보려고 합니다. □ 안에 알맞은 기호를 써넣으세요.

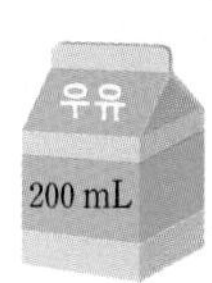

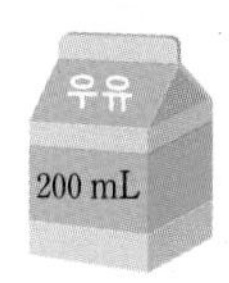

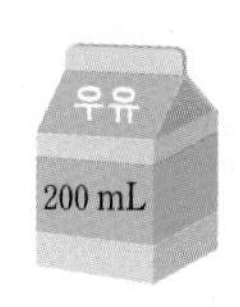

우유갑의 수를 ▲, 우유의 양을 ★라고 할 때 ▲와 ★ 사이의 대응 관계를 식으로 나타내면 □ $\times 200 =$ □ 입니다.

2 어느 미술관의 입장료는 한 사람당 800원입니다. 입장객의 수와 입장료 사이의 대응 관계를 알아보려고 합니다. 물음에 답하세요.

(1) 입장객의 수와 입장료 사이의 대응 관계를 표를 이용하여 알아보세요.

입장객의 수(명)	1	2	3	4	5	6	…
입장료(원)	800	1600					…

(2) 입장객의 수를 ■, 입장료를 ●라고 할 때, ■와 ● 사이의 대응 관계를 식으로 나타내어 보세요.

식 ....

1 두 양 사이의 관계 알아보기

1 접시의 수와 토마토의 수 사이의 대응 관계를 알아보려고 합니다. □ 안에 알맞은 수를 써넣으세요.

➡ 토마토의 수는 접시의 수의 □배입니다.

2 사각형과 삼각형으로 규칙적인 배열을 만들고 있습니다. 물음에 답하세요.

▶ 변하는 부분과 변하지 않는 부분을 찾아봐.

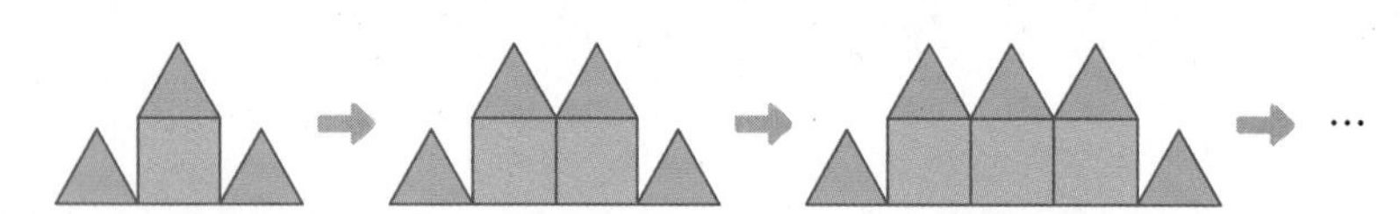

(1) 사각형의 수와 삼각형의 수가 어떻게 변하는지 표를 이용하여 알아보세요.

사각형의 수(개)	1	2	3	4	…
삼각형의 수(개)					…

(2) 사각형이 20개일 때 삼각형은 몇 개 필요할까요?

( )

(3) 삼각형이 40개일 때 사각형은 몇 개 필요할까요?

( )

3 철봉 대의 수와 철봉 기둥의 수 사이의 대응 관계를 나타낸 표를 완성하고, 대응 관계를 써 보세요.

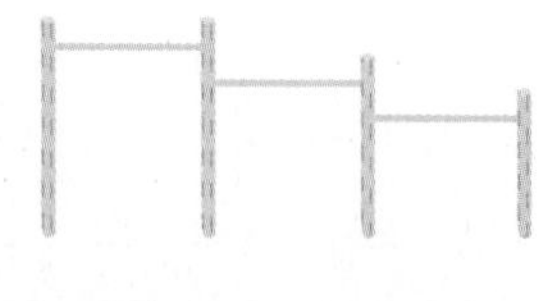

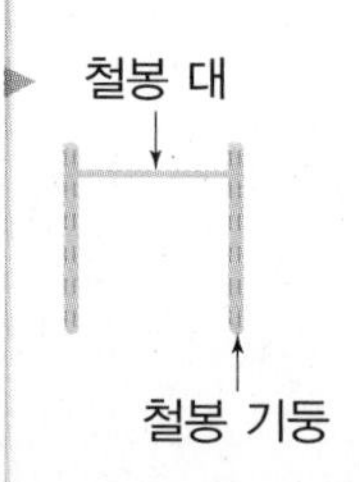

철봉 대의 수(개)	1	2	3	4	5	…
철봉 기둥의 수(개)						…

대응 관계 ....

4 배열 순서에 맞게 다각형을 그리고 있습니다. 빈칸에 알맞은 다각형을 그리고, 수 카드의 수와 다각형의 변의 수 사이의 대응 관계를 써 보세요.

▶ 먼저 다각형의 변의 수를 세어 봐!

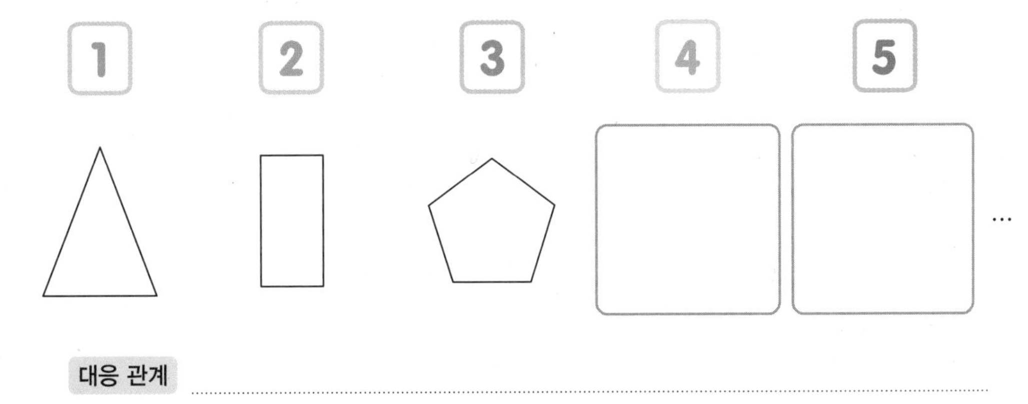

대응 관계 ....

내가 만드는 문제

5 가족 중 한 명을 고르고, 고른 가족의 나이와 나의 나이의 대응 관계를 알아보려고 합니다. 표를 완성하고 대응 관계를 써 보세요.

	현재	1년 뒤	2년 뒤	3년 뒤	…
□의 나이(살)					…
나의 나이(살)					…

대응 관계 ....

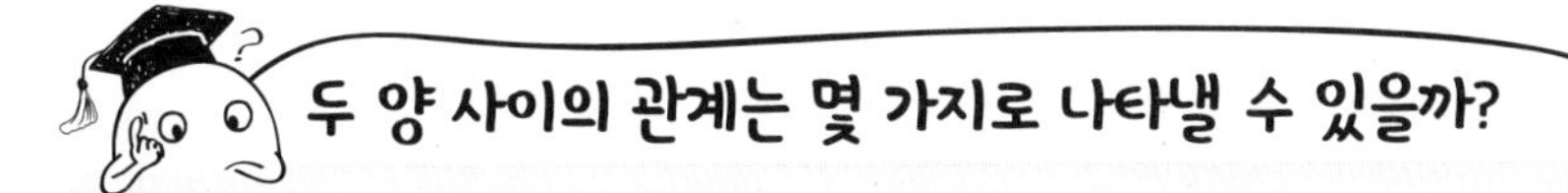

두발자전거의 수(대)	1	2	3	4
바퀴의 수(개)	2	4	6	8

(×2, ÷2)

➡ 바퀴의 수는 두발자전거의 수의 □배입니다.

➡ 두발자전거의 수는 바퀴의 수를 □로 나눈 것과 같습니다.

6 개미의 수와 개미 다리의 수 사이의 대응 관계를 알아보려고 합니다. 물음에 답하세요.

▶ 개미의 수가 한 마리씩 늘어날 때 다리의 수는 몇 개씩 늘어날까?

(1) 개미의 수와 개미 다리의 수 사이의 대응 관계를 표를 이용하여 알아보세요.

개미의 수(마리)	1	2		4	5	…
개미 다리의 수(개)	6		18	24		…

(2) 개미의 수와 개미 다리의 수 사이의 대응 관계를 식으로 나타내어 보세요.

개미의 수를 ▲, 개미 다리의 수를 ●라고 할 때, 두 양 사이의 대응 관계를 식으로 나타내면 ☐ 입니다.

7 ★와 ● 사이의 대응 관계를 식으로 나타내어 보세요.

★	15	20	25	30	…
●	3	4	5	6	…

식 ....

8 지하철은 1초에 30 m를 이동합니다. 지하철 이동 거리와 걸린 시간 사이의 대응 관계를 기호를 사용하여 식으로 나타내어 보세요.

▶ 서로 대응하는 두 양을 각각 어떤 기호로 나타낼지 자유롭게 정해 봐.

지하철 이동 거리를 ☐, 걸린 시간을 ☐(이)라고 할 때, 두 양 사이의 대응 관계를 식으로 나타내면 ☐ 입니다.

9 다음과 같이 성냥개비로 오각형을 만들고 있습니다. 오각형의 수와 성냥개비의 수 사이의 대응 관계를 잘못 설명한 것을 찾아 기호를 써 보세요.

▶ 오각형의 변의 수는?

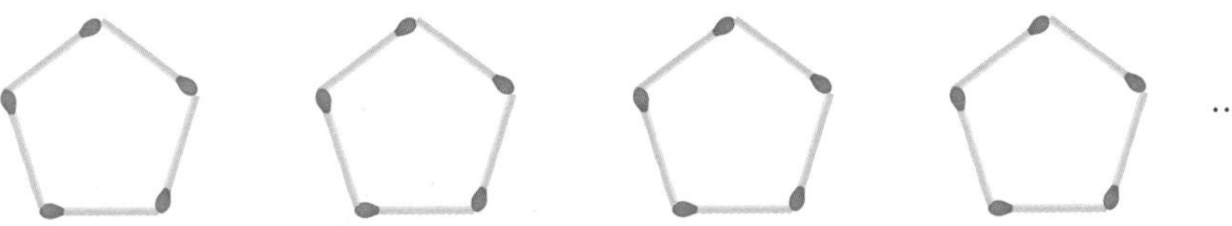

㉠ 오각형의 수를 ♥, 성냥개비의 수를 ▲라고 할 때, 두 양 사이의 대응 관계는 ♥ × 5 = ▲입니다.

㉡ 대응 관계를 알면 오각형의 수가 많아져도 성냥개비의 수를 쉽게 알 수 있습니다.

㉢ 오각형의 수와 성냥개비의 수 사이의 대응 관계를 나타낸 식 ■ × 5 = ★에서 ■는 성냥개비의 수, ★는 오각형의 수를 나타냅니다.

( )

내가 만드는 문제

10 □ 안에 수를 자유롭게 써넣어 대응 관계를 완성하고, 표를 완성해 보세요.

◆ × □ = ♠

◆	2	4	6	8	…
♠					…

몇씩 늘어나는 대응 관계인지 좀 더 쉽게 알 수 있는 방법은?

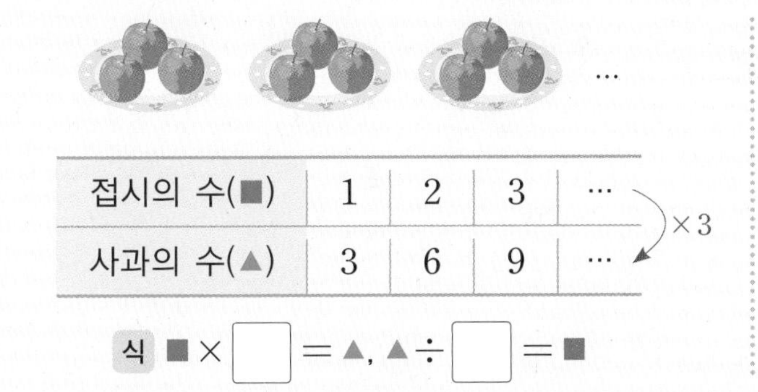

접시의 수(■)	1	2	3	…
사과의 수(▲)	3	6	9	…

×3

식 ■ × □ = ▲, ▲ ÷ □ = ■

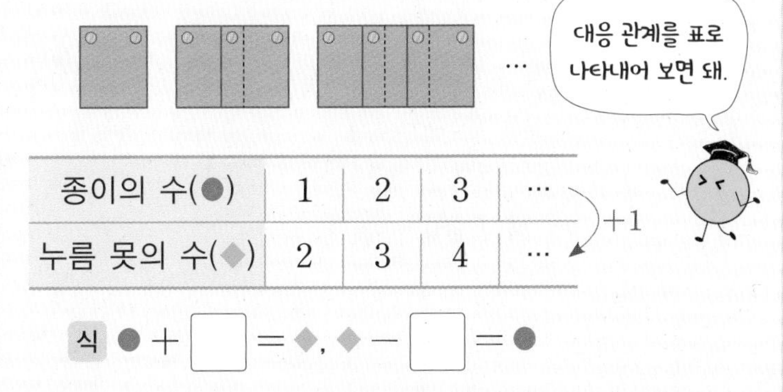

종이의 수(●)	1	2	3	…
누름 못의 수(◆)	2	3	4	…

+1

식 ● + □ = ◆, ◆ − □ = ●

3 생활 속에서 대응 관계를 찾아 식으로 나타내기

11 통나무를 자른 횟수와 도막의 수 사이의 대응 관계를 알아보려고 합니다. 물음에 답하세요.

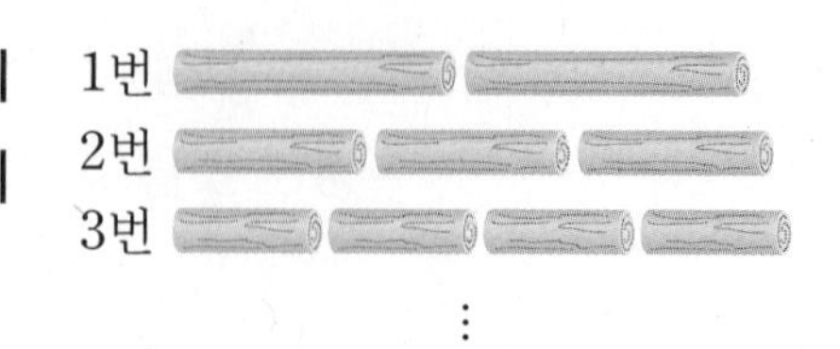

(1) 통나무를 자른 횟수와 도막의 수가 어떻게 변하는지 표를 이용하여 알아보세요.

자른 횟수(번)	1	2	3	4	5	…
도막의 수(도막)	2					…

(2) 통나무를 자른 횟수를 ◆, 도막의 수를 ●라고 할 때, 두 양 사이의 대응 관계를 식으로 나타내어 보세요.

식 ....

12 유지가 말한 수를 ▲, 진수가 답한 수를 ■라고 할 때, 두 양 사이의 대응 관계를 식으로 나타내어 보세요.

▶ 가 나
4 → 9
7 → 12
11 → 16
⇒ 나 = 가 + □

식 ....

13 다음과 같이 성냥개비로 정사각형을 만들고 있습니다. 표를 완성하고 정사각형 7개를 만드는 데 필요한 성냥개비는 몇 개인지 구해 보세요.

▶ 정사각형이 1개씩 늘어날 때마다 성냥개비는 몇 개씩 늘어날까?

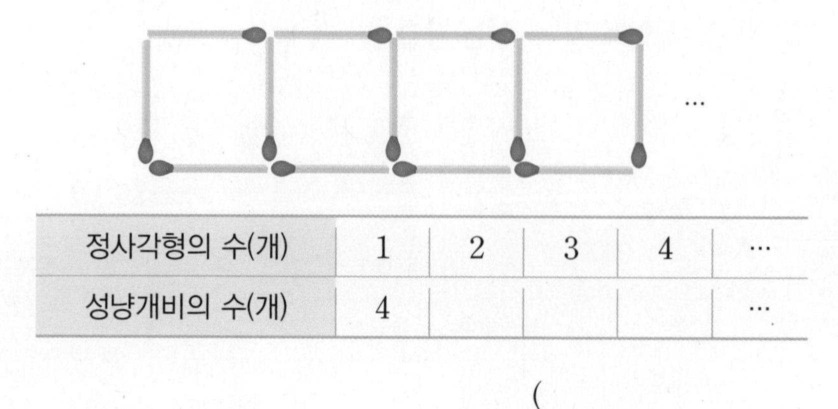

정사각형의 수(개)	1	2	3	4	…
성냥개비의 수(개)	4				…

( )

14 물이 1분에 7 L씩 일정하게 나오는 수도를 틀어 물을 받았습니다. 물을 8분 동안 받았다면 받은 물은 모두 몇 L인지 구해 보세요.

( )

+ 귤이 한 봉지에 8개씩 들어 있습니다. 봉지의 수를 x개, 귤의 수를 y개라 할 때, x와 y의 대응 관계를 식으로 나타내려고 합니다. □ 안에 알맞은 수를 써넣으세요.

x	1	2	3	4	…
y	8	16	24	32	…

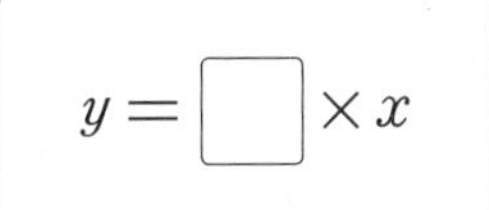
$y=$ □ $\times x$

중학교 때 만나!

정비례 알아보기

두 양 x, y에서 x가 2배, 3배, …가 됨에 따라 y도 2배, 3배, …가 되는 관계가 있을 때 y는 x에 정비례한다고 합니다.

x	1	2	3
y	4	8	12

2배, 3배

➡ $y=4\times x$

내가 만드는 문제

15 다음 간식 중 한 가지를 골라 간식의 수와 간식의 값 사이의 대응 관계를 알아보려고 합니다. 고른 간식의 수를 ▲, 간식의 값을 ♥라고 할 때, 두 양 사이의 대응 관계를 식으로 나타내어 보세요.

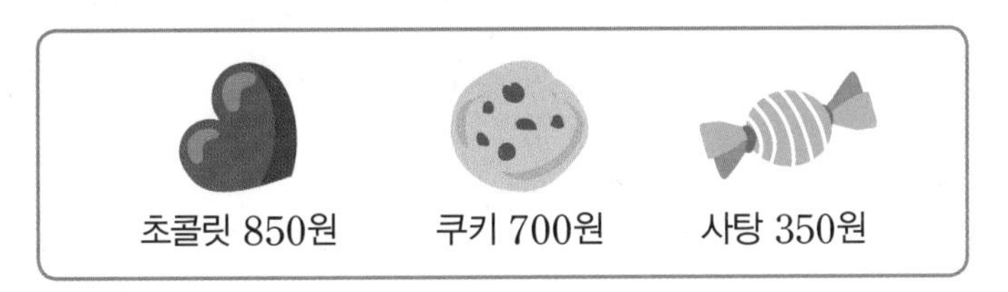

고른 간식 ( ) 식 ....

대응 관계를 식으로 나타내면 좋은 점은?

…

• (식탁의 수)×4=(의자의 수)

➡ 식탁이 7개일 때 의자의 수는 □×4=□(개)입니다.

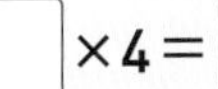

• (의자의 수)÷4=(식탁의 수)

➡ 의자가 40개일 때 식탁의 수는 □÷4=□(개)입니다.

대응 관계를 식으로 나타내면 한쪽 양을 알 때 다른 한쪽 양을 쉽게 예상할 수 있어.

발전 문제

① 두 양 사이의 대응 관계 알아보기

1 준비

접시의 수와 귤의 수 사이의 대응 관계를 찾아 □ 안에 알맞은 수를 써넣으세요.

➡ 귤의 수는 접시의 수의 □배입니다.

2 확인

팔찌 한 개를 만드는 데 구슬이 10개 필요합니다. 팔찌의 수와 구슬의 수 사이의 대응 관계를 써 보세요.

대응 관계 ....

3 완성

파란색 사각형과 초록색 사각형으로 규칙적인 배열을 만들고 있습니다. 파란색 사각형의 수와 초록색 사각형의 수 사이의 대응 관계를 써 보세요.

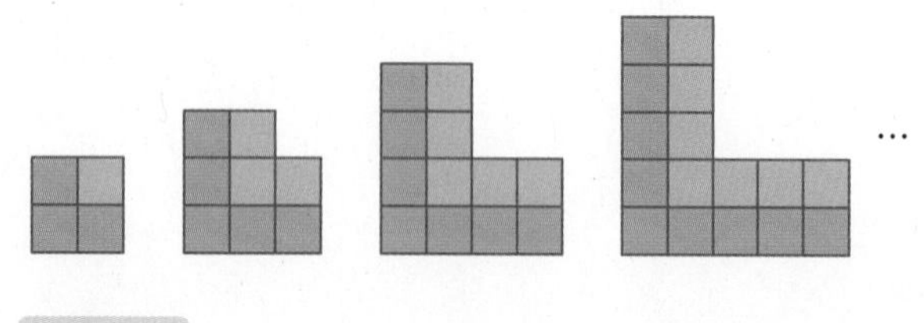

대응 관계 ....

....

....

② 대응 관계에 알맞은 표 완성하기

4 준비

기린의 수와 기린 다리의 수 사이의 대응 관계를 표를 이용하여 알아보세요.

기린의 수(마리)	1	2	3	4	…
기린 다리의 수(개)	4				…

5 확인

빵 1개의 가격은 500원입니다. 빵의 수와 빵의 값 사이의 대응 관계를 표를 이용하여 알아보세요.

빵의 수(개)	3	5		8	…
빵의 값(원)			3000	4000	…

6 완성

하루 중 낮의 시간과 밤의 시간 사이의 대응 관계를 표를 이용하여 알아보세요.

낮(시간)	7		20	15	…
밤(시간)		12			…

3 규칙을 찾아 식으로 나타내기

7 준비

거미의 다리는 8개입니다. 거미의 수를 ♥, 다리의 수를 ●라고 할 때, 두 양 사이의 대응 관계를 식으로 바르게 나타낸 것에 ○표 하세요.

♥+8=●	♥×8=●	♥÷8=●
(　　)	(　　)	(　　)

8 확인

그림을 누름 못으로 꽂아서 다음과 같이 벽에 붙이고 있습니다. 그림의 수를 ■, 누름 못의 수를 ★이라고 할 때, ■와 ★ 사이의 대응 관계를 식으로 나타내어 보세요.

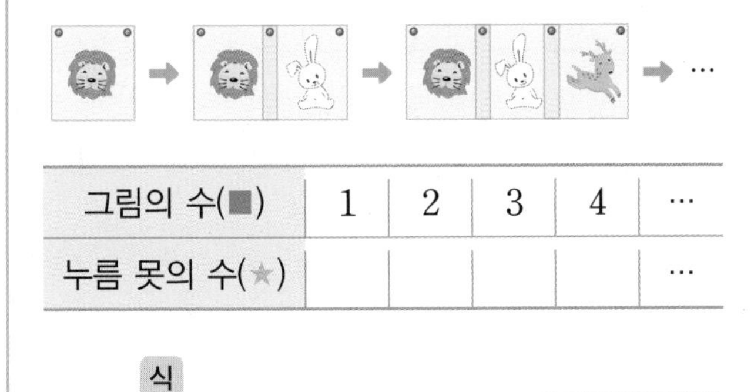

그림의 수(■)	1	2	3	4	…
누름 못의 수(★)					…

식 ……………………………………

9 완성

바둑돌로 규칙적인 배열을 만들고 있습니다. 놓은 순서를 ▲, 바둑돌의 수를 ◎라고 할 때, ▲와 ◎ 사이의 대응 관계를 식으로 나타내어 보세요.

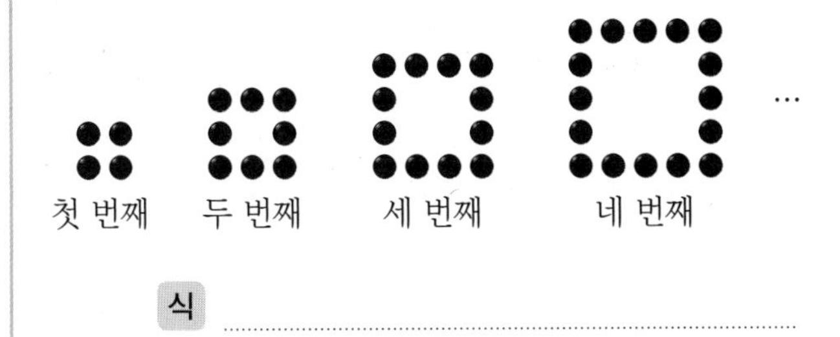

식 ……………………………………

4 규칙을 찾아 필요한 도형의 수 구하기

10 준비

사각형으로 규칙적인 배열을 만들고 있습니다. 다섯 번째에 놓이는 사각형은 몇 개일까요?

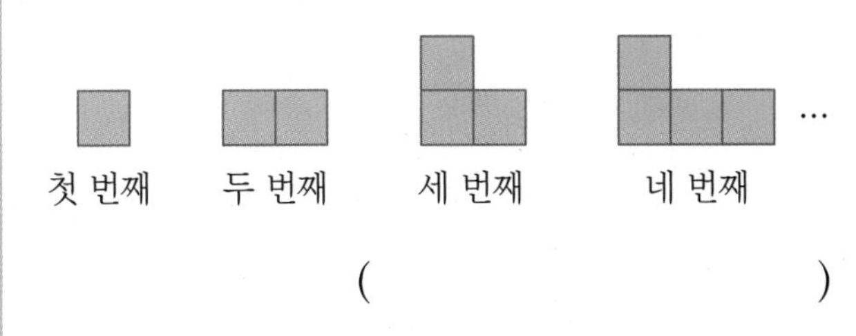

(　　　　　　　　)

11 확인

사각형으로 규칙적인 배열을 만들고 있습니다. 10번째에 놓이는 사각형은 몇 개일까요?

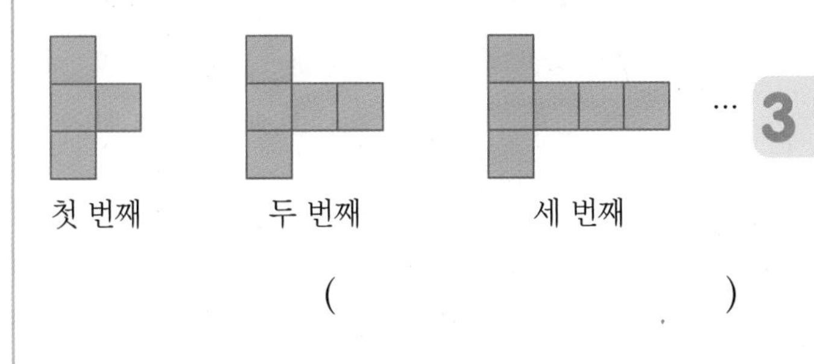

(　　　　　　　　)

12 완성

배열 순서에 따라 수 카드를 놓고 육각형으로 규칙적인 배열을 만들고 있습니다. 수 카드의 수가 30일 때 육각형은 몇 개 필요할까요?

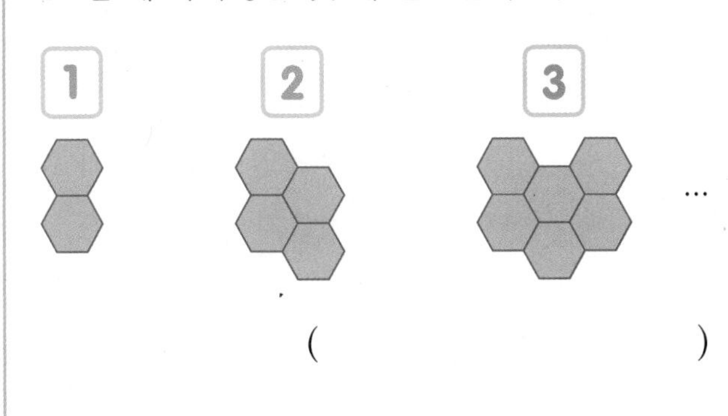

(　　　　　　　　)

5 대응 관계를 이용하여 수 구하기

13 준비

한 바구니에 사과가 6개씩 들어 있습니다. 바구니의 수와 사과의 수 사이의 대응 관계를 나타낸 표를 완성하고 바구니가 5개일 때의 사과의 수를 구해 보세요.

바구니의 수(개)	1	2	3	4	5
사과의 수(개)	6				

(　　　　　　　　)

14 확인

어느 스케이트장의 입장객의 수와 입장료 사이의 대응 관계를 나타낸 표입니다. 학생 7명이 스케이트장에 입장하려면 입장료는 얼마인지 구해 보세요.

입장객의 수(명)	1	2	3	4	…
입장료(원)	1800	3600	5400	7200	…

(　　　　　　　　)

15 완성

초콜릿 한 봉지의 무게가 85 g입니다. 초콜릿 봉지의 수와 초콜릿의 무게 사이의 대응 관계를 식으로 나타내고 초콜릿의 무게가 935 g일 때 초콜릿은 몇 봉지인지 구해 보세요.

식 ....

(　　　　　　　　)

6 대응 관계를 이용하여 시각 구하기

16 준비

어느 공연의 시작 시각과 끝난 시각을 나타낸 표입니다. 시작 시각을 ●, 끝난 시각을 ♥라고 할 때, 두 양 사이의 대응 관계를 식으로 나타내어 보세요.

시작 시각	오후 2시	오후 5시	오후 8시
끝난 시각	오후 4시	오후 7시	오후 10시

(　　　　　　　　)

17 확인

같은 날 서울과 방콕의 시각 사이의 대응 관계를 나타낸 표입니다. 서울이 오전 10시일 때 방콕은 오전 몇 시일까요?

서울의 시각	오전 5시	오전 6시	오전 7시	오전 8시
방콕의 시각	오전 3시	오전 4시	오전 5시	오전 6시

(　　　　　　　　)

18 완성

같은 날 서울과 로마의 시각 사이의 대응 관계를 나타낸 표입니다. 서울이 11월 5일 오전 5시일 때 로마는 몇 월 며칠 몇 시일까요?

서울의 시각	오전 10시	오전 11시	낮 12시	오후 1시
로마의 시각	오전 2시	오전 3시	오전 4시	오전 5시

☐월 ☐일 (오전 , 오후) ☐시

단원 평가

점수 | 확인

[1~4] 도형의 배열을 보고 물음에 답하세요.

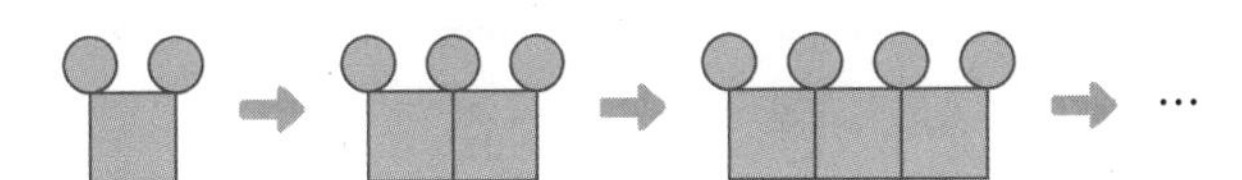

1 사각형의 수와 원의 수 사이의 대응 관계를 표를 이용하여 알아보세요.

사각형의 수(개)	1	2	3	4	…
원의 수(개)					…

2 사각형의 수와 원의 수 사이의 대응 관계입니다. □ 안에 알맞은 수를 써넣으세요.

사각형의 수가 1개씩 늘어날 때마다 원의 수는 □개씩 늘어납니다.

3 다음에 이어질 모양을 그려 보세요.

4 사각형의 수가 6개일 때 원은 몇 개일까요?

(   )

5 오리의 수와 오리 다리의 수 사이의 대응 관계를 식으로 나타내어 보세요.

(오리 다리의 수)÷□=(오리의 수)

[6~7] 그림과 같이 꽃병에 꽃이 꽂혀 있습니다. 물음에 답하세요.

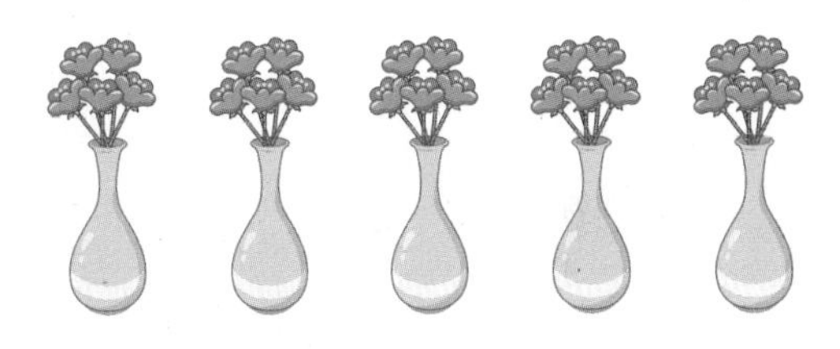

6 표를 완성해 보세요.

꽃병의 수(개)	1	2	3	4	…
꽃의 수(송이)					…

7 꽃병의 수를 ■, 꽃의 수를 ▲라고 할 때, 두 양 사이의 대응 관계를 식으로 나타내어 보세요.

식 ....

8 표를 보고 ♣와 ● 사이의 대응 관계를 식으로 나타내어 보세요.

♣	3	4	5	6	7	…
●	15	16	17	18	19	…

식 ....

[9~10] 연주와 선애가 저금통에 저금을 하려고 합니다. 연주는 가지고 있던 돈 2000원을 먼저 저금했고, 두 사람은 다음 주부터 일주일에 500원씩 저금을 하기로 했습니다. 물음에 답하세요.

	연주가 모은 돈(원)	선애가 모은 돈(원)
저금을 시작했을 때	2000	0
1주일 후	2500	500
2주일 후		
3주일 후		
⋮	⋮	⋮

9 연주가 모은 돈과 선애가 모은 돈 사이의 대응 관계를 나타내는 표를 완성해 보세요.

10 연주가 모은 돈과 선애가 모은 돈 사이의 대응 관계를 식으로 나타내어 보세요.

> 연주가 모은 돈을 ☐, 선애가 모은 돈을 ☐(이)라고 할 때, 두 양 사이의 대응 관계를 식으로 나타내면 ☐입니다.

11 두 양 사이의 대응 관계를 나타낸 식을 찾아 이어 보세요.

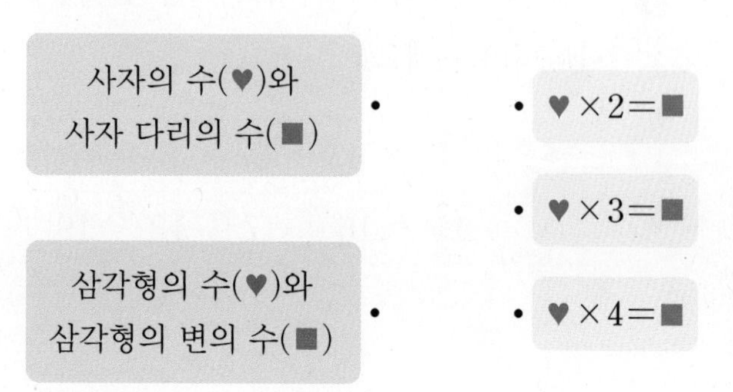

12 문어의 다리는 8개입니다. 문어의 수와 문어 다리의 수 사이의 대응 관계를 잘못 이야기한 친구를 찾아 이름을 써 보세요.

( )

13 형이 13살일 때 동생은 9살입니다. 형의 나이와 동생의 나이 사이의 대응 관계를 나타낸 표를 완성하고, 형이 21살일 때 동생은 몇 살인지 구해 보세요.

형의 나이(살)	13		15	…
동생의 나이(살)	9	10		…

( )

14 어떤 상자에 24를 넣으면 4가 나오고, 42를 넣으면 7이 나옵니다. 또 30을 넣으면 5가 나올 때, 이 상자에 48을 넣으면 어떤 수가 나올지 구해 보세요.

( )

[15~16] 사각형 조각으로 규칙적인 배열을 만들고 있습니다. 물음에 답하세요.

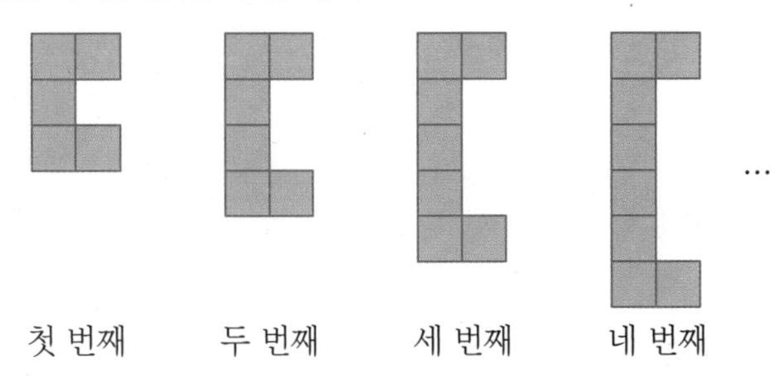

15 놓은 순서를 ★, 사각형 조각의 수를 ▲라고 할 때, 두 양 사이의 대응 관계를 기호를 사용하여 식으로 나타내어 보세요.

식 ....

16 일곱 번째에 놓이는 사각형 조각은 몇 개일까요?

(　　　　　　　)

17 다음과 같이 성냥개비로 정삼각형을 만들었습니다. 정삼각형이 10개일 때 성냥개비의 수를 구해 보세요.

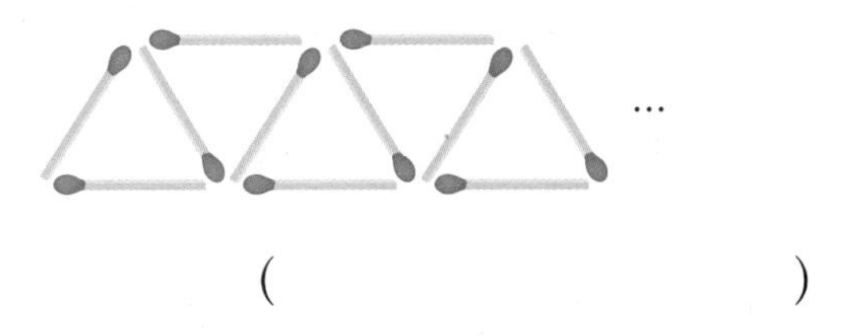

(　　　　　　　)

18 과자 한 봉지의 무게가 75 g입니다. 과자 봉지의 수와 과자의 무게 사이의 대응 관계를 식으로 나타내고 과자의 무게가 900 g일 때 과자는 몇 봉지인지 구해 보세요.

식 ....

(　　　　　　　)

정답과 풀이 20쪽 술술 서술형

19 대응 관계를 나타낸 식을 보고 식에 알맞은 상황을 만들어 보세요.

♥×6=●

풀이 ....

20 같은 날 서울과 런던의 시각 사이의 대응 관계를 나타낸 표입니다. 서울이 오후 10시일 때 런던은 오후 몇 시인지 풀이 과정을 쓰고 답을 구해 보세요.

서울의 시각	오후 1시	오후 2시	오후 3시	오후 4시
런던의 시각	오전 4시	오전 5시	오전 6시	오전 7시

풀이 ....

답 ....

3

4 약분과 통분

분모를 같게 하면 크기를 비교할 수 있어!

$$\frac{1}{2} \;?\; \frac{2}{3}$$

두 분모의 공배수로 분모를 같게 만들어!

1 분수가 달라도 분수의 크기는 같을 수 있어.

● 크기가 같은 분수

$$\frac{1}{3} = \frac{2}{6} = \frac{3}{9}$$

0 1 0 1 0 1

1 세 분수의 크기를 비교하려고 합니다. 분수만큼 색칠하고 알맞은 말에 ○표 하세요.

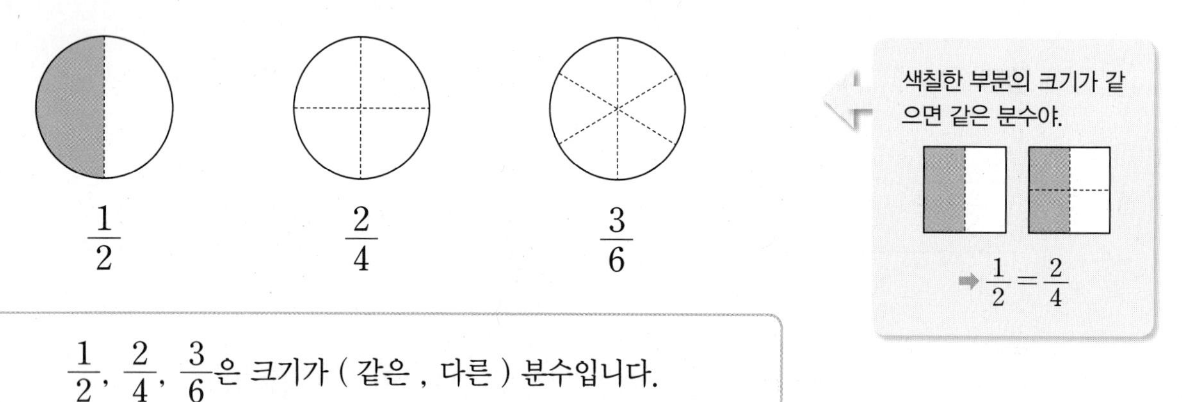

$\frac{1}{2}$, $\frac{2}{4}$, $\frac{3}{6}$은 크기가 (같은 , 다른) 분수입니다.

2 세 분수의 크기를 비교하려고 합니다. 분수만큼 수직선에 표시하고 알맞은 말에 ○표 하세요.

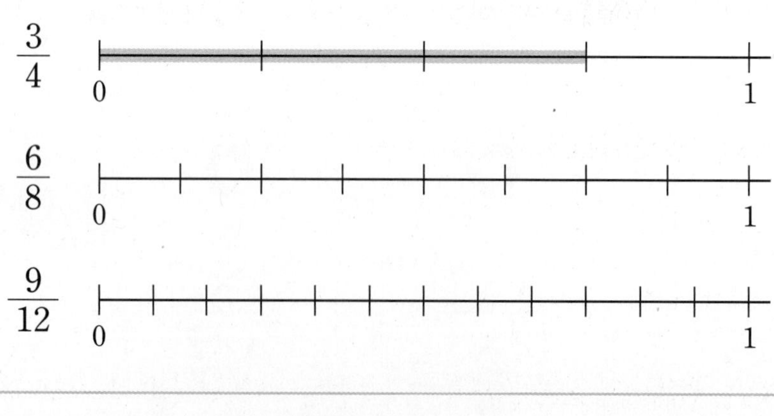

$\frac{3}{4}$, $\frac{6}{8}$, $\frac{9}{12}$는 크기가 (같은 , 다른) 분수입니다.

정답과 풀이 21쪽

2 분모, 분자에 수를 곱하거나 분모, 분자를 수로 나누어 크기가 같은 분수를 만들 수 있어.

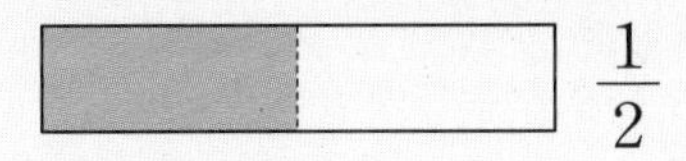

$\frac{1}{2}$

$\frac{1\times2}{2\times2}=\frac{2}{4}$

$\frac{1\times4}{2\times4}=\frac{4}{8}$

분모와 분자에
0이 아닌 같은 수를 곱하면
크기가 같아집니다.

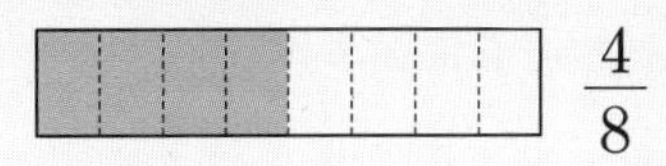

$\frac{4}{8}$

$\frac{4\div2}{8\div2}=\frac{2}{4}$

$\frac{4\div4}{8\div4}=\frac{1}{2}$

분모와 분자를
0이 아닌 같은 수로 나누면
크기가 같아집니다.

1 □ 안에 알맞은 수를 써넣으세요.

(1) $\frac{2}{3}=\frac{2\times□}{3\times2}=\frac{2\times3}{3\times□}=\frac{2\times□}{3\times4}$

➡ $\frac{2}{3}=\frac{□}{6}=\frac{6}{□}=\frac{□}{12}$

분모와 분자에 각각 0이 아닌 같은 수를 곱해야 해.

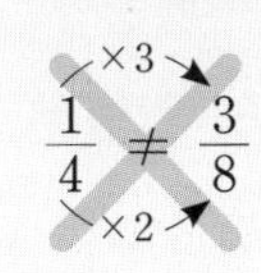

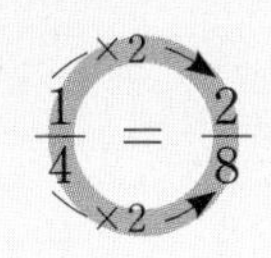

(2) $\frac{12}{48}=\frac{12\div2}{48\div□}=\frac{12\div□}{48\div3}=\frac{12\div4}{48\div□}$ ➡ $\frac{12}{48}=\frac{6}{□}=\frac{□}{16}=\frac{3}{□}$

2 그림을 보고 □ 안에 알맞은 수를 써넣으세요.

(1)

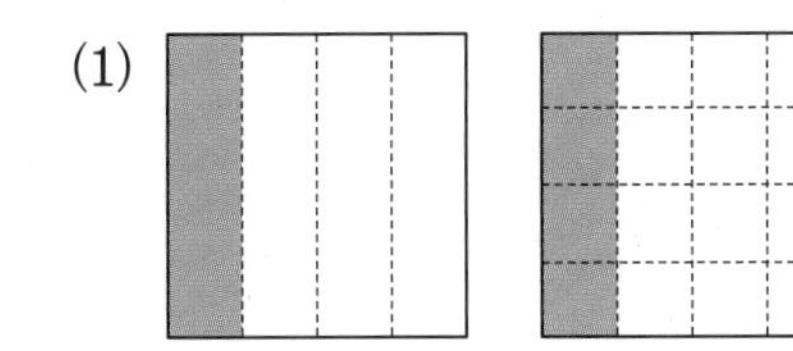

$\frac{1}{4}=\frac{1\times□}{4\times4}=\frac{□}{16}$

(2)

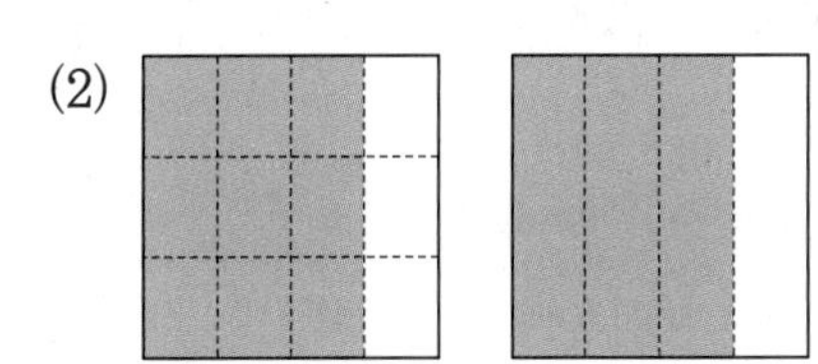

$\frac{9}{12}=\frac{9\div□}{12\div3}=\frac{□}{□}$

3 분모와 분자를 공약수로 나누어 간단하게 나타낼 수 있어.

● **약분**: 분모와 분자를 공약수로 나누어 간단한 분수로 만드는 것

$\frac{8}{20}=\frac{8\div2}{20\div2}=\frac{4}{10}$

➡ $\frac{\overset{4}{\cancel{8}}}{\underset{10}{\cancel{20}}}=\frac{4}{10}$

$\frac{8}{20}=\frac{8\div4}{20\div4}=\frac{2}{5}$

➡ $\frac{\overset{2}{\cancel{8}}}{\underset{5}{\cancel{20}}}=\frac{2}{5}$

• 약분의 표시로 /를 사용하고, 나눈 몫을 분모와 분자의 아래, 위에 작게 씁니다.

● **기약분수**: 분모와 분자의 공약수가 1뿐인 분수

$\frac{\overset{4}{\cancel{8}}}{\underset{10}{\cancel{20}}}=\frac{\overset{2}{\cancel{4}}}{\underset{5}{\cancel{10}}}=\frac{2}{5}$

• 더 이상 약분되지 않을 때까지 공약수로 나누기

$\frac{\overset{2}{\cancel{8}}}{\underset{5}{\cancel{20}}}=\frac{2}{5}$

분모와 분자의 최대공약수로 나누면 한 번에 기약분수를 만들 수 있어.

• 최대공약수로 나누기

1 $\frac{48}{80}$을 약분하려고 합니다. □ 안에 알맞은 수를 써넣으세요.

(1) 분모와 분자의 공약수인 2, □, □, □으로 각각 나눕니다.

(2) • $\frac{48}{80}=\frac{48\div\square}{80\div2}=\frac{\square}{40}$ • $\frac{48}{80}=\frac{48\div\square}{80\div4}=\frac{\square}{20}$

• $\frac{48}{80}=\frac{48\div\square}{80\div8}=\frac{\square}{10}$ • $\frac{48}{80}=\frac{48\div\square}{80\div16}=\frac{\square}{5}$

(3) 약분하면 $\frac{48}{80}=\frac{\square}{40}=\frac{\square}{20}=\frac{\square}{10}=\frac{\square}{5}$입니다.

2 $\frac{24}{42}$를 기약분수로 나타내려고 합니다. □ 안에 알맞은 수를 써넣으세요.

(1) 분모와 분자의 최대공약수인 □으로 나눕니다.

$24=2\times2\times2\times3$
$42=2\times3\times7$

(2) $\frac{24}{42}=\frac{24\div6}{42\div\square}=\frac{\square}{\square}$

정답과 풀이 22쪽

4 분모가 다른 두 분수의 분모를 같게 만들자.

● **통분**: 분수의 분모를 같게 하는 것

• **크기가 같은 분수를 이용하기**

$\frac{3}{4}=\frac{6}{8}=\frac{9}{12}=\frac{12}{16}=\frac{15}{20}=\frac{18}{24}=\cdots$

$\frac{2}{6}=\frac{4}{12}=\frac{6}{18}=\frac{8}{24}=\frac{10}{30}=\frac{12}{36}=\cdots$

➡ $\left(\frac{9}{12}, \frac{4}{12}\right)$, $\left(\frac{18}{24}, \frac{8}{24}\right)$, ...

12, 24, ...는 두 분모 4와 6의 공배수입니다.

• **통분하는 방법**

방법 1 두 분모의 곱을 공통분모로 하여 통분하기

$\left(\frac{3}{4}, \frac{2}{6}\right) \rightarrow \left(\frac{3\times6}{4\times6}, \frac{2\times4}{6\times4}\right) \rightarrow \left(\frac{18}{24}, \frac{8}{24}\right)$

방법 2 두 분모의 최소공배수를 공통분모로 하여 통분하기

$\left(\frac{3}{4}, \frac{2}{6}\right) \rightarrow \left(\frac{3\times3}{4\times3}, \frac{2\times2}{6\times2}\right) \rightarrow \left(\frac{9}{12}, \frac{4}{12}\right)$

4와 6의 최소공배수: 12

1 $\frac{1}{2}$과 $\frac{1}{4}$을 통분하려고 합니다. □ 안에 알맞은 수를 써넣으세요.

$\frac{1}{2}=\frac{2}{4}=\frac{\square}{6}=\frac{\square}{8}=\frac{\square}{10}=\cdots$

$\frac{1}{4}=\frac{2}{8}=\frac{\square}{12}=\frac{\square}{16}=\frac{\square}{20}=\cdots$

➡ $\left(\frac{\square}{4}, \frac{1}{4}\right)$, $\left(\frac{\square}{8}, \frac{2}{8}\right)$, ...이므로

공통분모는 □, □, ...입니다.

2 $\frac{5}{6}$와 $\frac{6}{8}$을 2가지 방법으로 통분하려고 합니다. □ 안에 알맞은 수를 써넣으세요.

(1) 두 분모의 곱을 공통분모로 하여 통분하기

$\left(\frac{5}{6}, \frac{6}{8}\right) \rightarrow \left(\frac{5\times\square}{6\times8}, \frac{6\times\square}{8\times6}\right) \rightarrow \left(\frac{\square}{\square}, \frac{\square}{\square}\right)$

(2) 두 분모의 최소공배수를 공통분모로 하여 통분하기

$\left(\frac{5}{6}, \frac{6}{8}\right) \rightarrow \left(\frac{5\times\square}{6\times4}, \frac{6\times\square}{8\times3}\right) \rightarrow \left(\frac{\square}{\square}, \frac{\square}{\square}\right)$

1 크기가 같은 분수 (1)

1 분수만큼 색칠하고 크기가 같은 두 분수를 찾아 ○표 하세요.

(1)

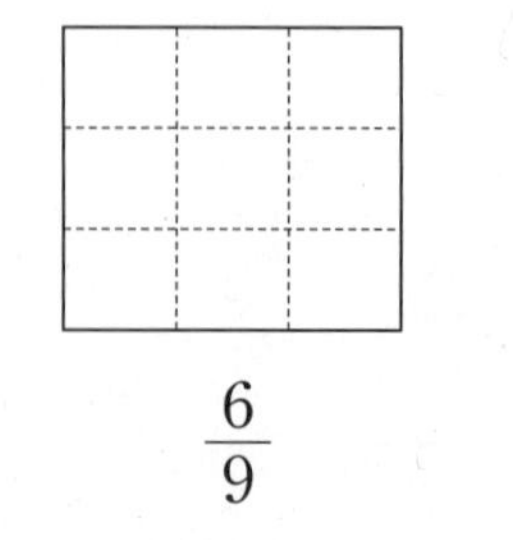

$\frac{2}{3}$ $\frac{2}{6}$ $\frac{6}{9}$

(2)

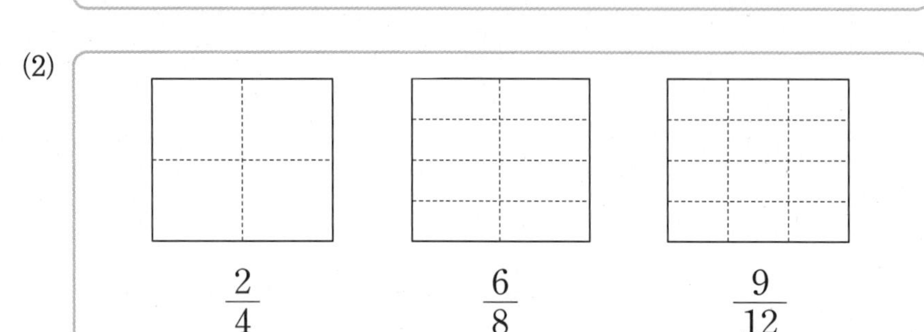

$\frac{2}{4}$ $\frac{6}{8}$ $\frac{9}{12}$

▶ $\frac{1}{3}$, $\frac{2}{6}$, $\frac{4}{12}$

➡ $\frac{1}{3}=\frac{2}{6}=\frac{4}{12}$

색칠한 부분의 크기가 같으면 분수의 크기가 같아.

2 분수 막대를 보고 □ 안에 알맞은 수를 써넣으세요.

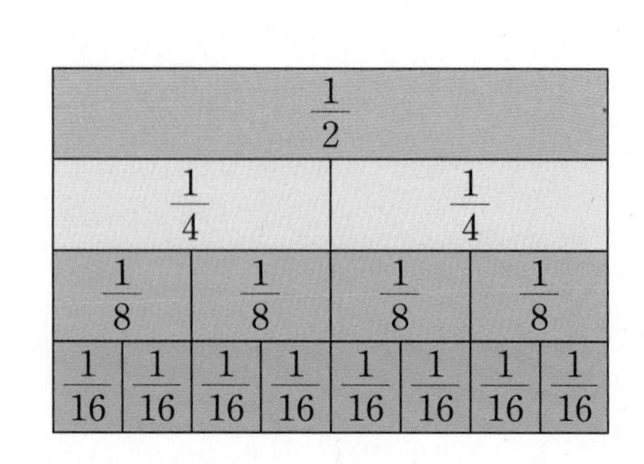

(1) $\frac{1}{2}=\frac{\square}{4}=\frac{\square}{8}$

(2) $\frac{1}{4}=\frac{2}{\square}=\frac{\square}{16}$

(3) $\frac{1}{8}=\frac{\square}{16}$

3 분수만큼 수직선에 표시하고 크기가 같은 분수를 써 보세요.

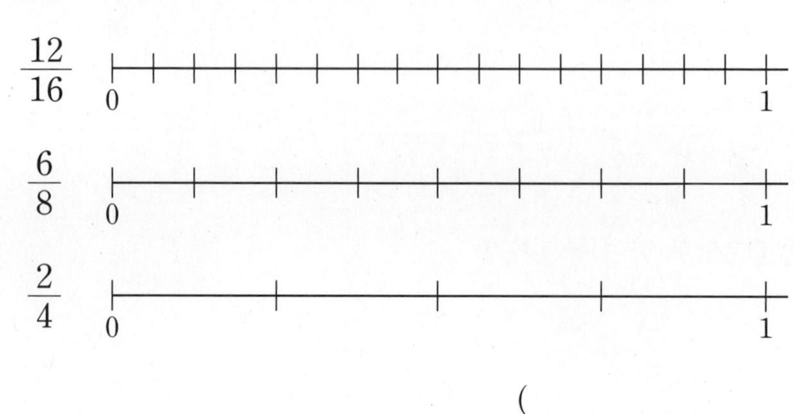

( )

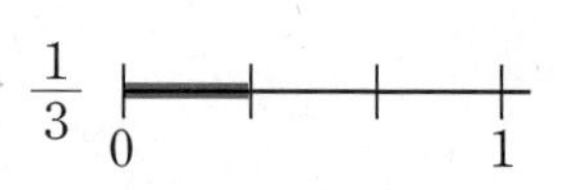

수직선을 3등분한 것 중 1만큼을 나타내.

4 두 분수의 크기가 같도록 색칠하고 □ 안에 알맞은 수를 써넣으세요.

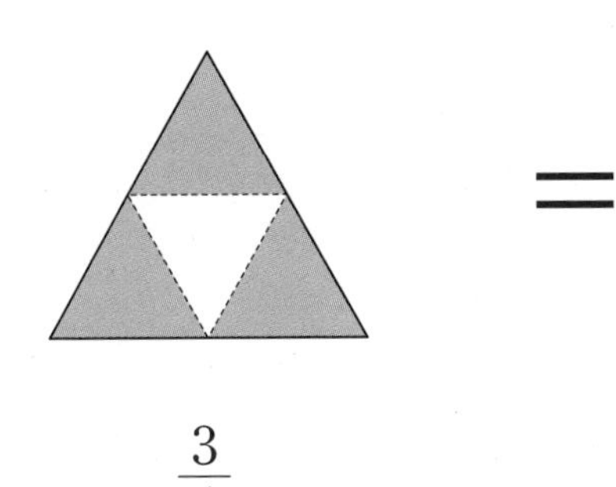

$\frac{3}{4}$ = $\frac{\square}{16}$

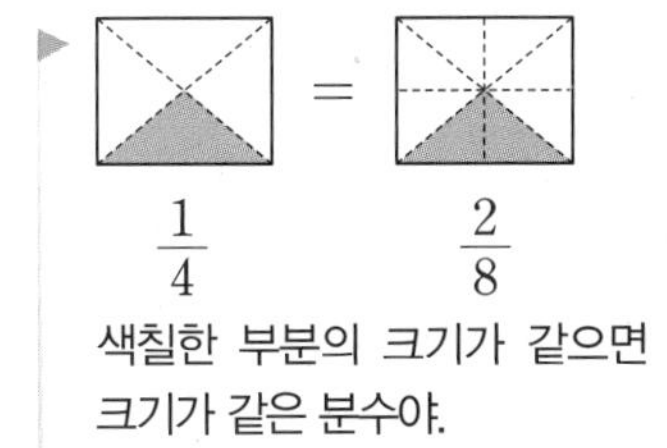

$\frac{1}{4}$ = $\frac{2}{8}$

색칠한 부분의 크기가 같으면 크기가 같은 분수야.

내가 만드는 문제

5 두 분수의 크기가 같도록 색칠한 다음, 색칠한 부분을 각각 분모가 다른 분수로 나타내어 보세요.

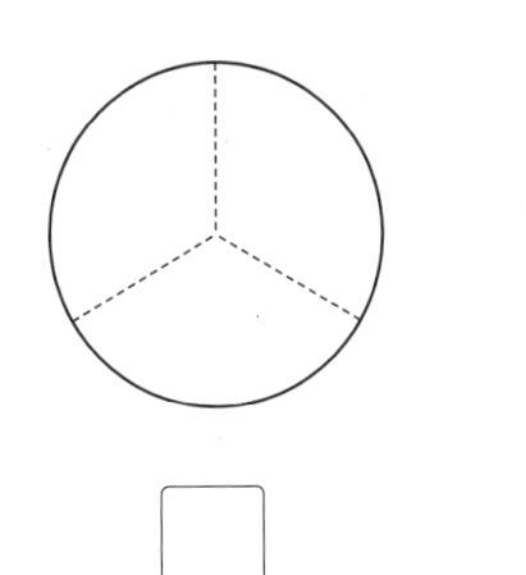

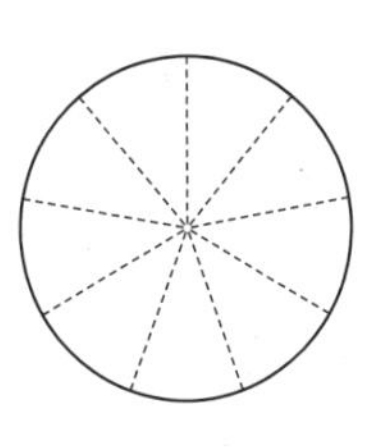

$\frac{\square}{\square}$ = $\frac{\square}{\square}$

크기가 같은 분수를 찾으려면?

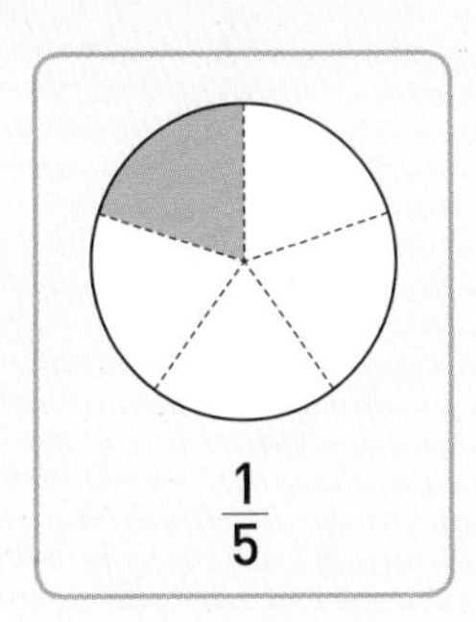

$\frac{1}{5}$

가

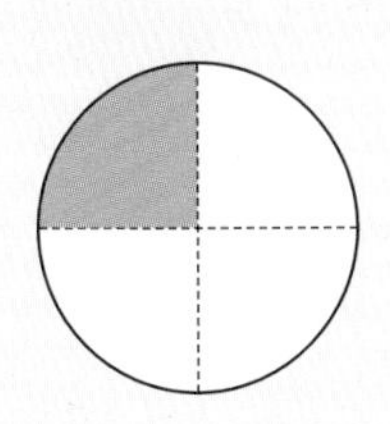

VS

나

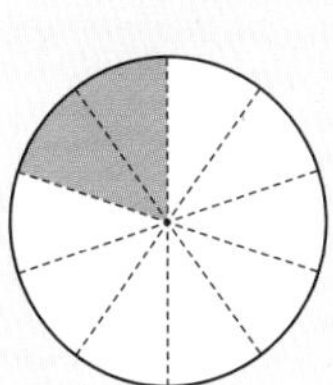

➡ $\frac{1}{5}$과 크기가 같은 분수를 나타낸 것은 □입니다.

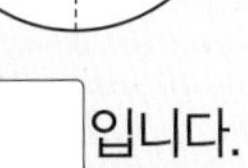

색칠된 칸수가 같다고 크기가 같은 분수는 아니야. 전체 중 색칠된 부분의 크기가 같은지 살펴봐야 해.

2 크기가 같은 분수 (2)

6 □ 안에 알맞은 수를 써넣으세요.

(1)

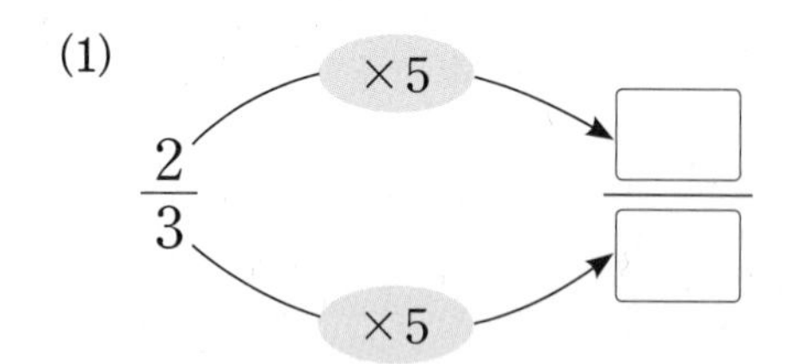

(2)

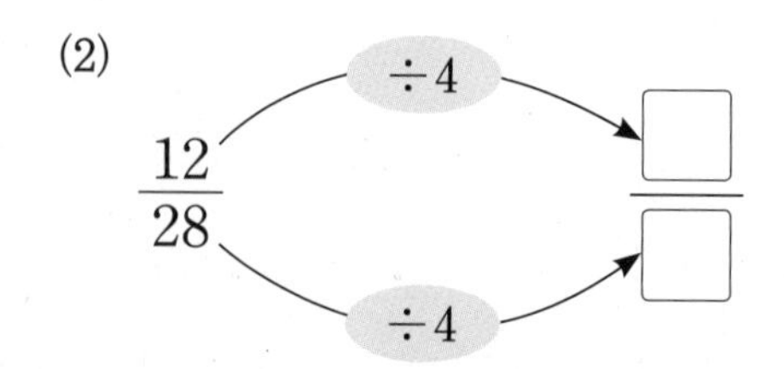

7 크기가 같은 분수를 찾아 이어 보세요.

▶ 분모와 분자를 0이 아닌 같은 수로 나누거나 분모와 분자에 0이 아닌 같은 수를 곱해 봐.

$\frac{3}{8}$ •　　　　• $\frac{4}{6}$

$\frac{12}{18}$ •　　　　• $\frac{6}{16}$

8 □ 안에 알맞은 수를 써넣으세요.

▶ 분모와 분자에 서로 다른 수를 곱하거나 분모와 분자를 서로 다른 수로 나누지 않도록 주의해!

(1) $\frac{5}{7}=\frac{10}{\square}=\frac{\square}{21}=\frac{20}{\square}=\frac{\square}{35}=\frac{30}{\square}$

(2) $\frac{36}{60}=\frac{\square}{30}=\frac{12}{\square}=\frac{\square}{15}=\frac{6}{\square}=\frac{\square}{5}$

9 주어진 방법으로 크기가 같은 분수를 3개씩 만들어 보세요.

▶ 분모와 분자에 0을 곱하면 모두 0이 되므로 0이 아닌 수를 곱하는 거야.

(1) 분모와 분자에 0이 아닌 같은 수를 곱하기

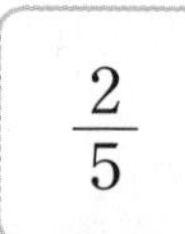

..................., ..., ...

(2) 분모와 분자를 0이 아닌 같은 수로 나누기

$\frac{64}{96}$

..................., ..., ...

10 주어진 분수와 크기가 같은 분수를 모두 찾아 ○표 하세요.

(1) $\frac{6}{10}$

$\frac{1}{2}$ $\frac{3}{5}$ $\frac{19}{30}$ $\frac{12}{20}$ $\frac{30}{50}$ $\frac{45}{80}$

(2) $\frac{14}{42}$

$\frac{1}{3}$ $\frac{4}{14}$ $\frac{2}{6}$ $\frac{27}{84}$ $\frac{42}{126}$ $\frac{7}{22}$

11 $\frac{5}{6}$와 크기가 같은 분수를 분모가 작은 것부터 차례로 3개 써 보세요.

( )

▶ 크기가 같은 분수를 분모가 작은 것부터 구하려면 1을 제외한 가장 작은 자연수인 2부터 곱하면 돼.

내가 만드는 문제

12 크기가 같은 세 분수를 나타내려고 합니다. □ 안에 알맞은 수를 써넣으세요.

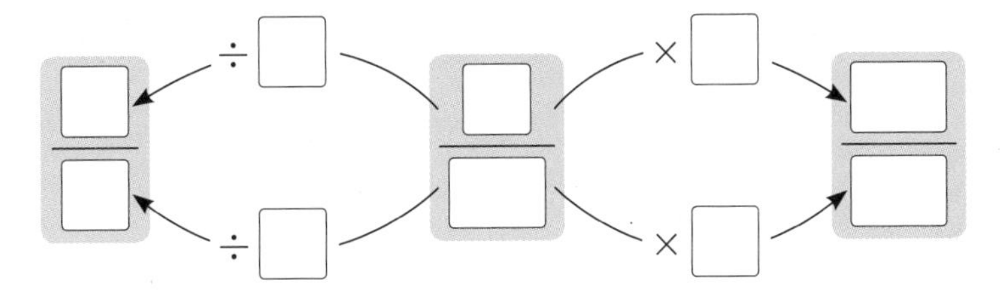

▶ 먼저 가운데 분수를 정한 다음 크기가 같은 분수를 나타내 봐.

분모와 분자에 각각 다른 수를 곱하거나 분모와 분자를 각각 다른 수로 나누면 어떻게 될까?

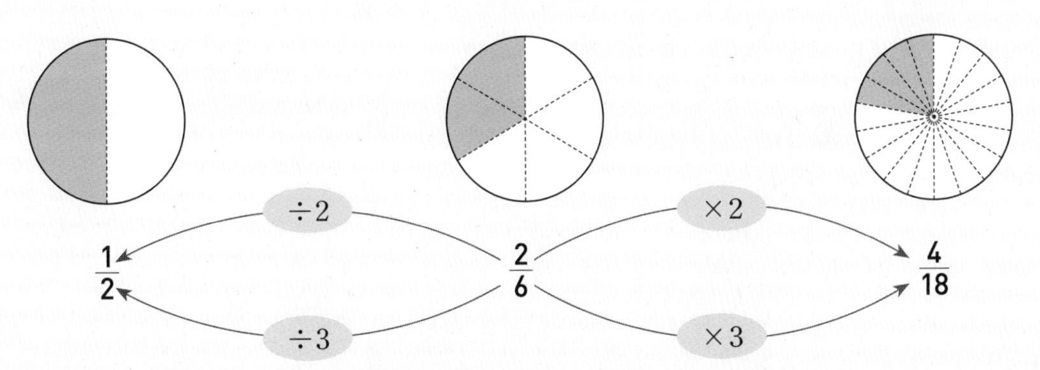

➡ 분모와 분자에 각각 다른 수를 곱하거나 분모와 분자를 각각 다른 수로 나누면 분수의 크기는 (같습니다 , 다릅니다).

13 □ 안에 알맞은 수를 써넣으세요.

▶ $\frac{\overset{3}{\cancel{6}}}{\underset{5}{\cancel{10}}}=\frac{3}{5}$

(1)

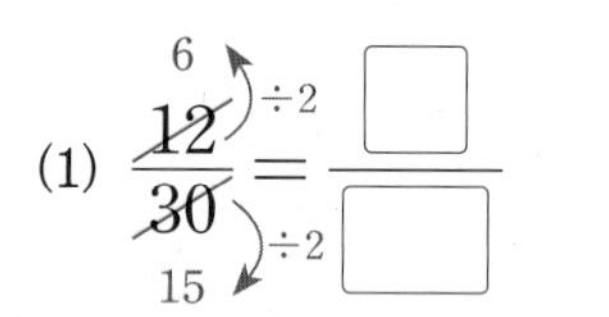

$\frac{12}{30}=\frac{\square}{\square}$ (12 ÷ 2 = 6, 30 ÷ 2 = 15)

$\frac{12}{30}=\frac{\square}{\square}$ (÷3)

$\frac{12}{30}=\frac{\square}{\square}$ (÷6)

(2) $\frac{24}{56}=\frac{\square}{\square}$ (÷2)

$\frac{24}{56}=\frac{\square}{\square}$ (÷4)

$\frac{24}{56}=\frac{\square}{\square}$ (÷8)

14 분수를 약분하여 □ 안에 알맞은 수를 써넣고 기약분수로 나타내어 보세요.

▶ 분모와 분자를 1을 제외한 공약수로 나누어 약분해.

(1) $\frac{50}{70}$ ➡ $\frac{25}{\square}$, $\frac{10}{\square}$, $\frac{\square}{\square}$ ➡ 기약분수 (　　　　)

(2) $\frac{15}{90}$ ➡ $\frac{5}{\square}$, $\frac{\square}{\square}$, $\frac{\square}{\square}$ ➡ 기약분수 (　　　　)

15 분수를 기약분수로 나타내려고 합니다. □ 안에 알맞은 수를 써넣으세요.

▶ 한 번에 기약분수를 구하려면 분모와 분자의 최대공약수로 나누면 돼.

(1) $\frac{45}{72}=\frac{45\div\square}{72\div\square}=\frac{5}{\square}$

(2) $\frac{20}{55}=\frac{20\div\square}{55\div\square}=\frac{\square}{\square}$

16 분수를 약분했습니다. ◆로 알맞은 수를 구해 보세요.

▶ 분모와 분자가 어떤 공약수로 나누어졌는지 찾아야 해.

(1) $\frac{16}{28}\xrightarrow{\div◆}\frac{8}{14}$

◆ (　　　　)

(2) $\frac{63}{81}\xrightarrow{\div◆}\frac{21}{27}$

◆ (　　　　)

17 $\frac{36}{84}$을 약분하려고 합니다. 다음 중 분모와 분자를 나눌 수 있는 수를 모두 찾아 ○표 하세요.

2	3	4	5	6	7	8

18 기약분수를 모두 찾아 ○표 하세요.

▶ 기약분수는 분모와 분자의 공약수가 1뿐인 분수야.

$\frac{5}{16}$	$\frac{4}{10}$	$\frac{8}{21}$	$\frac{9}{15}$	$\frac{7}{12}$	$\frac{12}{18}$

내가 만드는 문제

19 방법 중 한 가지를 골라 $\frac{32}{72}$를 약분해 보세요.

$\frac{32}{72}$ ➡

방법
㉠ 분모와 분자의 공약수로 나누기
㉡ 분모와 분자의 최대공약수로 나누기

방법 □ ➡ (　　　　　　　　　　)

분수를 약분할 때 분모와 분자의 모든 공약수로 나누면 될까?

• $\frac{18}{27}$을 약분하기

공약수 1로 나누기

$\frac{18}{27}=\frac{18\div1}{27\div1}=\frac{18}{27}$

1로 나누면 처음 분수와 같습니다.

공약수 3으로 나누기

$\frac{18}{27}=\frac{18\div\square}{27\div\square}=\frac{6}{9}$

공약수 9로 나누기

$\frac{18}{27}=\frac{18\div\square}{27\div\square}=\frac{2}{3}$

➡ 약분할 때는 분모와 분자를 □을 제외한 공약수로 나눕니다.

4 분모가 같은 분수로 나타내기

20 $\frac{2}{3}$, $\frac{1}{4}$과 크기가 같은 분수를 분모가 가장 작은 것부터 차례로 쓰고, 두 분수를 통분해 보세요.

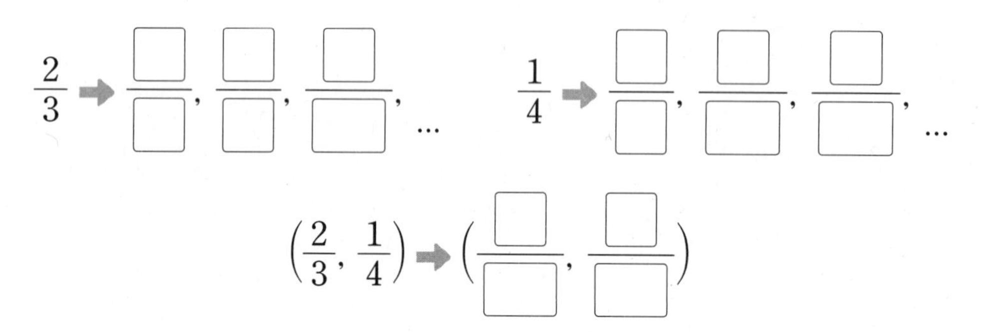

$\frac{2}{3} \rightarrow \frac{\square}{\square}, \frac{\square}{\square}, \frac{\square}{\square}, \cdots$ $\frac{1}{4} \rightarrow \frac{\square}{\square}, \frac{\square}{\square}, \frac{\square}{\square}, \cdots$

$\left(\frac{2}{3}, \frac{1}{4}\right) \rightarrow \left(\frac{\square}{\square}, \frac{\square}{\square}\right)$

분모가 다른 분수의 덧셈과 뺄셈

두 분수를 통분하여 분모를 같게 한 다음 분자끼리 더하거나 뺍니다.

- $\frac{1}{2}+\frac{1}{3}$
  $=\frac{1\times3}{2\times3}+\frac{1\times2}{3\times2}$
  $=\frac{3}{6}+\frac{2}{6}=\frac{5}{6}$
- $\frac{1}{2}-\frac{1}{3}$
  $=\frac{1\times3}{2\times3}-\frac{1\times2}{3\times2}$
  $=\frac{3}{6}-\frac{2}{6}=\frac{1}{6}$

⊕ □ 안에 알맞은 수를 써넣으세요.

(1) $\frac{3}{4}+\frac{1}{5}=\frac{3\times\square}{4\times5}+\frac{1\times\square}{5\times4}=\frac{\square}{20}+\frac{\square}{20}=\frac{\square}{20}$

(2) $\frac{4}{6}-\frac{2}{9}=\frac{4\times\square}{6\times3}-\frac{2\times\square}{9\times2}=\frac{\square}{18}-\frac{\square}{18}=\frac{\square}{18}=\frac{\square}{9}$

21 $\frac{5}{8}$와 $\frac{9}{12}$를 통분하려고 합니다. 다음 중 공통분모가 될 수 있는 수를 모두 찾아 ○표 하세요.

16 24 36 48 60 88

22 $\frac{5}{16}$와 $\frac{7}{20}$을 알맞게 통분한 것을 찾아 색칠해 보세요.

$\left(\frac{50}{160}, \frac{70}{160}\right)$ $\left(\frac{50}{160}, \frac{56}{160}\right)$

▶ 통분할 때 두 분수의 분자에 같은 수를 곱하면 안 돼.

23 두 분수를 다음과 같이 통분했습니다. ㉠, ㉡, ㉢에 알맞은 수를 각각 구해 보세요.

▶ 먼저 분모를 어떤 수로 하여 통분했을지 예상해 봐.

$$\left(\frac{5}{6}, \frac{11}{15}\right) \rightarrow \left(\frac{㉠}{㉡}, \frac{22}{㉢}\right)$$

㉠ (   )
㉡ (   )
㉢ (   )

내가 만드는 문제

24 방법 중 한 가지를 골라 $\frac{7}{12}$과 $\frac{5}{18}$를 통분해 보세요.

$$\left(\frac{7}{12}, \frac{5}{18}\right) \rightarrow$$

방법
㉠ 크기가 같은 분수를 만들어 통분하기
㉡ 두 분모의 곱으로 통분하기
㉢ 두 분모의 최소공배수로 통분하기

방법 ☐ ➡ (,   )

통분을 왜 알아야 할까?

어떤 분수가 더 클까?

$\frac{3}{8}$ VS $\frac{3}{9}$ ⟶ $\left(\frac{3}{8}, \frac{3}{9}\right)$ ➡ $\left(\frac{27}{72}, \frac{☐}{72}\right)$

통분을 알면 분모가 다른 분수의 크기를 비교할 수 있어.

➡ 두 분수를 통분하여 크기를 비교했을 때 더 큰 분수는 ($\frac{3}{8}$, $\frac{3}{9}$)이야.

5 분모가 다른 분수는 통분하여 크기를 비교해.

● $\frac{1}{2}$과 $\frac{2}{5}$의 크기 비교

분모가 같을 때 분자가 클수록 큰 수입니다.

$$\left(\frac{1}{2}, \frac{2}{5}\right) \xrightarrow{\text{통분}} \left(\frac{5}{10}, \frac{4}{10}\right) \Rightarrow \frac{5}{10} > \frac{4}{10} \Rightarrow \frac{1}{2} > \frac{2}{5}$$

● $\frac{2}{3}, \frac{2}{5}, \frac{4}{9}$의 크기 비교 …… 두 분수끼리 통분하여 비교합니다.

$$\left(\frac{2}{3}, \frac{2}{5}\right) \xrightarrow{\text{통분}} \left(\frac{10}{15}, \frac{6}{15}\right) \Rightarrow \frac{2}{3} > \frac{2}{5}$$

$$\left(\frac{2}{5}, \frac{4}{9}\right) \xrightarrow{\text{통분}} \left(\frac{18}{45}, \frac{20}{45}\right) \Rightarrow \frac{2}{5} < \frac{4}{9}$$

$$\left(\frac{2}{3}, \frac{4}{9}\right) \xrightarrow{\text{통분}} \left(\frac{6}{9}, \frac{4}{9}\right) \Rightarrow \frac{2}{3} > \frac{4}{9}$$

$$\Rightarrow \frac{2}{5} < \frac{4}{9} < \frac{2}{3}$$

1 $\frac{5}{7}$와 $\frac{2}{3}$의 크기를 비교하려고 합니다. □ 안에 알맞은 수를 써넣고, ○ 안에 $>$, $=$, $<$를 알맞게 써넣으세요.

$$\left(\frac{5}{7}, \frac{2}{3}\right) \xrightarrow{\text{통분}} \left(\frac{15}{21}, \frac{\square}{21}\right) \Rightarrow \frac{15}{21} \bigcirc \frac{\square}{21} \Rightarrow \frac{5}{7} \bigcirc \frac{2}{3}$$

2 $\frac{2}{3}, \frac{3}{5}, \frac{5}{6}$의 크기를 비교하려고 합니다. □ 안에 알맞은 수를 써넣고, ○ 안에 $>$, $=$, $<$를 알맞게 써넣으세요.

$$\left(\frac{2}{3}, \frac{3}{5}\right) \Rightarrow \left(\frac{\square}{15}, \frac{\square}{15}\right) \Rightarrow \frac{2}{3} \bigcirc \frac{3}{5}$$

$$\left(\frac{3}{5}, \frac{5}{6}\right) \Rightarrow \left(\frac{\square}{30}, \frac{\square}{30}\right) \Rightarrow \frac{3}{5} \bigcirc \frac{5}{6}$$

$$\left(\frac{2}{3}, \frac{5}{6}\right) \Rightarrow \left(\frac{\square}{6}, \frac{5}{6}\right) \Rightarrow \frac{2}{3} \bigcirc \frac{5}{6}$$

$$\Rightarrow \frac{\square}{\square} < \frac{\square}{\square} < \frac{\square}{\square}$$

정답과 풀이 25쪽

6 분수를 소수로, 소수를 분수로 나타내어 크기를 비교해.

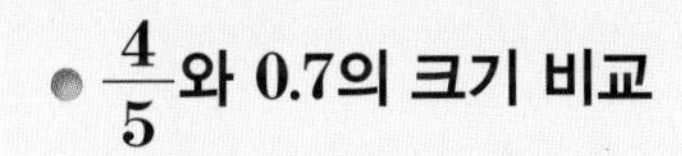

● $\frac{4}{5}$와 0.7의 크기 비교

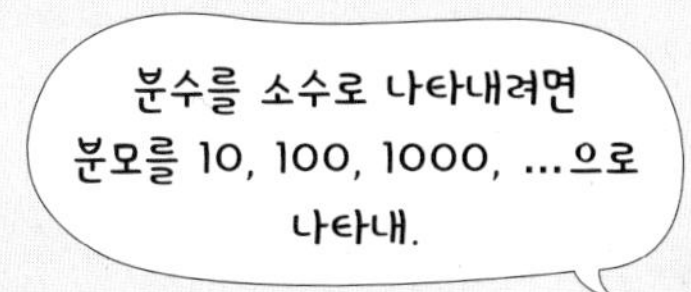

방법 1 분수를 소수로 나타내어 크기 비교하기

$\left(\frac{4}{5}, 0.7\right) \rightarrow \left(\frac{8}{10}, 0.7\right) \rightarrow 0.8 > 0.7 \rightarrow \frac{4}{5} > 0.7$

방법 2 소수를 분수로 나타내어 크기 비교하기

$\left(\frac{4}{5}, 0.7\right) \rightarrow \left(\frac{4}{5}, \frac{7}{10}\right) \xrightarrow{\text{통분}} \left(\frac{8}{10}, \frac{7}{10}\right) \rightarrow \frac{8}{10} > \frac{7}{10} \rightarrow \frac{4}{5} > 0.7$

1 $\frac{30}{60}$과 $\frac{21}{30}$의 크기를 비교하려고 합니다. 물음에 답하세요.

(1) 두 분수를 약분하여 크기를 비교해 보세요.

$\left(\frac{30}{60}, \frac{21}{30}\right) \xrightarrow{\text{약분}} \left(\frac{\square}{10}, \frac{\square}{10}\right) \rightarrow \frac{\square}{10} \bigcirc \frac{\square}{10} \rightarrow \frac{30}{60} \bigcirc \frac{21}{30}$

(2) 두 분수를 소수로 나타내어 크기를 비교해 보세요.

$\left(\frac{30}{60}, \frac{21}{30}\right) \xrightarrow{\text{약분}} \left(\frac{\square}{10}, \frac{\square}{10}\right) \rightarrow \square \bigcirc 0.7 \rightarrow \frac{30}{60} \bigcirc \frac{21}{30}$

2 $\frac{2}{5}$와 0.6의 크기를 비교하려고 합니다. 물음에 답하세요.

(1) 분수를 소수로 나타내어 크기를 비교해 보세요.

$\left(\frac{2}{5}, 0.6\right) \rightarrow \left(\frac{\square}{10}, 0.6\right) \rightarrow \left(\square, 0.6\right) \rightarrow \frac{2}{5} \bigcirc 0.6$

$\frac{●}{10} = 0.●$

$\frac{●■}{100} = 0.●■$

$\frac{●■▲}{1000} = 0.●■▲$

(2) 소수를 분수로 나타내어 크기를 비교해 보세요.

$\left(\frac{2}{5}, 0.6\right) \rightarrow \left(\frac{\square}{10}, \frac{\square}{10}\right) \rightarrow \frac{2}{5} \bigcirc 0.6$

5 분수의 크기 비교

1 두 분수를 약분하여 크기를 비교하려고 합니다. □ 안에 알맞은 수를 써넣고, ○ 안에 $>$, $=$, $<$를 알맞게 써넣으세요.

▶ 분모가 10이 되도록 약분!

$$\left(\frac{15}{30}, \frac{18}{20}\right) \xrightarrow{\text{약분}} \left(\frac{5}{10}, \frac{\square}{10}\right) \Rightarrow \frac{5}{10} \bigcirc \frac{\square}{10}$$

$$\Rightarrow \frac{15}{30} \bigcirc \frac{18}{20}$$

2 $\frac{1}{2}$, $\frac{3}{4}$, $\frac{5}{8}$만큼 색칠하고 가장 큰 분수에 ○표 하세요.

▶ 색칠한 부분의 크기를 비교해 볼까?

$\frac{1}{2}$ [　|　|　|　|　|　|　|　] $\frac{\square}{8}$ (　　)

$\frac{3}{4}$ [　|　|　|　|　|　|　|　] $\frac{\square}{8}$ (　　)

$\frac{5}{8}$ [　|　|　|　|　|　|　|　] $\frac{\square}{8}$ (　　)

3 두 분수의 크기를 비교하여 ○ 안에 $>$, $=$, $<$를 알맞게 써넣으세요.

▶ 두 분수를 통분한 다음 분자의 크기를 비교해 봐.

(1) $\frac{3}{4} \bigcirc \frac{7}{8}$

(2) $\frac{6}{8} \bigcirc \frac{7}{10}$

(3) $\frac{5}{9} \bigcirc \frac{8}{15}$

(4) $\frac{10}{16} \bigcirc \frac{9}{12}$

➕ □ 안에 알맞은 수를 써넣고, ○ 안에 $>$, $=$, $<$를 알맞게 써넣으세요.

$$\left(1\frac{3}{8}, 1\frac{2}{3}\right) \Rightarrow \left(1\frac{\square}{24}, 1\frac{\square}{24}\right) \Rightarrow 1\frac{3}{8} \bigcirc 1\frac{2}{3}$$

분모가 다른 대분수의 크기 비교

- 자연수 부분이 다르면 자연수가 클수록 큰 수입니다.
  $\left(3\frac{1}{4}, 1\frac{3}{5}\right) \Rightarrow 3\frac{1}{4} > 1\frac{3}{5}$ ($3>1$)
- 자연수 부분이 같으면 분수 부분의 크기를 비교합니다.
  $\left(2\frac{1}{3}, 2\frac{1}{6}\right) \Rightarrow 2\frac{1}{3} > 2\frac{1}{6}$ ($\frac{1}{3}\left(=\frac{2}{6}\right) > \frac{1}{6}$)

4 세 분수의 크기를 비교하여 □ 안에 알맞은 수를 써넣으세요.

(1) $\left(\frac{3}{4}, \frac{2}{5}, \frac{7}{10}\right)$ ➡ □ < □ < □

(2) $\left(\frac{4}{5}, \frac{5}{6}, \frac{11}{18}\right)$ ➡ □ < □ < □

▶ 세 분수를 한꺼번에 통분하여 크기를 비교할 수도 있어.

$\left(\frac{1}{2}, \frac{2}{5}, \frac{3}{4}\right) \xrightarrow{\text{통분}} \left(\frac{10}{20}, \frac{8}{20}, \frac{15}{20}\right)$

➡ $\frac{8}{20} < \frac{10}{20} < \frac{15}{20}$

➡ $\frac{2}{5} < \frac{1}{2} < \frac{3}{4}$

5 두 분수의 크기를 비교하여 더 큰 분수를 위의 □ 안에 써넣으세요.

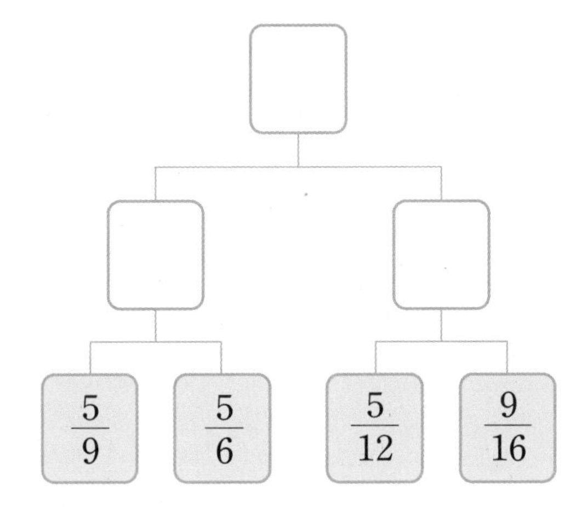

$\frac{5}{9}$ $\frac{5}{6}$ $\frac{5}{12}$ $\frac{9}{16}$

내가 만드는 문제

6 보기 에서 자유롭게 분수 2개를 골라 크기를 비교해 보세요.

보기

$\frac{3}{5}$ $\frac{7}{12}$ $\frac{1}{3}$ $\frac{7}{18}$ $\frac{5}{6}$ $\frac{11}{24}$ $\frac{5}{8}$

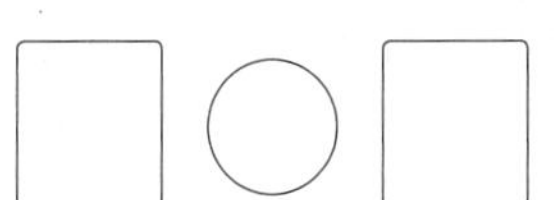

▶ 여러 가지 방법으로 분수의 크기를 비교해 봐.

통분하지 않고 분수의 크기를 비교할 수 있을까?

두 분모의 곱을 공통분모로 하여 통분한다고 생각해 보자.

$\frac{2}{3} \times \frac{3}{5} \rightarrow \frac{2\times5}{3\times5}$ ○ $\frac{3\times3}{5\times3} \rightarrow \frac{2}{3} > \frac{3}{5}$

X자로 곱해서 분자의 크기만 비교해 볼까?

➡ X자로 곱했을 때 분자가 더 큰 쪽의 분수가 더 큽니다.

7 분수를 분모가 10, 100, 1000인 분수로 고치고, 소수로 나타내려고 합니다. □ 안에 알맞은 수를 써넣으세요.

▶ 분모가 10, 100, 1000, ...이 되도록 ★을 곱할 때 분자에도 ★을 곱해야 해.

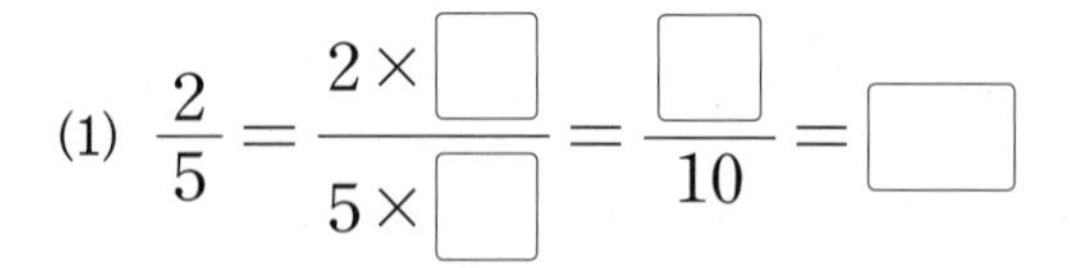

(1) $\frac{2}{5}=\frac{2\times\square}{5\times\square}=\frac{\square}{10}=\square$

(2) $\frac{3}{4}=\frac{3\times\square}{4\times\square}=\frac{\square}{100}=\square$

(3) $\frac{7}{200}=\frac{7\times\square}{200\times\square}=\frac{\square}{1000}=\square$

8 모눈에 $\frac{11}{25}$, 0.36만큼 각각 색칠하고 두 수의 크기를 비교해 보세요.

▶ $\frac{■▲}{100}$ ⇒ 100칸 중 ■▲칸

$\frac{11}{25}=\frac{\square}{100}$

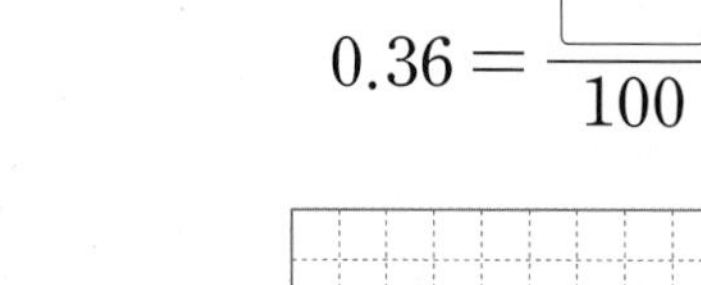

$0.36=\frac{\square}{100}$

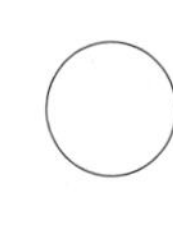

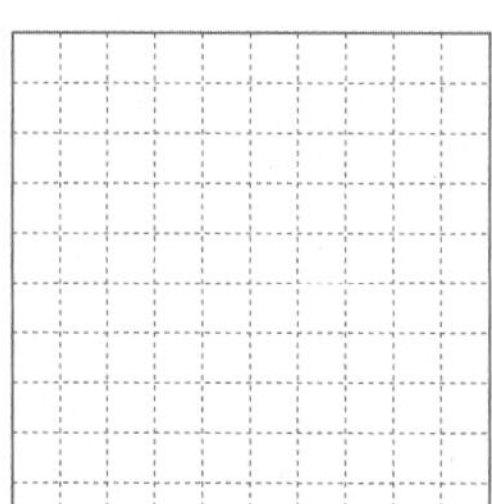

9 분수와 소수의 크기를 비교하여 ○ 안에 >, =, <를 알맞게 써넣으세요.

▶ 분수를 소수로 나타낼 수 없는 경우에는 소수를 분수로 나타내어 크기를 비교하면 돼.

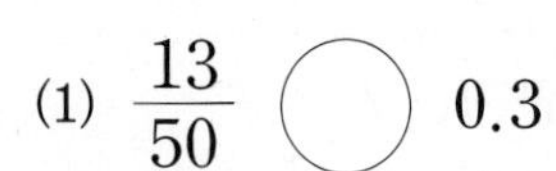

(1) $\frac{13}{50}$ ○ 0.3

(2) 0.4 ○ $\frac{2}{5}$

(3) 1.7 ○ $1\frac{1}{2}$

(4) $2\frac{1}{4}$ ○ 2.48

10 하루 동안 물을 윤지는 $0.89\,\mathrm{L}$, 진우는 $\frac{4}{5}\,\mathrm{L}$ 마셨습니다. 윤지와 진우 중 물을 더 많이 마신 친구는 누구인지 써 보세요.

(　　　　　　　　)

▶ 필요한 경우 소수의 오른쪽 끝자리에 0을 붙일 수 있어.

$0.34 > 0.30$

$4 > 0$

11 윤하네 집에서 학교와 도서관 중 더 가까운 곳은 어디인지 써 보세요.

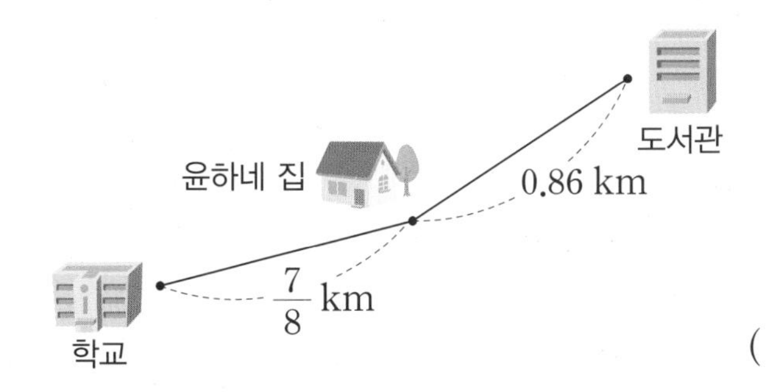

(　　　　　　　　)

▶ 집에서 떨어진 거리가 짧을수록 가깝고, 길수록 먼 거야.

내가 만드는 문제

12 A와 B에서 자유롭게 분수와 소수를 각각 1개씩 골라 크기를 비교해 보세요.

A: $\frac{1}{4}$　$\frac{19}{25}$　$\frac{3}{8}$

B: 0.2　0.81　0.426

□ ○ □

▶ 여러 가지 방법으로 분수와 소수의 크기를 비교해 봐.

$\frac{3}{7}$과 0.4의 크기를 비교하는 방법은?

분수를 소수로 나타내기

$\frac{3}{7}$은 분모가 10, 100, 1000, ...인 분수로 나타낼 수 없어.

VS

소수를 분수로 나타내기

$\left(\frac{3}{7}, 0.4\right) \rightarrow \left(\frac{3}{7}, \frac{\square}{10}\right)$

$\rightarrow \left(\frac{30}{70} \bigcirc \frac{\square}{70}\right)$

$\rightarrow \frac{3}{7} \bigcirc 0.4$

$\frac{3}{7}$처럼 소수로 나타낼 수 없는 분수는 소수를 분수로 나타내어 크기를 비교하면 돼.

4

발전 문제

① 크기가 같은 분수 구하기

1 준비

$\frac{4}{9}$와 크기가 같은 분수를 구하려고 합니다. □ 안에 알맞은 수를 써넣으세요.

$$\frac{4}{9}=\frac{\square}{18}=\frac{\square}{27}=\frac{\square}{36}$$

2 확인

$\frac{2}{3}$와 크기가 같은 분수 중에서 분모가 한 자리 수인 것을 모두 구해 보세요.

(　　　　　　　　)

3 완성

$\frac{3}{7}$과 크기가 같은 분수 중에서 분모와 분자의 합이 50인 분수를 구해 보세요.

(　　　　　　　　)

② 약분하기 전의 분수 구하기

4 준비

어떤 분수를 8로 약분하였더니 $\frac{3}{11}$이 되었습니다. 처음 분수를 구해 보세요.

(　　　　　　　　)

5 확인

어떤 분수의 분모에서 2를 빼고 9로 약분하였더니 $\frac{2}{7}$가 되었습니다. 처음 분수를 구해 보세요.

(　　　　　　　　)

6 완성

어떤 분수의 분모에서 5를 빼고 분자에 3을 더한 다음 4로 약분하였더니 $\frac{5}{8}$가 되었습니다. 처음 분수를 구해 보세요.

(　　　　　　　　)

3 통분하기 전의 분수 구하기

7 준비

어떤 두 기약분수를 통분하면 다음과 같습니다. 통분하기 전의 두 기약분수를 구해 보세요.

$\left(\frac{20}{35}, \frac{21}{35}\right) \rightarrow ($, $)$

8 확인

두 분모의 곱을 공통분모로 하여 통분해 보세요.

$\left(\frac{3}{8}, \frac{2}{3}\right) \rightarrow ($, $)$

9 완성

두 분모의 곱을 공통분모로 하여 통분한 것입니다. □ 안에 알맞은 분수를 구해 보세요.

$\left(\square, \frac{5}{12}\right) \rightarrow \left(\frac{36}{48}, \frac{20}{48}\right)$

( )

4 □ 안에 들어갈 수 있는 수 구하기

10 준비

□ 안에 알맞은 수를 구해 보세요.

$\frac{\square}{5} = \frac{18}{30}$

( )

11 확인

1부터 9까지의 수 중에서 □ 안에 들어갈 수 있는 자연수를 모두 구해 보세요.

$\frac{\square}{7} < \frac{15}{28}$

( )

12 완성

□ 안에 들어갈 수 있는 자연수 중에서 가장 큰 수를 구해 보세요.

$\frac{5}{12} > \frac{\square}{16}$

( )

5 조건에 알맞은 분수 찾기

13 준비

$\frac{3}{8}$보다 작은 분수를 찾아 써 보세요.

$\frac{3}{11}$ $\frac{3}{5}$ $\frac{3}{7}$

( )

14 확인

$\frac{5}{9}$보다 큰 분수를 찾아 써 보세요.

$\frac{16}{27}$ $\frac{23}{45}$ $\frac{7}{18}$

( )

15 완성

$\frac{7}{20}$보다 크고 0.52보다 작은 분수를 찾아 써 보세요.

$\frac{13}{20}$ $\frac{11}{50}$ $\frac{1}{2}$

( )

6 수 카드로 분수 만들기

16 준비

다음 중 가장 작은 진분수를 찾아 써 보세요.

$\frac{4}{9}$ $\frac{2}{5}$ $\frac{1}{3}$

( )

17 확인

수 카드 3장 중에서 2장을 골라 진분수를 만들려고 합니다. 만들 수 있는 가장 큰 진분수를 구해 보세요.

3 6 2

( )

18 완성

수 카드 4장 중에서 2장을 골라 진분수를 만들려고 합니다. 만들 수 있는 가장 큰 진분수를 소수로 나타내어 보세요.

2 8 5 4

( )

단원 평가

점수 확인

1 $\frac{3}{5}$과 크기가 같도록 오른쪽에 색칠하고 □ 안에 알맞은 수를 써넣으세요.

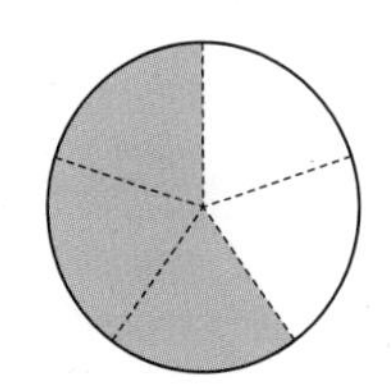 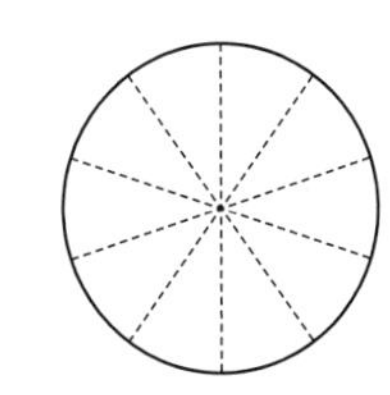

$$\frac{3}{5} = \frac{\square}{10}$$

2 크기가 같은 분수를 만들려고 합니다. □ 안에 알맞은 수를 써넣으세요.

(1) $\frac{7}{9} = \frac{7 \times \square}{9 \times 4} = \frac{\square}{36}$

(2) $\frac{35}{56} = \frac{35 \div 7}{56 \div \square} = \frac{5}{\square}$

3 분수를 약분하려고 합니다. □ 안에 알맞은 수를 써넣으세요.

(1) $\frac{\overset{5}{\cancel{40}}}{\underset{\square}{\cancel{48}}} = \frac{\square}{\square}$

(2) $\frac{\overset{\square}{\cancel{36}}}{\underset{7}{\cancel{63}}} = \frac{\square}{\square}$

4 $\frac{12}{42}$를 크기가 같은 분수로 나타내려고 합니다. □ 안에 알맞은 수를 써넣으세요.

$$\frac{12}{42} \Rightarrow \frac{6}{\square}, \frac{\square}{14}, \frac{2}{\square}$$

5 분수를 분모가 10, 100인 분수로 고치고, 소수로 나타내려고 합니다. □ 안에 알맞은 수를 써넣으세요.

(1) $\frac{1}{5} = \frac{1 \times \square}{5 \times \square} = \frac{\square}{10} = \square$

(2) $\frac{17}{20} = \frac{17 \times \square}{20 \times \square} = \frac{\square}{100} = \square$

6 두 분모의 최소공배수를 공통분모로 하여 통분해 보세요.

$$\left(\frac{6}{8}, \frac{11}{12}\right) \Rightarrow (\qquad , \qquad)$$

7 기약분수는 모두 몇 개인지 써 보세요.

$\frac{11}{99}$ $\frac{16}{49}$ $\frac{9}{42}$ $\frac{18}{81}$ $\frac{21}{56}$ $\frac{13}{62}$

( )

8 두 분수를 통분하여 크기를 비교해 보세요.

$$\left(\frac{7}{20}, \frac{5}{8}\right) \Rightarrow \left(\frac{\square}{\square}, \frac{\square}{\square}\right)$$

$$\Rightarrow \frac{7}{20} \bigcirc \frac{5}{8}$$

9 $\frac{4}{14}$와 $\frac{10}{21}$을 통분하려고 합니다. 다음 중 공통 분모가 될 수 있는 수를 모두 찾아 ○표 하세요.

28	42	63	84	96

10 $\frac{27}{63}$을 한 번만 약분하여 기약분수로 나타내려고 합니다. 분모와 분자를 어떤 수로 나누어야 하는지 구해 보세요.

( )

11 두 분수의 크기를 비교하여 ○ 안에 >, =, <를 알맞게 써넣으세요.

(1) $\frac{4}{6}$ ○ $\frac{8}{14}$　　(2) $\frac{14}{15}$ ○ $\frac{19}{20}$

12 맞는 설명에 ○표, 틀린 설명에 ×표 하세요.

(1) 기약분수는 분모와 분자의 공약수가 2개입니다. ( )

(2) 분자가 같은 두 분수는 분모가 클수록 작은 수입니다. ( )

(3) 분모와 분자를 어떤 수든지 같은 수로 나누면 크기가 같은 분수가 됩니다.

( )

13 $\frac{8}{13}$과 크기가 같은 분수 중에서 분모와 분자의 합이 84인 분수를 구해 보세요.

( )

14 분수와 소수의 크기를 비교하여 큰 수부터 차례로 기호를 써 보세요.

㉠ 0.45　㉡ $\frac{17}{50}$　㉢ 0.11

( )

15 두 분수를 통분할 수 있는 수 중에서 가장 작은 세 자리 수를 공통분모로 하여 통분하려고 합니다. □ 안에 알맞은 수를 써넣으세요.

$\left(\frac{5}{12}, \frac{8}{10}\right) \rightarrow \left(\frac{\square}{\square}, \frac{\square}{\square}\right)$

16 □ 안에 들어갈 수 있는 자연수를 모두 구해 보세요.

$$\frac{3}{8} < \frac{\square}{10} < \frac{4}{5}$$

(　　　　　　　　　　)

17 $\frac{13}{35}$과 $\frac{6}{14}$ 사이의 수 중에서 분모가 70인 분수를 모두 구해 보세요.

(　　　　　　　　　　)

18 수 카드 4장 중에서 2장을 골라 진분수를 만들려고 합니다. 만들 수 있는 가장 큰 진분수를 소수로 나타내어 보세요.

5　1　9　3

(　　　　　　　　　　)

정답과 풀이 28쪽　술술 서술형

19 $\frac{45}{70}$를 약분하였더니 $\frac{9}{14}$가 되었습니다. 분모와 분자를 각각 어떤 수로 나누었는지 풀이 과정을 쓰고 답을 구해 보세요.

풀이

답

20 윤호의 몸무게는 43.2 kg이고 현수의 몸무게는 $43\frac{13}{25}$ kg입니다. 윤호와 현수 중에서 몸무게가 더 무거운 친구는 누구인지 풀이 과정을 쓰고 답을 구해 보세요.

풀이

답

4

5 분수의 덧셈과 뺄셈

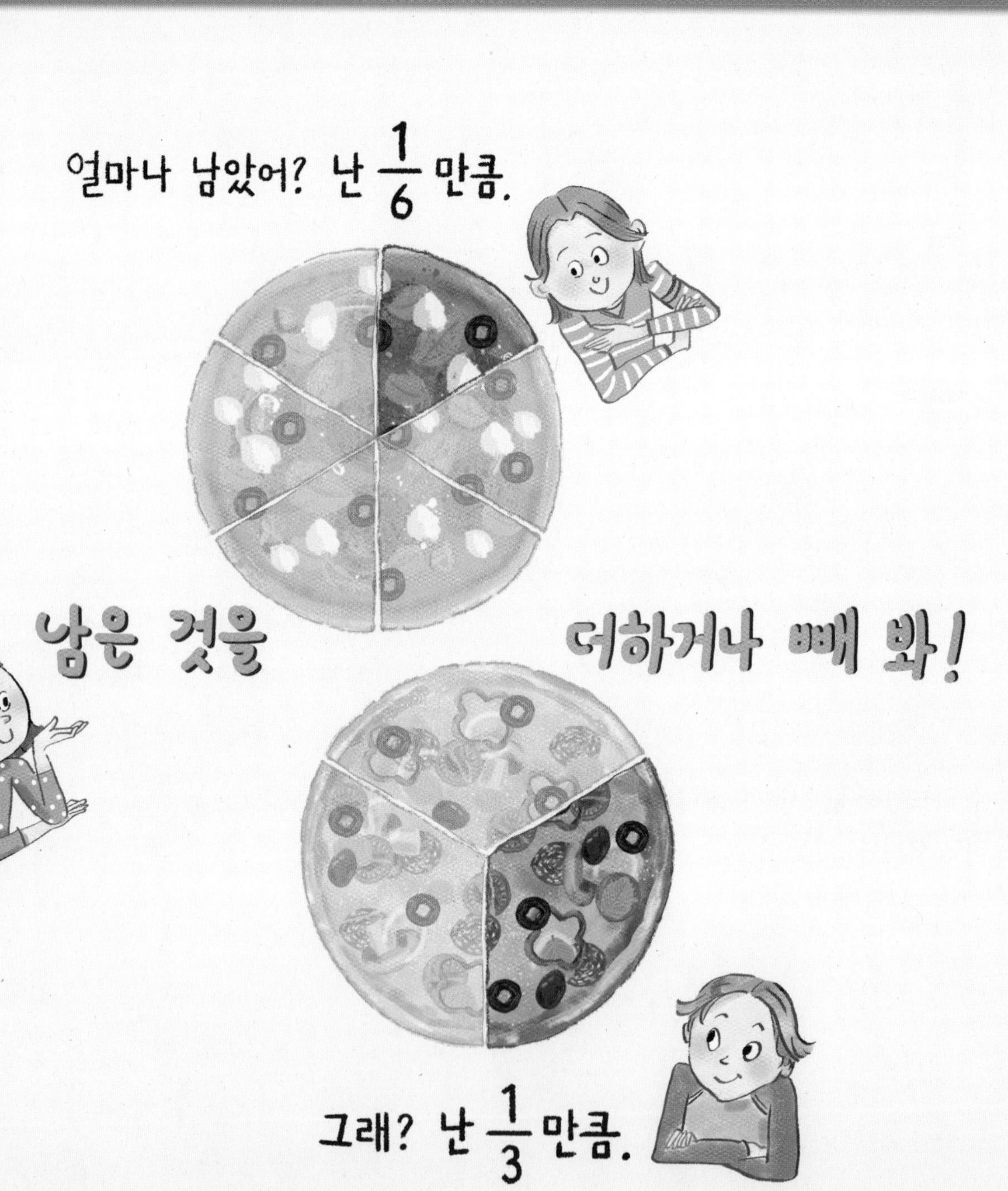

분모를 같게 하면 **더하고 뺄 수 있어!**

$$\frac{1}{6} + \frac{1}{3}$$

$$= \frac{1}{6} + \frac{2}{6} = \frac{3}{6} = \frac{1}{2}$$

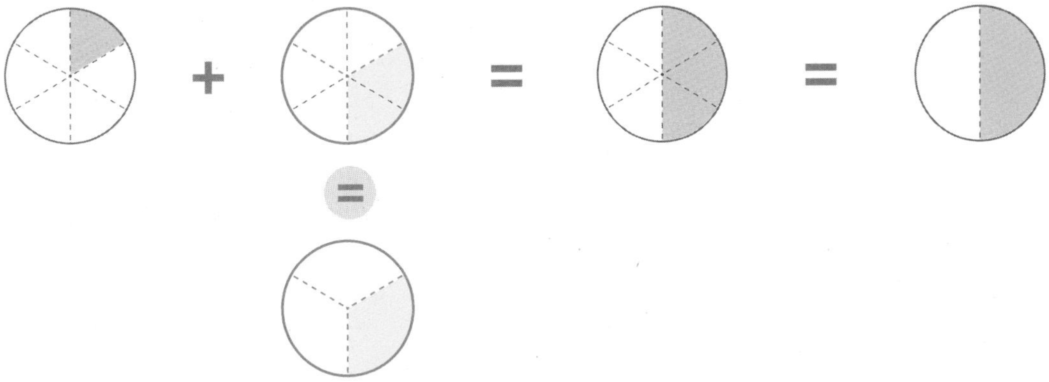

$$\frac{1\times 2}{3\times 2} = \frac{2}{6}$$

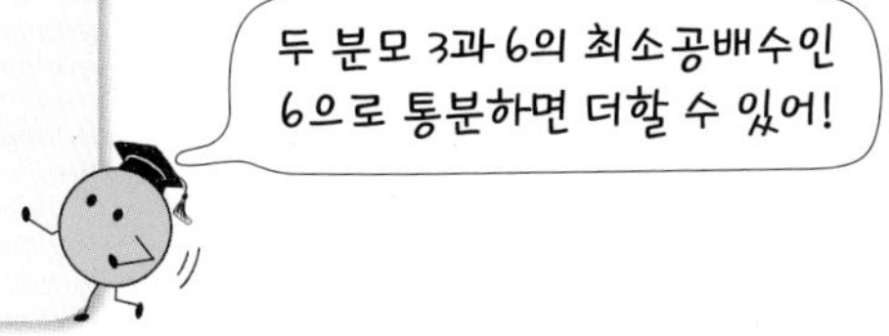

두 분모 3과 6의 최소공배수인 6으로 통분하면 더할 수 있어!

1 분모를 같게 만든 다음 분수의 덧셈을 해.

● 받아올림이 없는 진분수의 덧셈

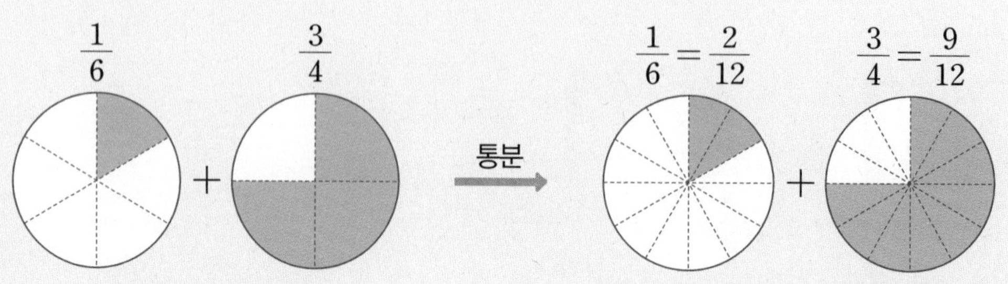

전체를 나눈 부분의 크기가 다르므로 더할 수 없어.

전체를 12로 똑같이 나누면 색칠한 부분이 $2+9=11$(개)이므로 $\frac{11}{12}$이야.

방법 1 분모의 곱을 이용하여 **통분**한 후 계산하기

$$\frac{1}{6}+\frac{3}{4}=\frac{1\times4}{6\times4}+\frac{3\times6}{4\times6}=\frac{4}{24}+\frac{18}{24}=\frac{22}{24}=\frac{11}{12}$$

방법 2 분모의 최소공배수를 이용하여 **통분**한 후 계산하기

$$\frac{1}{6}+\frac{3}{4}=\frac{1\times2}{6\times2}+\frac{3\times3}{4\times3}=\frac{2}{12}+\frac{9}{12}=\frac{11}{12}$$

6과 4의 최소공배수: 12

1 $\frac{1}{2}+\frac{1}{3}$을 계산하려고 합니다. 분수만큼 색칠하고 □ 안에 알맞은 수를 써넣으세요.

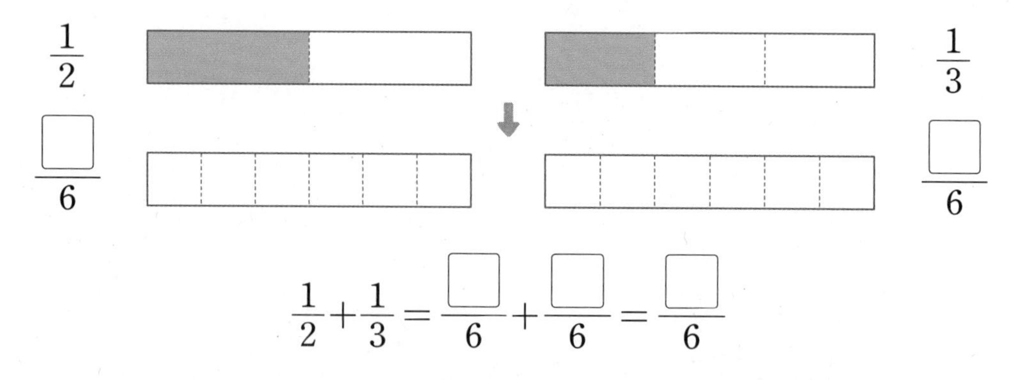

$$\frac{1}{2}+\frac{1}{3}=\frac{□}{6}+\frac{□}{6}=\frac{□}{6}$$

2 $\frac{1}{9}+\frac{5}{6}$를 두 가지 방법으로 계산하려고 합니다. □ 안에 알맞은 수를 써넣으세요.

(1) $\frac{1}{9}+\frac{5}{6}=\frac{1\times□}{9\times6}+\frac{5\times□}{6\times□}=\frac{□}{54}+\frac{□}{54}=\frac{□}{54}=\frac{□}{18}$

(2) $\frac{1}{9}+\frac{5}{6}=\frac{1\times□}{9\times2}+\frac{5\times□}{6\times□}=\frac{□}{18}+\frac{□}{18}=\frac{□}{18}$

정답과 풀이 30쪽

2 분수끼리의 합이 1이 되면 자연수 부분으로 올림해.

● 받아올림이 있는 진분수의 덧셈

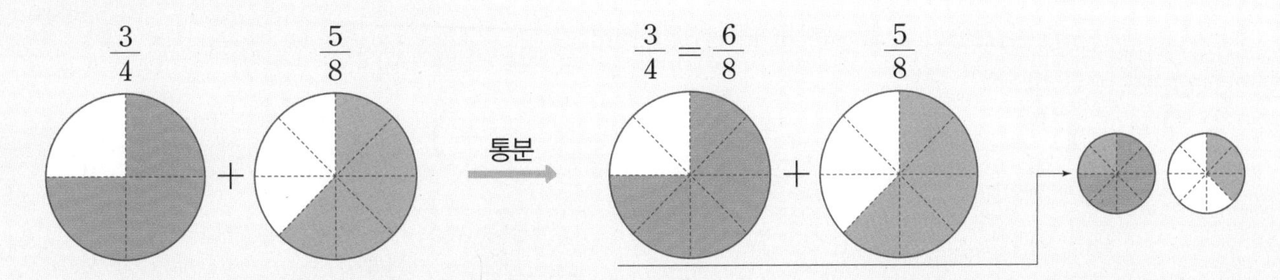

방법 1 분모의 곱을 이용하여 **통분**한 후 계산하기

$$\frac{3}{4}+\frac{5}{8}=\frac{3\times 8}{4\times 8}+\frac{5\times 4}{8\times 4}=\frac{24}{32}+\frac{20}{32}=\frac{44}{32}=1\frac{12}{32}=1\frac{3}{8}$$

방법 2 분모의 최소공배수를 이용하여 **통분**한 후 계산하기

$$\frac{3}{4}+\frac{5}{8}=\frac{3\times 2}{4\times 2}+\frac{5}{8}=\frac{6}{8}+\frac{5}{8}=\frac{11}{8}=1\frac{3}{8}$$

4와 8의 최소공배수: 8

1 $\frac{2}{3}+\frac{3}{4}$을 계산하려고 합니다. 분수만큼 색칠하고 □ 안에 알맞은 수를 써넣으세요.

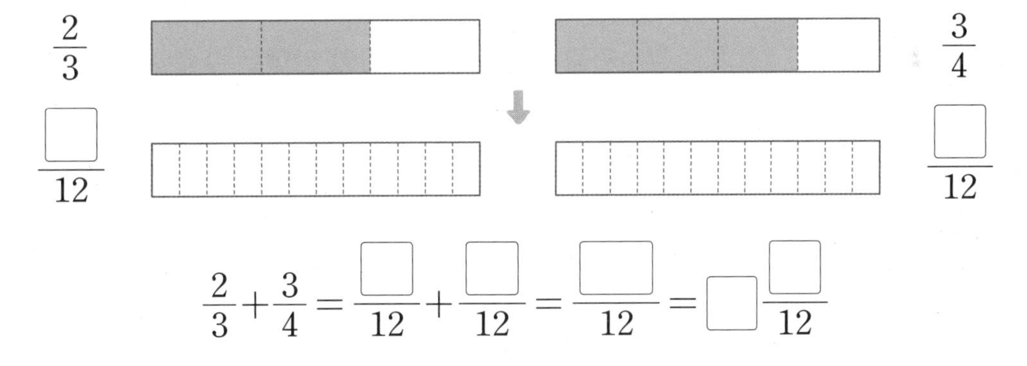

$$\frac{2}{3}+\frac{3}{4}=\frac{\square}{12}+\frac{\square}{12}=\frac{\square}{12}=\square\frac{\square}{12}$$

2 $\frac{1}{6}+\frac{7}{8}$을 두 가지 방법으로 계산하려고 합니다. □ 안에 알맞은 수를 써넣으세요.

(1) $\frac{1}{6}+\frac{7}{8}=\frac{1\times\square}{6\times 8}+\frac{7\times\square}{8\times\square}=\frac{\square}{48}+\frac{\square}{48}=\frac{\square}{48}=\square\frac{\square}{48}=\square\frac{\square}{24}$

(2) $\frac{1}{6}+\frac{7}{8}=\frac{1\times\square}{6\times 4}+\frac{7\times\square}{8\times\square}=\frac{\square}{24}+\frac{\square}{24}=\frac{\square}{24}=\square\frac{\square}{24}$

3 대분수의 덧셈도 분모를 같게 만들어 계산해.

● **받아올림이 있는 대분수의 덧셈**

방법 1 자연수는 자연수끼리, 분수는 분수끼리 계산하기

$$1\frac{2}{3}+1\frac{4}{5}=1\frac{10}{15}+1\frac{12}{15}=(1+1)+\left(\frac{10}{15}+\frac{12}{15}\right)$$

분모를 15로 통분! / 자연수는 자연수끼리, 분수는 분수끼리 더하기

$$=2+\frac{22}{15}=2+1\frac{7}{15}=3\frac{7}{15}$$

분수끼리의 합이 가분수이면 대분수로 나타내기

방법 2 대분수를 가분수로 나타내어 계산하기

$$1\frac{2}{3}+1\frac{4}{5}=\frac{5}{3}+\frac{9}{5}=\frac{25}{15}+\frac{27}{15}=\frac{52}{15}=3\frac{7}{15}$$

대분수를 가분수로 나타내기 / 분모를 15로 통분!

1 $1\frac{1}{2}+1\frac{3}{5}$을 계산하려고 합니다. 분수만큼 색칠하고 □ 안에 알맞은 수를 써넣으세요.

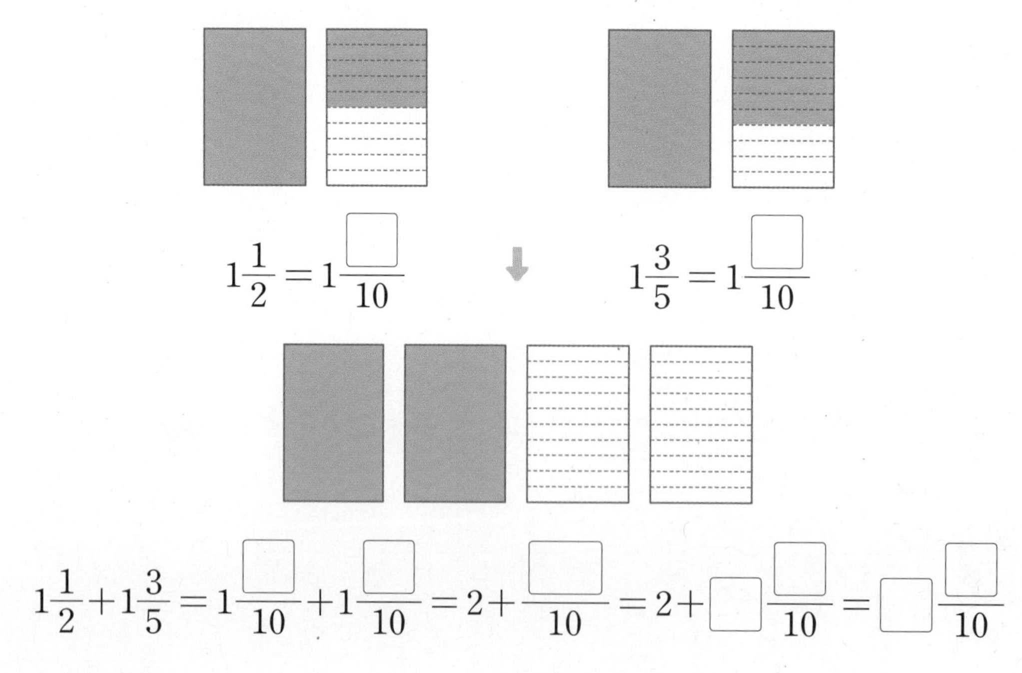

$$1\frac{1}{2}+1\frac{3}{5}=1\frac{□}{10}+1\frac{□}{10}=2+\frac{□}{10}=2+□\frac{□}{10}=□\frac{□}{10}$$

2 $2\frac{2}{9}+1\frac{5}{6}$를 두 가지 방법으로 계산하려고 합니다. □ 안에 알맞은 수를 써넣으세요.

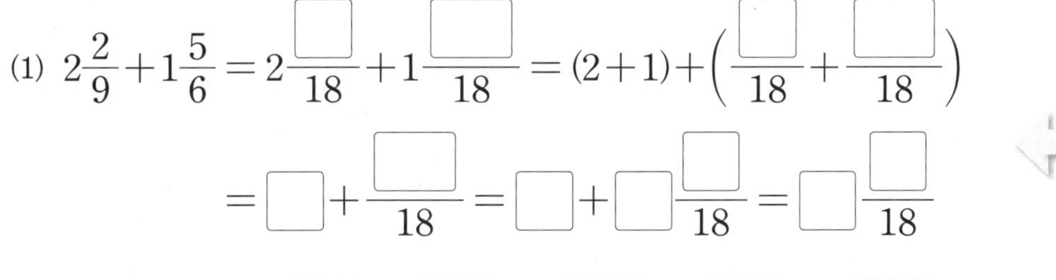

(1) $2\frac{2}{9}+1\frac{5}{6}=2\frac{\square}{18}+1\frac{\square}{18}=(2+1)+\left(\frac{\square}{18}+\frac{\square}{18}\right)$

$=\square+\frac{\square}{18}=\square+\square\frac{\square}{18}=\square\frac{\square}{18}$

두 분수의 분모의 곱을 이용하여 통분한 후 계산해도 계산 결과는 같아.

(2) $2\frac{2}{9}+1\frac{5}{6}=\frac{\square}{9}+\frac{\square}{6}=\frac{\square}{18}+\frac{\square}{18}=\frac{\square}{18}=\square\frac{\square}{18}$

3 보기 와 같이 계산해 보세요.

보기

$2\frac{2}{3}+2\frac{1}{6}=\frac{8}{3}+\frac{13}{6}=\frac{16}{6}+\frac{13}{6}=\frac{29}{6}=4\frac{5}{6}$

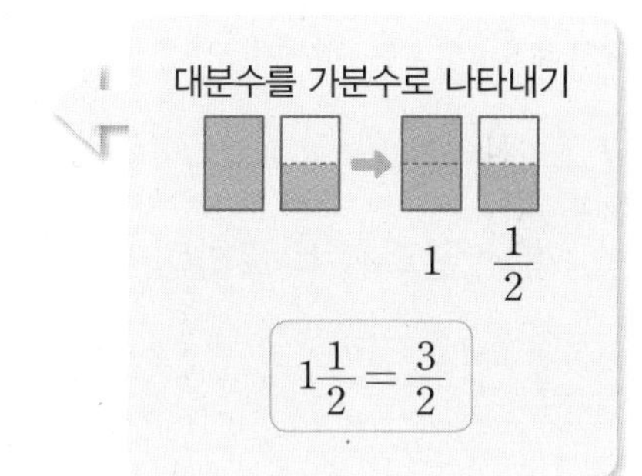

(1) $2\frac{1}{4}+1\frac{4}{5}$

(2) $3\frac{9}{10}+1\frac{2}{15}$

4 계산해 보세요.

(1) $1\frac{1}{3}+1\frac{2}{7}$

(2) $1\frac{1}{6}+2\frac{7}{8}$

5 계산 결과를 찾아 선으로 이어 보세요.

$2\frac{3}{7}+1\frac{4}{5}$ •	• $4\frac{11}{18}$
$1\frac{5}{6}+1\frac{3}{4}$ •	• $3\frac{7}{12}$
$1\frac{7}{9}+2\frac{5}{6}$ •	• $4\frac{8}{35}$

5

1 받아올림이 없는 진분수의 덧셈

1 계산해 보세요.

(1) $\frac{1}{2}+\frac{1}{3}$

$\frac{1}{2}+\frac{1}{4}$

$\frac{1}{2}+\frac{1}{5}$

(2) $\frac{1}{3}+\frac{1}{4}$

$\frac{1}{3}+\frac{1}{5}$

$\frac{1}{3}+\frac{1}{6}$

▶ 단위분수의 합은 다음과 같이 계산할 수도 있어.

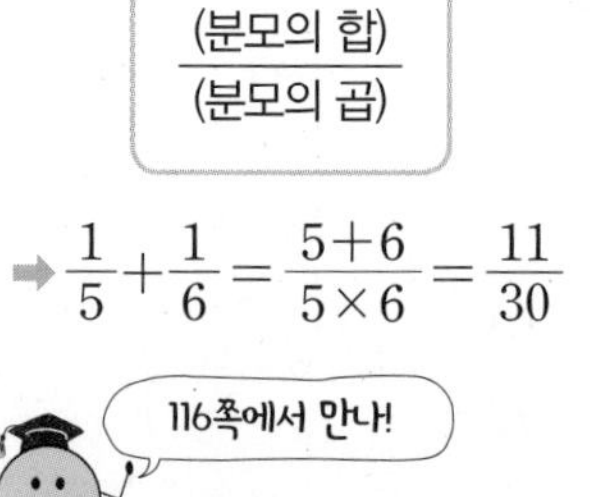

$\frac{(분모의 합)}{(분모의 곱)}$

$\Rightarrow \frac{1}{5}+\frac{1}{6}=\frac{5+6}{5\times6}=\frac{11}{30}$

116쪽에서 만나!

⊕ □ 안에 알맞은 수를 써넣으세요.

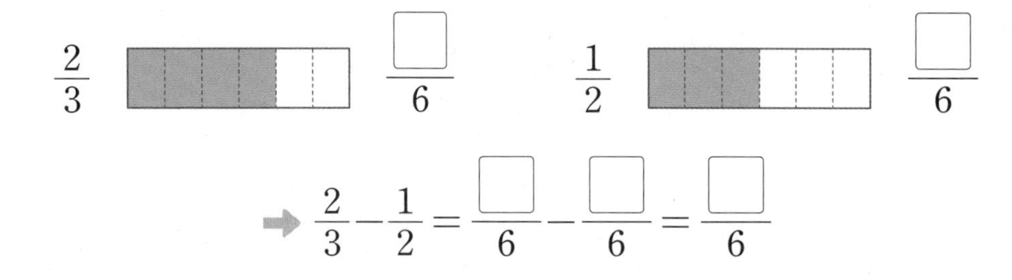

$\frac{2}{3}$ → $\frac{\square}{6}$, $\frac{1}{2}$ → $\frac{\square}{6}$

$\Rightarrow \frac{2}{3}-\frac{1}{2}=\frac{\square}{6}-\frac{\square}{6}=\frac{\square}{6}$

분수의 뺄셈

방법 1 분모의 곱을 이용하기

$\frac{3}{4}-\frac{1}{2}$

$=\frac{3\times2}{4\times2}-\frac{1\times4}{2\times4}$

$=\frac{6}{8}-\frac{4}{8}=\frac{2}{8}=\frac{1}{4}$

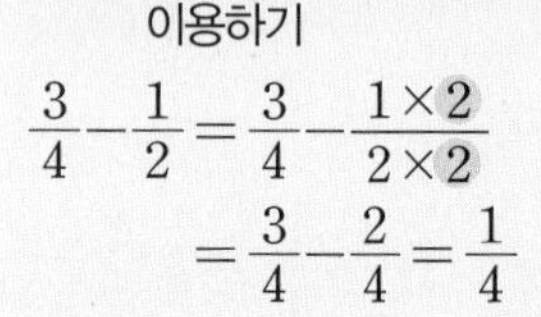

방법 2 분모의 최소공배수를 이용하기

$\frac{3}{4}-\frac{1}{2}=\frac{3}{4}-\frac{1\times2}{2\times2}$

$=\frac{3}{4}-\frac{2}{4}=\frac{1}{4}$

2 계산 결과를 비교하여 ○ 안에 $>$, $=$, $<$를 알맞게 써넣으세요.

(1) $\frac{1}{3}+\frac{3}{8}$ ○ $\frac{1}{3}+\frac{5}{8}$

(2) $\frac{5}{9}+\frac{1}{7}$ ○ $\frac{5}{6}+\frac{1}{7}$

3 그림을 보고 색칠한 부분의 크기의 합을 구해 보세요.

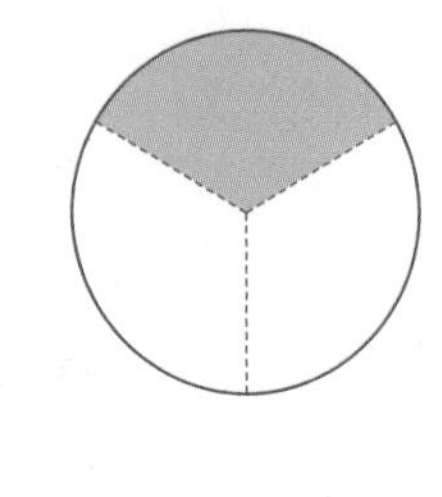

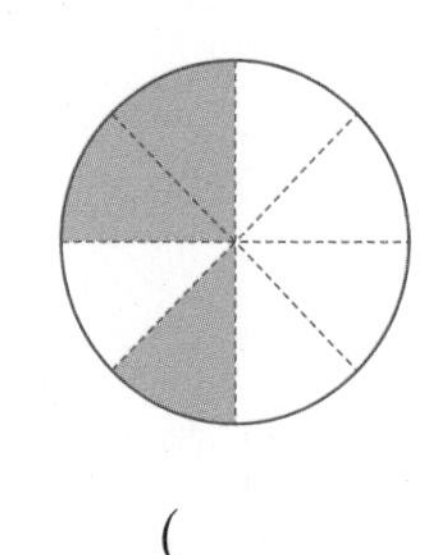

(　　　　　　　　)

▶ 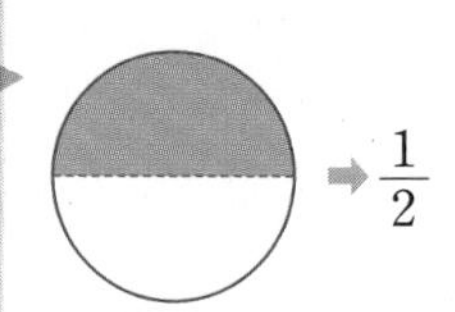

$\Rightarrow \frac{1}{2}$

4 분수 막대를 보고 □ 안에 알맞은 수를 써넣으세요.

$\frac{1}{2}$					$\frac{1}{2}$				
$\frac{1}{5}$		$\frac{1}{5}$		$\frac{1}{5}$		$\frac{1}{5}$		$\frac{1}{5}$	
$\frac{1}{10}$	$\frac{1}{10}$	$\frac{1}{10}$	$\frac{1}{10}$	$\frac{1}{10}$	$\frac{1}{10}$	$\frac{1}{10}$	$\frac{1}{10}$	$\frac{1}{10}$	$\frac{1}{10}$

$\frac{1}{2}$은 $\frac{1}{10}$ 막대 □개, $\frac{2}{5}$는 $\frac{1}{10}$ 막대 □개입니다.

$\Rightarrow \frac{1}{2}+\frac{2}{5}=\frac{\square}{10}$

▶ $\frac{1}{2}$이 2개 모이면 1

$\frac{1}{3}$이 3개 모이면 1

$\frac{1}{4}$이 4개 모이면 1

5 다음은 '곰 세 마리' 노래의 일부입니다. 음표의 길이가 오른쪽과 같을 때, '한 집에'의 음표의 길이의 합은 얼마인지 분수로 나타내어 보세요.

(　　　　　　　　　　)

▶ 세 분수의 덧셈은 앞에서부터 두 수씩 계산하거나 통분하여 한꺼번에 계산하면 돼.

내가 만드는 문제

6 원, 하트, 육각형 중 한 가지 모양을 자유롭게 정하고, 정한 모양에 적힌 두 분수의 합을 구해 보세요.

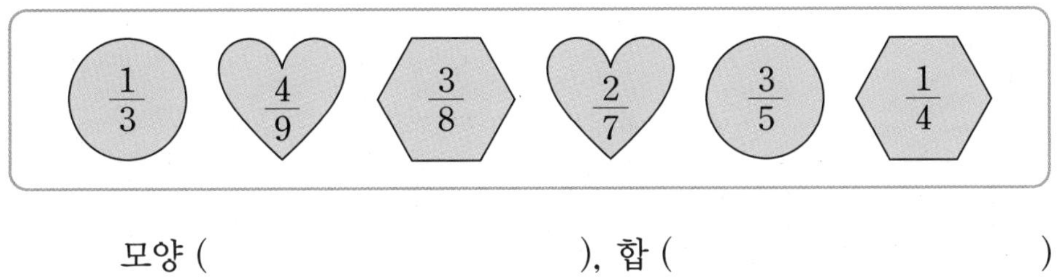

모양 (　　　　　　　　　　), 합 (　　　　　　　　　　)

왜 $\frac{1}{2} + \frac{1}{3} = \frac{2}{5}$가 아닐까?

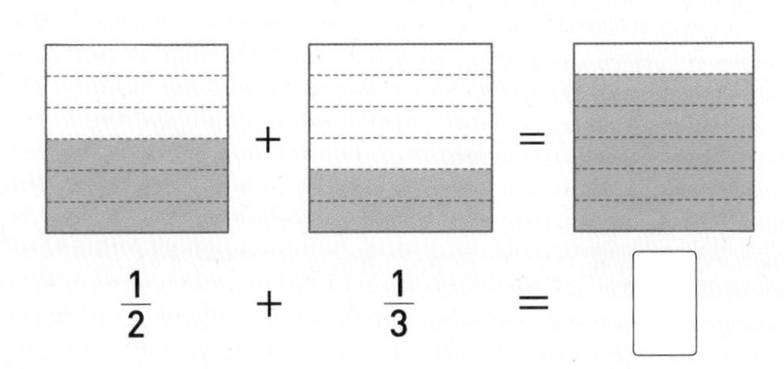

$\frac{1}{2} + \frac{1}{3} = \square$

$\frac{1}{2}$은 전체를 6으로 나눈 것 중의 3이고

$\frac{1}{3}$은 전체를 6으로 나눈 것 중의 $\square$입니다.

➡ $\frac{1}{2} + \frac{1}{3}$은 전체를 6으로 나눈 것 중의 $\square$이므로

$\frac{1}{2} + \frac{1}{3} = \square$입니다.

7 보기 와 같이 계산해 보세요.

▶ 분모의 곱을 이용하여 통분한 후 분수의 합을 구해 보자.

보기

$$\frac{5}{7}+\frac{2}{3}=\frac{5\times3}{7\times3}+\frac{2\times7}{3\times7}=\frac{15}{21}+\frac{14}{21}=\frac{29}{21}=1\frac{8}{21}$$

(1) $\frac{4}{5}+\frac{5}{9}$

(2) $\frac{3}{8}+\frac{6}{7}$

8 계산해 보세요.

(1) $\frac{7}{8}+\frac{11}{12}$

(2) $\frac{2}{3}+\frac{7}{10}$

9 수직선을 보고 □ 안에 알맞은 수를 써넣으세요.

▶ 수직선에서 오른쪽으로 갈수록 큰 수야.

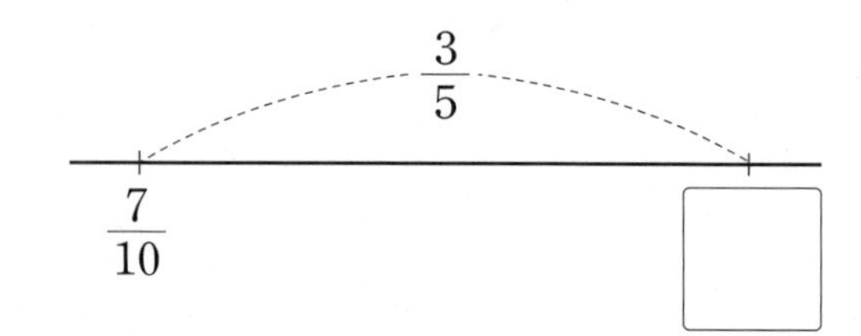

10 양쪽의 무게가 같을 때 □ 안에 알맞은 수를 써넣으세요.

▶ 왼쪽 두 상자의 무게의 합과 오른쪽 상자의 무게는 같아.

11 계산 결과가 다른 하나를 찾아 기호를 써 보세요.

㉠ $\frac{1}{2}+\frac{7}{8}$　㉡ $\frac{5}{7}+\frac{3}{8}$　㉢ $\frac{5}{6}+\frac{13}{24}$

(　　　　　　　　)

내가 만드는 문제

12 A에서 B까지 가는 방법을 스스로 정한 다음 간 거리는 모두 몇 m인지 구해 보세요. (단, 지나간 길을 다시 지나지 않습니다.)

▶ A에서 B까지 가는 방법

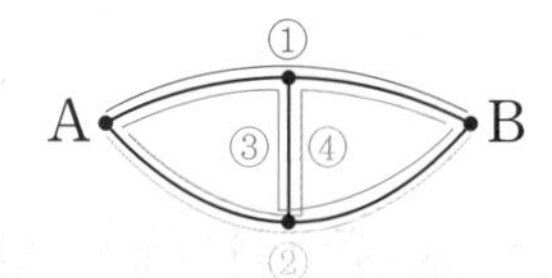

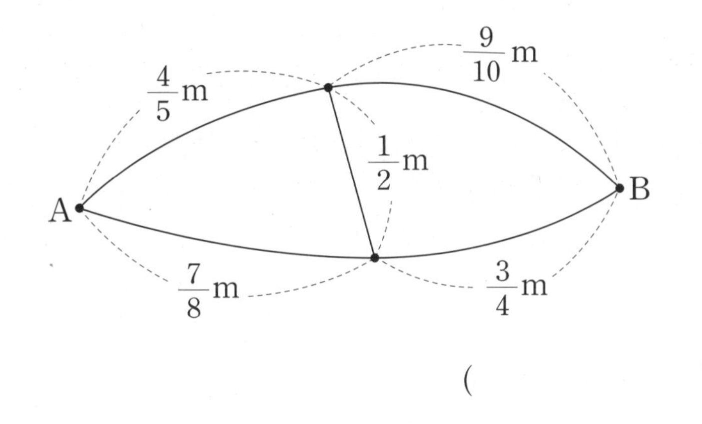

(　　　　　　　　)

어떤 방법으로 통분하는 것이 편리할까?

방법 1 분모의 곱으로 통분하기

$\frac{3}{4}+\frac{5}{6}=\frac{3\times6}{4\times6}+\frac{5\times4}{6\times4}$

$=\frac{\square}{24}+\frac{\square}{24}$

$=\frac{\square}{24}=1\frac{\square}{24}=1\frac{\square}{12}$

➡ 공통분모를 구하기 쉽습니다.

방법 2 분모의 최소공배수로 통분하기

$\frac{3}{4}+\frac{5}{6}=\frac{3\times3}{4\times3}+\frac{5\times2}{6\times2}$

$=\frac{\square}{12}+\frac{\square}{12}$

$=\frac{\square}{12}=1\frac{\square}{12}$

➡ 분자끼리의 덧셈이 간단합니다.

3 받아올림이 있는 대분수의 덧셈

13 설명하는 수를 구해 보세요.

▶ ■보다 ● 큰 수
➡ ■+●

(1) $1\frac{1}{2}$보다 $2\frac{2}{3}$ 큰 수

( )

(2) $1\frac{1}{3}$보다 $3\frac{4}{5}$ 큰 수

( )

14 계산 결과가 ● 안의 수보다 큰 것에 모두 ○표 하세요.

(1) 3

$1\frac{2}{3}+1\frac{1}{4}$ $2\frac{3}{5}+\frac{5}{6}$ $1\frac{4}{9}+1\frac{3}{5}$

(2) 5

$2\frac{5}{7}+2\frac{1}{3}$ $3\frac{2}{7}+1\frac{1}{2}$ $\frac{5}{8}+4\frac{3}{5}$

15 잘못 계산한 곳을 찾아 바르게 계산해 보세요.

$$3\frac{5}{6}+1\frac{4}{9}=(3+1)+\left(\frac{15}{18}+\frac{4}{18}\right)=4\frac{19}{18}=5\frac{1}{18}$$

$3\frac{5}{6}+1\frac{4}{9}$ ....

16 두 계산 결과를 각각 수직선에 표시해 보세요.

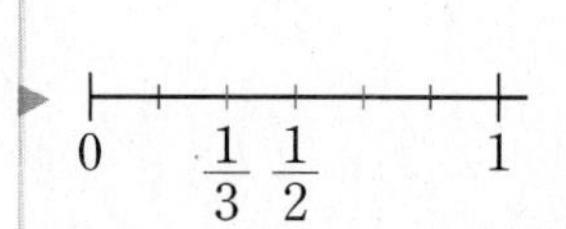

$1\frac{5}{6}+1\frac{2}{3}$ $2\frac{5}{8}+1\frac{1}{2}$

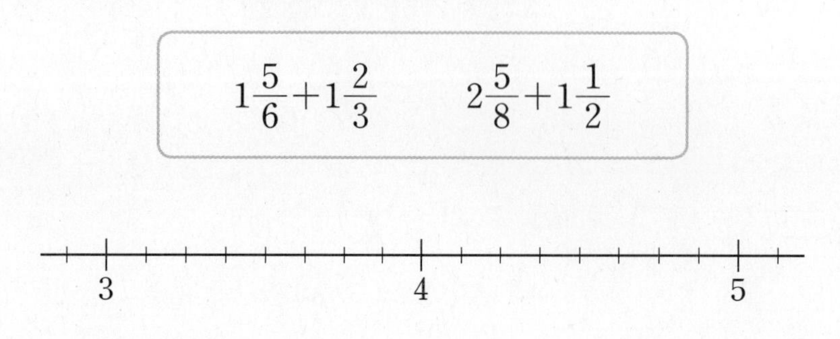

17 색 테이프 2장을 겹치지 않게 이어 붙였습니다. □ 안에 알맞은 수를 써넣으세요.

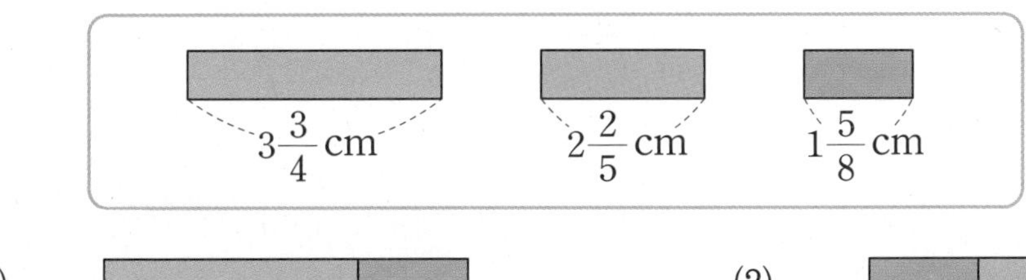

(1) □ cm

(2) □ cm

▶ 2장을 이어 붙였으니까 2장의 길이의 합을 구하면 되겠지?

내가 만드는 문제

18 공통분모를 자유롭게 정하여 $2\frac{7}{8}+3\frac{5}{12}$를 계산해 보세요.

$2\frac{7}{8}+3\frac{5}{12}$

▶ 먼저 8과 12의 공배수를 구해 봐.

공통분모가 커지면 계산 결과도 커질까?

• $2\frac{1}{3}+1\frac{5}{6}$의 계산 ➡ 분모 3과 6의 공배수: 6, 12, 18, 24, ...

$2\frac{1}{3}+1\frac{5}{6}=2\frac{\square}{6}+1\frac{5}{6}$
$=3\frac{\square}{6}=4\frac{1}{6}$

$2\frac{1}{3}+1\frac{5}{6}=2\frac{\square}{12}+1\frac{10}{12}$
$=3\frac{\square}{12}=4\frac{\square}{12}$
$=4\frac{1}{6}$

$2\frac{1}{3}+1\frac{5}{6}=2\frac{\square}{18}+1\frac{15}{18}$
$=3\frac{\square}{18}=4\frac{\square}{18}$
$=4\frac{1}{6}$

➡ 공통분모가 커져도 계산 결과는 같습니다.

4 진분수의 뺄셈도 통분 먼저!

● **받아내림이 없는 진분수의 뺄셈**

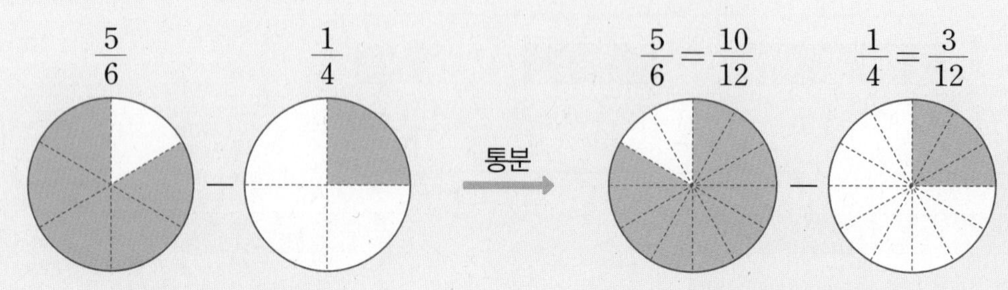

전체를 나눈 부분의 크기가 다르므로 계산을 할 수 없어.

전체를 12로 똑같이 나누면 색칠한 부분이 $10-3=7$(개)이므로 $\frac{7}{12}$이야.

방법 1 분모의 곱을 이용하여 **통분**한 후 계산하기

$$\frac{5}{6}-\frac{1}{4}=\frac{5\times4}{6\times4}-\frac{1\times6}{4\times6}=\frac{20}{24}-\frac{6}{24}=\frac{14}{24}=\frac{7}{12}$$

방법 2 분모의 최소공배수를 이용하여 **통분**한 후 계산하기

$$\frac{5}{6}-\frac{1}{4}=\frac{5\times2}{6\times2}-\frac{1\times3}{4\times3}=\frac{10}{12}-\frac{3}{12}=\frac{7}{12}$$

6과 4의 최소공배수: 12

1 $\frac{3}{4}-\frac{1}{3}$을 계산하려고 합니다. 분수만큼 색칠하고 □ 안에 알맞은 수를 써넣으세요.

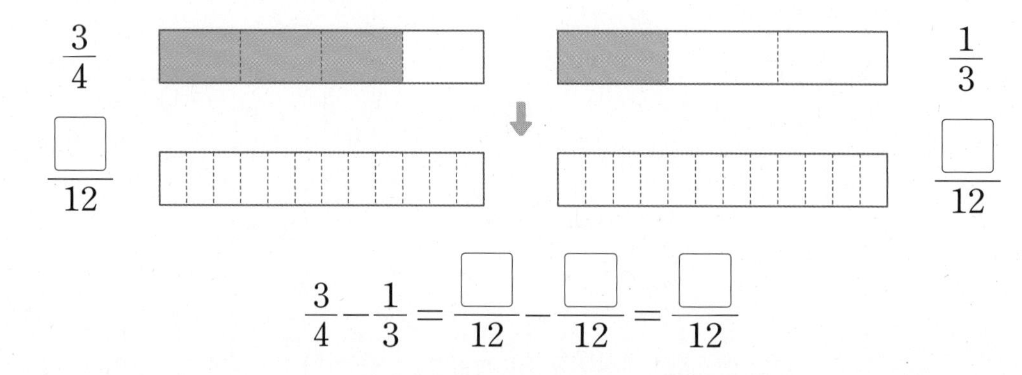

$$\frac{3}{4}-\frac{1}{3}=\frac{□}{12}-\frac{□}{12}=\frac{□}{12}$$

2 $\frac{5}{6}-\frac{4}{9}$를 두 가지 방법으로 계산하려고 합니다. □ 안에 알맞은 수를 써넣으세요.

(1) $\frac{5}{6}-\frac{4}{9}=\frac{5\times□}{6\times9}-\frac{4\times□}{9\times6}=\frac{□}{54}-\frac{□}{54}=\frac{□}{54}=\frac{□}{18}$

(2) $\frac{5}{6}-\frac{4}{9}=\frac{5\times□}{6\times3}-\frac{4\times□}{9\times2}=\frac{□}{18}-\frac{□}{18}=\frac{□}{18}$

정답과 풀이 33쪽

5 받아내림이 없는 대분수의 뺄셈도 통분 먼저!

● 받아내림이 없는 대분수의 뺄셈

방법 1 자연수는 자연수끼리, 분수는 분수끼리 계산하기

$$2\frac{1}{2}-1\frac{1}{4}=2\frac{2}{4}-1\frac{1}{4}=(2-1)+\left(\frac{2}{4}-\frac{1}{4}\right)$$

분모를 4로 통분! / 자연수는 자연수끼리, 분수는 분수끼리 빼기

$$=1+\frac{1}{4}=1\frac{1}{4}$$

방법 2 대분수를 가분수로 나타내어 계산하기

$$2\frac{1}{2}-1\frac{1}{4}=\frac{5}{2}-\frac{5}{4}=\frac{10}{4}-\frac{5}{4}=\frac{5}{4}=1\frac{1}{4}$$

1 $2\frac{1}{2}-1\frac{3}{7}$을 계산하려고 합니다. 분수만큼 색칠하고 □ 안에 알맞은 수를 써넣으세요.

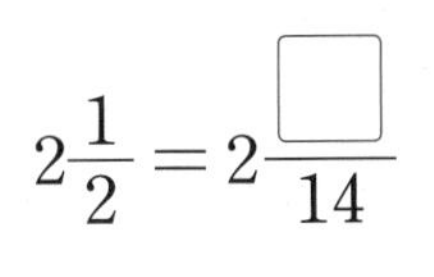
$2\frac{1}{2}=2\frac{\square}{14}$

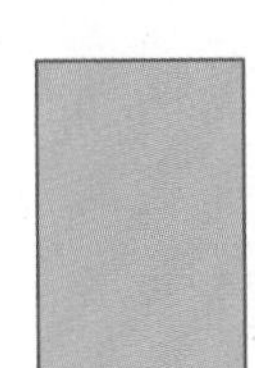

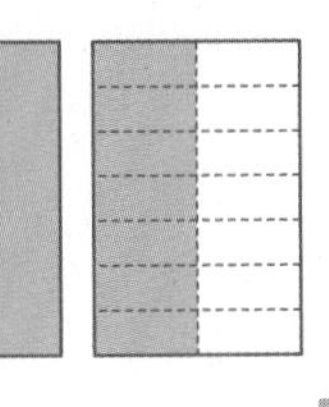
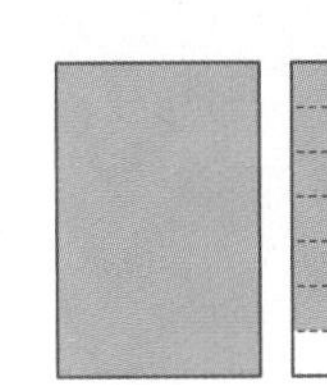
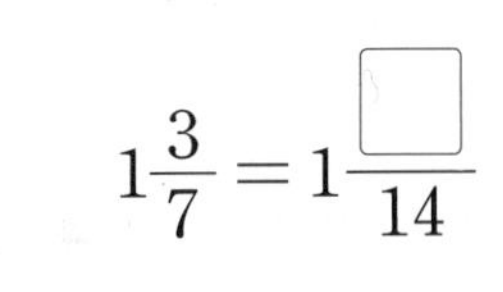
$1\frac{3}{7}=1\frac{\square}{14}$

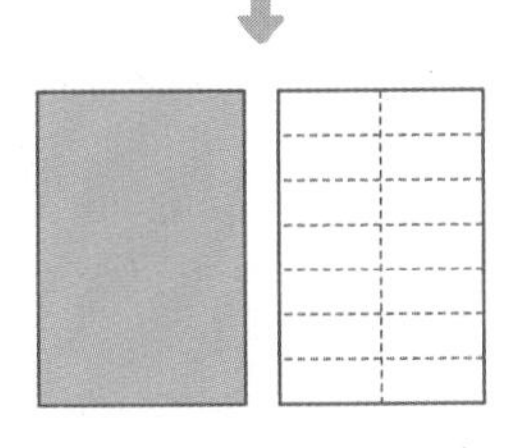

$$2\frac{1}{2}-1\frac{3}{7}=2\frac{\square}{14}-1\frac{\square}{14}=\square\frac{\square}{14}$$

2 $3\frac{5}{7}-1\frac{2}{3}$를 두 가지 방법으로 계산하려고 합니다. □ 안에 알맞은 수를 써넣으세요.

(1) $3\frac{5}{7}-1\frac{2}{3}=3\frac{\square}{21}-1\frac{\square}{21}=(3-1)+\left(\frac{\square}{21}-\frac{\square}{21}\right)=\square+\frac{\square}{21}=\square\frac{\square}{21}$

(2) $3\frac{5}{7}-1\frac{2}{3}=\frac{\square}{7}-\frac{\square}{3}=\frac{\square}{21}-\frac{\square}{21}=\frac{\square}{21}=\square\frac{\square}{21}$

6 받아내림이 있는 대분수의 뺄셈도 통분 먼저!

● **받아내림이 있는 대분수의 뺄셈**

방법 1 자연수는 자연수끼리, 분수는 분수끼리 계산하기

$$3\frac{3}{8}-1\frac{3}{4}=3\frac{3}{8}-1\frac{6}{8}=2\frac{11}{8}-1\frac{6}{8}$$

분모를 8로 통분!　　자연수 부분에서 1을 받아내림

$$=(2-1)+\left(\frac{11}{8}-\frac{6}{8}\right)=1+\frac{5}{8}=1\frac{5}{8}$$

자연수는 자연수끼리, 분수는 분수끼리 빼기

방법 2 대분수를 가분수로 나타내어 계산하기

$$3\frac{3}{8}-1\frac{3}{4}=\frac{27}{8}-\frac{7}{4}=\frac{27}{8}-\frac{14}{8}=\frac{13}{8}=1\frac{5}{8}$$

1 $2\frac{1}{2}-1\frac{4}{5}$를 계산하려고 합니다. 분수만큼 색칠하고 □ 안에 알맞은 수를 써넣으세요.

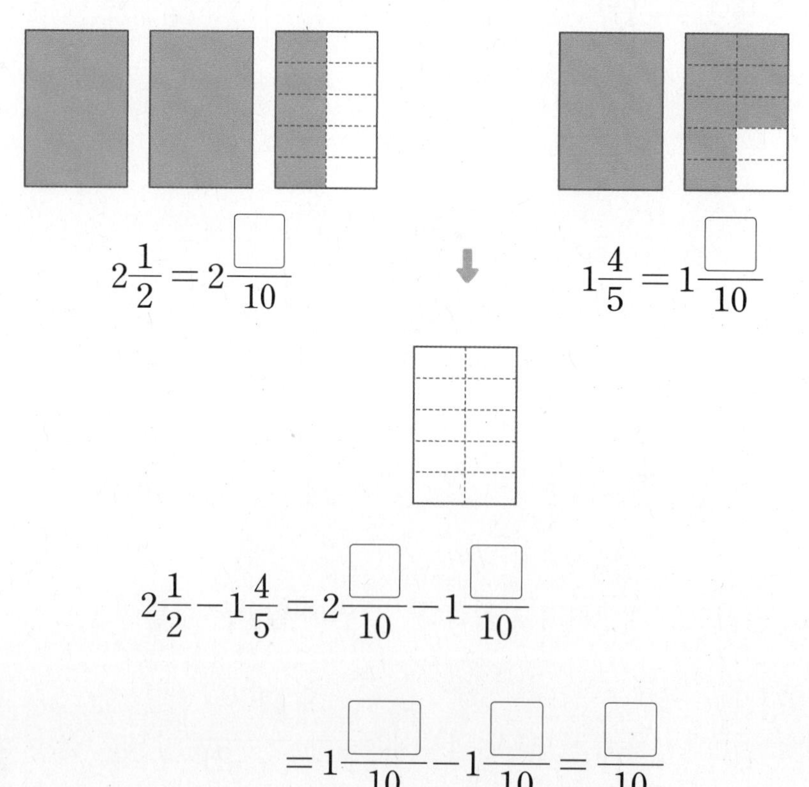

2 $3\frac{1}{2}-1\frac{4}{7}$를 두 가지 방법으로 계산하려고 합니다. □ 안에 알맞은 수를 써넣으세요.

(1) $3\frac{1}{2}-1\frac{4}{7}=3\frac{\square}{14}-1\frac{\square}{14}=2\frac{\square}{14}-1\frac{\square}{14}=(2-1)+\left(\frac{\square}{14}-\frac{\square}{14}\right)$

$=1+\frac{\square}{14}=\square\frac{\square}{14}$

(2) $3\frac{1}{2}-1\frac{4}{7}=\frac{\square}{2}-\frac{\square}{7}=\frac{\square}{14}-\frac{\square}{14}=\frac{\square}{14}=\square\frac{\square}{14}$

3 보기 와 같은 방법으로 계산해 보세요.

보기

$5\frac{2}{3}-3\frac{3}{4}=\frac{17}{3}-\frac{15}{4}=\frac{68}{12}-\frac{45}{12}=\frac{23}{12}=1\frac{11}{12}$

(1) $4\frac{2}{7}-1\frac{2}{3}$

(2) $3\frac{1}{4}-1\frac{5}{8}$

5

4 계산해 보세요.

(1) $6\frac{1}{8}-2\frac{1}{5}$

(2) $4\frac{2}{7}-1\frac{3}{4}$

5 계산 결과를 찾아 선으로 이어 보세요.

$3\frac{1}{4}-1\frac{5}{8}$ •	• $1\frac{7}{18}$
$4\frac{1}{2}-2\frac{4}{7}$ •	• $1\frac{5}{8}$
$5\frac{2}{9}-3\frac{5}{6}$ •	• $1\frac{13}{14}$

4 받아내림이 없는 진분수의 뺄셈

1 수직선을 보고 □ 안에 알맞은 수를 써넣으세요.

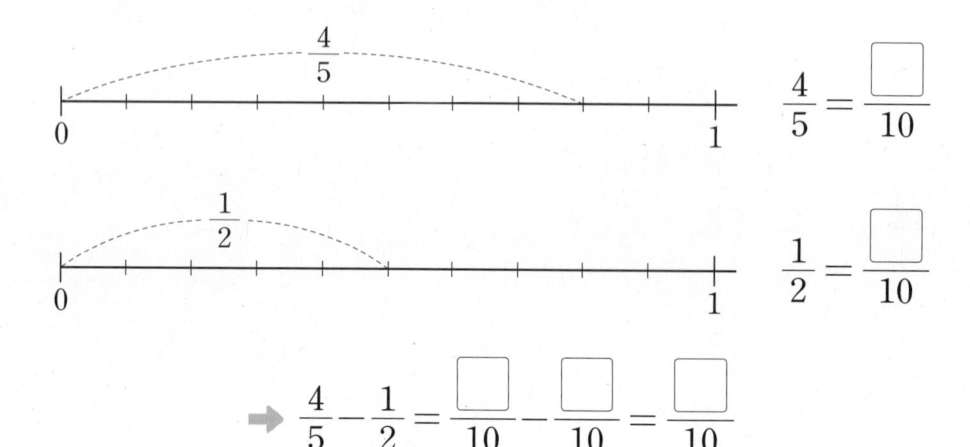

$\frac{4}{5} = \frac{\square}{10}$

$\frac{1}{2} = \frac{\square}{10}$

➡ $\frac{4}{5} - \frac{1}{2} = \frac{\square}{10} - \frac{\square}{10} = \frac{\square}{10}$

2 계산해 보세요.

▶ 같은 수에서 더 큰 수를 뺄수록 계산 결과는 작아져.

(1) $\frac{6}{7} - \frac{2}{5}$

$\frac{6}{7} - \frac{3}{5}$

$\frac{6}{7} - \frac{4}{5}$

(2) $\frac{7}{8} - \frac{1}{7}$

$\frac{7}{8} - \frac{2}{7}$

$\frac{7}{8} - \frac{3}{7}$

3 계산 결과를 비교하여 ○ 안에 >, =, <를 알맞게 써넣으세요.

▶ 빼는 수가 같으면 빼지는 수의 크기를 비교해 봐.

(1) $\frac{10}{11} - \frac{2}{5}$ ○ $\frac{9}{11} - \frac{2}{5}$

(2) $\frac{7}{15} - \frac{3}{8}$ ○ $\frac{8}{15} - \frac{3}{8}$

4 설명하는 수를 구해 보세요.

▶ ■보다 ▲ 작은 수
➡ ■ − ▲

$\frac{5}{9}$보다 $\frac{1}{4}$ 작은 수

(　　　　　　　)

5 □ 안에 알맞은 수를 써넣으세요.

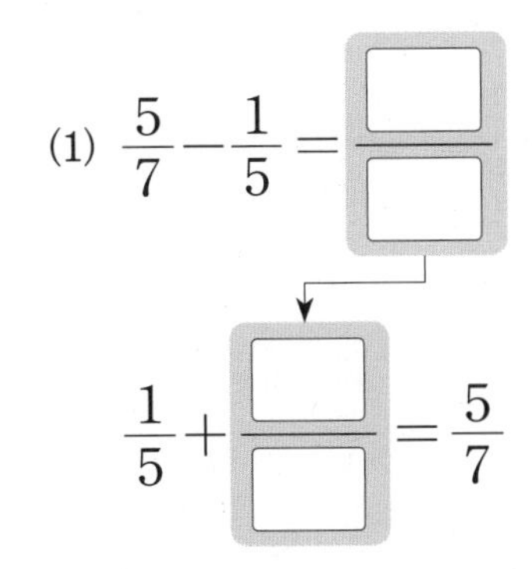

(1) $\frac{5}{7}-\frac{1}{5}=\frac{\square}{\square}$

$\frac{1}{5}+\frac{\square}{\square}=\frac{5}{7}$

(2) $\frac{5}{6}-\frac{3}{4}=\frac{\square}{\square}$

$\frac{3}{4}+\frac{\square}{\square}=\frac{5}{6}$

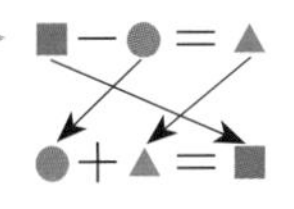

내가 만드는 문제

6 빨간색 수 카드와 파란색 수 카드를 한 장씩 자유롭게 골라 두 수의 차를 구해 보세요.

$\frac{11}{12}$ $\frac{1}{2}$ $\frac{3}{8}$

$\frac{5}{6}$ $\frac{4}{7}$ $\frac{7}{9}$

( )

▶ 차를 구할 때에는 큰 수에서 작은 수를 빼자.

5

두 분수의 차를 구할 때 순서를 바꾸어 계산해도 될까?

● 분수의 덧셈

$\frac{2}{3}+\frac{4}{7}=\frac{14}{21}+\frac{12}{21}=\frac{26}{21}=\square$

$\frac{4}{7}+\frac{2}{3}=\frac{12}{21}+\frac{14}{21}=\frac{26}{21}=\square$

➡ 순서를 바꾸어 계산해도 결과는 같습니다.

● 분수의 뺄셈

$\frac{2}{3}-\frac{4}{7}=\frac{14}{21}-\frac{12}{21}=\square$

$\frac{4}{7}-\frac{2}{3}=\frac{12}{21}-\frac{14}{21}$ ← 뺄 수 없음

➡ 뺄셈을 할 때에는 큰 수에서 작은 수를 빼야 합니다.

7 계산해 보세요.

▶ ■−▲에서
▲가 같을 때 ■가 작아질수록,
■가 같을 때 ▲가 커질수록,
계산 결과가 작아져.

(1) $2\frac{4}{5}-1\frac{3}{10}$

$2\frac{3}{5}-1\frac{3}{10}$

$2\frac{2}{5}-1\frac{3}{10}$

(2) $3\frac{5}{6}-1\frac{1}{5}$

$3\frac{5}{6}-1\frac{2}{5}$

$3\frac{5}{6}-1\frac{3}{5}$

8 두 분수의 차를 구해 보세요.

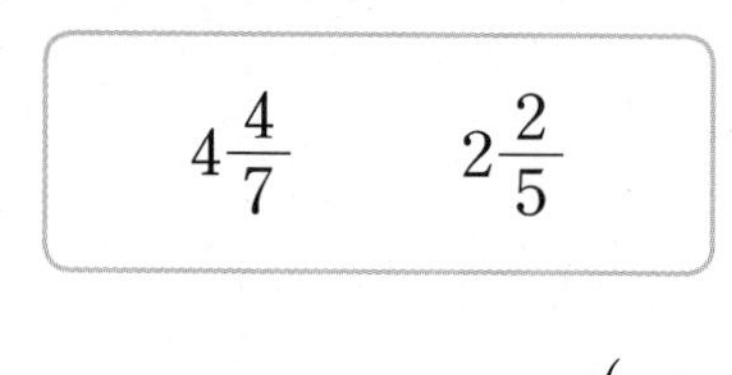

(　　　　　　　　　　)

9 그림을 보고 □ 안에 알맞은 수를 써넣으세요.

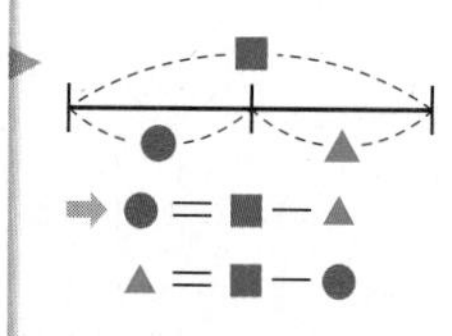

(1)

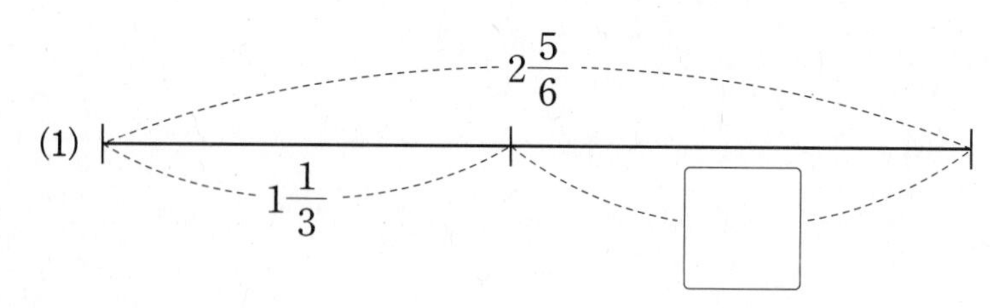

(2)

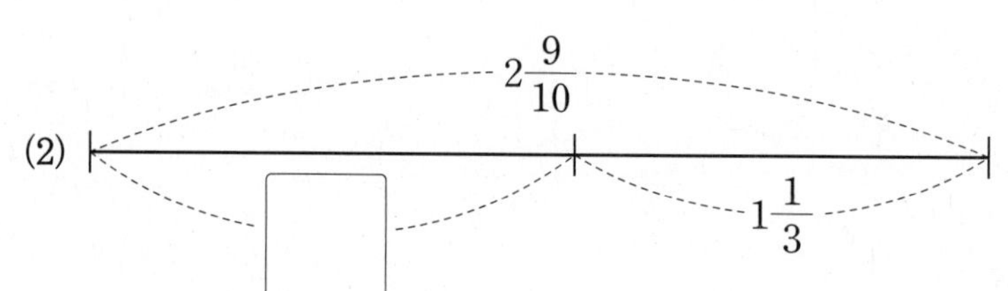

10 □ 안에 알맞은 수를 써넣으세요.

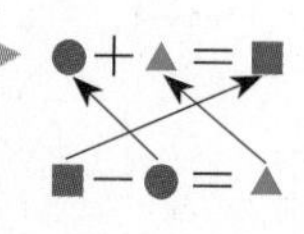

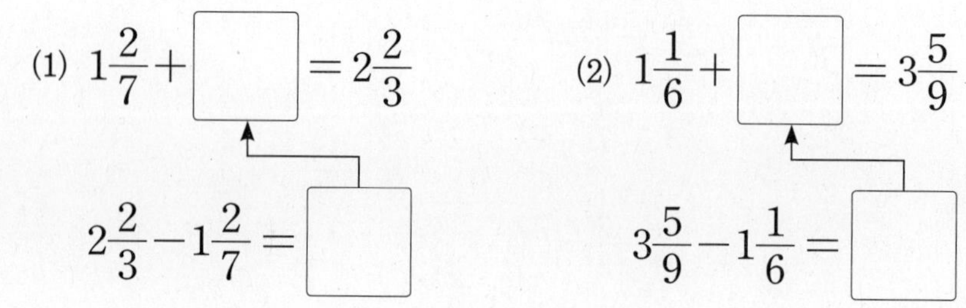

11 가장 큰 분수와 가장 작은 분수의 차를 구해 보세요.

▶ 먼저 세 분수를 통분하여 크기를 비교해 봐.

$2\frac{4}{5}$　　$1\frac{1}{4}$　　$2\frac{3}{10}$

(　　　　　　　　)

내가 만드는 문제

12 현재 밀가루가 $7\frac{4}{5}$컵 있습니다. 보기 에서 만들고 싶은 빵을 자유롭게 한 가지 고르고, 고른 빵을 1개 만들었을 때 남는 밀가루의 양은 몇 컵인지 구해 보세요.

보기

식빵 $5\frac{1}{6}$ 컵　　도넛 $1\frac{4}{9}$ 컵　　크림빵 $4\frac{2}{7}$ 컵　　크루아상 $2\frac{3}{4}$ 컵

고른 빵 (　　　　　　), 남은 밀가루의 양 (　　　　　　)

받아내림이 없는 대분수의 뺄셈을 할 때 계산이 더 간단한 방법은?

방법 1 자연수는 자연수끼리, 분수는 분수끼리 계산하기

$$3\frac{5}{6}-2\frac{3}{5}=3\frac{25}{30}-2\frac{18}{30}=(3-2)+\left(\frac{25}{30}-\frac{18}{30}\right)=1\frac{\square}{30}$$

방법 2 대분수를 가분수로 나타내어 계산하기

$$3\frac{5}{6}-2\frac{3}{5}=\frac{23}{6}-\frac{13}{5}=\frac{\square}{30}-\frac{\square}{30}=\frac{\square}{30}=1\frac{\square}{30}$$

자연수는 자연수끼리,
분수는 분수끼리 계산하는 것이
더 간단해.

6 받아내림이 있는 대분수의 뺄셈

13 계산해 보세요.

(1) $4\frac{1}{5}-1\frac{3}{4}$

$4\frac{2}{5}-1\frac{3}{4}$

(2) $7\frac{3}{10}-3\frac{2}{5}$

$6\frac{1}{10}-3\frac{2}{5}$

▶ 분수끼리 뺄 수 없을 때에는 자연수 부분에서 1을 받아내림!

14 계산 결과가 2와 3 사이의 수인 뺄셈에 ○표 하세요.

$4\frac{1}{5}-2\frac{2}{3}$	$5\frac{1}{3}-2\frac{4}{7}$	$6\frac{3}{5}-2\frac{1}{8}$

▶ 계산 결과를 어림해서 구해도 돼.

$3\frac{1}{4}-1\frac{2}{3}$

➡ $\frac{1}{4}<\frac{2}{3}$이므로 받아내림이 있어.

따라서 $3\frac{1}{4}-1\frac{2}{3}$는 2보다 작아.

15 잘못 계산한 곳을 찾아 바르게 계산해 보세요.

$$4\frac{1}{4}-2\frac{4}{7}=4\frac{7}{28}-2\frac{16}{28}=4\frac{35}{28}-2\frac{16}{28}=2\frac{19}{28}$$

➡ $4\frac{1}{4}-2\frac{4}{7}=$ ....

16 □ 안에 알맞은 수를 써넣으세요.

(1) $1\frac{6}{7}+\square=4\frac{4}{5}$

(2) $2\frac{1}{3}+\square=5\frac{2}{7}$

▶ 덧셈과 뺄셈의 관계를 이용해 봐.

17 세 가지 색 페인트로 벽을 칠했습니다. 처음 페인트 양과 벽을 칠한 후 남은 페인트 양이 다음과 같을 때 사용한 페인트는 각각 몇 mL인지 빈칸에 써넣으세요.

▶ 처음 페인트 양과 남은 페인트 양의 차만큼 페인트를 사용했어.

	처음 페인트 양	남은 페인트 양	사용한 페인트 양
빨간색	$5\frac{1}{2}$ mL	$3\frac{5}{9}$ mL	
파란색	$5\frac{1}{4}$ mL	$2\frac{3}{8}$ mL	
노란색	$4\frac{2}{5}$ mL	$2\frac{5}{7}$ mL	

내가 만드는 문제

18 ◯ 안에 대분수를 자유롭게 정하여 써넣고 □ 안에 알맞은 수를 써넣으세요.

◯ $\xrightarrow{+4\frac{1}{2}}$ □ $\xrightarrow{-2\frac{3}{4}}$ □

자연수에서 1을 받아내림하는 방법은?

$3\frac{1}{3}-1\frac{1}{2}=3\frac{2}{6}-1\frac{3}{6}$ ← 통분하기

$=2+\frac{6}{6}+\frac{2}{6}-1\frac{3}{6}$ ← 3에서 1을 $\frac{6}{6}$으로 만들기

$=2\frac{\square}{6}-1\frac{3}{6}=\square$

자연수 부분의 1을 1과 크기가 같은 가분수로 만들어 계산하면 돼.

5

발전 문제

1 어떤 수 구하기

1 준비

□ 안에 알맞은 수를 써넣으세요.

$$\square + \frac{5}{8} = 1\frac{3}{4}$$

2 확인

어떤 수에 $1\frac{5}{6}$를 더했더니 $5\frac{3}{8}$이 되었습니다. 어떤 수를 구해 보세요.

(　　　　　　　　)

3 완성

어떤 수에 $1\frac{3}{5}$을 더해야 할 것을 잘못하여 뺐더니 $3\frac{4}{7}$가 되었습니다. 바르게 계산하면 얼마일까요?

(　　　　　　　　)

2 분수의 덧셈과 뺄셈의 활용

4 준비

민아는 오늘 우유를 오전에 $\frac{3}{8}$ L, 오후에 $\frac{1}{2}$ L 마셨습니다. 민아가 오늘 마신 우유는 모두 몇 L일까요?

(　　　　　　　　)

5 확인

딸기 농장에서 딸기를 은정이는 $2\frac{7}{9}$ kg 땄고, 진우는 $1\frac{2}{3}$ kg 땄습니다. 누가 딸기를 몇 kg 더 많이 땄는지 구해 보세요.

(　　　　　　　　), (　　　　　　　　)

6 완성

윤주와 재민이가 가지고 있는 철사의 길이의 합은 몇 cm인지 구해 보세요.

윤주: 내가 가지고 있는 철사는 $1\frac{8}{15}$ cm야.

재민: 내가 가지고 있는 철사는 윤주가 가지고 있는 철사보다 $\frac{1}{6}$ cm 더 짧아.

(　　　　　　　　)

3 □ 안에 들어갈 수 있는 수 구하기

7 준비

□ 안에 알맞은 수를 구해 보세요.

$$\frac{1}{3}+\frac{\square}{7}=\frac{13}{21}$$

(　　　　　　　　)

8 확인

□ 안에 들어갈 수 있는 자연수를 모두 구해 보세요.

$$\frac{1}{2}-\frac{2}{9}>\frac{\square}{18}$$

(　　　　　　　　)

9 완성

□ 안에 들어갈 수 있는 자연수는 모두 몇 개인지 구해 보세요.

$$\frac{1}{8}+\frac{1}{4}<\frac{\square}{8}<3\frac{5}{24}-2\frac{1}{3}$$

(　　　　　　　　)

4 분모가 다른 단위분수의 합으로 나타내기

10 준비

그림을 보고 $\frac{3}{4}$을 서로 다른 두 단위분수의 합으로 나타내어 보세요.

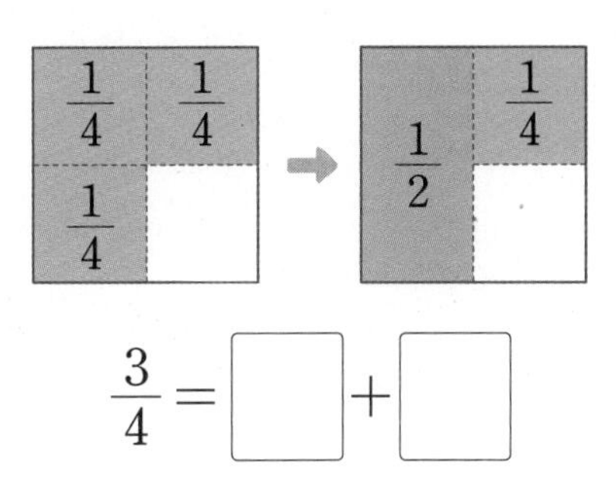

$$\frac{3}{4}=\square+\square$$

11 확인

$\frac{4}{9}$를 분모가 서로 다른 두 단위분수의 합으로 나타내어 보세요.

$$\frac{4}{9}=\square+\square$$

12 완성

$\frac{7}{8}$을 분모가 서로 다른 세 단위분수의 합으로 나타내어 보세요.

$$\frac{7}{8}=\frac{1}{8}+\square+\square$$

5

5 분수로 나타낸 시간의 합과 차 구하기

13 준비

□ 안에 알맞은 수를 써넣으세요.

(1) $\frac{1}{6}$시간 = □분

(2) $1\frac{2}{5}$시간 = □시간 □분

14 확인

연주는 운동을 $1\frac{2}{3}$시간 동안 하였고, 지윤이는 연주보다 $\frac{2}{5}$시간 더 적게 하였습니다. 지윤이가 운동을 한 시간은 몇 시간 몇 분일까요?

(　　　　　　　　)

15 완성

은지는 버스를 $1\frac{1}{4}$시간 탄 후, $\frac{1}{5}$시간을 걸어서 할머니 댁에 도착했습니다. 버스를 오후 2시에 탔다면 할머니 댁에 도착한 시각은 오후 몇 시 몇 분일까요?

(　　　　　　　　)

6 수 카드로 만든 분수의 합과 차 구하기

16 준비

민호와 지희가 각자 가지고 있는 수 카드를 한 번씩만 사용하여 진분수를 만들었습니다. 두 사람이 만든 두 진분수의 합을 구해 보세요.

3 5 (민호)　　2 7 (지희)

(　　　　　　　　)

17 확인

수 카드 3장을 한 번씩 모두 사용하여 대분수를 만들려고 합니다. 만들 수 있는 가장 큰 대분수와 가장 작은 대분수의 합을 구해 보세요.

1　3　5

(　　　　　　　　)

18 완성

수 카드 4장 중 3장을 뽑아 한 번씩만 사용하여 대분수를 만들려고 합니다. 만들 수 있는 가장 큰 대분수와 가장 작은 대분수의 차를 구해 보세요.

1　2　5　7

(　　　　　　　　)

7 겹쳐진 색 테이프의 길이 구하기

19 준비

계산해 보세요.

(1) $\frac{7}{15}+\frac{2}{5}-\frac{1}{6}$

(2) $\frac{5}{9}+\frac{4}{21}-\frac{2}{7}$

20 확인

길이가 $2\frac{1}{7}$ m인 색 테이프 2장을 $\frac{3}{5}$ m만큼 겹치게 이어 붙였습니다. 이어 붙인 색 테이프 전체의 길이는 몇 m일까요?

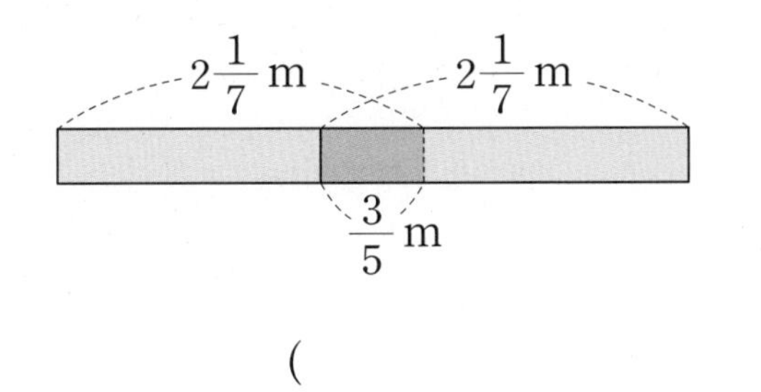

( )

21 완성

길이가 $4\frac{3}{7}$ m인 색 테이프 2장을 그림과 같이 겹치게 이어 붙였더니 전체 길이가 $7\frac{3}{14}$ m가 되었습니다. 겹쳐진 부분은 몇 m일까요?

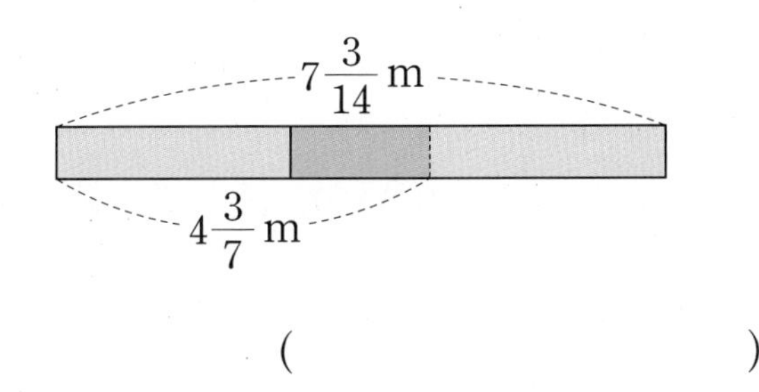

( )

8 거리 구하기

22 준비

집에서 서점까지의 거리는 몇 km인지 구해 보세요.

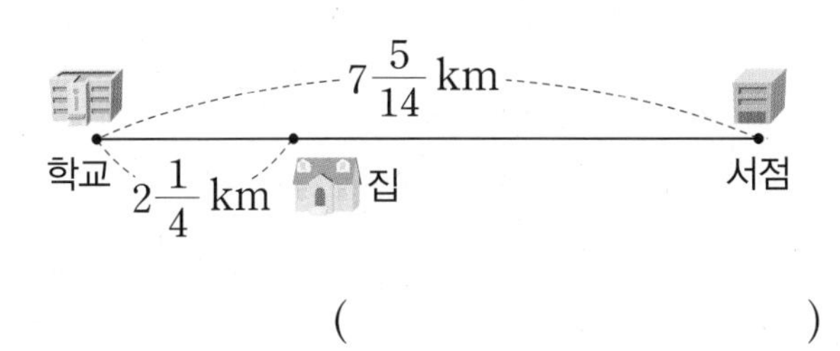

( )

23 확인

다음 그림에서 선분 ㄱㄴ의 길이는 몇 m인지 구해 보세요.

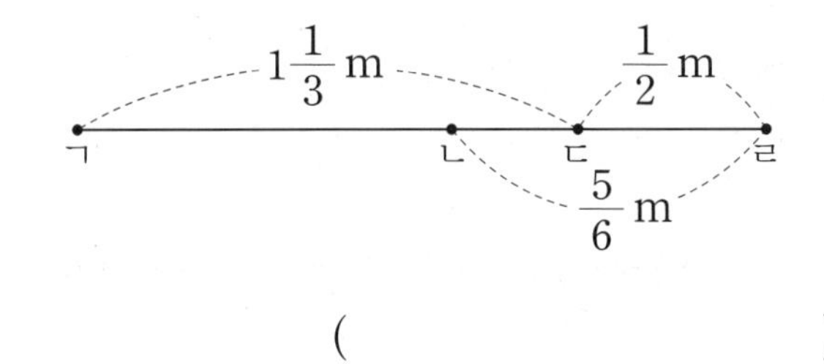

( )

24 완성

병원에서 약국까지의 거리는 몇 km인지 구해 보세요.

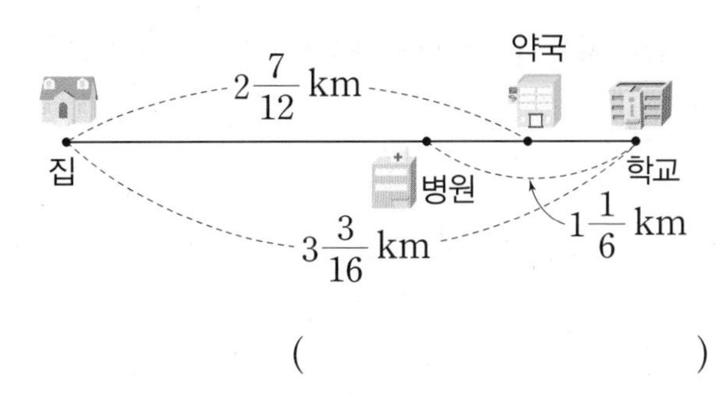

( )

단원 평가

점수 확인

1 □ 안에 알맞은 수를 써넣으세요.

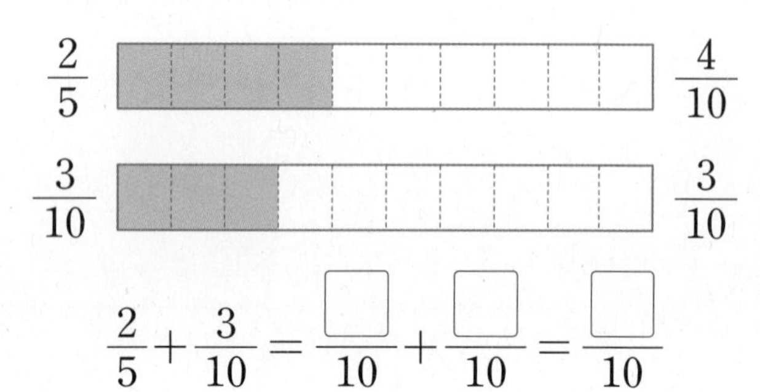

$\frac{2}{5}+\frac{3}{10}=\frac{\square}{10}+\frac{\square}{10}=\frac{\square}{10}$

2 □ 안에 알맞은 수를 써넣으세요.

$2\frac{5}{9}-1\frac{1}{4}=2\frac{\square}{36}-1\frac{\square}{36}$

$=(2-1)+\left(\frac{\square}{36}-\frac{\square}{36}\right)$

$=\square+\frac{\square}{36}=\square\frac{\square}{36}$

3 보기 와 같이 계산해 보세요.

보기

$2\frac{5}{9}+2\frac{5}{6}=\frac{23}{9}+\frac{17}{6}=\frac{46}{18}+\frac{51}{18}$

$=\frac{97}{18}=5\frac{7}{18}$

$1\frac{2}{5}+1\frac{4}{7}$

4 계산해 보세요.

(1) $\frac{5}{7}+\frac{3}{5}$

(2) $\frac{7}{9}-\frac{7}{12}$

5 설명하는 수를 구해 보세요.

$3\frac{2}{9}$보다 $\frac{5}{8}$ 작은 수

(　　　　　　　　　)

6 □ 안에 알맞은 수를 써넣으세요.

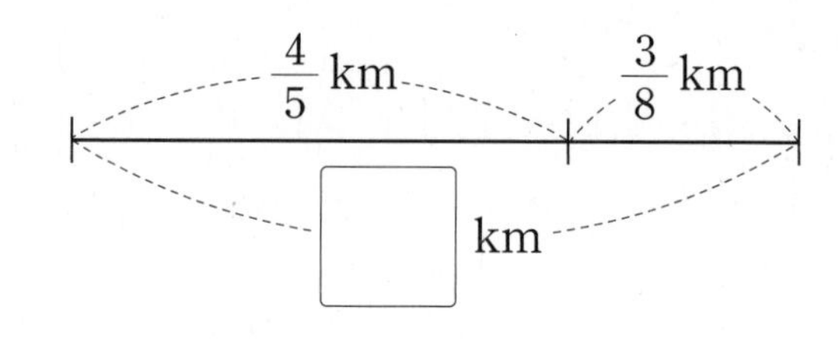

7 ○ 안에 >, =, <를 알맞게 써넣으세요.

$2\frac{1}{2}+1\frac{3}{8}$ ○ $3\frac{5}{6}-1\frac{1}{4}$

8 계산 결과가 1보다 큰 것에 ○표 하세요.

$\frac{3}{8}+\frac{2}{5}$　　$\frac{1}{6}+\frac{8}{9}$　　$\frac{3}{5}+\frac{3}{10}$

9 잘못 계산한 곳을 찾아 바르게 계산해 보세요.

$$8\frac{2}{3}-2\frac{3}{4}=8\frac{8}{12}-2\frac{9}{12}$$
$$=8\frac{20}{12}-2\frac{9}{12}=6\frac{11}{12}$$

$8\frac{2}{3}-2\frac{3}{4}$ ....

10 □ 안에 알맞은 수를 써넣으세요.

$$\frac{5}{6}+\frac{\square}{18}=1$$

11 가장 큰 수와 가장 작은 수의 합을 구해 보세요.

$\frac{2}{5}$　$\frac{7}{20}$　$\frac{3}{8}$

(　　　　　　　　)

12 직사각형의 가로는 세로보다 몇 cm 더 길까요?

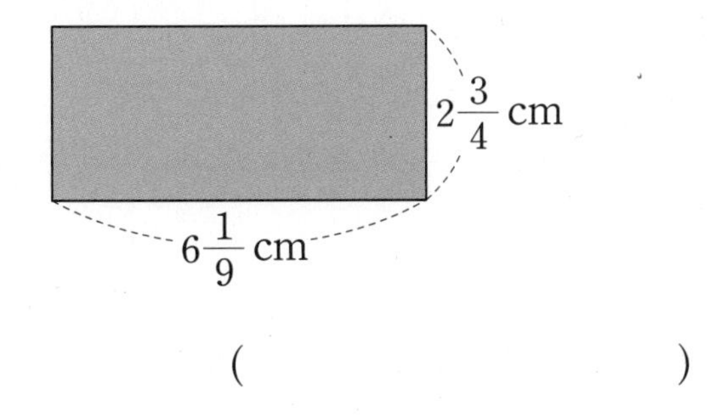

(　　　　　　　　)

13 □ 안에 알맞은 수를 써넣으세요.

$$\square+\frac{8}{15}=7\frac{1}{4}$$

14 집에서 학교를 거쳐 은행까지 가는 길은 집에서 바로 은행으로 가는 길보다 몇 km 더 먼지 구해 보세요.

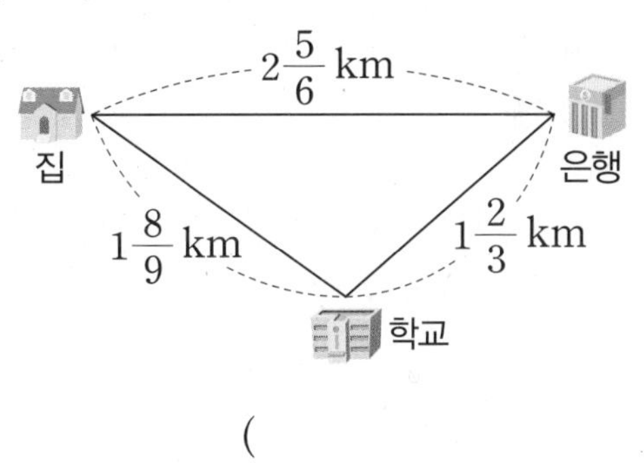

(　　　　　　　　)

15 어떤 수에서 $1\frac{1}{3}$을 빼야 할 것을 잘못하여 더했더니 $5\frac{3}{4}$이 되었습니다. 바르게 계산한 값은 얼마인지 구해 보세요.

(　　　　　　　　)

16 길이가 $2\frac{3}{8}$ m인 색 테이프 2장을 $\frac{4}{5}$ m만큼 겹치게 이어 붙였습니다. 이어 붙인 색 테이프 전체의 길이는 몇 m일까요?

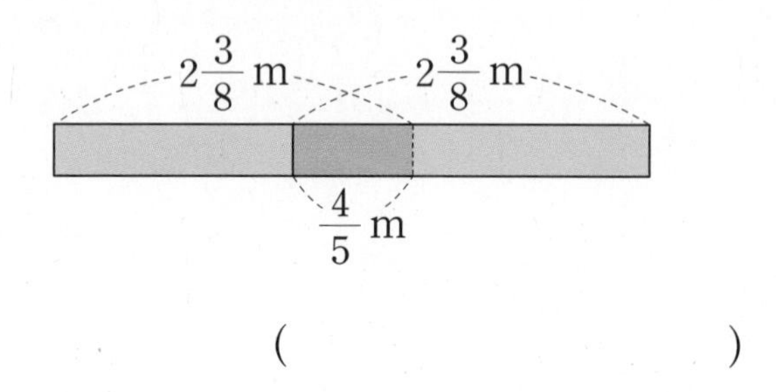

( )

17 □ 안에 들어갈 수 있는 자연수는 모두 몇 개인지 구해 보세요.

$$\frac{7}{12}+\frac{11}{18}>1\frac{\square}{36}$$

( )

18 지수는 지하철을 $1\frac{1}{5}$시간 탄 후, $\frac{1}{3}$시간을 걸어서 할아버지 댁에 도착했습니다. 지하철을 오후 3시에 탔다면 할아버지 댁에 도착한 시각은 오후 몇 시 몇 분일까요?

( )

정답과 풀이 38쪽

술술 서술형

19 경연이의 일기를 읽고 딸기우유를 만들고 남은 우유는 몇 L인지 풀이 과정을 쓰고 답을 구해 보세요.

5월 8일 날씨 맑음

오늘은 어버이날이라 부모님께 우유 $1\frac{4}{5}$ L 중 $\frac{7}{8}$ L를 사용하여 딸기우유를 만들어 드렸다. 부모님께서 너무 맛있다고 칭찬해 주셔서 뿌듯한 하루였다.

풀이

답

20 수 카드 1, 5, 8을 한 번씩 모두 사용하여 대분수를 만들려고 합니다. 만들 수 있는 가장 큰 대분수와 가장 작은 대분수의 합은 얼마인지 풀이 과정을 쓰고 답을 구해 보세요.

풀이

답

사고력이 반짝

● 퍼즐판에 알맞은 조각을 찾아보세요.

①

②

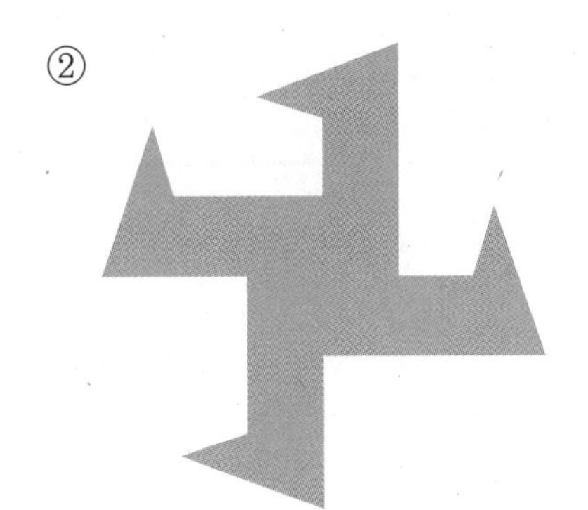

③

④

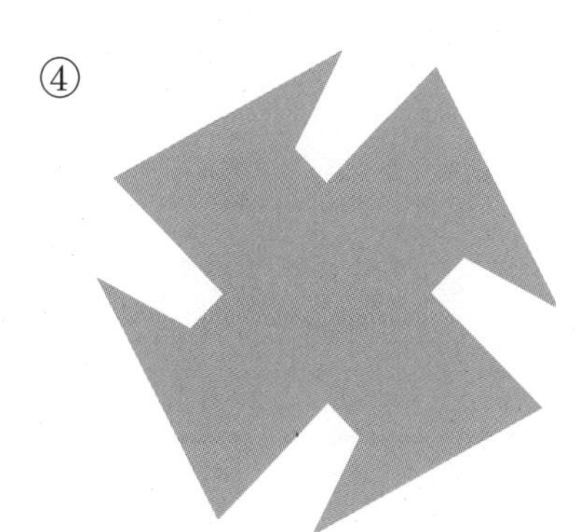

6 다각형의 둘레와 넓이

넓이는 넓이의 단위의 개수야!

● 넓이의 단위

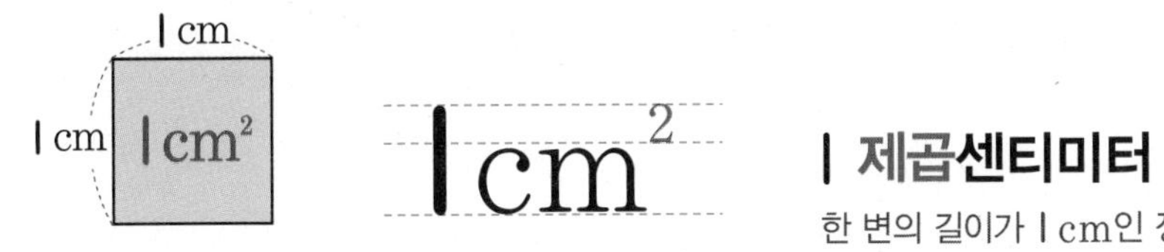

1 제곱센티미터

한 변의 길이가 1 cm인 정사각형의 넓이

● 평행사변형의 넓이

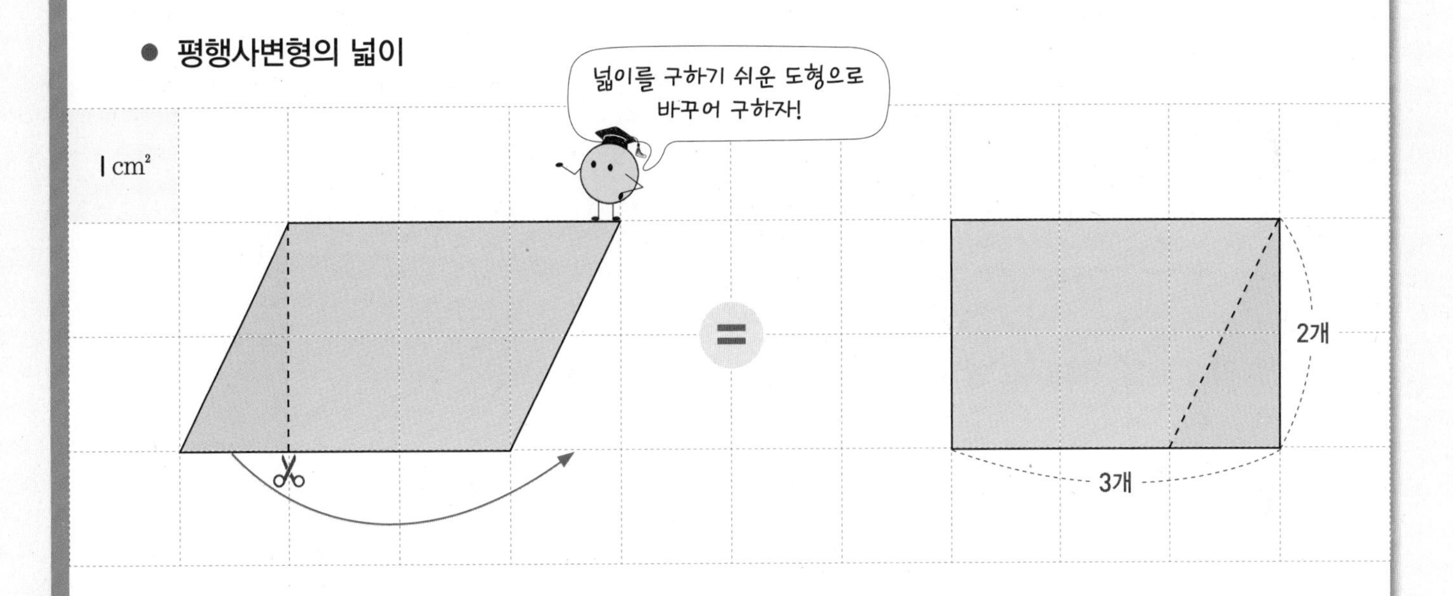

➡ 넓이의 단위 1 cm^2가

$3\times2=6$(개) 있으므로 넓이는 6 cm^2

1 정다각형의 둘레는 한 변의 길이와 변의 수의 곱이야.

● 정다각형의 둘레 (둘레: 사물이나 도형의 테두리나 그 길이)

정삼각형

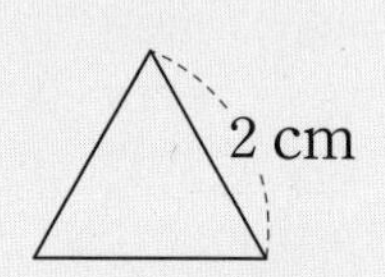

길이가 같은 변: 3개

(둘레) $= 2+2+2$
$= 2\times3 = 6$ (cm)

정사각형

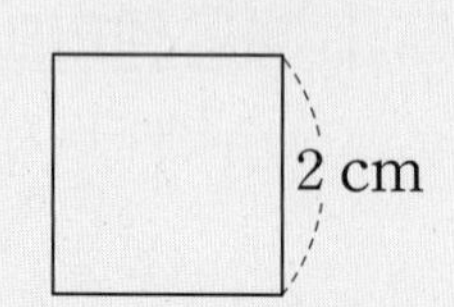

길이가 같은 변: 4개

(둘레) $= 2+2+2+2$
$= 2\times4 = 8$ (cm)

정오각형

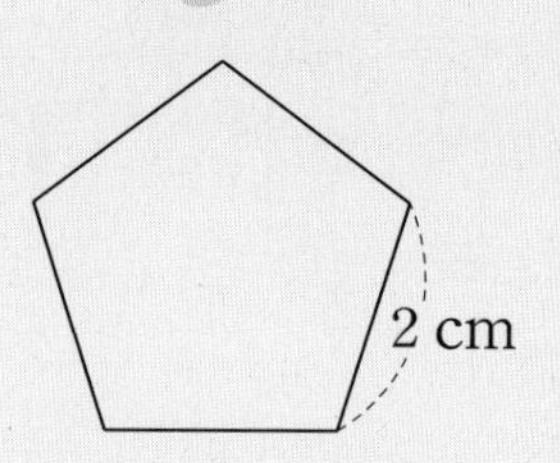

길이가 같은 변: 5개

(둘레) $= 2+2+2+2+2$
$= 2\times5 = 10$ (cm)

(정다각형의 둘레) $=$ (한 변의 길이) $\times$ (변의 수)

1 정오각형의 둘레를 구하려고 합니다. □ 안에 알맞은 수를 써넣으세요.

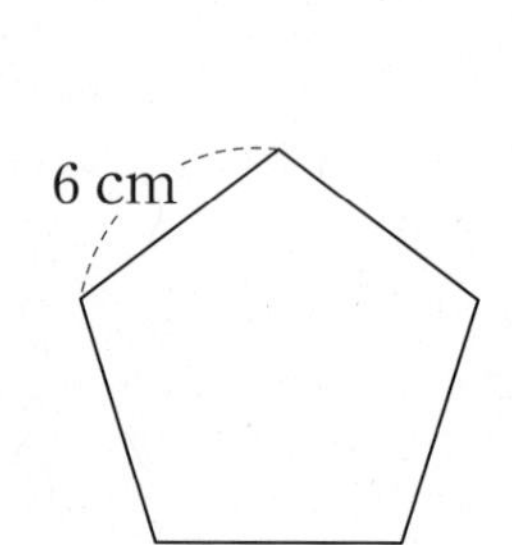

(1) (정오각형의 둘레)
$=$ (모든 변의 길이의 합)
$= 6+6+\square+\square+\square=\square$ (cm)

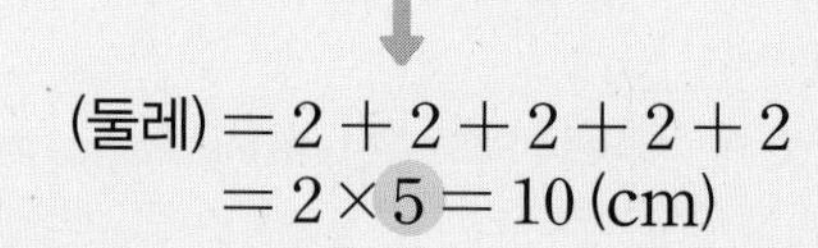

(2) (정오각형의 둘레)
$=$ (한 변의 길이) $\times$ (변의 수)
$= \square\times\square=\square$ (cm)

2 정다각형의 둘레를 구해 보세요.

(1)

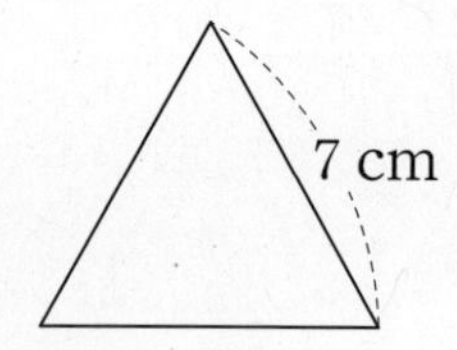

(정삼각형의 둘레)
$= 7\times\square=\square$ (cm)

(2)

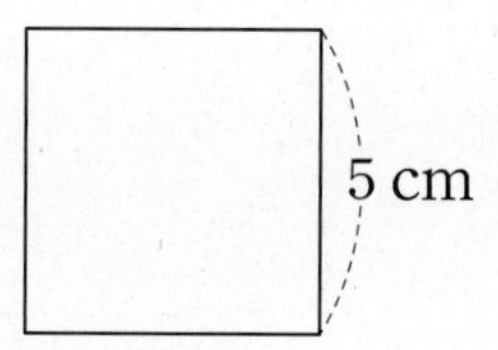

(정사각형의 둘레)
$= 5\times\square=\square$ (cm)

정답과 풀이 40쪽

2 둘레는 모든 변의 길이의 합이야.

● **사각형의 둘레**

직사각형 ── 마주 보는 두 변의 길이가 같습니다.

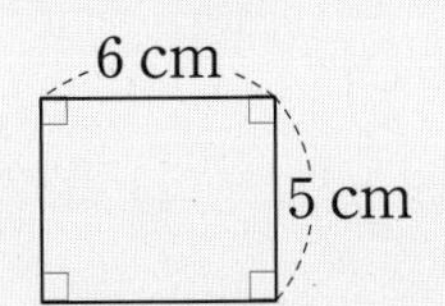

(둘레) $= 6 \times 2 + 5 \times 2 = (6 + 5) \times 2 = 22$ (cm)

(직사각형의 둘레) $=$ ((가로) $+$ (세로)) $\times 2$

평행사변형 ── 마주 보는 두 변의 길이가 같습니다.

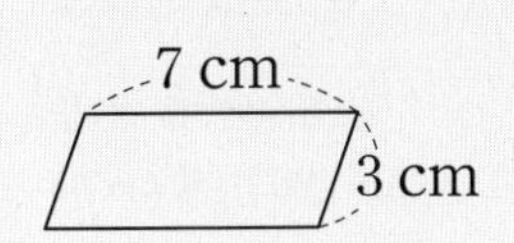

(둘레) $= 7 \times 2 + 3 \times 2 = (7 + 3) \times 2 = 20$ (cm)

(평행사변형의 둘레) $=$ ((한 변의 길이) $+$ (다른 한 변의 길이)) $\times 2$

마름모 ── 모든 변의 길이가 같습니다.

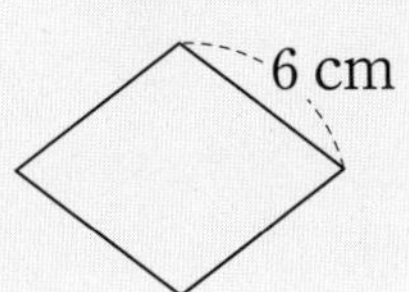

(둘레) $= 6 + 6 + 6 + 6 = 6 \times 4 = 24$ (cm)

(마름모의 둘레) $=$ (한 변의 길이) $\times 4$

1 사각형의 둘레를 구하려고 합니다. □ 안에 알맞은 수를 써넣으세요.

(1)

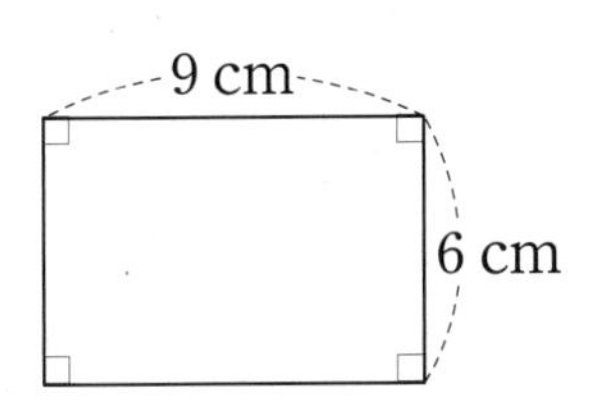

(직사각형의 둘레) $= (9 +$ □$) \times$ □ $=$ □ (cm)

(2)

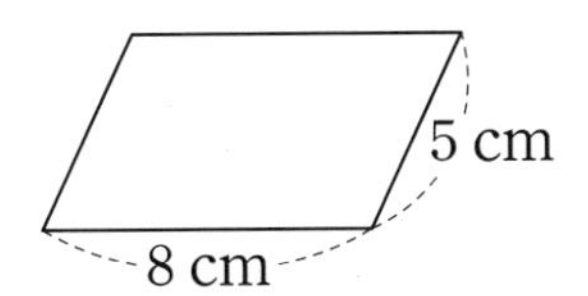

(평행사변형의 둘레) $= (8 +$ □$) \times$ □ $=$ □ (cm)

(3)

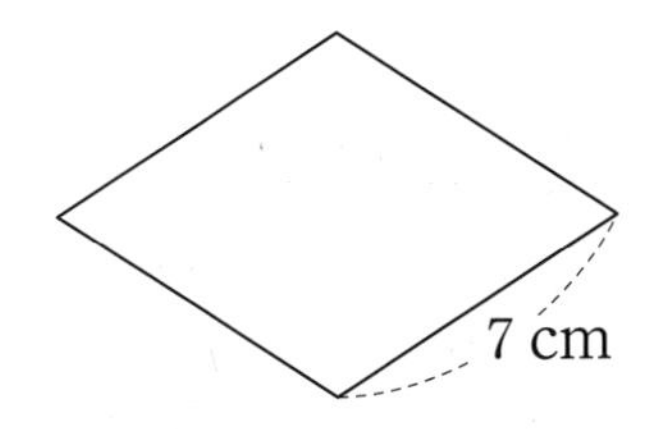

(마름모의 둘레) $=$ □ $\times$ □ $=$ □ (cm)

3 넓이는 $1\,cm^2$를 단위로 사용해.

- $1\,cm^2$: 한 변의 길이가 1 cm인 정사각형의 넓이

- 모눈종이를 이용하여 넓이 구하기

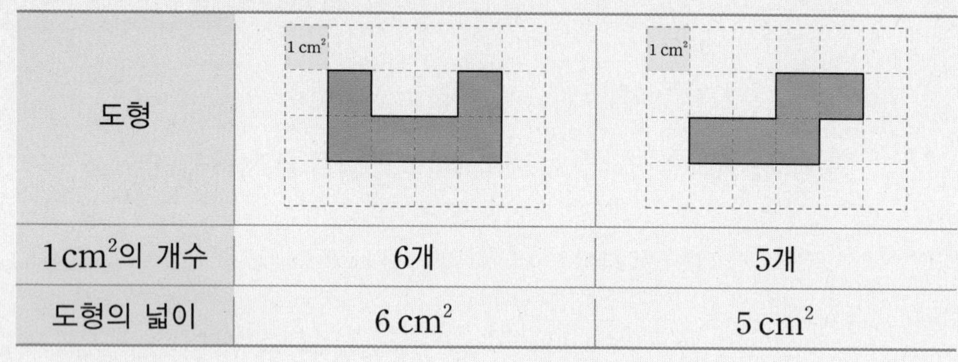

도형		
$1\,cm^2$의 개수	6개	5개
도형의 넓이	$6\,cm^2$	$5\,cm^2$

1 주어진 넓이를 쓰고 읽어 보세요.

(1) $2\,cm^2$ 쓰기 ______ 읽기 (　　　　　　　　)

(2) $4\,cm^2$ 쓰기 ______ 읽기 (　　　　　　　　)

2 도형의 넓이를 구하려고 합니다. □ 안에 알맞은 수를 써넣으세요.

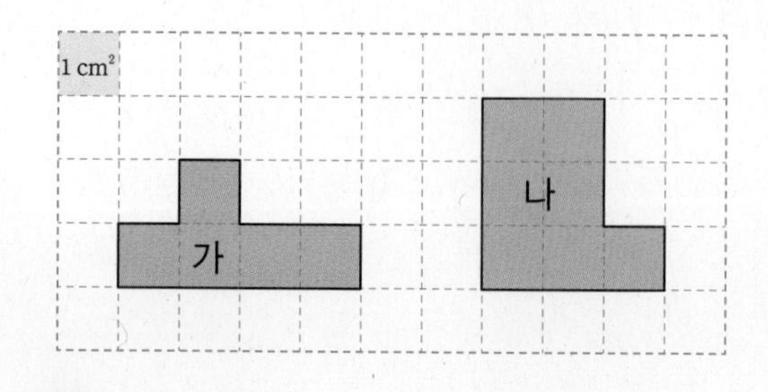

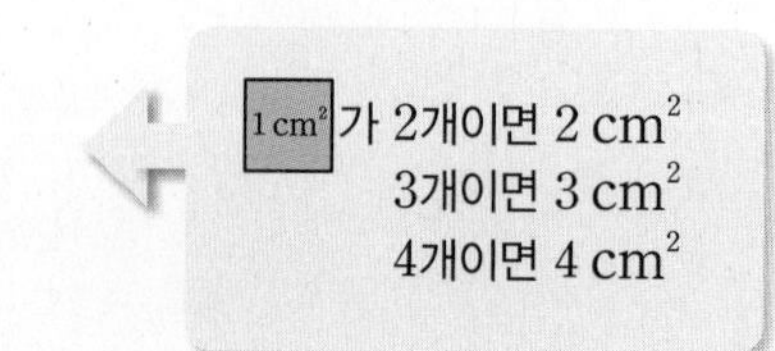

- 도형 가는 $1\,cm^2$가 □개이므로 넓이는 □cm^2입니다.
- 도형 나는 $1\,cm^2$가 □개이므로 넓이는 □cm^2입니다.

정답과 풀이 40쪽

4 직사각형의 넓이는 $1\,cm^2$의 개수를 세어서 구해.

● **직사각형의 넓이**

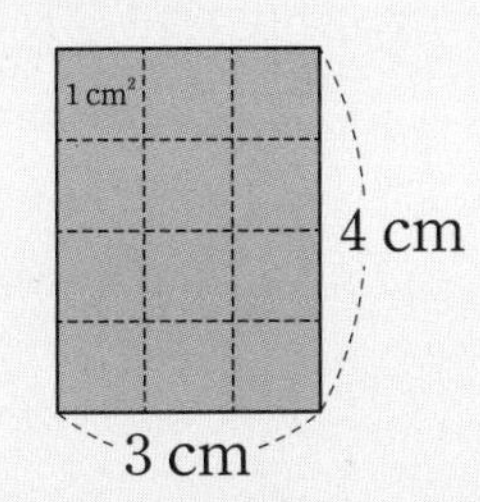

$1\,cm^2$가 가로에 3개, 세로에 4개

↓

가로와 세로에 놓인 $1\,cm^2$의 개수를 곱하면
$3 \times 4 = 12$(개)

↓

(직사각형의 넓이) = (가로) × (세로)
$= 3 \times 4 = 12\,(cm^2)$

● **정사각형의 넓이**

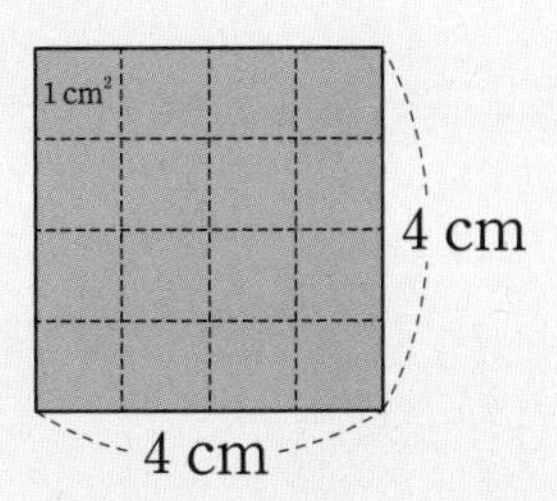

$1\,cm^2$가 가로에 4개, 세로에 4개

↓

가로와 세로에 놓인 $1\,cm^2$의 개수를 곱하면
$4 \times 4 = 16$(개)

↓

(정사각형의 넓이) = (한 변의 길이) × (한 변의 길이)
$= 4 \times 4 = 16\,(cm^2)$

1 직사각형의 넓이를 구하려고 합니다. □ 안에 알맞은 수를 써넣으세요.

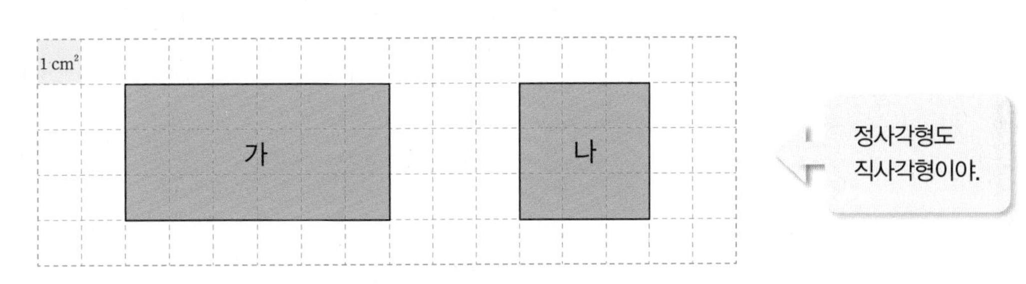

정사각형도 직사각형이야.

(1) 가는 $1\,cm^2$가 가로에 □개, 세로에 □개 있으므로 (넓이) = □ × □ = □(cm^2)입니다.

(2) 나는 $1\,cm^2$가 가로에 □개, 세로에 □개 있으므로 (넓이) = □ × □ = □(cm^2)입니다.

2 직사각형의 넓이를 구해 보세요.

(1)

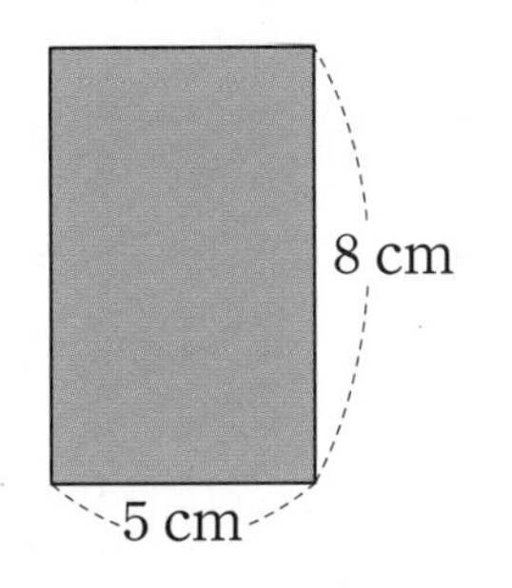

(직사각형의 넓이)
= □ × □ = □(cm^2)

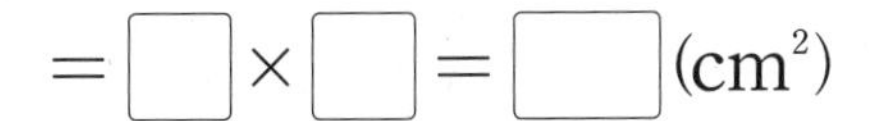

(2)

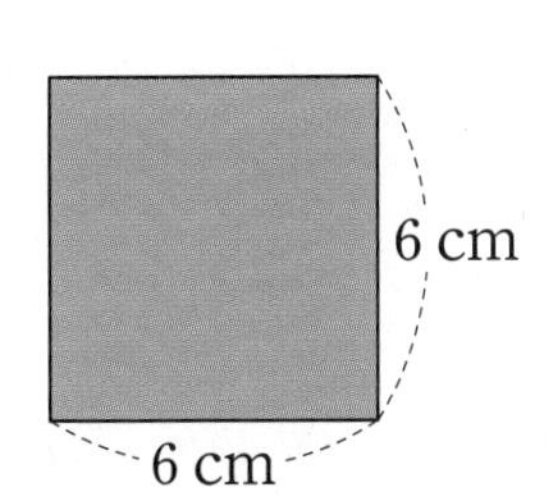

(정사각형의 넓이)
= □ × □ = □(cm^2)

5 큰 넓이는 $1\,m^2$, $1\,km^2$ 단위를 사용하면 좀 더 간단해.

- $1\,m^2$: 한 변의 길이가 1 m인 정사각형의 넓이

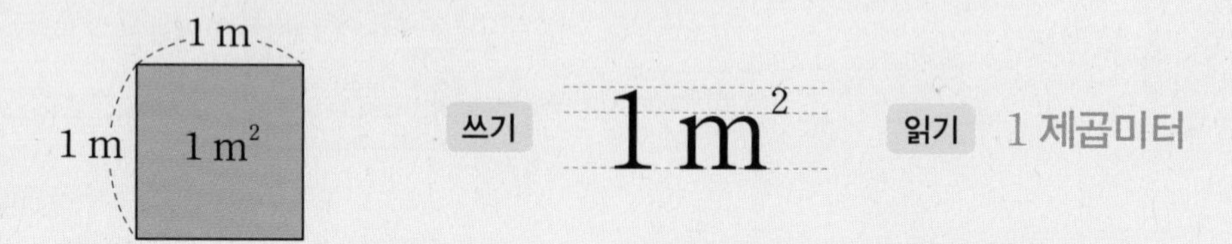

- $1\,km^2$: 한 변의 길이가 1 km인 정사각형의 넓이

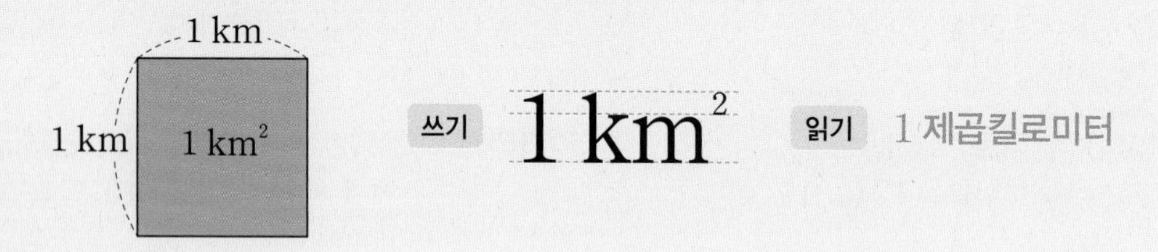

- **$1\,cm^2$, $1\,m^2$, $1\,km^2$의 크기 관계**

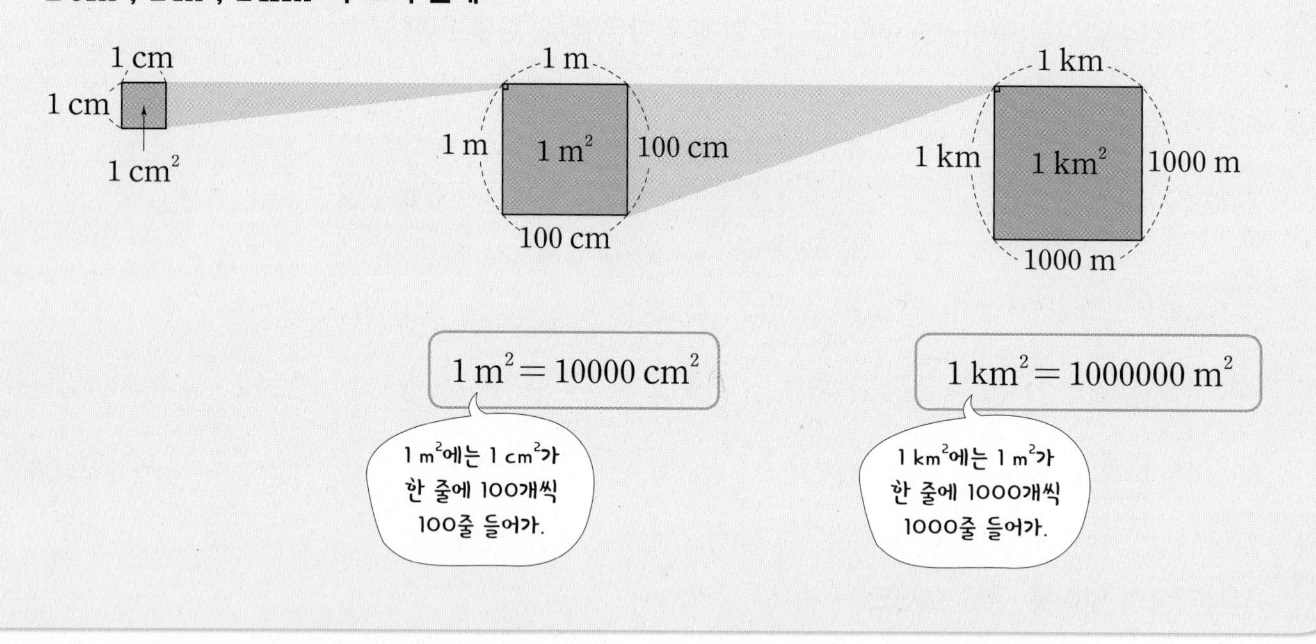

1 주어진 넓이를 쓰고 읽어 보세요.

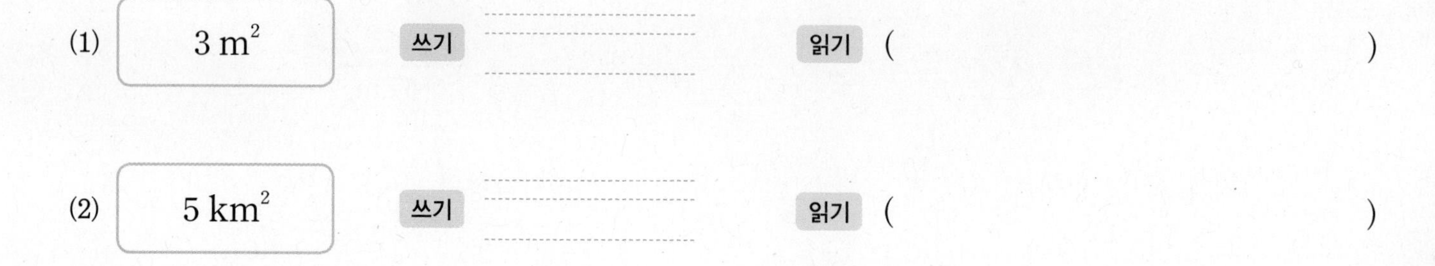

2 그림을 보고 □ 안에 알맞은 수를 써넣으세요.

(1)

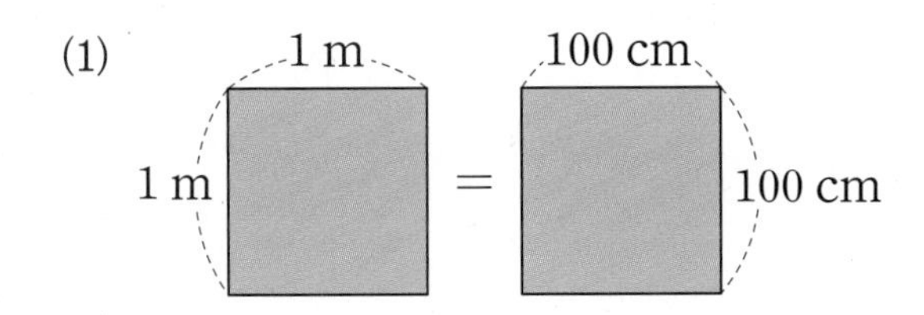

$1\text{ m} \times 1\text{ m} = 100\text{ cm} \times 100\text{ cm}$

➡ $1\text{ m}^2 =$ □ cm^2

(2)

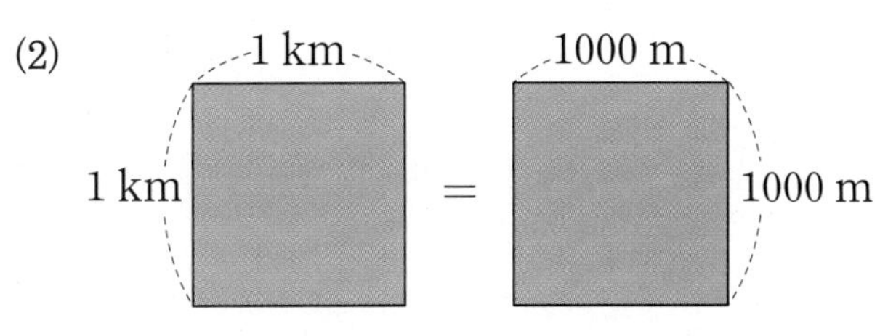

$1\text{ km} \times 1\text{ km} = 1000\text{ m} \times 1000\text{ m}$

➡ $1\text{ km}^2 =$ □ m^2

3 알맞은 단위에 ○표 하세요.

(1) 교실의 넓이는 약 80 (cm^2 , m^2 , km^2)입니다.

(2) 대전광역시의 면적은 약 539 (cm^2 , m^2 , km^2)입니다.

4 □ 안에 알맞은 수를 써넣으세요.

(1) $2\text{ m}^2 =$ □ cm^2

(2) $4\text{ km}^2 =$ □ m^2

(3) $80000\text{ cm}^2 =$ □ m^2

(4) $10000000\text{ m}^2 =$ □ km^2

5 두 직사각형 안에 1 km^2가 각각 몇 번 들어가는지 알아보려고 합니다. □ 안에 알맞은 수를 써넣으세요.

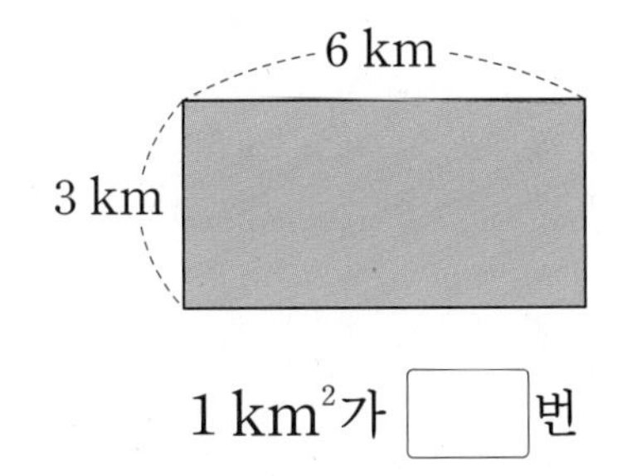

1 km^2가 □번

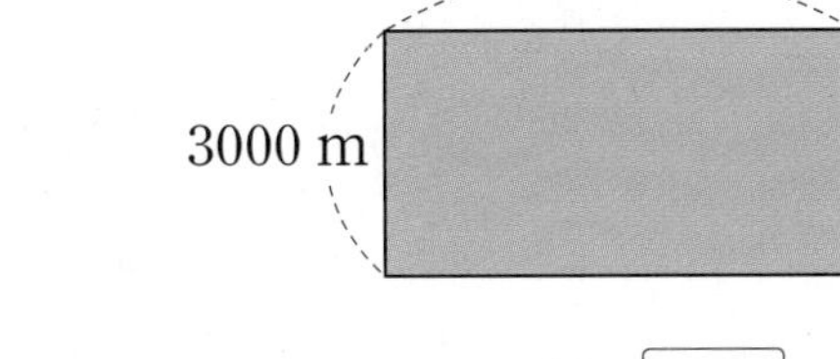

1 km^2가 □번

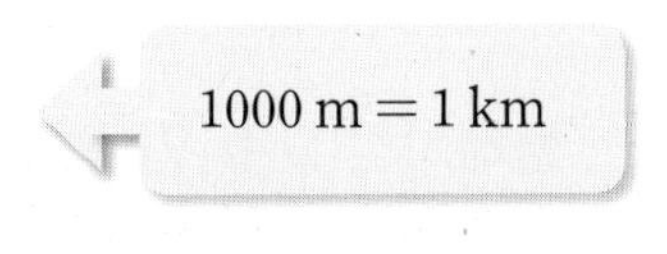

6

1 정다각형의 둘레 구하기

1 한 변의 길이가 7 cm인 두 정다각형의 둘레를 각각 구하려고 합니다. 표를 보고 빈칸에 알맞은 수를 써넣으세요.

▶ 정■각형의 변의 수는 ■개야.

정다각형	정사각형	정칠각형
한 변의 길이(cm)	7	7
변의 수(개)		
둘레(cm)		

2 다음 정다각형의 둘레는 몇 cm인지 구해 보세요.

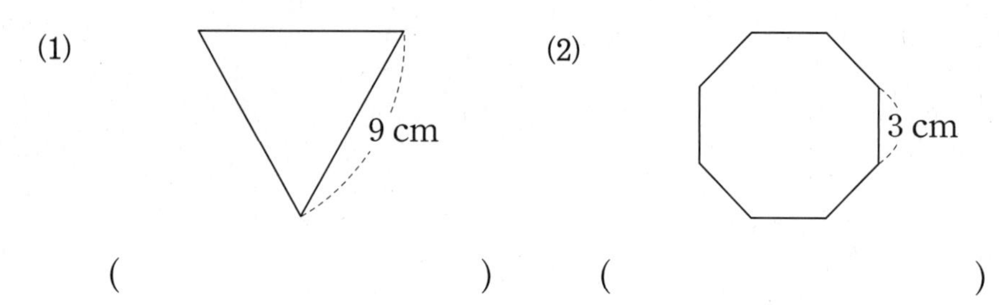

3 두 정다각형의 둘레가 각각 30 cm입니다. □ 안에 알맞은 수를 써넣으세요.

▶ 정다각형은 모든 변의 길이가 같다는 것을 이용해 봐.

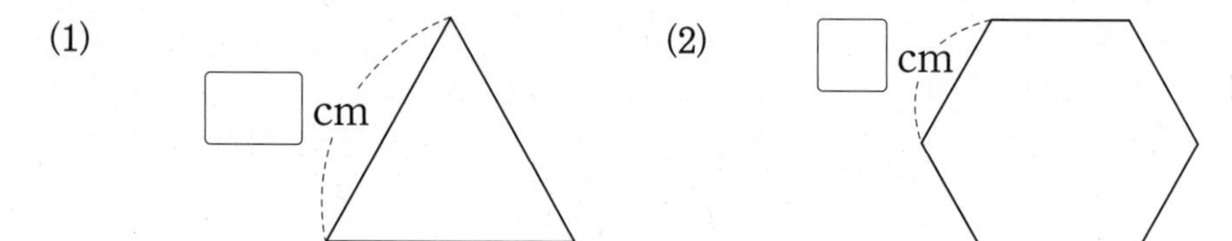

4 둘레가 20 cm인 정사각형을 그려 보세요.

▶ 먼저 정사각형의 한 변의 길이를 알아야 해.

5 두 정다각형의 둘레가 같을 때 □ 안에 알맞은 수를 써넣으세요.

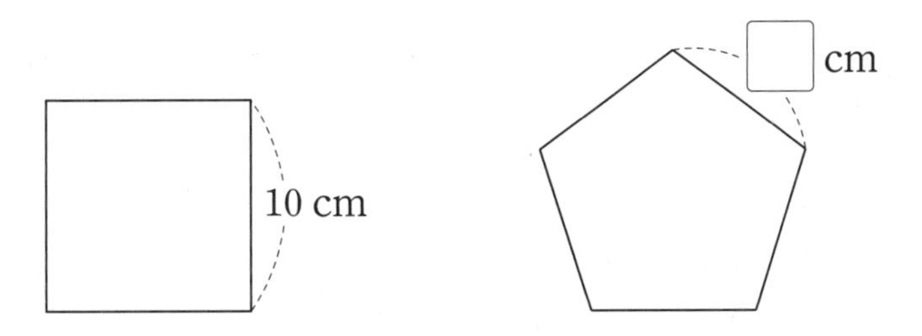

▶ 먼저 정사각형의 둘레를 구해 보자.

6 다음 정다각형 설명 카드를 완성하려고 합니다. 정다각형의 한 변의 길이를 자유롭게 정한 다음 □ 안에 알맞은 말 또는 수를 써넣으세요.

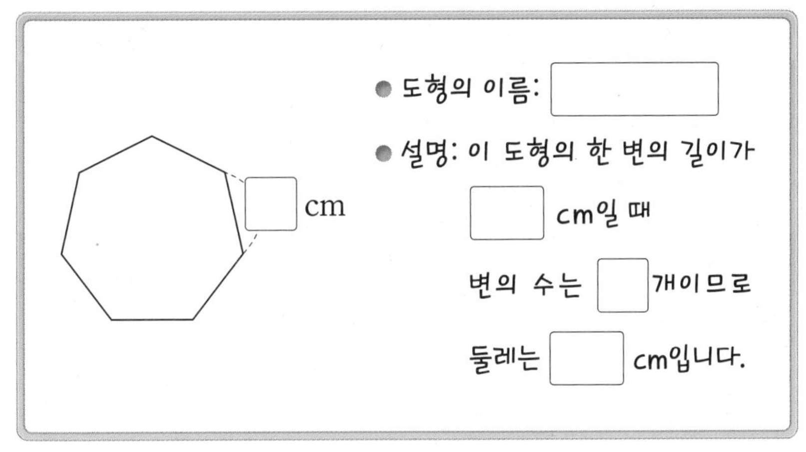

▶ 정다각형의 한 변의 길이만 정하면 다른 변의 길이도 정해져.

정다각형의 둘레는 한 변의 길이만 알면 구할 수 있을까?

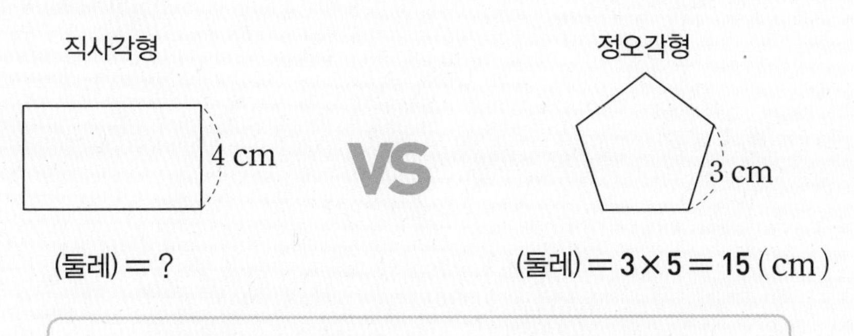

정다각형은 모든 변의 길이가 (같으므로 , 다르므로)
한 변의 길이만 알면 둘레를 구할 수 (없습니다 , 있습니다).

7 평행사변형의 둘레는 몇 cm인지 구해 보세요.

▶ 평행사변형은 마주 보는 두 변의 길이가 같아.

(1)

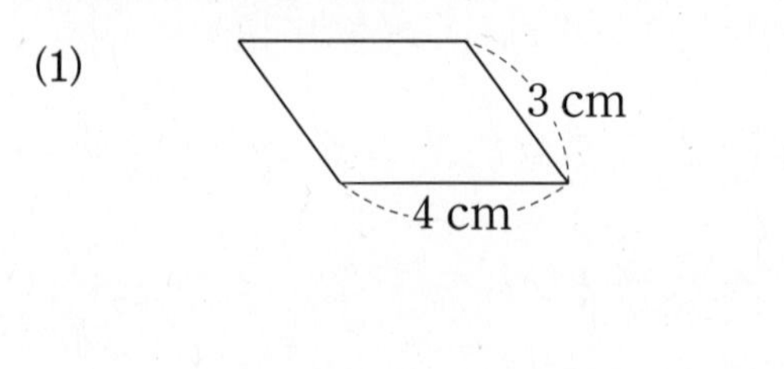

(　　　　　　　　)

(2)

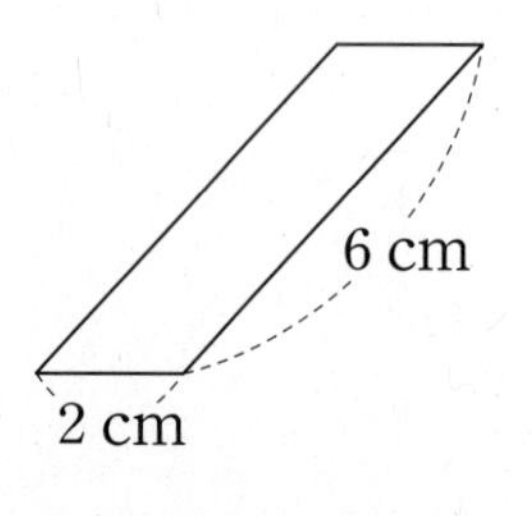

(　　　　　　　　)

8 다음 직사각형의 둘레를 구하는 식으로 틀린 것을 골라 기호를 써 보세요.

▶ 직사각형은 마주 보는 두 변의 길이가 같아.

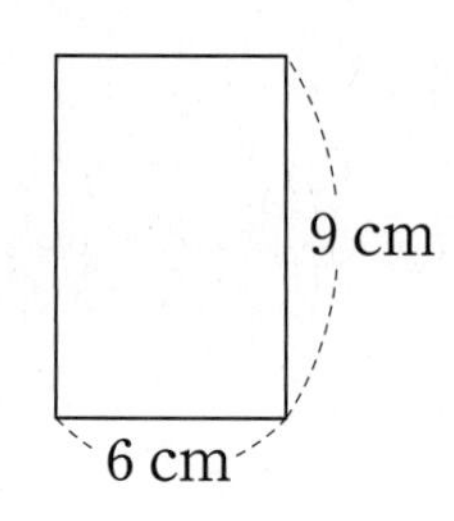

㉠ $6+9+6+9$
㉡ $6\times2+9\times2$
㉢ $(6+9)\times4$

(　　　　　　　　)

➕ 직사각형의 가로와 세로의 비가 $7:3$일 때 직사각형의 둘레를 구해 보세요.

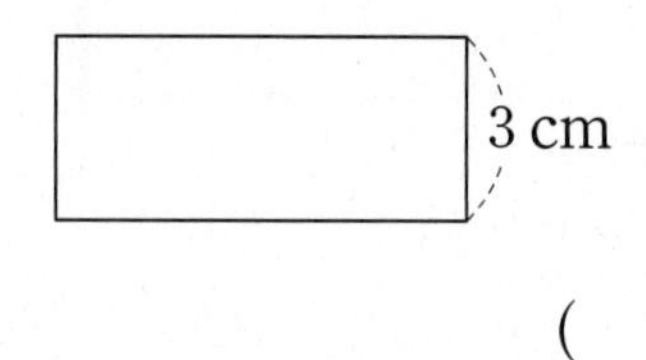

(　　　　　　　　)

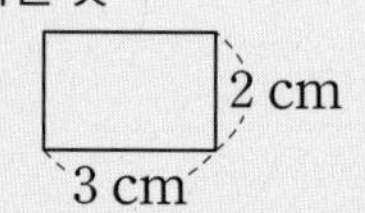

비

두 수를 나눗셈으로 비교하기 위해 기호 :를 사용하여 나타낸 것

2 cm
3 cm

직사각형의 가로와 세로의 비
➡ $3:2$

9 마름모의 둘레는 몇 cm인지 구해 보세요.

▶ 마름모는 네 변의 길이가 같아.

(1)

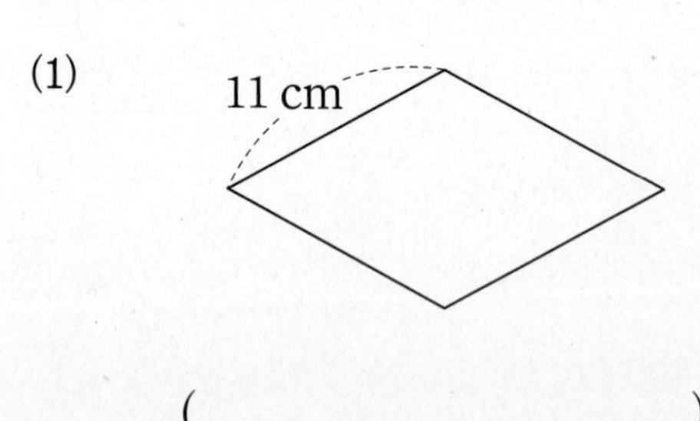

(　　　　　　　　)

(2)

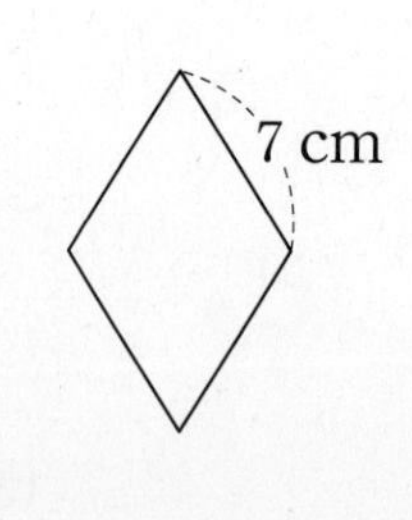

(　　　　　　　　)

정답과 풀이 41쪽

10 평행사변형과 정삼각형의 둘레의 차는 몇 cm인지 구해 보세요.

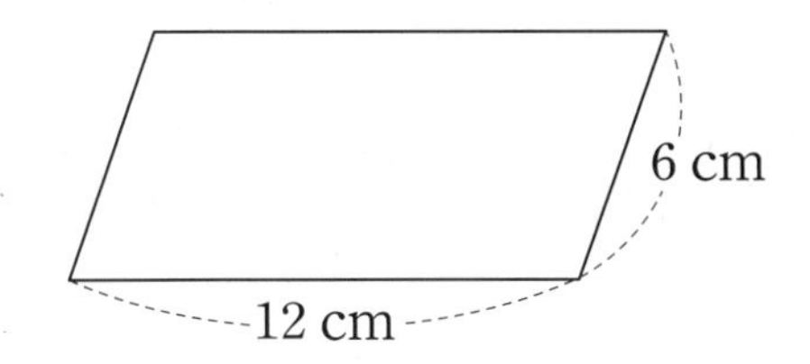

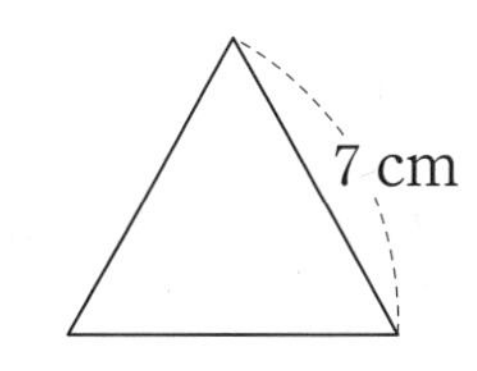

(　　　　　　　　　　)

11 직사각형의 둘레가 42 cm일 때 □ 안에 알맞은 수를 써넣으세요.

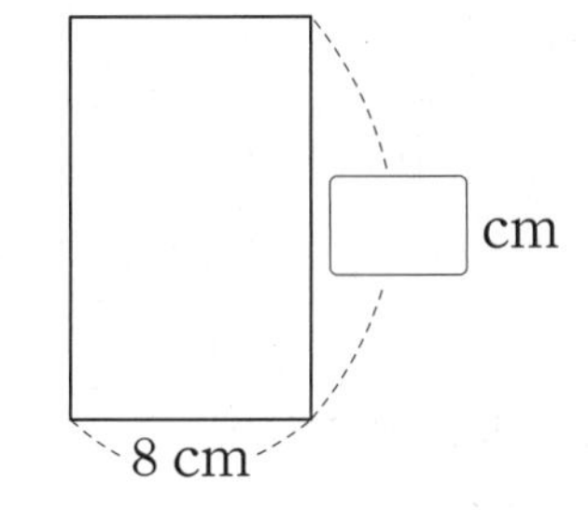

▶ (직사각형의 둘레)
= ((가로)+(세로))×2
⬇
(가로)+(세로)
= (직사각형의 둘레)÷2

사각형의 둘레를 식으로 나타내는 방법은?

직사각형　　평행사변형

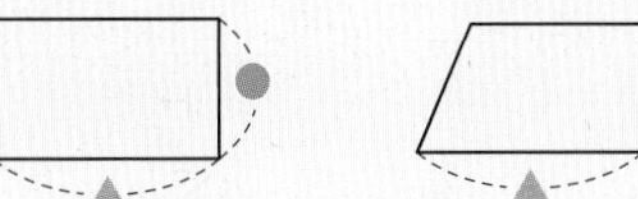

(둘레) = ▲ + ● + ▲ + ●

⬇

마주 보는 두 변의 길이가 같습니다.

(둘레) = (▲ + ●) × □

정사각형　　마름모

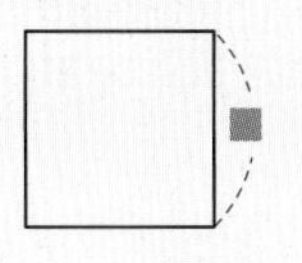

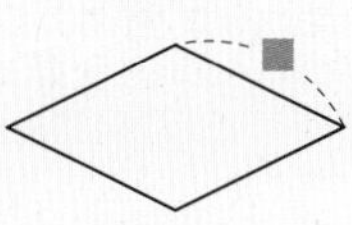

(둘레) = ■ + ■ + ■ + ■

⬇

네 변의 길이가 모두 같습니다.

(둘레) = ■ × □

사각형의 변의 성질을 이용하면 돼.

12 도형의 넓이는 몇 cm^2인지 구해 보세요.

▶ $1\ \mathrm{cm}^2$를 이용해 봐.

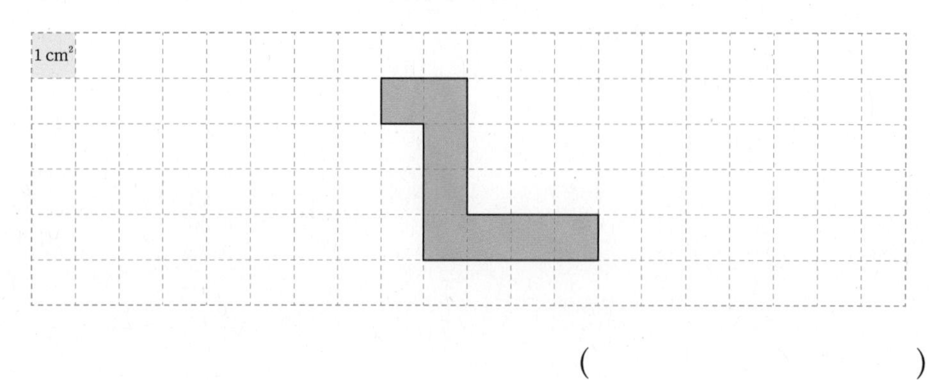

( )

13 가와 나의 넓이를 비교하려고 합니다. □ 안에 알맞은 수를 써넣으세요.

▶ $1\ \mathrm{cm}^2$의 수가 더 많은 도형의 넓이가 더 넓겠지?

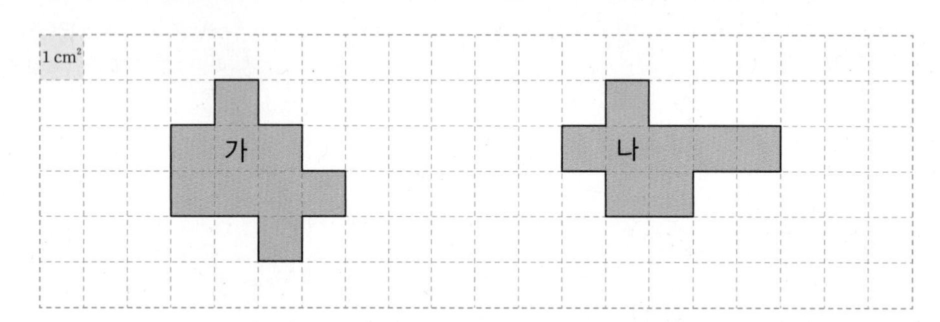

➡ 도형 가는 도형 나보다 넓이가 □ cm^2 더 넓습니다.

14 넓이가 $6\ \mathrm{cm}^2$인 도형을 모두 찾아 기호를 써 보세요.

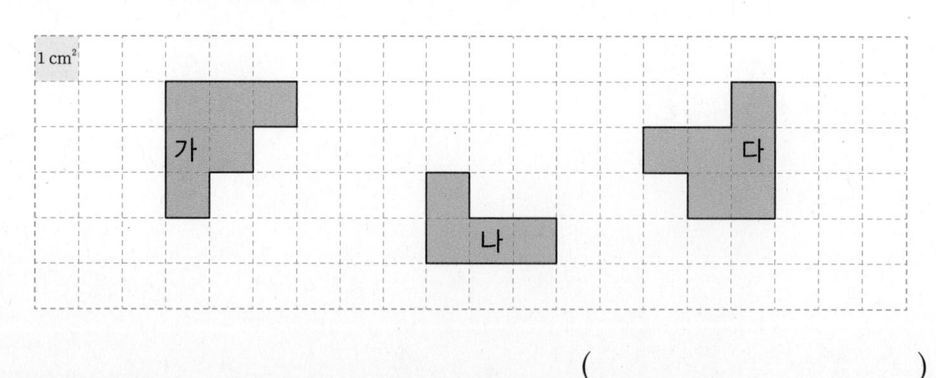

( )

정답과 풀이 41쪽

15 넓이를 1 cm^2씩 늘리며 규칙에 따라 도형을 그리고 있습니다. 빈칸에 알맞은 도형을 그려 보세요.

▶ 도형을 그리는 규칙을 찾아봐.

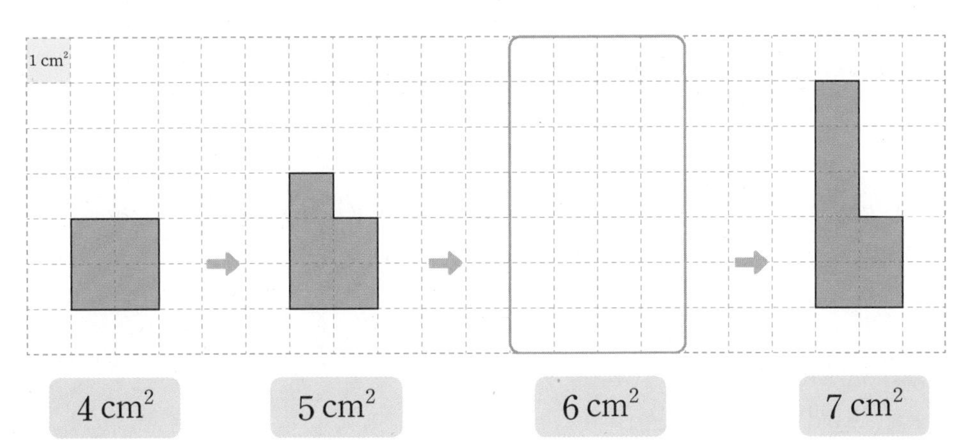

4 cm^2 5 cm^2 6 cm^2 7 cm^2

내가 만드는 문제

16 주어진 도형보다 넓이가 더 좁은 도형과 더 넓은 도형을 각각 그려 보세요.

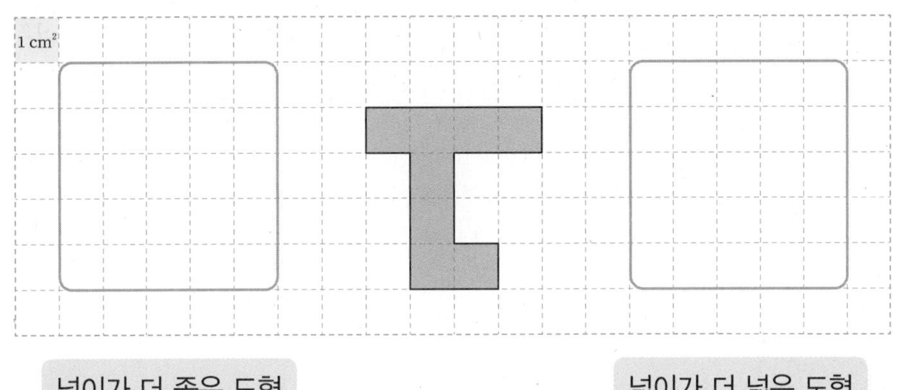

넓이를 나타낼 때 정사각형의 넓이를 단위로 사용하는 이유는?

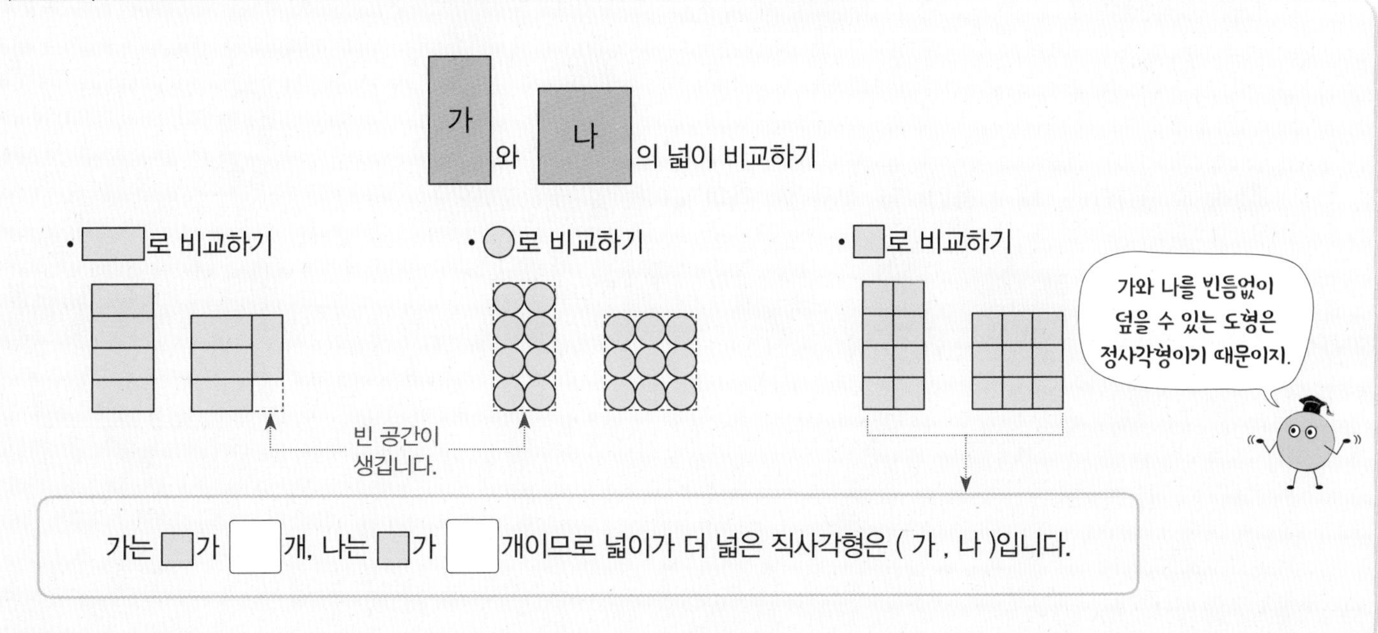

4 직사각형의 넓이 구하기

17 직사각형의 넓이는 몇 cm^2인지 구해 보세요.

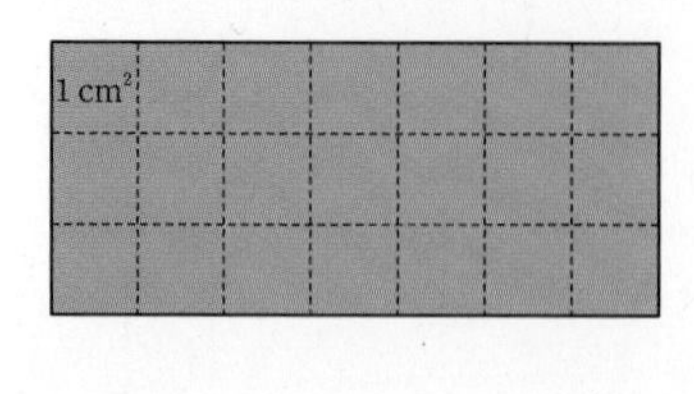

( )

▶ [1 cm²]의 개수만 쓰면 안 되고 단위도 꼭 써야 해.

18 직사각형의 넓이는 몇 cm^2인지 구해 보세요.

(1)

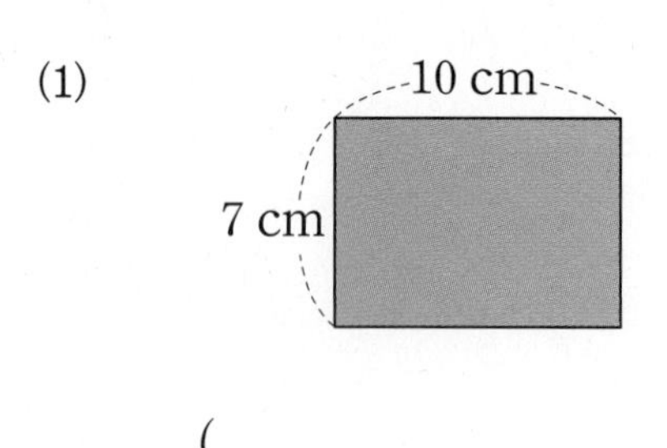

(2)

( ) ( )

19 셋 중 넓이가 다른 직사각형 하나를 찾아 ○표 하세요.

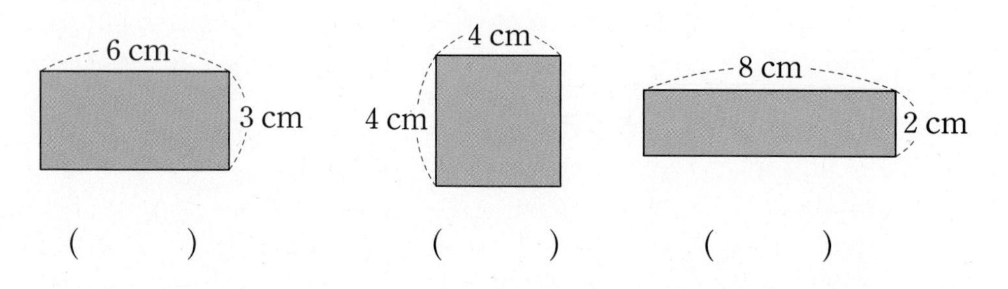

( ) ( ) ( )

합동

모양과 크기가 같아서 포개었을 때 완전히 겹치는 두 도형을 서로 합동이라고 합니다.

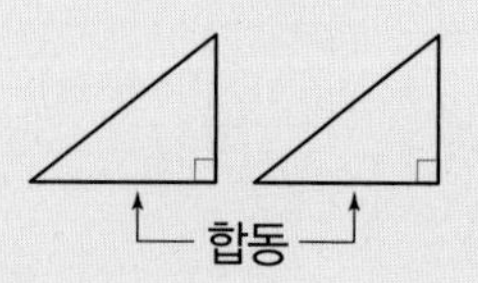

➕ 두 직사각형은 서로 합동입니다. 직사각형 가의 넓이는 몇 cm^2일까요?

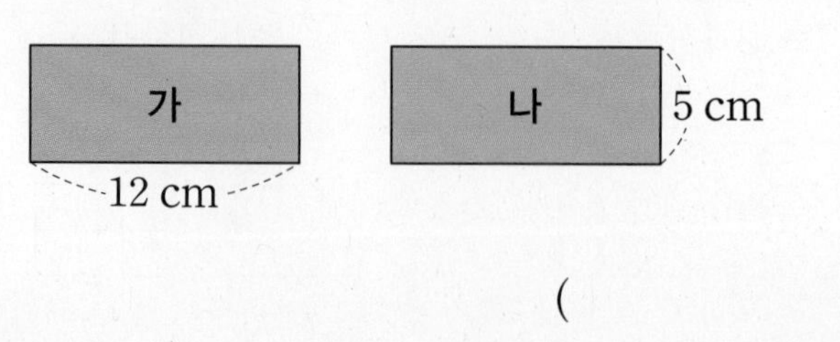

( )

20 직사각형의 넓이가 $40\ \mathrm{cm}^2$일 때 □ 안에 알맞은 수를 써넣으세요.

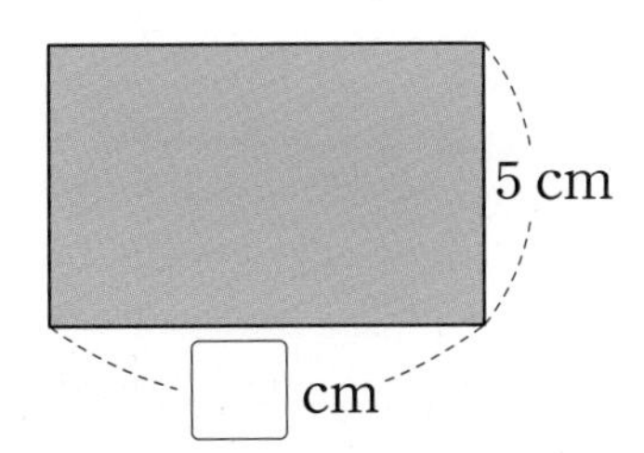

▶ (직사각형의 넓이)
= (가로) × (세로)

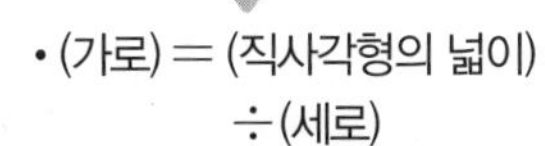

• (가로) = (직사각형의 넓이) ÷ (세로)
• (세로) = (직사각형의 넓이) ÷ (가로)

내가 만드는 문제

21 넓이가 $18\ \mathrm{cm}^2$로 같고, 서로 다른 모양의 직사각형을 2개 그려 보세요.

▶ 먼저 직사각형의 가로를 정해 봐.

넓이의 단위가 cm²인 이유는?

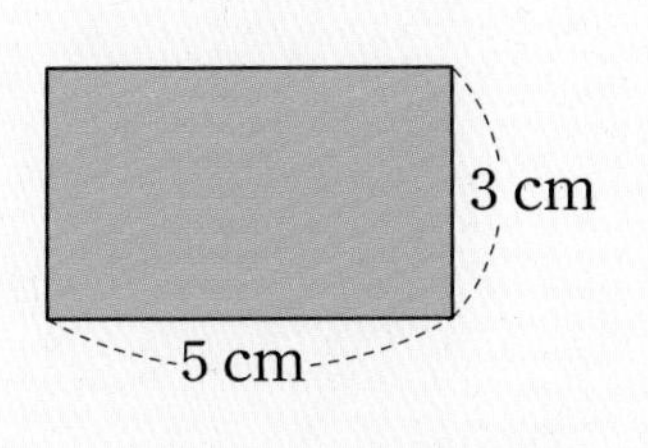

(직사각형의 넓이) = (가로) × (세로)
= 5 cm × □ cm
= 5 × □ (cm × cm)
= □ (cm²)

두 길이를 곱했다는 것을 간략하게 표현하기 위해 길이의 단위 cm 위에 2를 쓴 cm²로 나타낸 거야.

22 그림을 보고 □ 안에 알맞은 수를 써넣으세요.

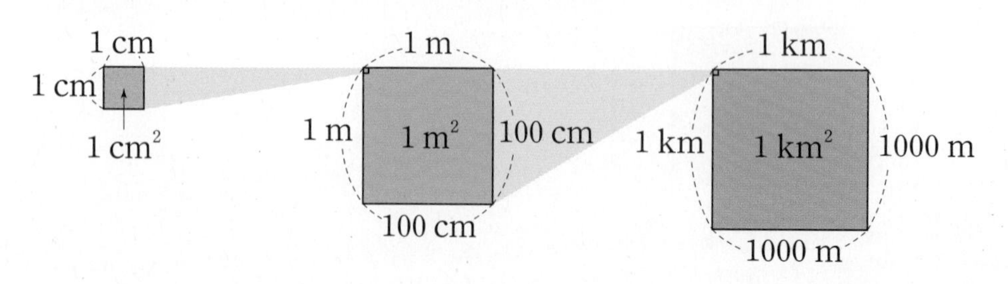

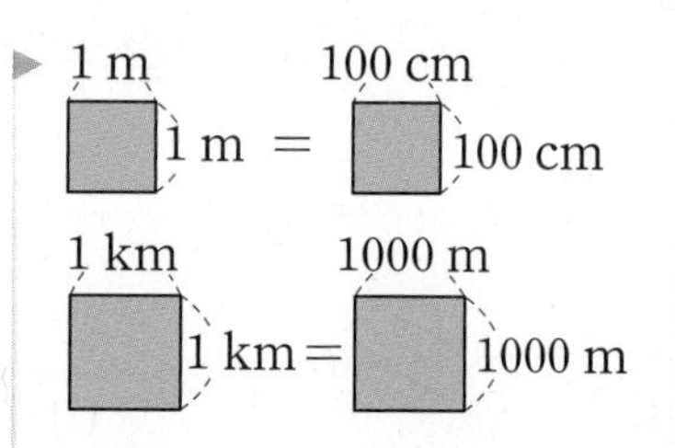

(1) $1\ m^2 =$ □ cm^2　　(2) $1\ km^2 =$ □ m^2

23 □ 안에 알맞은 수나 단위를 써넣으세요.

(1) $25\ m^2 =$ □ cm^2　　(2) $65\ km^2 =$ □ m^2

(3) $320000\ cm^2 = 32$ □　　(4) $2800000\ m^2 = 2.8$ □

24 넓이를 비교하여 ○ 안에 >, =, <를 알맞게 써넣으세요.

(1) $65000\ m^2$ ○ $6\ km^2$　　(2) $7000000\ m^2$ ○ $8\ km^2$

25 직사각형의 넓이를 구해 보세요.

▶ 가로와 세로를 같은 단위로 바꾼 다음 넓이를 구해 봐.

(1)

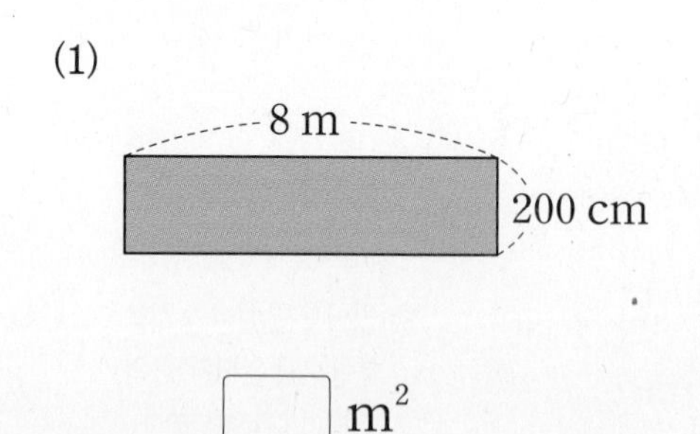

□ m^2

(2)

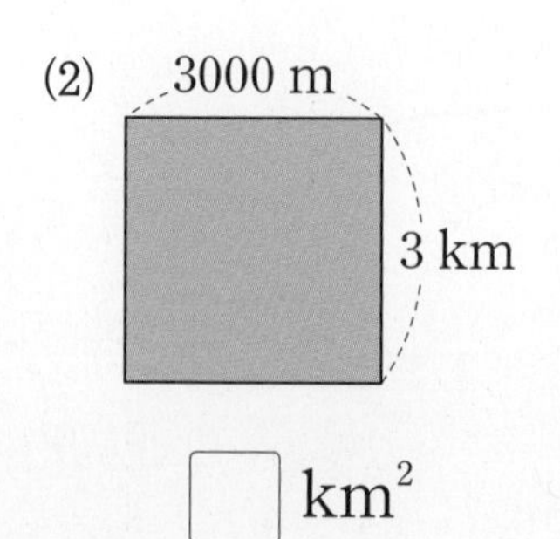

□ km^2

26 단위가 잘못 쓰인 것을 찾아 기호를 쓰고 바르게 고쳐 보세요.

㉠ 백과사전의 표지의 넓이는 750 cm^2입니다.
㉡ 음악실의 넓이는 90 km^2입니다.
㉢ 수영장의 넓이는 154 m^2입니다.

(　　　　　　　　)

바르게 고치기 ....

내가 만드는 문제

27 다음 수 카드 중 2장을 골라 직사각형의 가로와 세로로 정하고, 직사각형의 넓이는 몇 m^2인지 구해 보세요.

▶ 길이의 단위를 m로 바꾼 다음 넓이를 구하면 돼.

300 cm	0.4 km	15 m	9 m

(　　　　　　　　) m^2

cm^2, m^2, km^2 사이의 관계는?

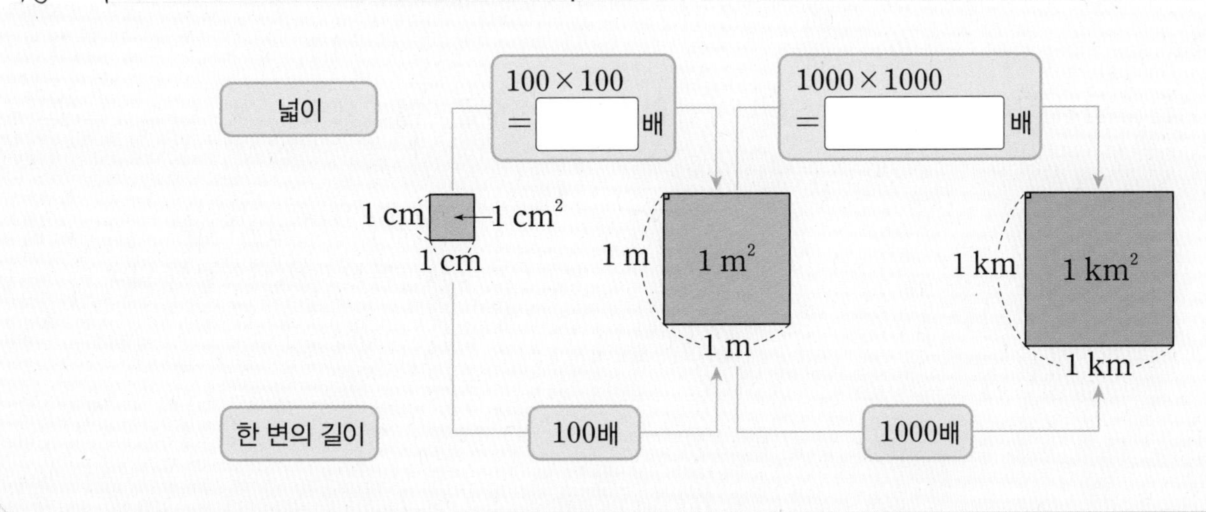

6 평행사변형의 넓이는 직사각형의 넓이를 이용하여 구해.

● **평행사변형의 구성 요소**

- 밑변: 평행사변형에서 평행한 두 변
- 높이: 두 밑변 사이의 거리

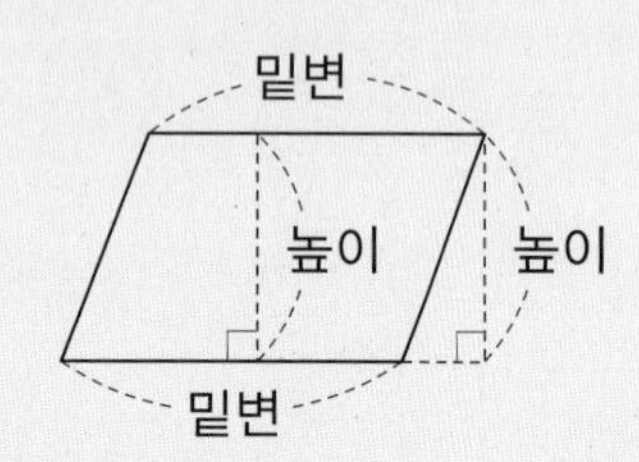

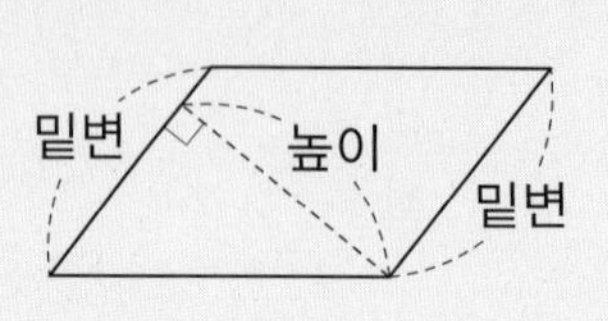

● **평행사변형의 넓이**

- 평행사변형을 잘라서 넓이 구하기

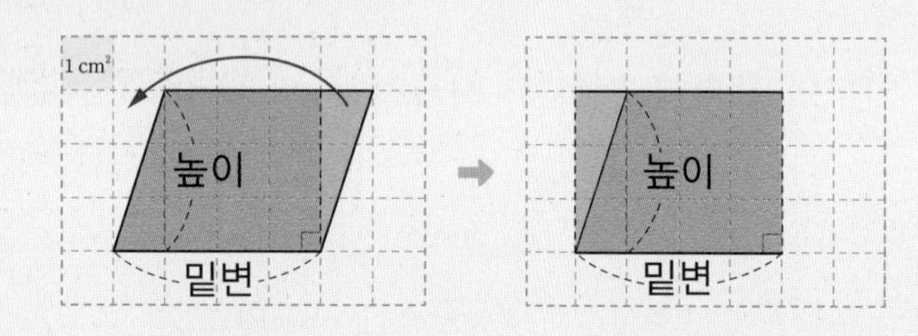

(평행사변형의 넓이)
=(만들어진 직사각형의 넓이)
=(가로)×(세로)
=(밑변의 길이)×(높이)

1 1 cm^2의 개수를 세어 평행사변형의 넓이를 구하려고 합니다. □ 안에 알맞은 수를 써넣으세요.

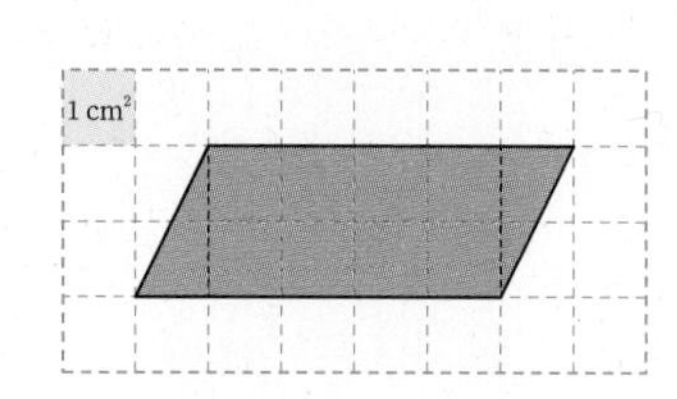

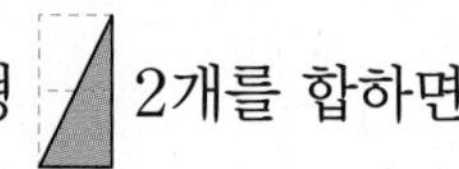

1 cm^2는 8개이고, 삼각형 2개를 합하면 1 cm^2 2개의 넓이와 같으므로

평행사변형의 넓이는 8+□=□ (cm^2)입니다.

2 평행사변형을 잘라서 직사각형을 만들었습니다. □ 안에 알맞은 수를 써넣으세요.

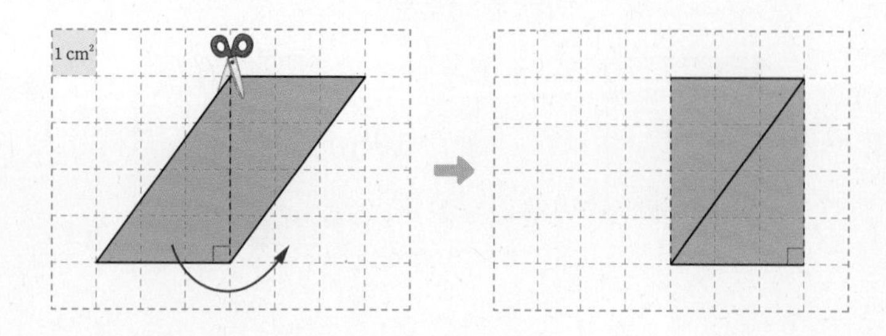

(평행사변형의 넓이)
=(만들어진 직사각형의 넓이)
=□×□=□ (cm^2)

정답과 풀이 43쪽

7 삼각형의 넓이는 평행사변형의 넓이를 이용하여 구해.

삼각형의 구성 요소

- 밑변: 삼각형의 어느 한 변
- 높이: 밑변과 마주 보는 꼭짓점에서 밑변에 수직으로 그은 선분의 길이

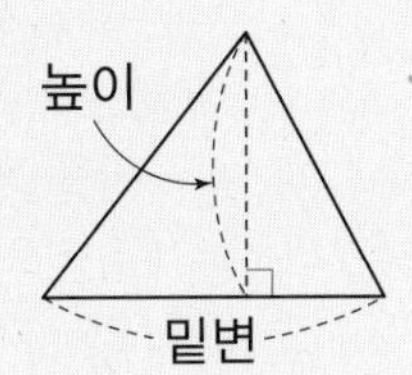

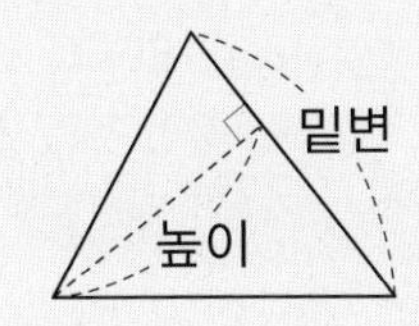

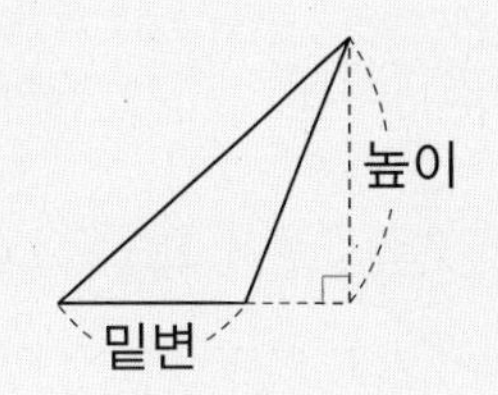

삼각형의 넓이

방법 1 삼각형 2개를 이용하여 넓이 구하기

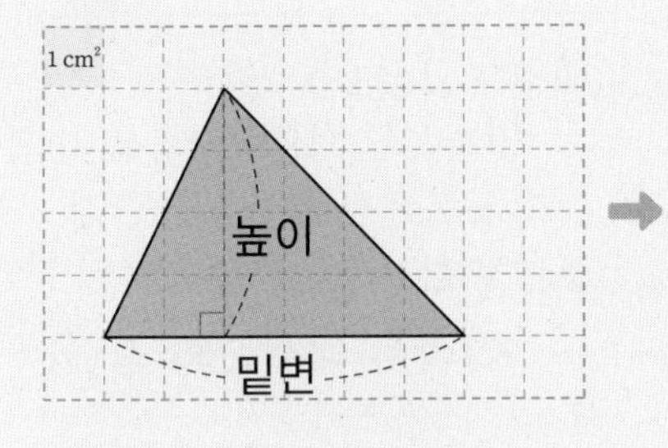

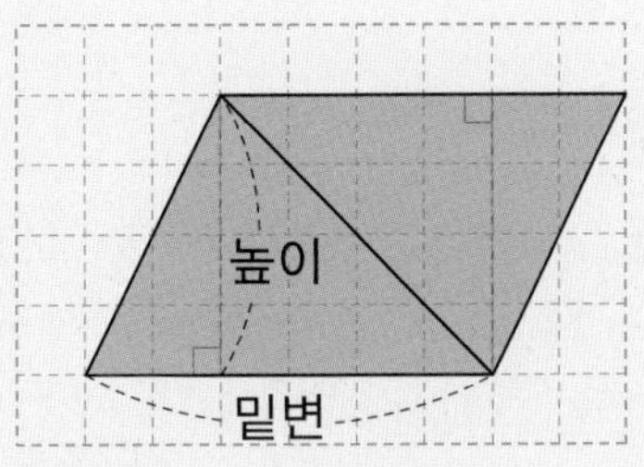

(삼각형의 넓이)
=(만들어진 평행사변형의 넓이)의 반
=(밑변의 길이)×(높이)÷2

방법 2 삼각형을 잘라서 넓이 구하기

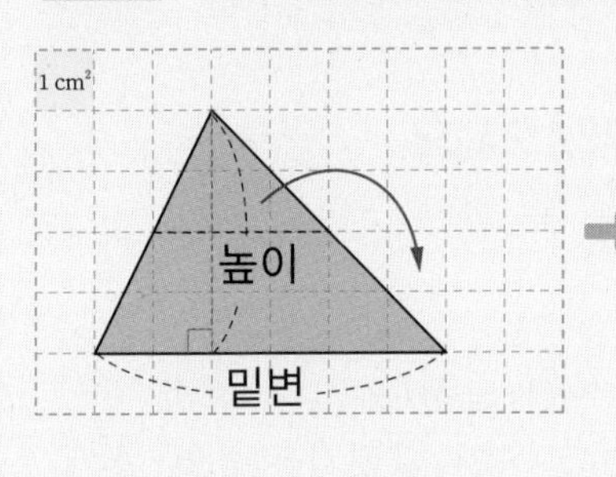

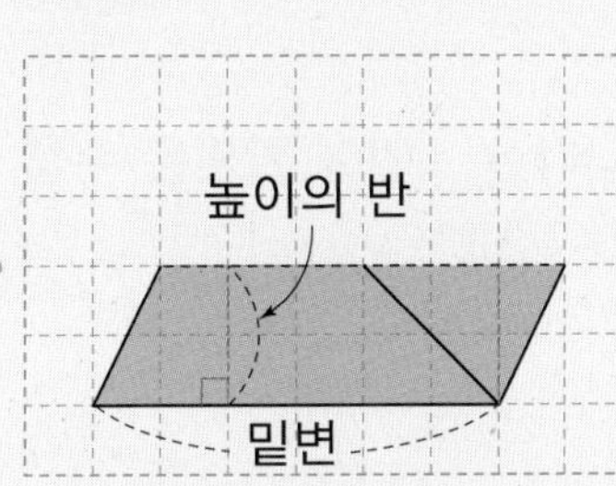

(삼각형의 넓이)
=(만들어진 평행사변형의 넓이)
=(밑변의 길이)×(높이)의 반
=(밑변의 길이)×(높이)÷2

1 삼각형 2개를 붙여서 평행사변형을 만들었습니다. □ 안에 알맞은 수를 써넣으세요.

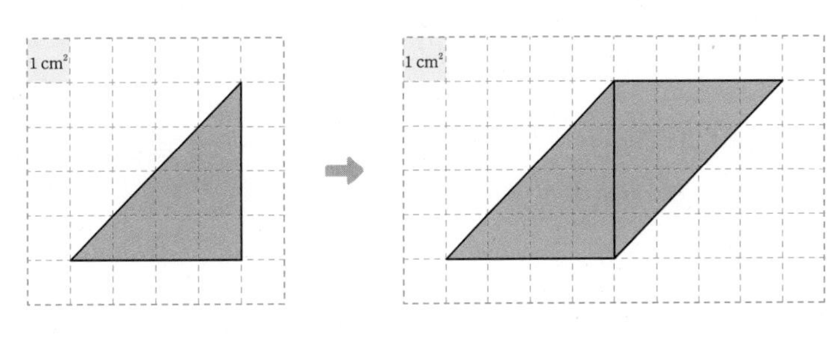

(삼각형의 넓이)=(만들어진 평행사변형의 넓이)÷2
=□×□÷2=□ (cm^2)

8 마름모의 넓이는 평행사변형 또는 직사각형의 넓이를 이용하여 구해.

● **마름모의 넓이 구하기**

방법 1 마름모를 잘라서 넓이 구하기

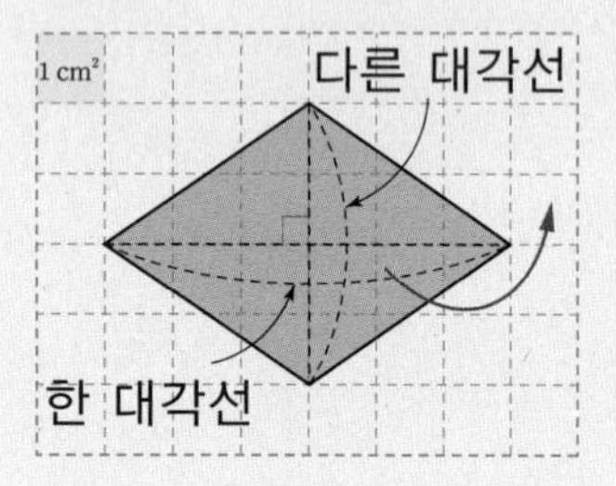

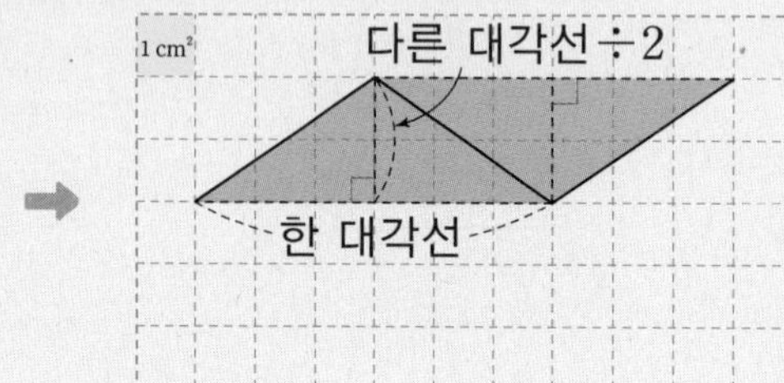

(마름모의 넓이)
=(만들어진 평행사변형의 넓이)
=(밑변의 길이)×(높이)
=(한 대각선의 길이)×(다른 대각선의 길이)÷2

방법 2 직사각형을 이용하여 넓이 구하기 ⋯⋯•마름모를 둘러싸는 직사각형을 만들기

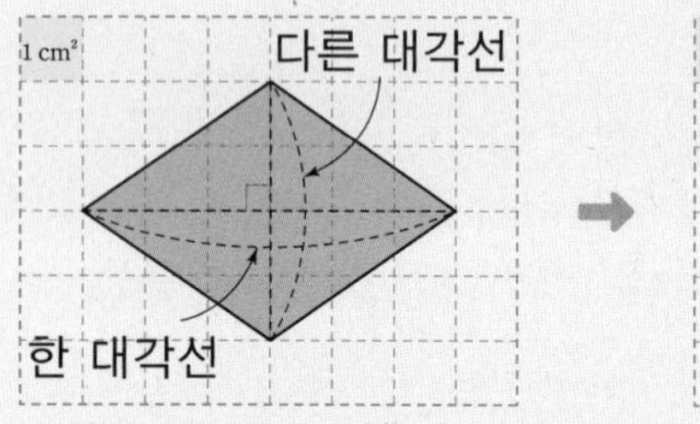

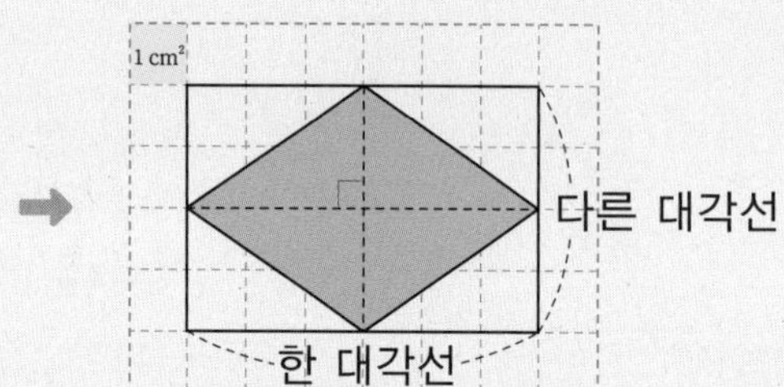

(마름모의 넓이)
=(만들어진 직사각형의 넓이)의 반
=(가로)×(세로)÷2
=(한 대각선의 길이)×(다른 대각선의 길이)÷2

1 마름모를 잘라서 평행사변형을 만들었습니다. □ 안에 알맞은 수를 써넣으세요.

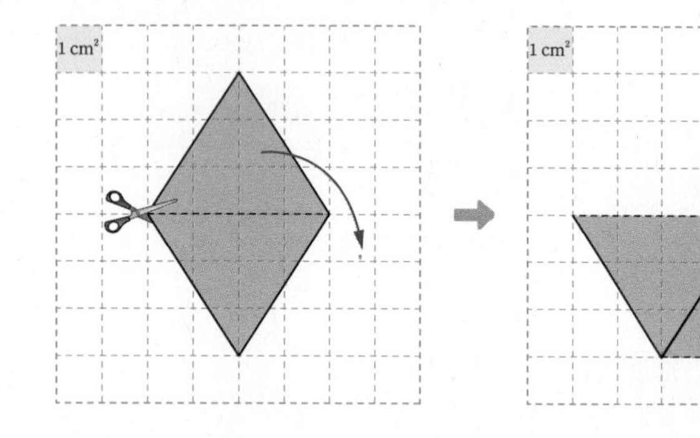

(마름모의 넓이)
=(만들어진 평행사변형의 넓이)
=□×□÷2=□ (cm^2)

2 직사각형을 이용하여 마름모의 넓이를 구하려고 합니다. □ 안에 알맞은 수를 써넣으세요.

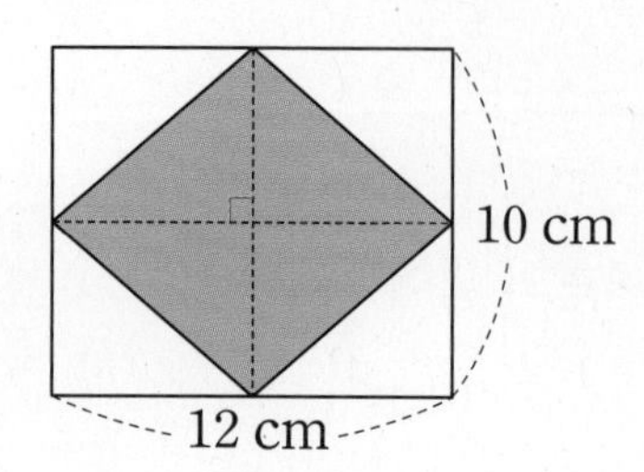

(마름모의 넓이)
=(만들어진 직사각형의 넓이)÷2
=□×□÷2=□ (cm^2)

정답과 풀이 43쪽

9 사다리꼴의 넓이는 평행사변형의 넓이를 이용하여 구해.

사다리꼴의 구성 요소

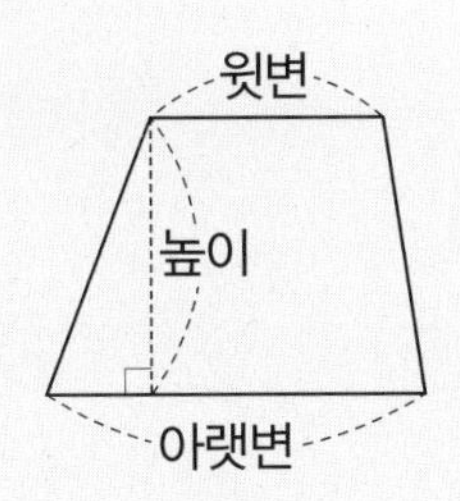

- 밑변: 사다리꼴에서 평행한 두 변
  (한 밑변 → 윗변, 다른 밑변 → 아랫변)
- 높이: 두 밑변 사이의 거리

사다리꼴의 넓이 구하기

방법 1 사다리꼴 2개를 붙여서 넓이 구하기

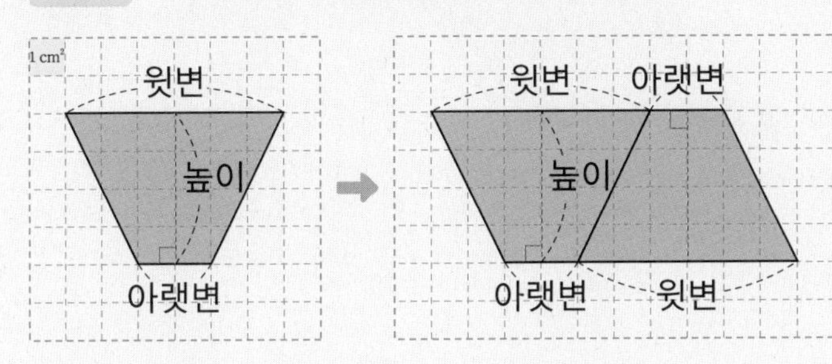

(사다리꼴의 넓이)
=(만들어진 평행사변형의 넓이)의 반
=(밑변의 길이)×(높이)÷2
=((윗변의 길이)+(아랫변의 길이))×(높이)÷2

방법 2 사다리꼴을 잘라서 넓이 구하기

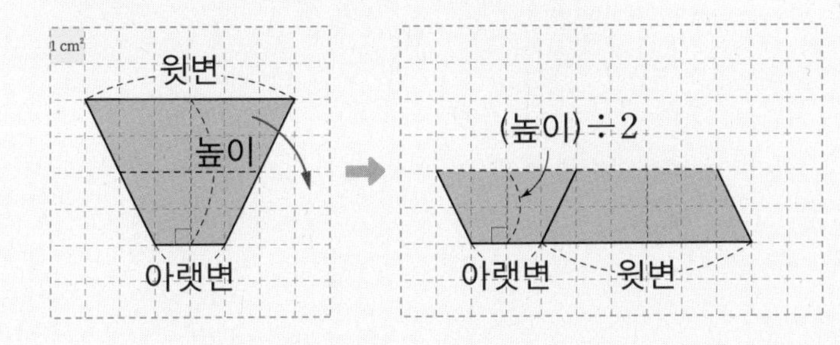

(사다리꼴의 넓이)
=(만들어진 평행사변형의 넓이)
=(밑변의 길이)×(높이)의 반
=((윗변의 길이)+(아랫변의 길이))×(높이)÷2

6

1 사다리꼴 2개를 붙여서 평행사변형을 만들었습니다. □ 안에 알맞은 수를 써넣으세요.

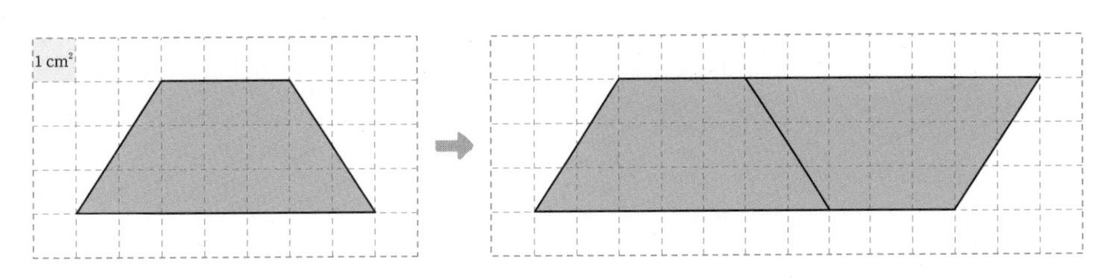

(사다리꼴의 넓이)=(만들어진 평행사변형의 넓이)÷2
=(7+□)×□÷2=□ (cm²)

6 평행사변형의 넓이 구하기

1 평행사변형의 높이를 찾아 넓이는 몇 cm^2인지 구해 보세요.

▶ 높이는 밑변에 따라 정해져.

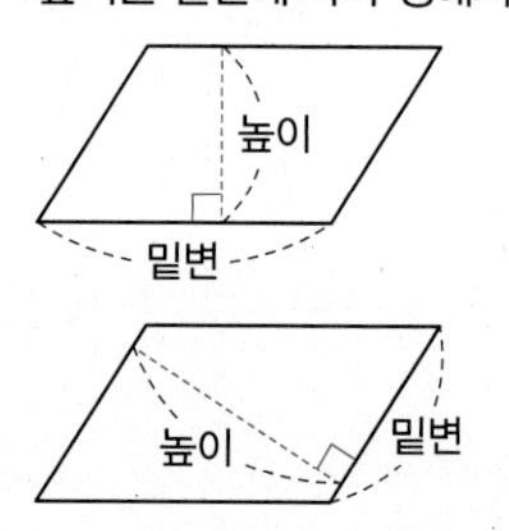

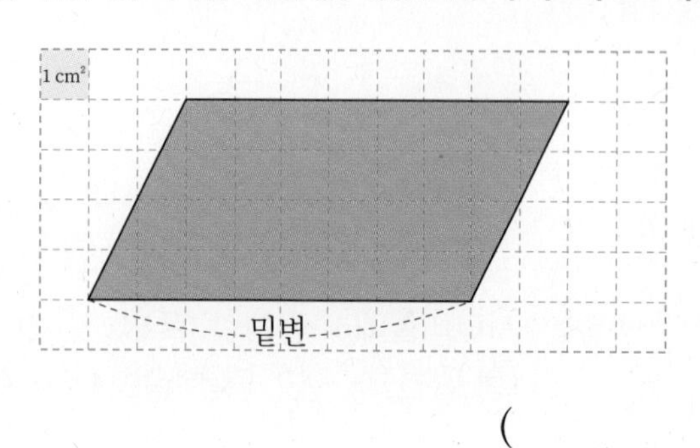

(　　　　　　　　　　)

2 평행사변형의 넓이는 얼마인지 구해 보세요.

(1)

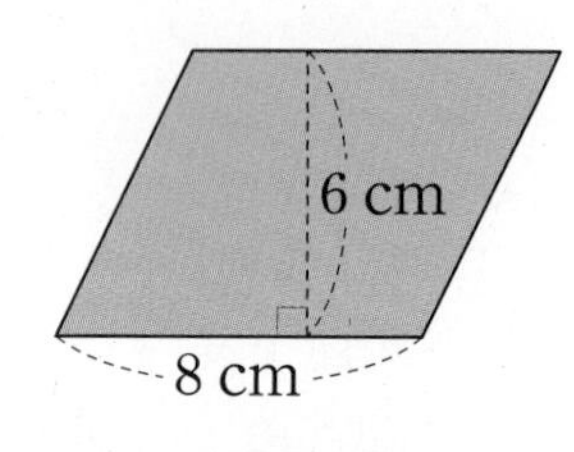

(　　　　　　　　　　)

(2)

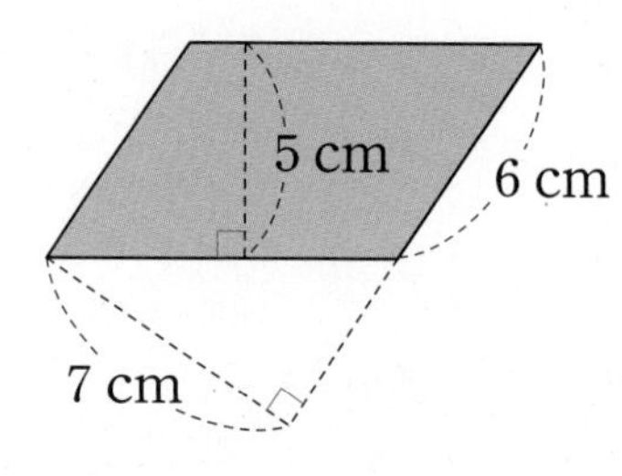

(　　　　　　　　　　)

(3)

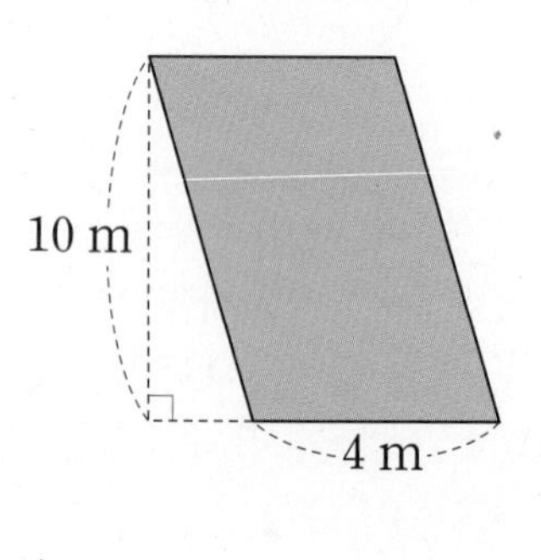

(　　　　　　　　　　)

(4)

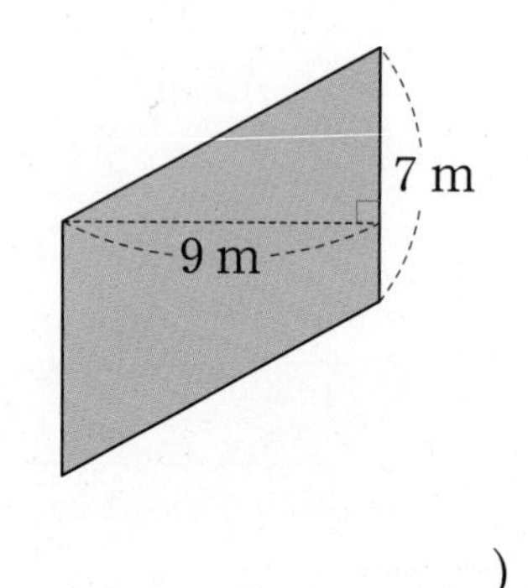

(　　　　　　　　　　)

3 평행사변형의 넓이가 $45\ m^2$일 때 □ 안에 알맞은 수를 써넣으세요.

▶ □m가 높이일 때 밑변은 몇 m일까?

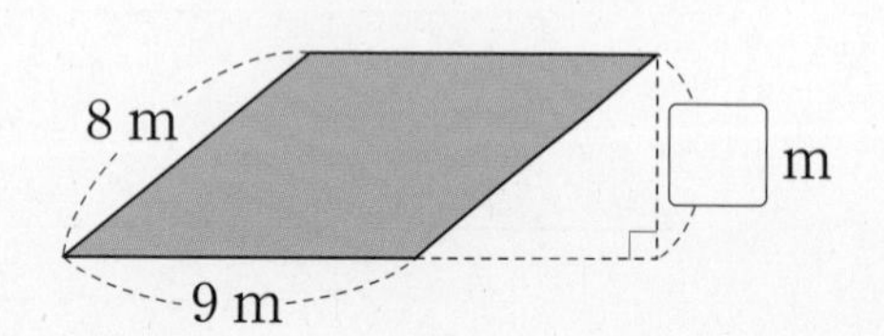

4 **표를 완성하고 넓이가 다른 평행사변형을 찾아 기호를 써 보세요.**

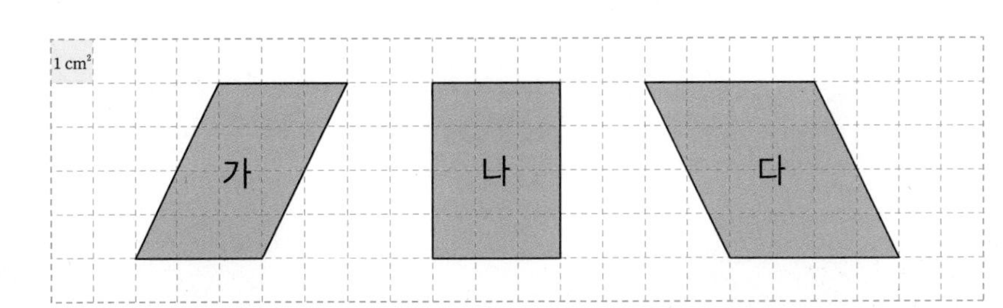

평행사변형	가	나	다
밑변의 길이(cm)			
높이(cm)	4	4	4
넓이(cm^2)			

( )

▶ 1 cm² 가 나

두 평행사변형의 밑변의 길이와 높이가 각각 같으면 모양이 달라도 넓이가 같아.
➡ (가의 넓이) = (나의 넓이)

5 **밑변이 각각 다음과 같을 때 넓이가 $12\ cm^2$인 평행사변형을 그리려고 합니다. 서로 다른 모양의 평행사변형을 3개 완성해 보세요.**

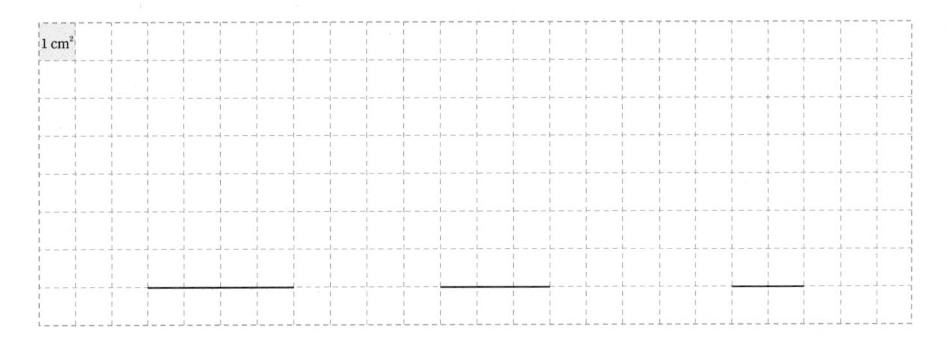

평행사변형의 넓이가 같으면 모양도 같을까?

- 넓이가 $6\ cm^2$인 평행사변형

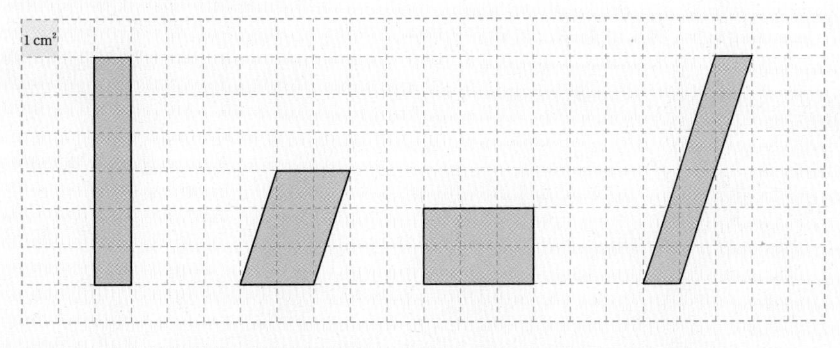

➡ 넓이가 $6\ cm^2$인 평행사변형은 (한 가지 , 여러 가지) 모양입니다.

넓이가 같아도 모양은 다를 수 있어.

6

6 삼각형의 높이를 찾아 넓이는 몇 cm^2인지 구해 보세요.

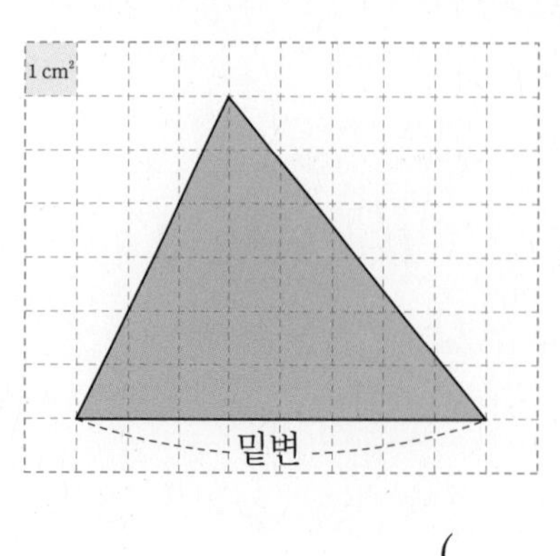

(　　　　　　　　)

▶ 높이는 밑변과 마주 보는 꼭짓점에서 밑변에 그은 수직인 선분이야.

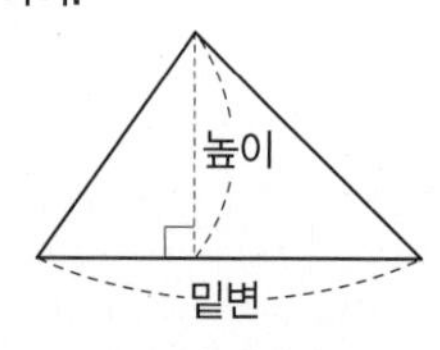

7 삼각형의 넓이는 몇 cm^2인지 구해 보세요.

(1)

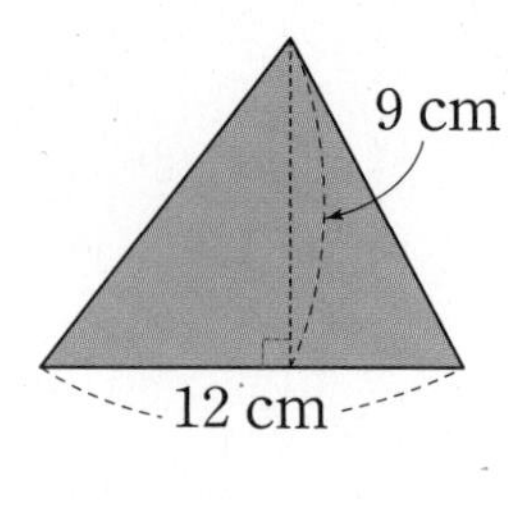

(　　　　　　　　)

(2)

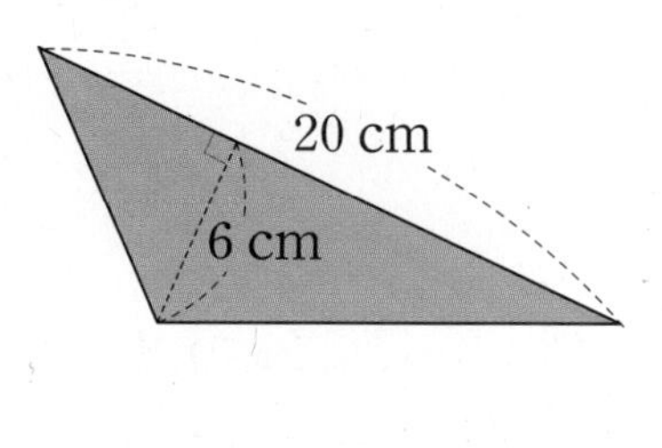

(　　　　　　　　)

8 삼각형의 넓이를 구하는 데 필요한 길이에 모두 ○표 하고 넓이는 몇 cm^2인지 구해 보세요.

(1)

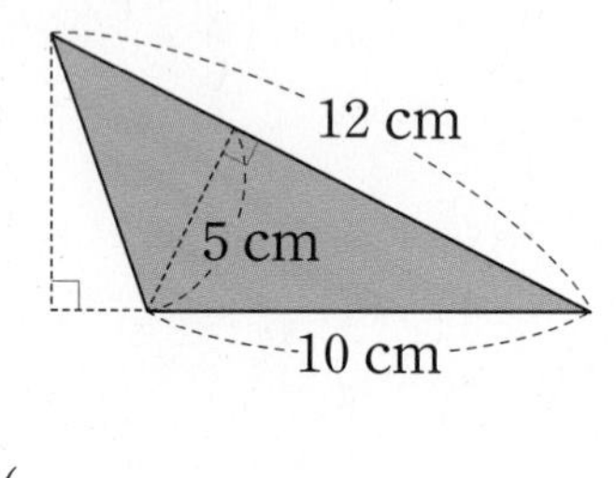

(　　　　　　　　)

(2)

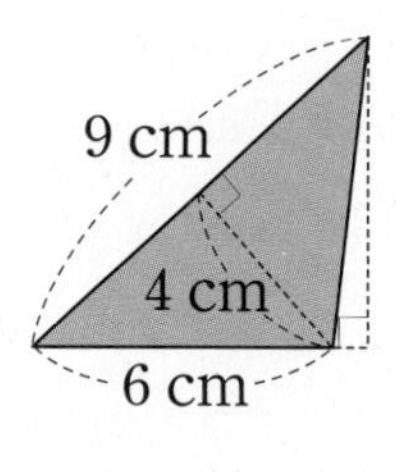

(　　　　　　　　)

9 삼각형의 넓이가 21 cm^2일 때 □ 안에 알맞은 수를 써넣으세요.

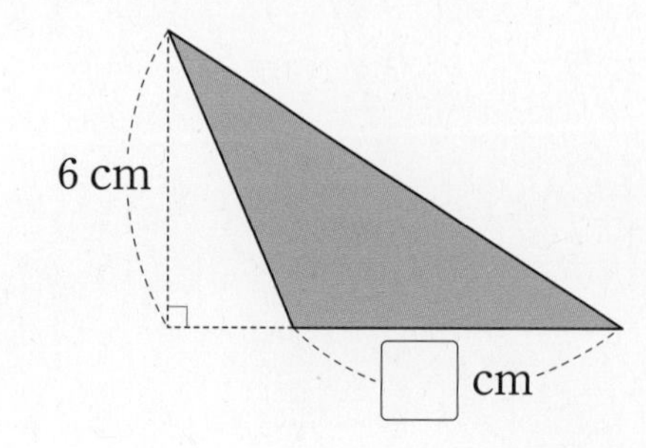

▶ (삼각형의 넓이)
= (밑변의 길이) × (높이) ÷ 2
↓
(밑변의 길이)
= (삼각형의 넓이) × 2 ÷ (높이)

10 색칠한 부분의 넓이는 몇 cm^2일까요?

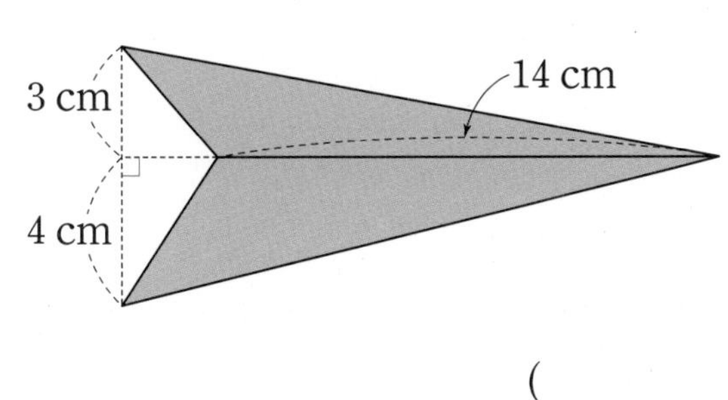

(   )

▶ 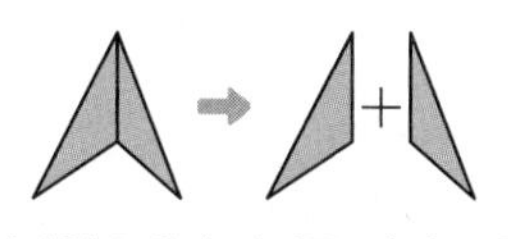

삼각형 2개의 넓이를 각각 구한 다음 더해.

11 주어진 삼각형을 넓이가 같은 삼각형 3개로 나누어 보세요.

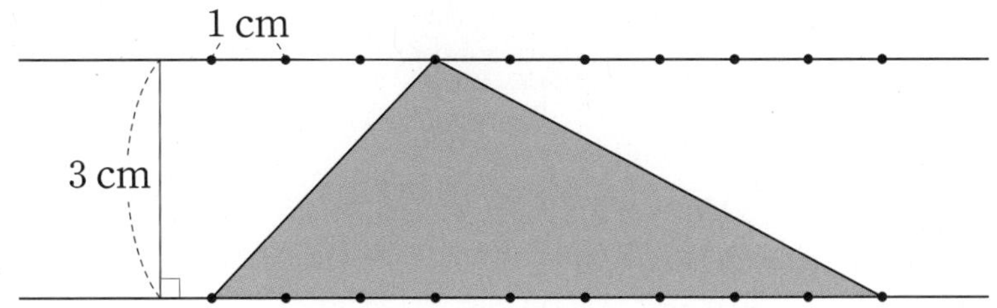

높이가 같을 때 모양은 다르지만 넓이가 같은 삼각형을 그리는 방법은?

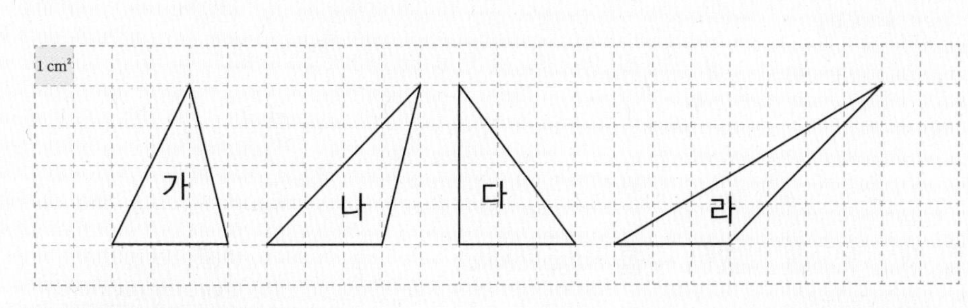

삼각형	밑변의 길이(cm)	높이(cm)	넓이(cm^2)
가	3	4	6
나	3	4	6
다	□	4	□
라	□	4	□

밑변의 길이를 같게 그리면 돼.

12 마름모의 두 대각선을 찾아 넓이는 몇 cm^2인지 구해 보세요.

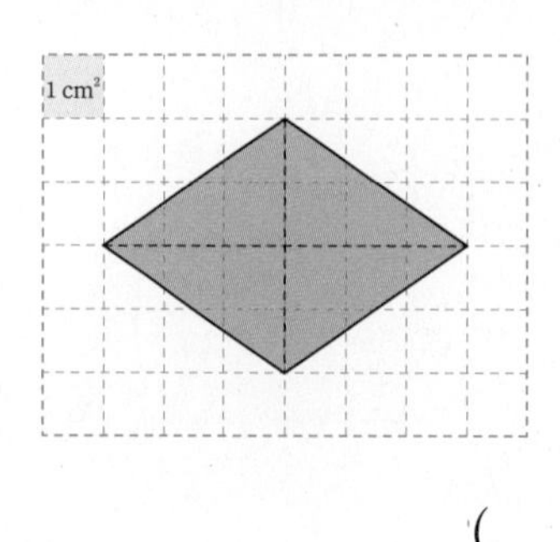

(   )

▶ 다른 대각선
한 대각선

13 마름모의 넓이는 몇 cm^2인지 구해 보세요.

(1)

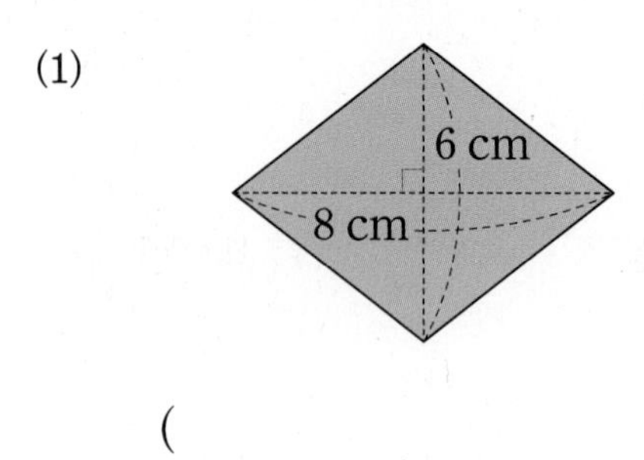

(   )

(2) 4 cm

7 cm

(   )

14 직사각형의 네 변의 가운데를 이어 마름모를 그렸습니다. 마름모의 넓이는 몇 cm^2일까요?

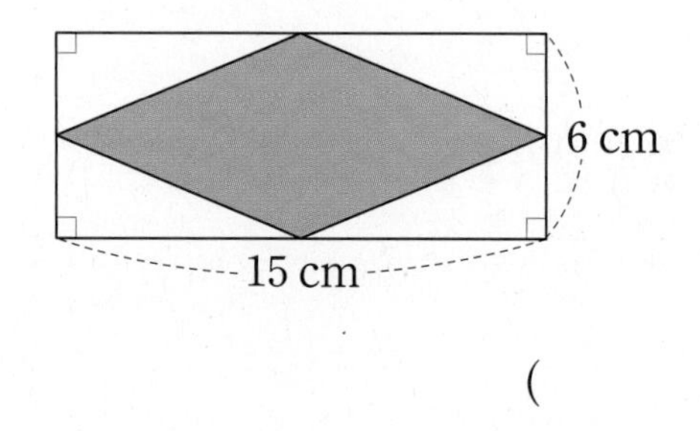

(   )

▶ 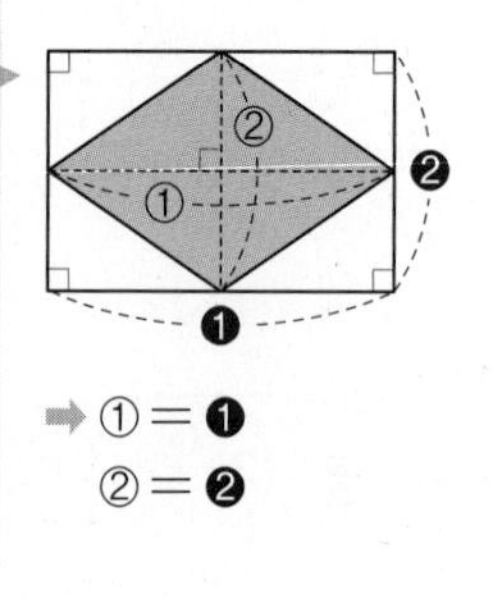

➡ ① = ❶
② = ❷

15 마름모의 넓이가 $30\ cm^2$일 때 □ 안에 알맞은 수를 써넣으세요.

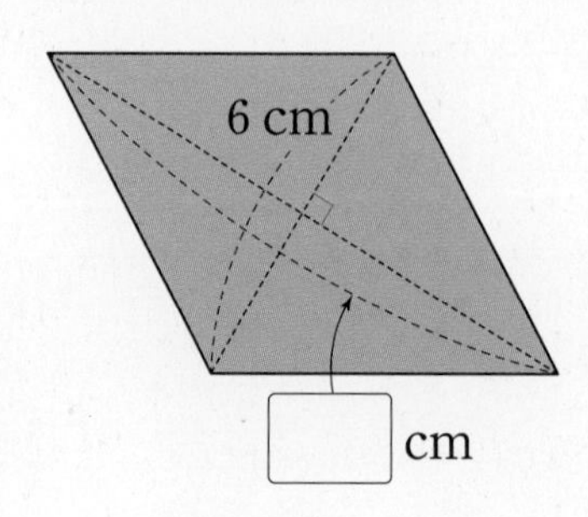

▶ (마름모의 넓이)
= (한 대각선의 길이)
× (다른 대각선의 길이)
÷ 2
⬇
(한 대각선의 길이)
= (마름모의 넓이) × 2
÷ (다른 대각선의 길이)

16 마름모 ㄱㄴㄷㄹ에서 선분 ㄴㄹ의 길이는 선분 ㄱㄷ의 길이의 2배입니다. 마름모의 넓이는 몇 cm^2일까요?

▶ 먼저 선분 ㄴㄹ의 길이를 구해 봐!

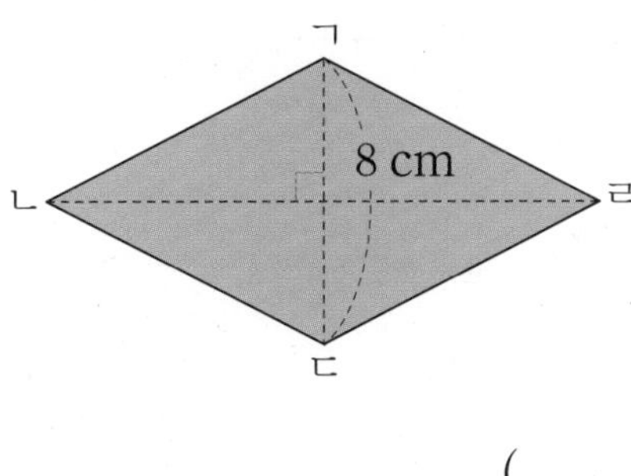

( )

내가 만드는 문제

17 나뭇잎을 둘러싸는 마름모를 자유롭게 그린 다음, 그린 마름모의 넓이는 몇 cm^2인지 구해 보세요.

▶ 마름모는 네 변의 길이가 같아.

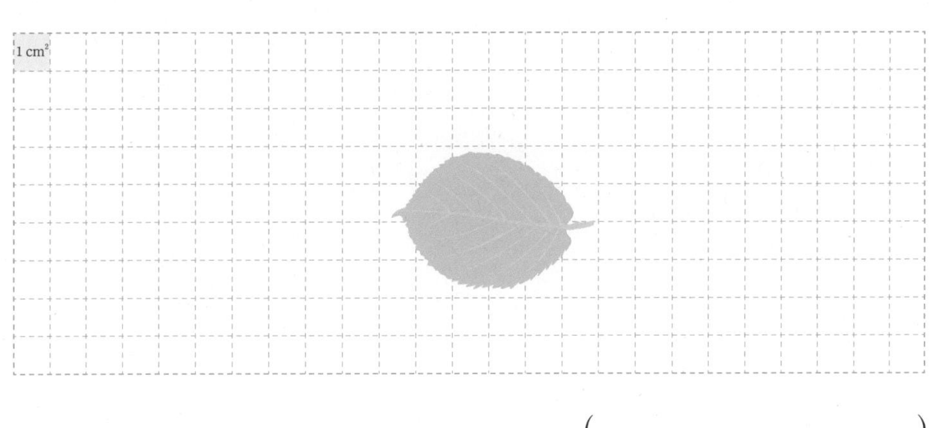

( )

직각삼각형으로 잘라서 마름모의 넓이를 구하려면?

● 마름모를 직각삼각형 4개로 잘라서 직사각형 또는 평행사변형으로 만들기

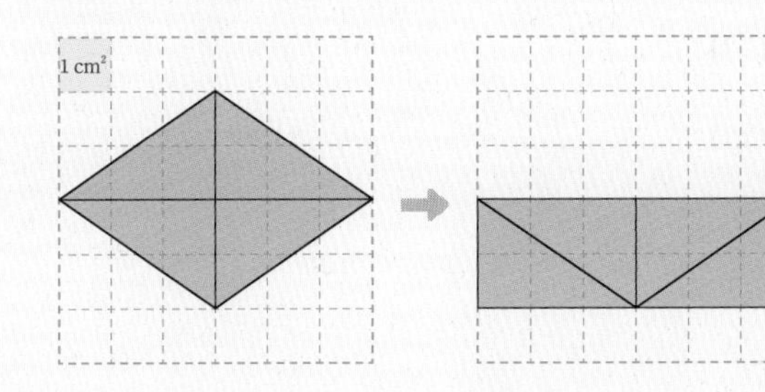

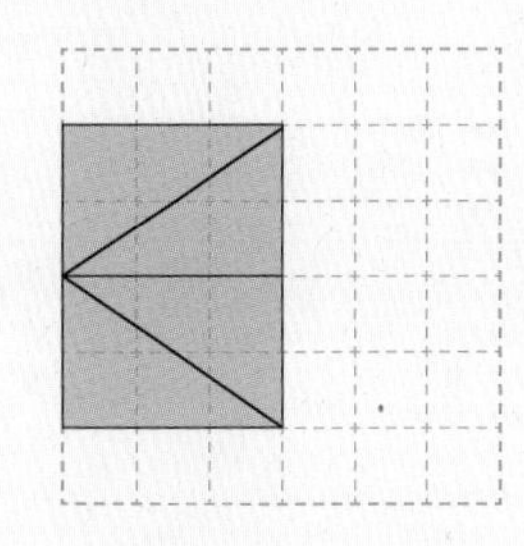

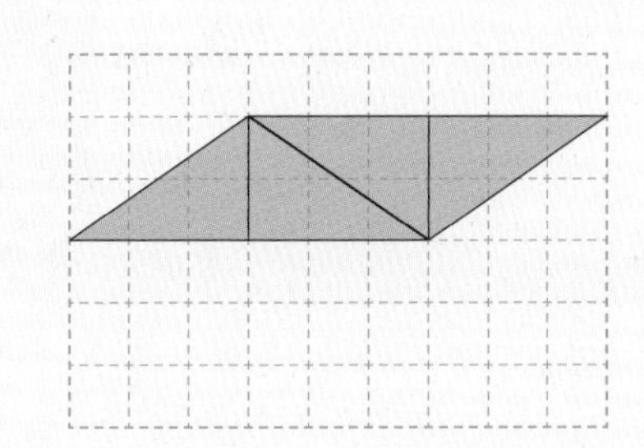

(넓이) $= 6 \times$ □ $=$ □ (cm^2)

(넓이) $= 3 \times$ □ $=$ □ (cm^2)

(넓이) $= 6 \times$ □ $=$ □ (cm^2)

9 사다리꼴의 넓이 구하기

18 사다리꼴의 아랫변, 높이를 찾아 넓이는 몇 cm^2인지 구해 보세요.

▶ 윗변과 평행한 변이 아랫변이야.

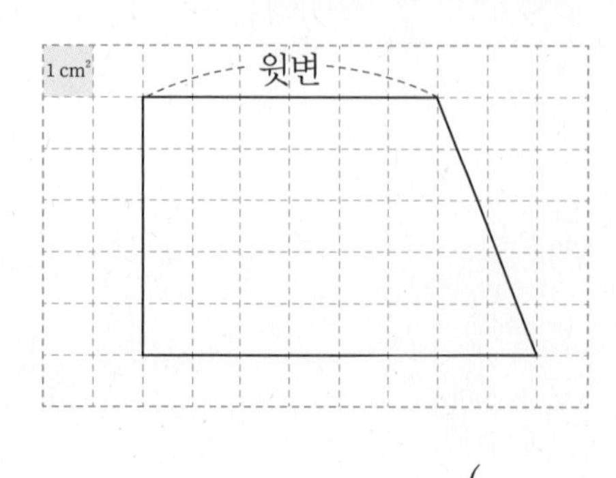

( )

19 사다리꼴의 넓이는 몇 cm^2인지 구해 보세요.

▶ 먼저 윗변, 아랫변, 높이를 찾아 봐.

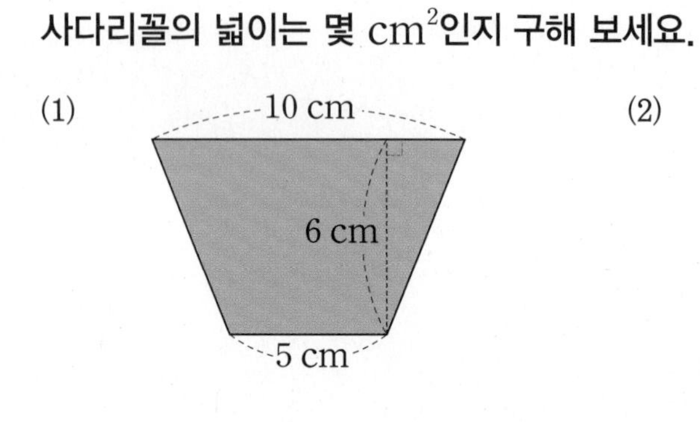

( ) ( )

20 쿠웨이트 국기입니다. 국기에서 검은색 부분의 넓이는 몇 cm^2일까요?

▶ 쿠웨이트 국기에서 검은색 부분은 사다리꼴 모양이야.

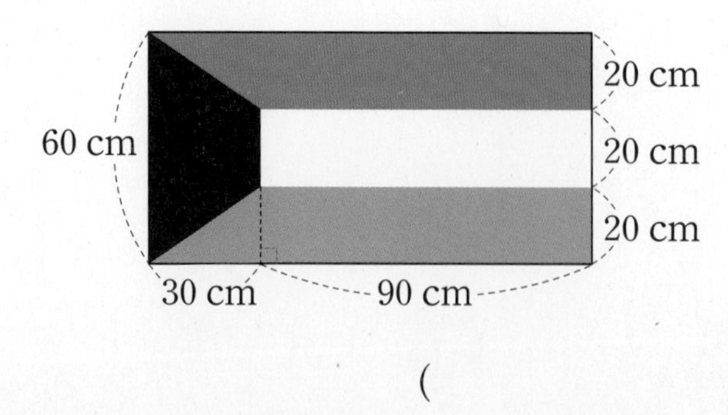

( )

21 사다리꼴의 넓이가 $96\ cm^2$일 때 □ 안에 알맞은 수를 써넣으세요.

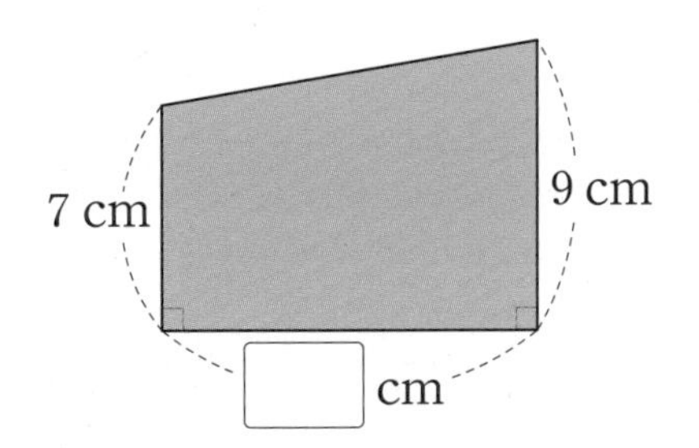

▶ (사다리꼴의 넓이)
=((윗변의 길이)+(아랫변의 길이))×(높이)÷2
⬇
(높이)
=(사다리꼴의 넓이)×2
÷((윗변의 길이)+(아랫변의 길이))

22 오른쪽 사다리꼴의 넓이를 구하는 방법으로 알맞은 것을 찾아 기호를 써 보세요.

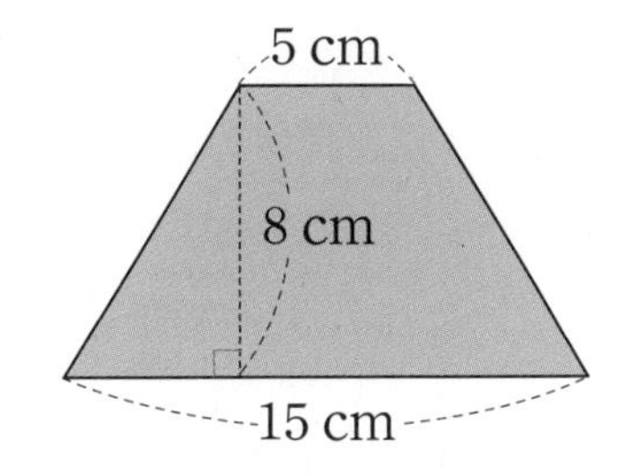

㉠ 밑변의 길이가 15 cm, 높이가 8 cm이므로 사다리꼴의 넓이는 15×8로 구할 수 있습니다.

㉡ 삼각형 두 개로 나누어 사다리꼴의 넓이를 구하면 $15 \times 8 + 5 \times 8$로 구할 수 있습니다.

㉢ 윗변의 길이와 아랫변의 길이의 합은 20 cm, 높이는 8 cm이므로 사다리꼴의 넓이는 $20 \times 8 \div 2$로 구할 수 있습니다.

(　　　　　　　　)

▶ 사다리꼴을 삼각형으로 나누어 넓이를 구할 수도 있어.

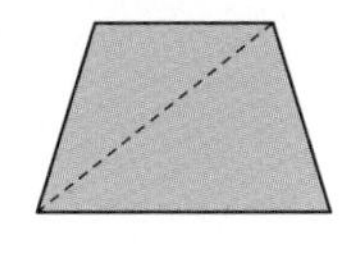

사다리꼴의 넓이를 이용하여 다각형의 넓이를 구할 수 있을까?

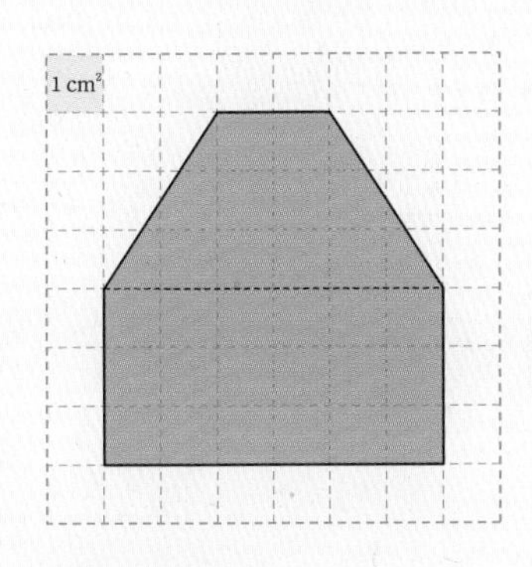

(다각형의 넓이)
=(사다리꼴의 넓이)+(직사각형의 넓이)
=□+□=□(cm^2)

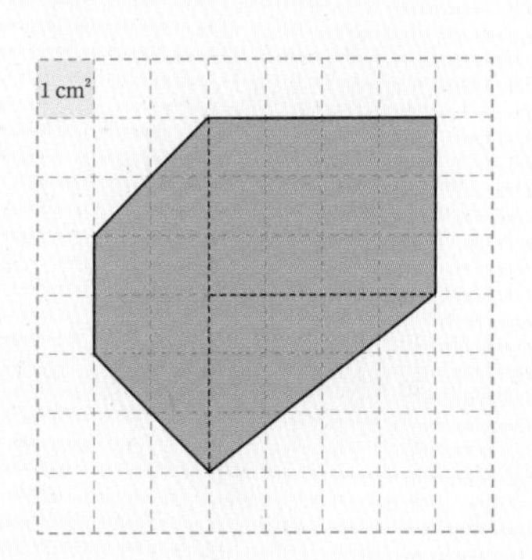

(다각형의 넓이)
=(사다리꼴의 넓이)+(직사각형의 넓이)+(삼각형의 넓이)
=□+□+□=□(cm^2)

지금까지 배운 사각형과 삼각형의 넓이를 이용하여 여러 가지 다각형의 넓이를 구할 수 있어.

6

개념 완성

발전 문제

1 직각이 있는 도형의 둘레 구하기

1 준비

직사각형의 둘레는 몇 cm일까요?

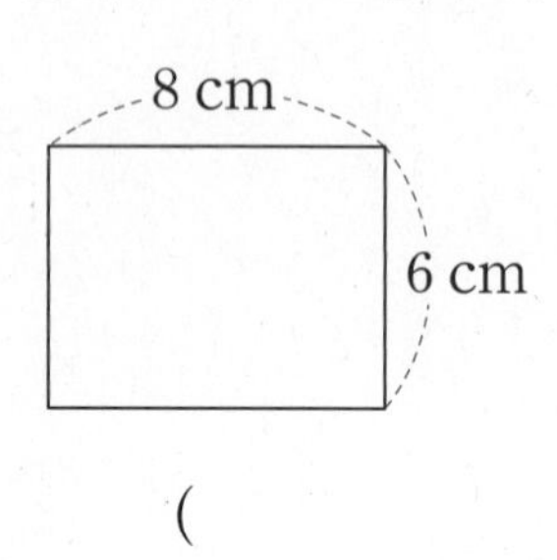

(　　　　　　　　)

2 확인

도형의 둘레는 몇 cm일까요?

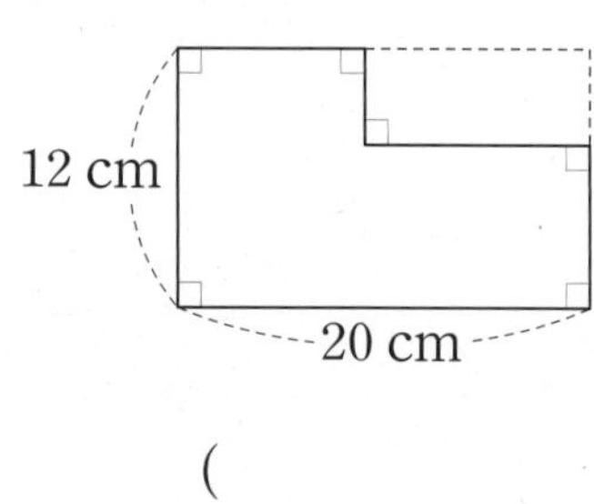

(　　　　　　　　)

3 완성

도형의 둘레는 몇 cm일까요?

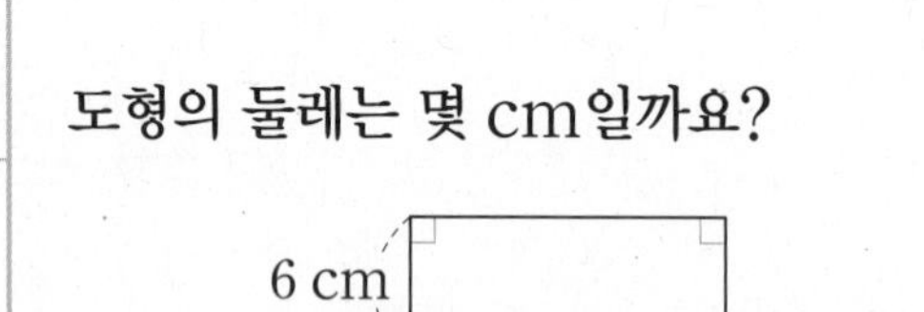

(　　　　　　　　)

2 사각형의 둘레를 알 때 넓이 구하기

4 준비

직사각형의 둘레가 40 cm일 때 넓이는 몇 cm^2일까요?

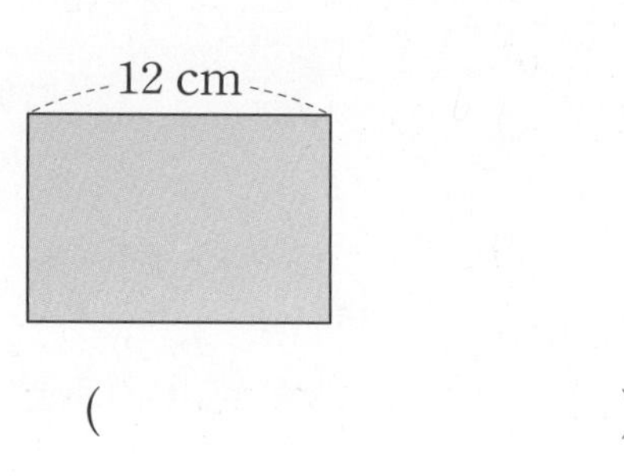

(　　　　　　　　)

5 확인

정사각형의 둘레가 36 cm일 때 넓이는 몇 cm^2일까요?

(　　　　　　　　)

6 완성

다음 직사각형과 둘레가 같은 정사각형이 있습니다. 이 정사각형의 넓이는 몇 cm^2일까요?

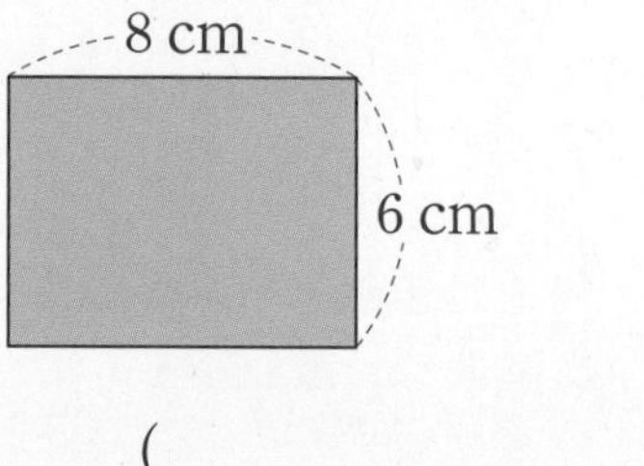

(　　　　　　　　)

3 넓이가 같은 도형 그리기

7 준비

넓이가 12 cm^2인 직사각형을 한 개 그려 보세요.

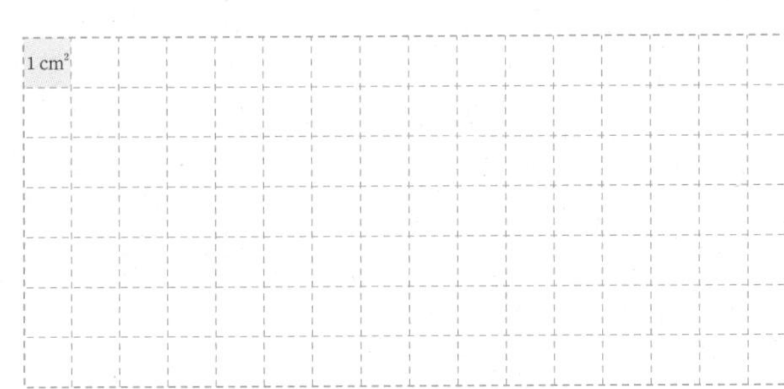

8 확인

주어진 평행사변형과 넓이가 같고 모양이 다른 평행사변형을 한 개 그려 보세요.

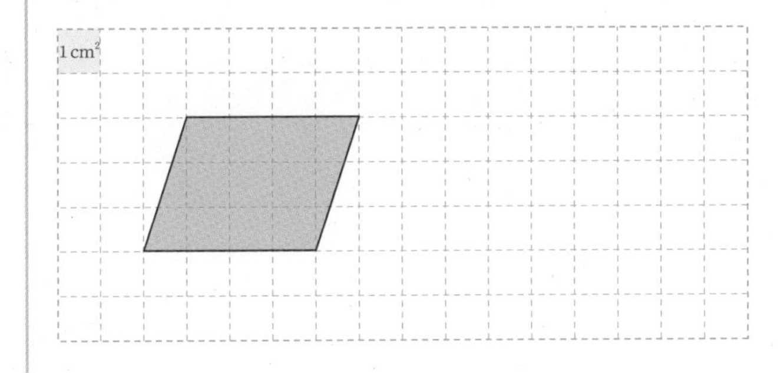

9 완성

주어진 삼각형과 넓이가 같고 모양이 다른 삼각형을 2개 그려 보세요.

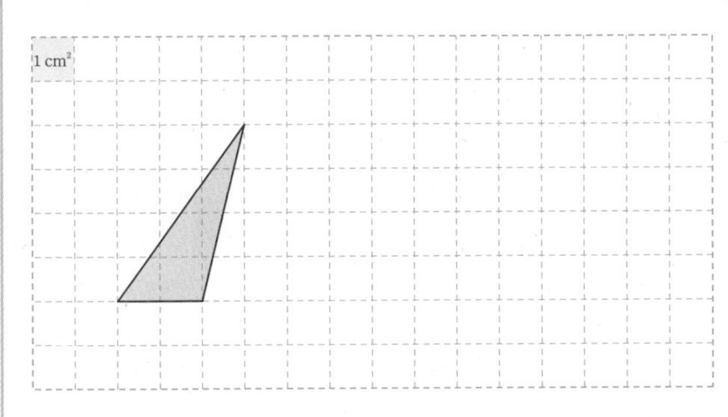

4 넓이를 이용하여 모르는 길이 구하기

10 준비

사다리꼴의 넓이가 36 cm^2일 때 □ 안에 알맞은 수를 써넣으세요.

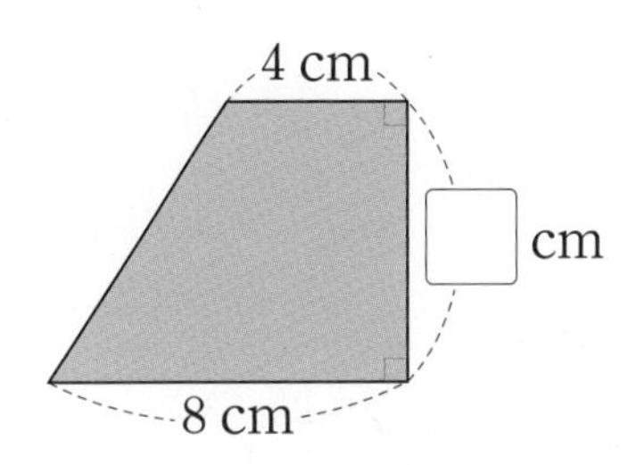

11 확인

평행사변형의 넓이가 45 cm^2일 때 □ 안에 알맞은 수를 써넣으세요.

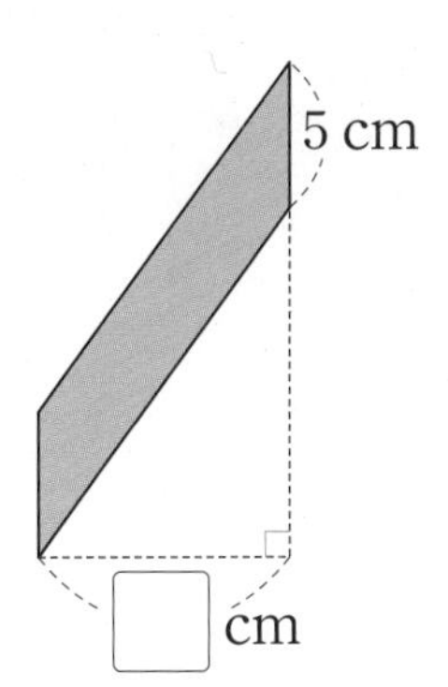

12 완성

삼각형 ㄱㄴㄷ에서 선분 ㄷㄹ의 길이는 몇 cm일까요?

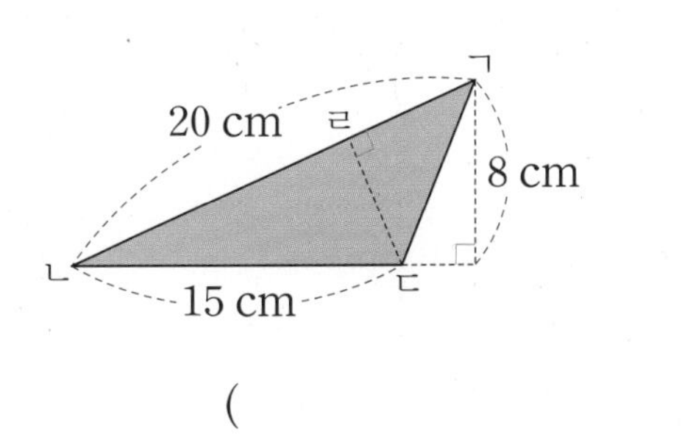

(　　　　　　　　)

5 길이의 단위가 다른 사각형의 넓이 구하기

13 준비

사다리꼴의 넓이는 몇 m^2일까요?

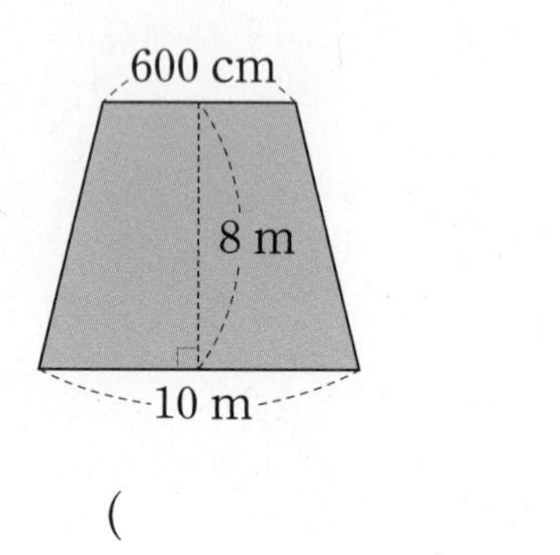

( )

14 확인

밑변의 길이가 5 km, 높이가 2000 m인 삼각형의 넓이는 몇 km^2일까요?

( )

15 완성

가로가 50 cm, 세로가 40 cm인 직사각형을 6개씩 5줄로 겹치지 않게 이어 붙였습니다. 이어 붙여 만든 도형의 넓이는 몇 m^2일까요?

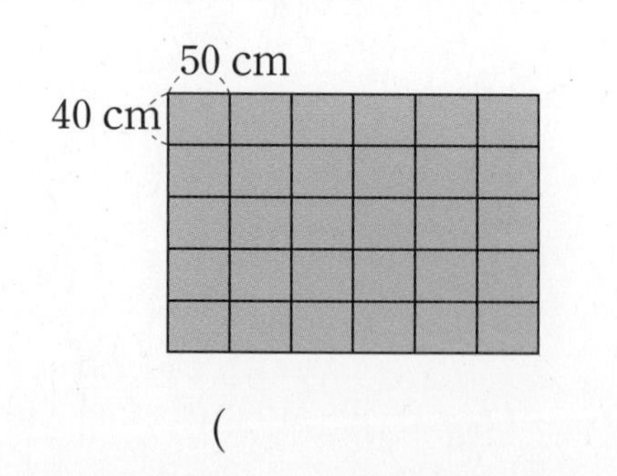

( )

6 넓이가 같은 도형에서 변의 길이 구하기

16 준비

두 직사각형의 넓이가 같을 때 □ 안에 알맞은 수를 써넣으세요.

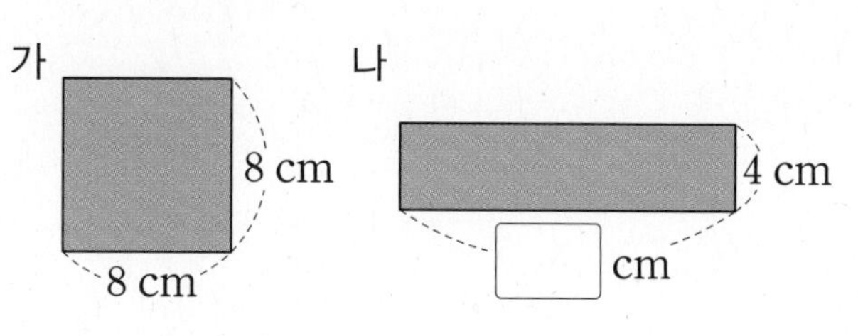

17 확인

삼각형과 마름모의 넓이가 같을 때 마름모의 다른 대각선의 길이는 몇 cm일까요?

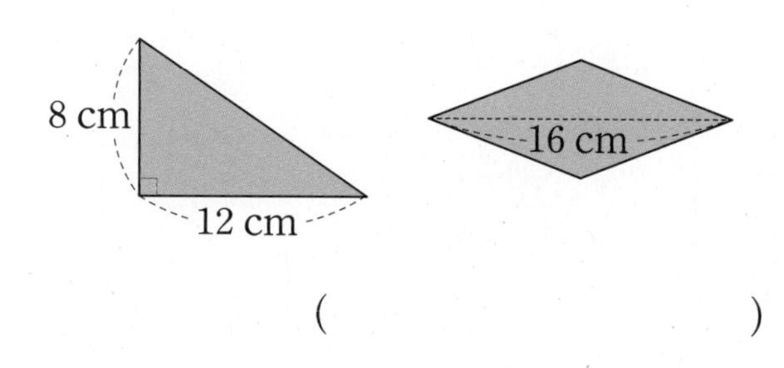

( )

18 완성

평행사변형과 사다리꼴의 넓이가 같을 때 사다리꼴의 아랫변의 길이는 몇 cm일까요?

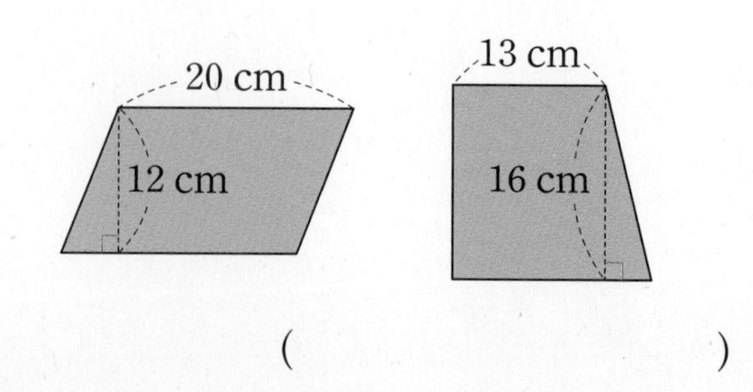

( )

7 다각형의 넓이 구하기

19 준비

다각형의 넓이는 몇 cm^2일까요?

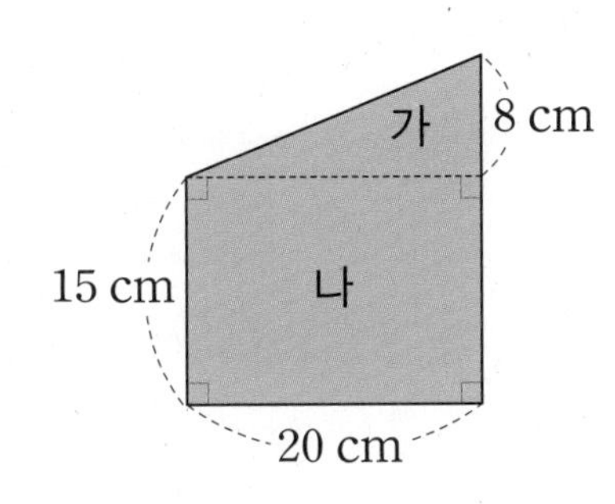

가의 넓이 (　　　　　　　　　　)

나의 넓이 (　　　　　　　　　　)

➡ 가+나의 넓이 (　　　　　　　　　　)

20 확인

다각형의 넓이는 몇 cm^2일까요?

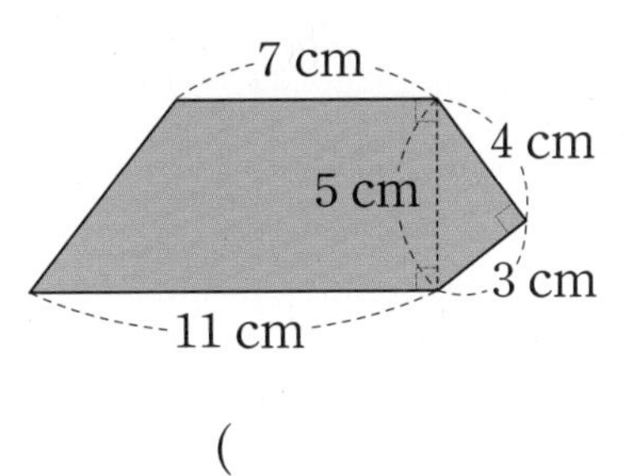

(　　　　　　　　　　)

21 완성

다각형의 넓이는 몇 cm^2일까요?

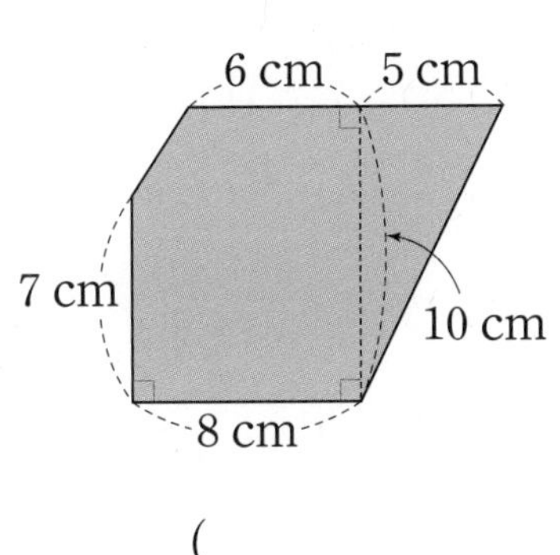

(　　　　　　　　　　)

8 색칠한 부분의 넓이 구하기

22 준비

색칠한 부분의 넓이는 몇 cm^2일까요?

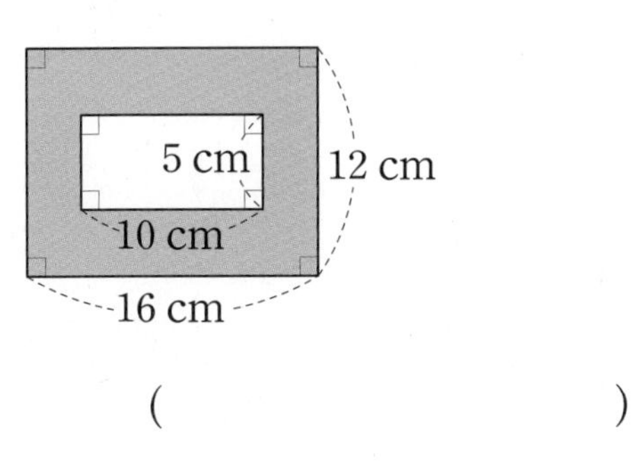

(　　　　　　　　　　)

23 확인

색칠한 부분의 넓이는 몇 cm^2일까요?

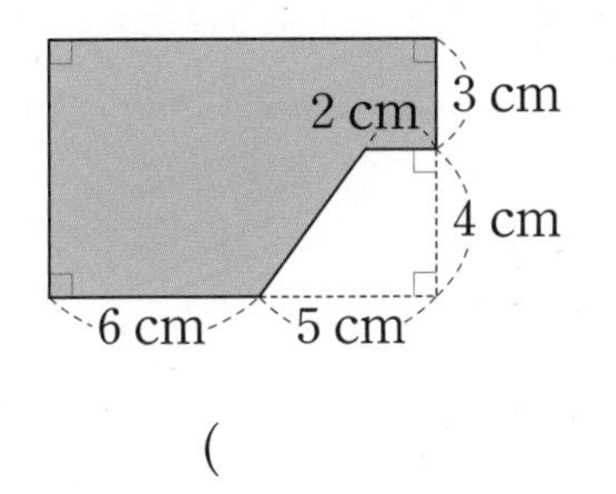

(　　　　　　　　　　)

24 완성

색칠한 부분의 넓이는 몇 m^2일까요?

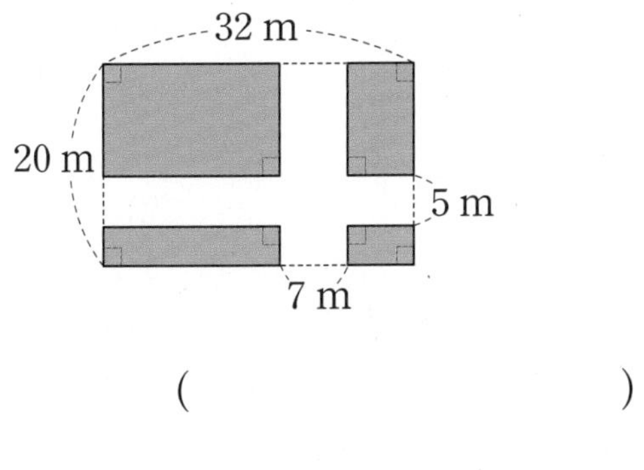

(　　　　　　　　　　)

6

단원 평가

점수 확인

1 사다리꼴의 □ 안에 알맞은 말을 써넣으세요.

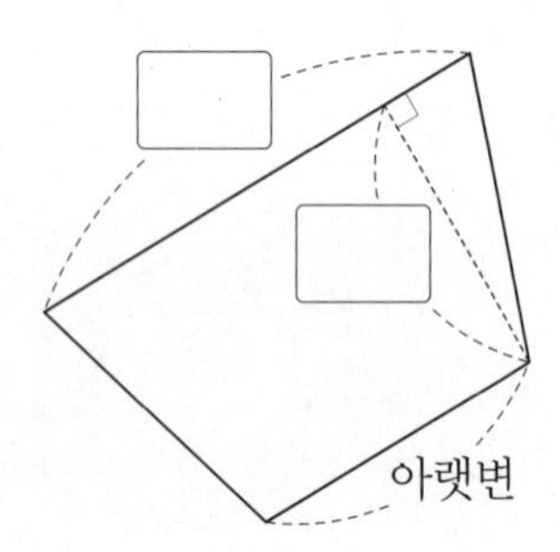

2 정오각형의 둘레는 몇 cm일까요?

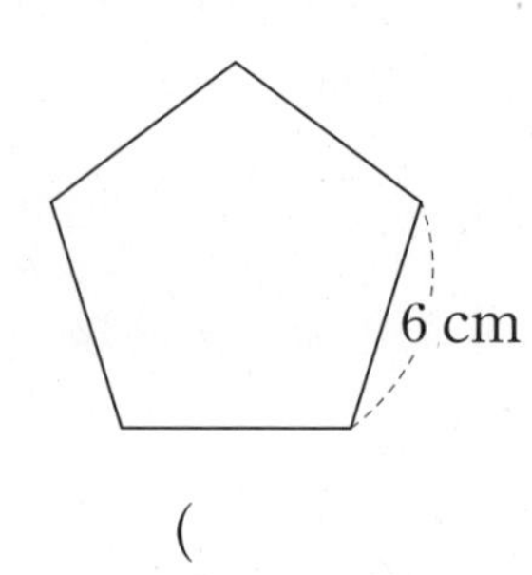

(　　　　　　　　)

3 □ 안에 알맞은 수를 써넣으세요.

(1) $3\ m^2 =$ □ cm^2

(2) $0.5\ km^2 =$ □ m^2

4 직사각형의 둘레와 넓이를 각각 구해 보세요.

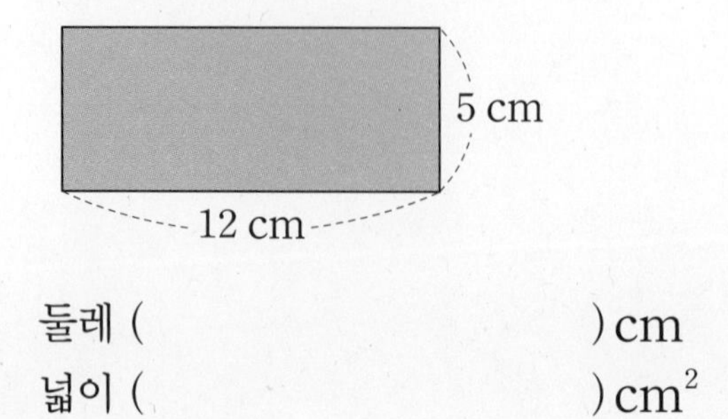

둘레 (　　　　　　　　) cm

넓이 (　　　　　　　　) cm^2

5 넓이가 $7\ cm^2$인 것을 모두 찾아 ○표 하세요.

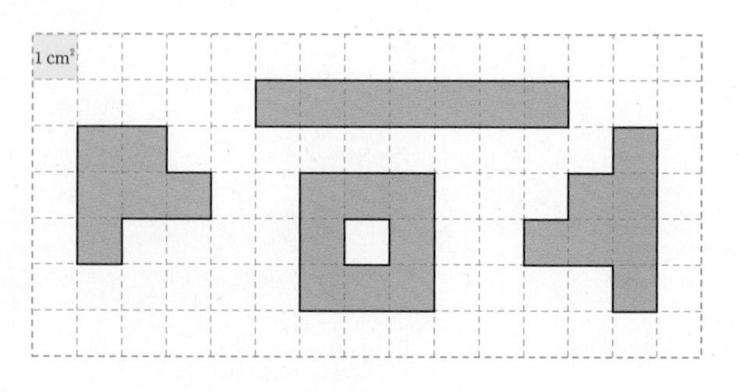

6 평행사변형의 넓이는 몇 cm^2일까요?

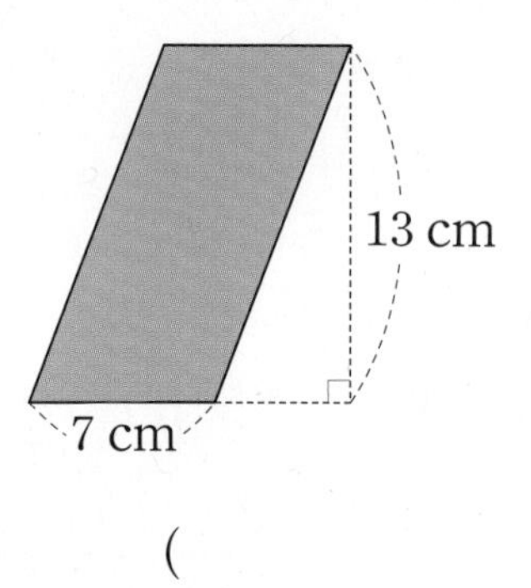

(　　　　　　　　)

7 마름모의 넓이는 몇 cm^2일까요?

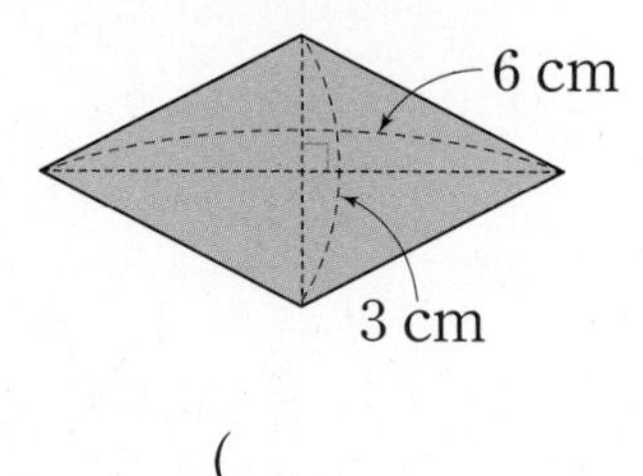

(　　　　　　　　)

8 둘레가 96 cm인 정팔각형이 있습니다. 이 정팔각형의 한 변의 길이는 몇 cm일까요?

(　　　　　　　　)

9 직사각형의 넓이는 몇 m^2일까요?

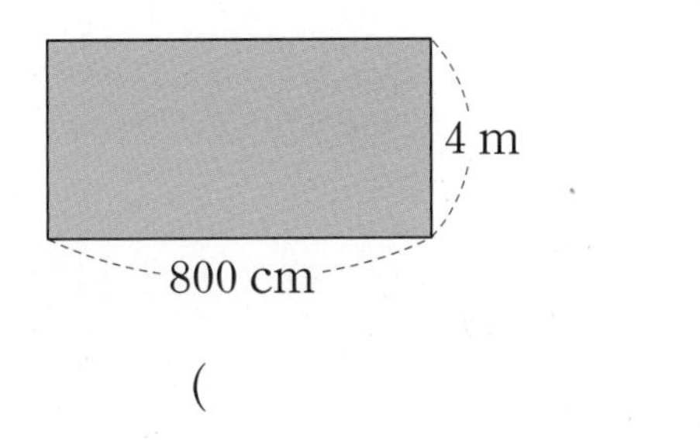

( )

10 밑변의 길이가 6 cm, 높이가 11 cm인 삼각형의 넓이는 몇 cm^2일까요?

( )

11 넓이가 다른 하나를 찾아 기호를 써 보세요.

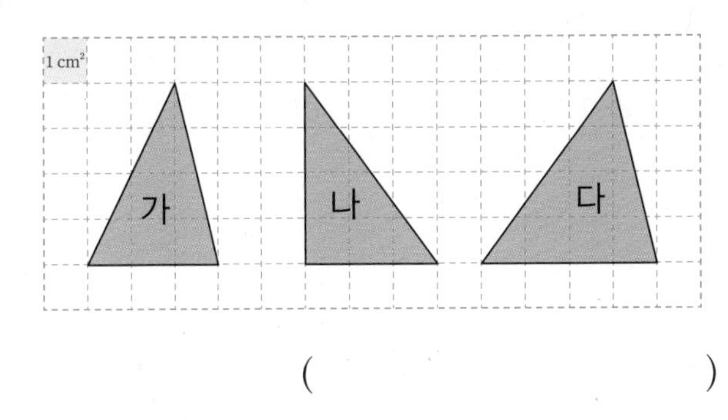

( )

12 마름모의 넓이가 28 m^2일 때 □ 안에 알맞은 수를 써넣으세요.

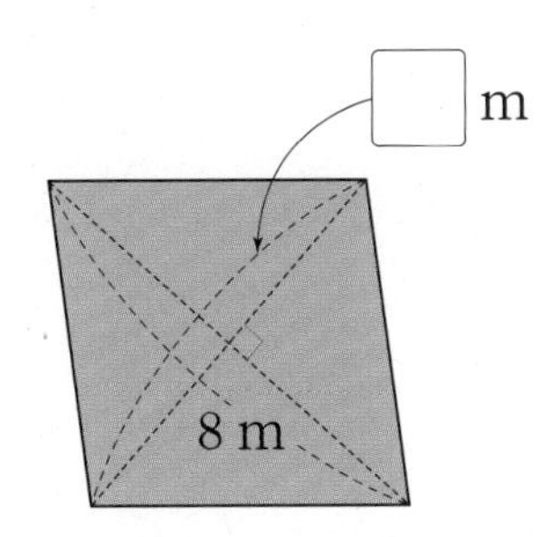

13 도형의 둘레는 몇 cm일까요?

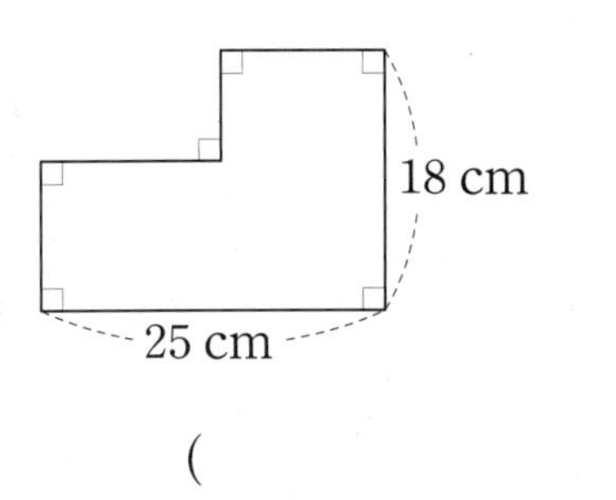

( )

14 주어진 직사각형과 넓이가 같고 모양이 다른 평행사변형을 2개 그려 보세요.

15 스웨덴의 국기입니다. 국기에서 파란색 부분의 넓이는 몇 cm^2일까요?

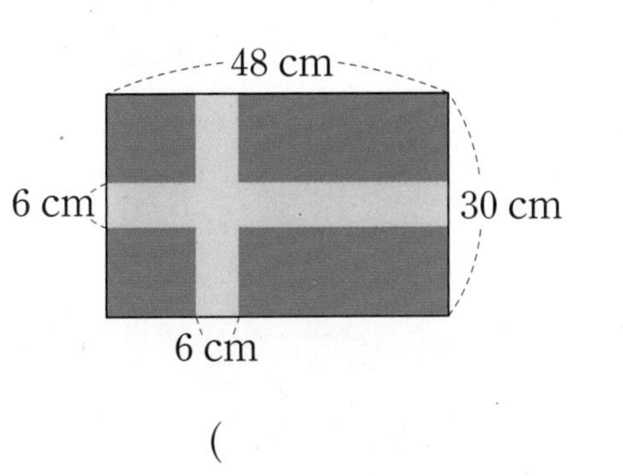

( )

6

16 마름모와 사다리꼴의 넓이가 같을 때 사다리꼴의 높이는 몇 cm일까요?

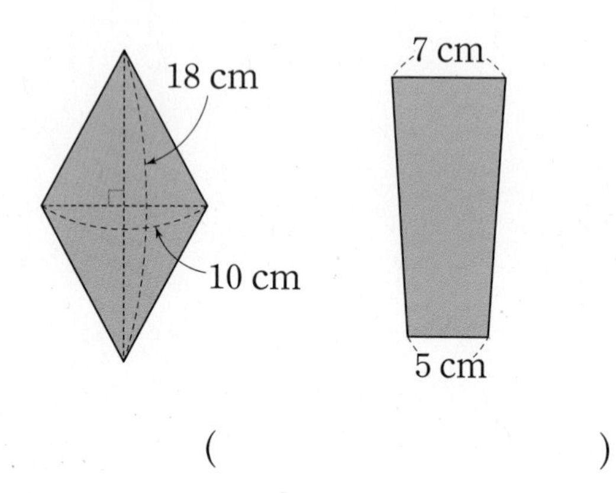

( )

17 직선 가와 직선 나는 서로 평행합니다. 삼각형의 넓이가 63 cm^2일 때 평행사변형의 넓이는 몇 cm^2일까요?

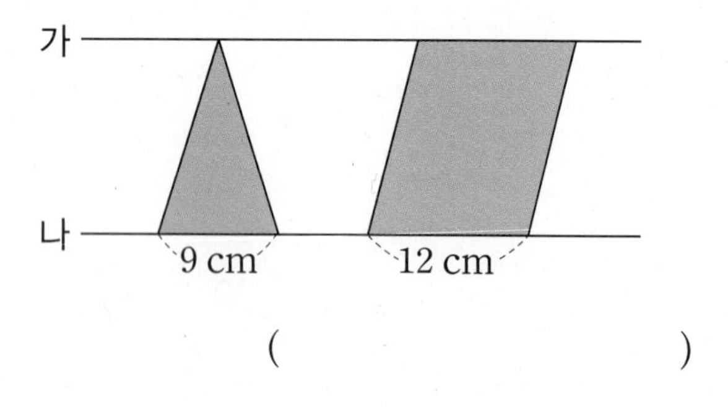

( )

18 다각형의 넓이는 몇 cm^2일까요?

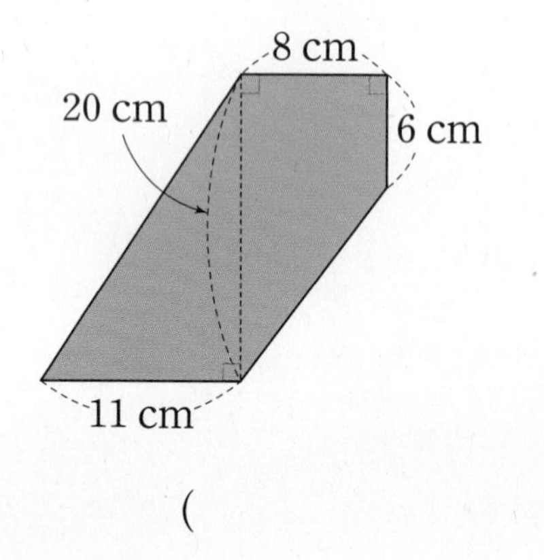

( )

정답과 풀이 47쪽

술술 서술형

19 마름모와 평행사변형 중 넓이가 더 넓은 것은 어느 것인지 풀이 과정을 쓰고 답을 구하세요.

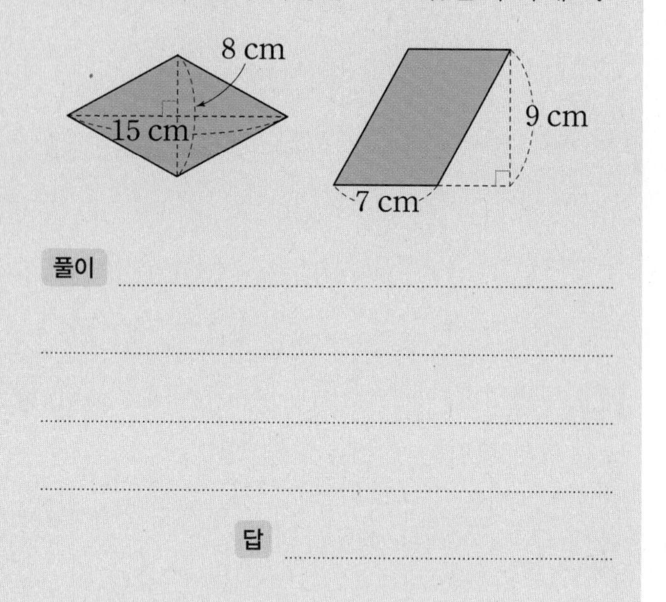

풀이

답

20 직사각형의 넓이가 108 m^2일 때 직사각형의 둘레는 몇 m인지 풀이 과정을 쓰고 답을 구해 보세요.

9 m

풀이

답

수학 좀 한다면

초등수학

기본탄탄북

5-1

- **개념 적용 복습** | 진도책의 개념 적용에서 틀리기 쉽거나 중요한 문제들을 다시 한번 풀어 보세요.
- **서술형 문제** | 쓰기 쉬운 서술형 문제로 수학적 의사표현 능력을 키워 보세요.
- **수행 평가** | 수시평가를 대비하여 꼭 한번 풀어 보세요. 시험에 대한 자신감이 생길 거예요.
- **총괄 평가** | 최종적으로 모든 단원의 문제를 풀어 보면서 실력을 점검해 보세요.

개념 적용

1

진도책 10쪽 3번 문제

보기 와 같이 ( )를 사용하여 하나의 식으로 나타내어 보세요.

보기

$5+2=7$
$16-7=9$ ➡ 식 $16-(5+2)=9$

$19-11=8$
$35-8=27$ ➡ 식 ____________

어떻게 풀었니?

보기 에서 두 식을 하나의 식으로 어떻게 나타내었는지 살펴보자!

$16-7=9$에서 $7=5+2$이니까 7 대신에 $5+2$를 넣어서 하나의 식으로 만들었어.

$$16-5+2=9$$

이 식을 계산해서 $16-7=9$가 되려면 $5+2$를 먼저 계산해야 하니까
( )를 꼭 넣어줘야 해.

$16-5+2=$ □ $+2=$ □ (×) | $16-(5+2)=16-$ □ $=$ □ (○)

이제, $19-11=8$, $35-8=27$을 하나의 식으로 만들어 봐.
두 식에 공통으로 들어 있는 수가 8이니까 $35-8=27$의 8 대신에 □ 을/를 넣어서
하나의 식으로 만들면 돼. 이때 ( )를 넣어야 한다는 걸 꼭 기억해.
아~ ( )를 사용하여 하나의 식으로 나타내면 □ 이/가 되는구나!

2 두 식을 하나의 식으로 나타내어 보세요.

$16+15=31$
$85-31+23=77$

식 ____________

3 계산 결과가 다른 하나를 찾아 기호를 써 보세요.

진도책 13쪽 10번 문제

㉠ $50 \div 2 \times 5$ ㉡ $50 \div (2 \times 5)$ ㉢ $(50 \div 2) \times 5$

어떻게 풀었니?

세 식 모두 $50 \div 2 \times 5$인데 ㉠은 (   )가 없고, ㉡과 ㉢은 (   )가 있고 위치가 달라.
이럴 때 계산 결과는 어떻게 달라지는지 알아보자!

세 식을 각각 계산해 보면 다음과 같아.

㉠ $50 \div 2 \times 5 = \square \times 5 = \square$

㉡ $50 \div (2 \times 5) = 50 \div \square = \square$

㉢ $(50 \div 2) \times 5 = \square \times 5 = \square$

계산 결과가 같은 것은 □과 □이네.

(   )가 있으면 계산 결과가 달라질 줄 알았는데 이상하지?

(   )가 있다고 해서 항상 계산 결과가 달라지는 건 아니야.

위의 계산 순서를 보면 □과 □은 계산 순서가 같으니까 계산 결과도 같다는 걸 계산해 보지 않아도 알 수 있지.

아~ 계산 결과가 다른 하나는 □이구나!

4 계산 결과가 다른 하나를 찾아 기호를 써 보세요.

㉠ $63 \div 3 \times 7$ ㉡ $(63 \div 3) \times 7$ ㉢ $63 \div (3 \times 7)$

(   )

5 두 식의 계산 결과가 다른 것을 찾아 기호를 써 보세요.

㉠ $8 \times 12 \div 4$ / $8 \times (12 \div 4)$

㉡ $60 \div 5 \times 3$ / $60 \div (5 \times 3)$

(   )

6

진도책 19쪽 4번 문제

계산 결과가 큰 것부터 차례로 기호를 써 보세요.

㉠ $(7+9)-5\times3$
㉡ $(7+9-5)\times3$
㉢ $7+(9-5)\times3$

어떻게 풀었니?

(　　)의 위치가 다른 세 식을 각각 계산해 보고 결과를 비교해 보자!

덧셈, 뺄셈, 곱셈이 섞여 있고 (　　)가 있는 식은 (　　) 안을 가장 먼저 계산해야 해.
세 식을 계산 순서에 맞게 각각 계산해 봐.

㉠ $(7+9)-5\times3$
$=\square-5\times3$
$=\square-\square=\square$

㉡ $(7+9-5)\times3$
$=\square\times3$
$=\square$

㉢ $7+(9-5)\times3$
$=7+\square\times3$
$=7+\square=\square$

계산 결과를 비교하면 $\square>\square>\square$(이)야.

아~ 계산 결과가 큰 것부터 차례로 기호를 쓰면 □, □, □이구나!

7

계산 결과가 작은 것부터 차례로 기호를 써 보세요.

㉠ $(30-3+2)\times4$
㉡ $30-(3+2\times4)$
㉢ $30-(3+2)\times4$

(　　　　　　　　)

8

계산 결과가 가장 큰 것을 찾아 기호를 써 보세요.

㉠ $2+7\times(6-3)$
㉡ $(2+7\times6)-3$
㉢ $(2+7)\times6-3$

(　　　　　　　　)

정답과 풀이 49쪽

9

진도책 23쪽 15번 문제

□ 안에 들어갈 수 있는 자연수는 모두 몇 개인지 구해 보세요.

$$37+11-4\times6\div3<\square<37+(11-4)\times6\div3$$

어떻게 풀었니?

양쪽에 있는 두 식을 먼저 계산해서 □의 범위를 구해 보자!

덧셈, 뺄셈, 곱셈, 나눗셈이 섞여 있는 식은 곱셈과 나눗셈을 먼저 계산하고, (　　)가 있는 식은 (　　) 안을 가장 먼저 계산해야 해.

양쪽의 식을 계산 순서에 맞게 각각 계산해 봐.

$37+11-4\times6\div3=37+11-\square\div3$

$=37+11-\square$

$=\square-\square$

$=\square$

$37+(11-4)\times6\div3=37+\square\times6\div3$

$=37+\square\div3$

$=37+\square$

$=\square$

즉, $\square<\square<\square$이니까 □ 안에 들어갈 수 있는 자연수는 □부터 □까지야.

아~ □ 안에 들어갈 수 있는 자연수는 모두 □개구나!

10

□ 안에 들어갈 수 있는 자연수는 모두 몇 개인지 구해 보세요.

$$3\times(72\div9-5)+25<\square<3\times72\div9-5+25$$

(　　　　　　　　　　)

11

□ 안에 들어갈 수 있는 자연수는 모두 몇 개인지 구해 보세요.

$$5\times15-(6+24\div6)<\square<5\times15-(6+24)\div6$$

(　　　　　　　　　　)

쓰기 쉬운 서술형

1 자연수의 혼합 계산 순서

계산이 잘못된 곳을 찾아 이유를 쓰고 바르게 계산해 보세요.

$$34-9+7\times4=25+7\times4$$
$$=32\times4=128$$

덧셈, 뺄셈, 곱셈이 섞여 있는 식의 계산 순서는?

무엇을 쓸까? ❶ 계산이 잘못된 곳을 찾아 이유 쓰기
❷ 바르게 계산하기

풀이 예 덧셈, 뺄셈, 곱셈이 섞여 있는 식은 (덧셈 , 뺄셈 , 곱셈)을 먼저 계산해야 하는데

________________ 틀렸습니다. --- ❶

따라서 바르게 계산하면 $34-9+7\times4=34-9+(\quad)$

$=(\quad)+(\quad)=(\quad)$입니다. --- ❷

답 ________

1-1

계산이 잘못된 곳을 찾아 이유를 쓰고 바르게 계산해 보세요.

$$40+24\div8-3=64\div8-3$$
$$=8-3=5$$

무엇을 쓸까? ❶ 계산이 잘못된 곳을 찾아 이유 쓰기
❷ 바르게 계산하기

풀이 ________

답 ________

1-2

계산이 잘못된 곳을 찾아 이유를 쓰고 바르게 계산해 보세요.

$$\begin{aligned} 25-(12+42)\div 6 &= 25-12+7 \\ &= 13+7=20 \end{aligned}$$

무엇을 쓸까? ❶ 계산이 잘못된 곳을 찾아 이유 쓰기
❷ 바르게 계산하기

풀이

답

1

1-3

계산이 잘못된 곳을 찾아 이유를 쓰고 바르게 계산해 보세요.

$$\begin{aligned} 8\times(5+7)-21\div 3 &= 40+7-21\div 3 \\ &= 40+7-7 \\ &= 47-7=40 \end{aligned}$$

무엇을 쓸까? ❶ 계산이 잘못된 곳을 찾아 이유 쓰기
❷ 바르게 계산하기

풀이

답

2 혼합 계산식의 활용

서하는 쿠키 50개를 구워서 남학생 3명과 여학생 5명에게 각각 4개씩 나누어 주었습니다. 남은 쿠키는 몇 개인지 하나의 식으로 나타내어 구하려고 합니다. 풀이 과정을 쓰고 답을 구해 보세요.

(처음 쿠키 수)−(나누어 준 쿠키 수)를 하나의 식으로 나타내면?

먼저 계산해야 하는 곳에 (   )를 넣어야 해.

무엇을 쓸까? ❶ 남은 쿠키 수를 하나의 식으로 나타내기
❷ 남은 쿠키 수 구하기

풀이 예 (남은 쿠키 수) = (처음에 있던 쿠키 수) − (나누어 준 쿠키 수)

= (   ) − (3 + 5) × (   ) --- ❶

= 50 − (   ) × (   )

= 50 − (   ) = (   )(개) --- ❷

답

2-1

연필 35자루는 한 상자에 5자루씩 담아 포장하고, 공책 20권은 한 상자에 4권씩 담아 포장하려고 합니다. 연필과 공책을 각각 따로 담아 포장한다면 필요한 상자는 몇 개인지 하나의 식으로 나타내어 구하려고 합니다. 풀이 과정을 쓰고 답을 구해 보세요.

무엇을 쓸까? ❶ 필요한 상자 수를 하나의 식으로 나타내기
❷ 필요한 상자 수 구하기

풀이

답

2-2

윤서는 한 봉지에 25개씩 들어 있는 초콜릿을 3봉지 사서 윤서를 포함한 친구 5명과 똑같이 나누어 가진 다음, 그중 4개를 먹었습니다. 윤서에게 남아 있는 초콜릿은 몇 개인지 하나의 식으로 나타내어 구하려고 합니다. 풀이 과정을 쓰고 답을 구해 보세요.

무엇을 쓸까? ❶ 남아 있는 초콜릿 수를 하나의 식으로 나타내기
❷ 남아 있는 초콜릿 수 구하기

풀이

답

2-3

주하는 한 개에 600원인 사과 5개와 2개에 1600원인 배 한 개를 사고 5000원을 냈습니다. 거스름돈은 얼마인지 하나의 식으로 나타내어 구하려고 합니다. 풀이 과정을 쓰고 답을 구해 보세요.

무엇을 쓸까? ❶ 거스름돈을 하나의 식으로 나타내기
❷ 거스름돈은 얼마인지 구하기

풀이

답

3 약속한 기호대로 계산하기

㉠★㉡을 다음과 같이 약속할 때 52★13은 얼마인지 풀이 과정을 쓰고 답을 구해 보세요.

㉠★㉡=㉠×(㉠÷㉡)

★ 앞의 수를 ㉠, ★ 뒤의 수를 ㉡이라고 하여 계산하면?

( )가 있으면 ( ) 안을 가장 먼저 계산해야 해.

무엇을 쓸까? ❶ 52★13을 구하는 식 쓰기
❷ 52★13은 얼마인지 구하기

풀이 예 ㉠ 대신에 (　　　), ㉡ 대신에 (　　　)을/를 넣어 52★13을 구하는 식을 쓰면

52×((　　　)÷(　　　))입니다. --- ❶

따라서 52★13=52×((　　　)÷(　　　))=52×(　　　)=(　　　)입니다. --- ❷

답

3-1

㉠♥㉡을 다음과 같이 약속할 때 14♥4는 얼마인지 풀이 과정을 쓰고 답을 구해 보세요.

㉠♥㉡=㉡+㉠×(㉠−㉡)÷㉡

무엇을 쓸까? ❶ 14♥4를 구하는 식 쓰기
❷ 14♥4는 얼마인지 구하기

풀이

답

4 수 카드로 계산 결과가 가장 큰/작은 혼합 계산식 만들기

수 카드 [2], [3], [5]를 한 번씩만 사용하여 오른쪽과 같은 식을 만들려고 합니다. 계산 결과가 가장 클 때는 얼마인지 풀이 과정을 쓰고 답을 구해 보세요.

$\square + 4 \times (\square - \square)$

곱셈 결과가 커지도록 수 카드를 놓으면?

무엇을 쓸까? ❶ 계산 결과를 가장 크게 만드는 과정 쓰기
❷ 계산 결과가 가장 클 때는 얼마인지 구하기

풀이 ㉮ 계산 결과가 가장 크려면 4와 곱하는 수가 가장 커야 하므로

수 카드를 (   ), (   ), (   ) 순서로 놓아야 합니다. --- ❶

따라서 계산 결과가 가장 클 때는 (   ) $+4\times$((   )$-$(   ))

$=$(   )$+4\times$(   )$=$(   )$+$(   )$=$(   )입니다. --- ❷

답

4-1

수 카드 [3], [4], [6]을 한 번씩만 사용하여 오른쪽과 같은 식을 만들려고 합니다. 계산 결과가 가장 작을 때는 얼마인지 풀이 과정을 쓰고 답을 구해 보세요.

$96 \div (\square \times \square) - \square$

무엇을 쓸까? ❶ 계산 결과를 가장 작게 만드는 과정 쓰기
❷ 계산 결과가 가장 작을 때는 얼마인지 구하기

풀이

답

수행 평가

1 계산 순서에 맞게 기호를 써 보세요.

$38-5\times6+42\div7$

↑ ↑ ↑ ↑

㉠ ㉡ ㉢ ㉣

(　　　　　　　　)

2 계산 순서를 나타내고 계산해 보세요.

$48\div6+5\times(13-4)$

3 계산 결과가 다른 하나를 찾아 기호를 써 보세요.

㉠ $27+42\div7-4$
㉡ $27+(42\div7)-4$
㉢ $27+42\div(7-4)$

(　　　　　　　　)

4 (　　)를 사용하여 하나의 식으로 나타내어 보세요.

$30-17=13$
$12\times13=156$

식 ....

5 계산 결과를 비교하여 ○ 안에 >, =, <를 알맞게 써넣으세요.

$8+6-3\times4$ ○ $8+(6-3)\times4$

6 현지는 빨간색 구슬 24개와 파란색 구슬 32개를 가지고 있습니다. 이 구슬을 색깔에 관계없이 7상자에 똑같이 나누어 담았습니다. 한 상자에 담은 구슬은 몇 개인지 하나의 식으로 나타내어 구해 보세요.

식 ....

답 ....

7 □ 안에 알맞은 수를 써넣으세요.

$$(38-\square)\times 4+15=87$$

8 ㉠◆㉡을 다음과 같이 약속할 때 20◆8은 얼마인지 구해 보세요.

㉠◆㉡ = ㉠ × (㉠ − ㉡) ÷ ㉡

(   )

9 수 카드 3, 6, 7 을 한 번씩만 사용하여 다음과 같은 식을 만들려고 합니다. 계산 결과가 가장 클 때와 가장 작을 때는 얼마인지 구해 보세요.

$$(\square+\square)\times 5-\square$$

가장 클 때 (   )
가장 작을 때 (   )

서술형 문제

10 윤아는 12살이고 동생은 9살입니다. 윤아 어머니의 나이는 윤아와 동생 나이의 합의 2배보다 3살 더 많습니다. 윤아 어머니의 나이는 몇 살인지 하나의 식으로 나타내어 구하려고 합니다. 풀이 과정을 쓰고 답을 구해 보세요.

풀이 ....

....

....

....

답 ....

개념 적용

1 진도책 37쪽 5번 문제

다음 중 약수의 개수가 가장 많은 수를 찾아 ○표 하세요.

18	21	30	32

어떻게 풀었니?

어떤 수를 나누어떨어지게 하는 수를 그 수의 약수라고 하지? 큰 수일수록 약수의 개수도 더 많을 것 같니?

주어진 수들의 약수를 각각 구해서 확인해 보자!

- 18의 약수: 1, 2, □, □, □, □ → □개
- 21의 약수: □, □, □, □ → □개
- 30의 약수: □, □, □, □, □, □, □, □ → □개
- 32의 약수: □, □, □, □, □, □ → □개

수의 크기가 크다고 해서 약수의 개수도 많은 것은 아니라는 것 알았니?

약수의 개수를 비교하려면 각 수들의 약수를 구해 봐야 해.

아~ 약수의 개수가 가장 많은 수는 □(이)구나!

2 다음 중 약수의 개수가 가장 적은 수를 찾아 ○표 하세요.

16	20	25	38

3 1보다 크고 10보다 작은 자연수 중에서 약수가 2개인 수를 모두 구해 보세요.

(　　　　　　　　　　)

4

진도책 40쪽
16번 문제

보기 에서 약수와 배수의 관계인 수를 모두 찾아 써 보세요.

보기
3 5 8 11 48 55

약수 배수
(5 , 55) (,) (,) (,)

어떻게 풀었니?

두 수가 약수와 배수의 관계인지 아닌지 알아보는 방법을 알아보자!

아래 곱셈식에서 ●는 ■의 배수이고, ■는 ●의 약수이지?

●＝■×▲ (●: ■의 배수, ■: ●의 약수) ➜ ●÷■＝▲

곱셈식을 나눗셈식으로 바꿔 보면 ●를 ■로 나누면 나누어떨어진다는 걸 알 수 있어.

즉, 큰 수를 작은 수로 나누었을 때 나누어떨어지면 두 수는 약수와 배수의 관계가 된다는 거야.

보기 의 수 중에서 큰 수를 작은 수로 나누었을 때 나누어떨어지는 경우를 찾아봐.

먼저, 55를 작은 수들로 나누어 보면 55÷5＝11, 55÷□＝□(으)로 나누어떨어지고,

48을 작은 수들로 나누어 보면 48÷□＝□, 48÷□＝□(으)로 나누어떨어져.

그리고 3, 5, 8, 11은 나누었을 때 나누어떨어지는 수가 없지.

아~ 약수와 배수의 관계인 수를 모두 찾아 쓰면

약수 배수
(5 , 55) (□, □) (□, □) (□, □)(이)구나!

5

보기 에서 약수와 배수의 관계인 수를 모두 찾아 써 보세요.

보기
2 5 9 13 36 65

약수 배수
(5 , 65) (,) (,) (,)

6

진도책 48쪽 8번 문제

16과 56을 여러 수의 곱으로 나타낸 곱셈식을 이용하여 최대공약수를 구하려고 합니다. □ 안에 알맞은 수를 써넣으세요.

$16 = 2 \times 2 \times 2 \times \square$

$56 = 2 \times 2 \times \square \times \square$

➡ 최대공약수: □

어떻게 풀었니?

여러 수의 곱으로 나타낸 곱셈식을 이용해서 최대공약수를 구하는 방법을 알아보자!

먼저 16과 56을 여러 수의 곱으로 나타내 봐.

$16 = 2 \times \square$
$= 2 \times 2 \times \square$
$= 2 \times 2 \times \square \times \square$

$56 = 2 \times \square$
$= 2 \times 2 \times \square$
$= 2 \times 2 \times \square \times \square$

여러 수의 곱으로 나타낸 곱셈식 중에서 공통으로 들어 있는 곱셈식을 찾으면

16과 56의 최대공약수는 $2 \times \square \times \square = \square$(이)야.

아~ □ 안에 알맞은 수를 써넣으면 다음과 같이 되는구나!

$16 = 2 \times 2 \times 2 \times \square$

$56 = 2 \times 2 \times \square \times \square$

➡ 최대공약수: □

7

27과 45를 여러 수의 곱으로 나타낸 곱셈식을 이용하여 최대공약수를 구하려고 합니다. □ 안에 알맞은 수를 써넣으세요.

$27 = 3 \times \square \times \square$

$45 = 3 \times \square \times \square$

➡ 최대공약수: $\square \times \square = \square$

8

진도책 52쪽
21번 문제

30과 42를 여러 수의 곱으로 나타낸 곱셈식을 이용하여 최소공배수를 구하려고 합니다. □ 안에 알맞은 수를 써넣으세요.

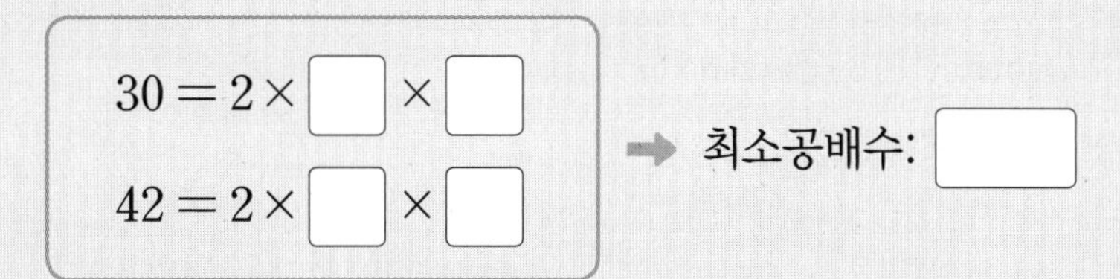

여러 수의 곱으로 나타낸 곱셈식을 이용해서 최소공배수를 구하는 방법을 알아보자!

먼저 30과 42를 여러 수의 곱으로 나타내 봐.

30 = 2 × □
= 2 × □ × □

42 = 2 × □
= 2 × □ × □

여러 수의 곱으로 나타낸 곱셈식 중에서 공통으로 들어 있는 곱셈식을 찾아 공통인 수와 나머지 수를 곱하면

30과 42의 최소공배수는 □ × □ × □ × □ = □(이)야.

아~ □ 안에 알맞은 수를 써넣으면 다음과 같이 되는구나!

30 = 2 × □ × □
42 = 2 × □ × □
➡ 최소공배수: □

9

18과 63을 여러 수의 곱으로 나타낸 곱셈식을 이용하여 최소공배수를 구하려고 합니다. □ 안에 알맞은 수를 써넣으세요.

18 = 2 × □ × □
63 = 3 × □ × □
➡ 최소공배수: □

쓰기 쉬운 서술형

1 ■에 가장 가까운 배수 구하기

15의 배수 중에서 100에 가장 가까운 수는 얼마인지 풀이 과정을 쓰고 답을 구해 보세요.

15의 배수 중에서 100과 차이가 가장 작은 수는?

어떤 수를 1배, 2배, 3배, ... 한 수를 그 수의 배수라고 해.

무엇을 쓸까? ❶ 100보다 작은 수와 100보다 큰 수 중에서 100과 가장 가까운 15의 배수 구하기
❷ 15의 배수 중에서 100에 가장 가까운 수 구하기

풀이 예 100보다 작은 15의 배수 중에서 가장 큰 수는 15 × (　　) = (　　　)이고,
100보다 큰 15의 배수 중에서 가장 작은 수는 15 × (　　) = (　　　)입니다. --- ❶
따라서 (　　　)와/과 (　　　) 중에서 100에 더 가까운 수는 (　　　)입니다. --- ❷

답

1-1

21의 배수 중에서 150에 가장 가까운 수는 얼마인지 풀이 과정을 쓰고 답을 구해 보세요.

무엇을 쓸까? ❶ 150보다 작은 수와 150보다 큰 수 중에서 150과 가장 가까운 21의 배수 구하기
❷ 21의 배수 중에서 150에 가장 가까운 수 구하기

풀이

답

2 약수와 배수의 관계 알아보기

오른쪽 수가 왼쪽 수의 배수일 때 □ 안에 들어갈 수 있는 수는 모두 몇 개인지 풀이 과정을 쓰고 답을 구해 보세요.

(□, 40)

40이 □의 배수일 때 □는?

■, ▲의 배수
● = ■ × ▲
●의 약수

무엇을 쓸까? ❶ □와 40의 관계 설명하기
❷ □ 안에 들어갈 수 있는 수는 모두 몇 개인지 구하기

풀이 예 40이 □의 배수이므로 □는 40의 (   )입니다. --- ❶

따라서 □ 안에 들어갈 수 있는 수는 (   ), (   ), (   ), (   ), (   ), (   ), (   ), (   )(으)로 모두 (   )개입니다. --- ❷

답

2-1

오른쪽 수가 왼쪽 수의 배수일 때 □ 안에 들어갈 수 있는 수는 모두 몇 개인지 풀이 과정을 쓰고 답을 구해 보세요.

(□, 50)

무엇을 쓸까? ❶ □와 50의 관계 설명하기
❷ □ 안에 들어갈 수 있는 수는 모두 몇 개인지 구하기

풀이

답

3 공약수와 최대공약수/공배수와 최소공배수의 관계

어떤 두 수의 최대공약수가 15일 때, 두 수의 공약수를 모두 구하려고 합니다. 풀이 과정을 쓰고 답을 구해 보세요.

최대공약수가 주어졌을 때 공약수는?

두 수의 공약수 중에서 가장 큰 수를 최대공약수라고 해.

무엇을 쓸까? ❶ 공약수와 최대공약수의 관계 설명하기
❷ 두 수의 공약수 구하기

풀이 예 두 수의 공약수는 두 수의 최대공약수의 (   )와/과 같습니다. --- ❶

따라서 두 수의 공약수는 15의 (   )인 (   ), (   ), (   ), (   )입니다. --- ❷

답

3-1

어떤 두 수의 최소공배수가 12일 때, 두 수의 공배수를 가장 작은 수부터 3개 구하려고 합니다. 풀이 과정을 쓰고 답을 구해 보세요.

무엇을 쓸까? ❶ 공배수와 최소공배수의 관계 설명하기
❷ 두 수의 공배수 구하기

풀이

답

3-2

어떤 두 수의 최대공약수가 28일 때, 두 수의 공약수는 모두 몇 개인지 풀이 과정을 쓰고 답을 구해 보세요.

무엇을 쓸까? ❶ 공약수와 최대공약수의 관계 설명하기
❷ 두 수의 공약수의 개수 구하기

풀이

답

2

3-3

어떤 두 수의 최소공배수가 45일 때, 두 수의 공배수 중에서 6번째로 작은 수는 얼마인지 풀이 과정을 쓰고 답을 구해 보세요.

무엇을 쓸까? ❶ 공배수와 최소공배수의 관계 설명하기
❷ 두 수의 공배수 중에서 6번째로 작은 수 구하기

풀이

답

4 최대공약수/최소공배수의 활용

연필 36자루와 지우개 20개를 최대한 많은 학생에게 남김없이 똑같이 나누어 주려고 합니다. 최대 몇 명에게 나누어 줄 수 있는지 풀이 과정을 쓰고 답을 구해 보세요.

36과 20 둘 다를 똑같이 나눌 수 있는 수 중에서 가장 큰 수는?

'최대한', '가능한 많이'라는 말이 나오면 최대공약수!

무엇을 쓸까? ❶ 36과 20의 최대공약수 구하기
❷ 최대 몇 명에게 나누어 줄 수 있는지 구하기

풀이 예 학생 수는 36과 20의 최대공약수입니다.

2) 36　20
2) 18　10
　　9　5 ➡ 최대공약수: (　　)×(　　)=(　　) --- ❶

따라서 최대 (　　)명에게 나누어 줄 수 있습니다. --- ❷

답

4-1

가로가 72 cm, 세로가 54 cm인 직사각형 모양의 종이를 크기가 같은 정사각형 여러 개로 남는 부분 없이 자르려고 합니다. 잘라 만들 수 있는 가장 큰 정사각형의 한 변의 길이는 몇 cm인지 풀이 과정을 쓰고 답을 구해 보세요.

무엇을 쓸까? ❶ 72와 54의 최대공약수 구하기
❷ 잘라 만들 수 있는 가장 큰 정사각형의 한 변의 길이는 몇 cm인지 구하기

풀이

답

4-2

가로가 12 cm, 세로가 18 cm인 직사각형 모양의 종이를 겹치지 않게 늘어놓아 가장 작은 정사각형을 만들었습니다. 만든 정사각형의 한 변의 길이는 몇 cm인지 풀이 과정을 쓰고 답을 구해 보세요.

무엇을 쓸까? ❶ 12와 18의 최소공배수 구하기
❷ 만든 정사각형의 한 변의 길이는 몇 cm인지 구하기

풀이

답

2

4-3

어느 버스 정류장에서 수영장으로 가는 버스는 8분마다, 백화점으로 가는 버스는 6분마다 출발한다고 합니다. 오전 10시에 두 버스가 동시에 출발하였다면 다음번에 처음으로 두 버스가 동시에 출발하는 시각은 오전 몇 시 몇 분인지 풀이 과정을 쓰고 답을 구해 보세요.

무엇을 쓸까? ❶ 8과 6의 최소공배수 구하기
❷ 다음번에 처음으로 두 버스가 동시에 출발하는 시각 구하기

풀이

수행 평가

1 약수를 구해 보세요.

(1) 26의 약수

( )

(2) 63의 약수

( )

2 다음 중 6의 배수가 아닌 것은 어느 것일까요?

( )

① 30 ② 48 ③ 72
④ 86 ⑤ 102

3 두 수가 약수와 배수의 관계인 것을 모두 고르세요. ( )

① (8, 22) ② (13, 52) ③ (25, 75)
④ (15, 50) ⑤ (32, 68)

4 다음 중 약수의 개수가 가장 많은 수는 어느 것일까요? ( )

① 34 ② 56 ③ 44
④ 62 ⑤ 99

5 곱셈식을 보고 42와 70의 최대공약수와 최소공배수를 각각 구해 보세요.

$42 = 2 \times 3 \times 7$
$70 = 2 \times 5 \times 7$

최대공약수 ( )
최소공배수 ( )

6 두 수의 최대공약수와 최소공배수를 각각 구해 보세요.

$$\begin{array}{r|rr} & 30 & 48 \\ \hline \end{array}$$

최대공약수 (   )
최소공배수 (   )

7 어떤 두 수의 최대공약수가 35일 때, 이 두 수의 공약수를 모두 구해 보세요.

(   )

8 어떤 두 수의 최소공배수가 16일 때, 두 수의 공배수 중에서 가장 작은 세 자리 수를 구해 보세요.

(   )

9 100보다 크고 150보다 작은 수 중에서 7의 배수는 모두 몇 개인지 구해 보세요.

(   )

서술형 문제

10 쿠키 60개와 초콜릿 48개를 최대한 많은 학생에게 남김없이 똑같이 나누어 주려고 합니다. 한 학생이 쿠키와 초콜릿을 각각 몇 개씩 받을 수 있는지 풀이 과정을 쓰고 답을 구해 보세요.

풀이

답 ,

✚ 개념 적용

1

진도책 66쪽 2번 문제

사각형과 삼각형으로 규칙적인 배열을 만들고 있습니다. 삼각형이 40개일 때 사각형은 몇 개 필요할까요?

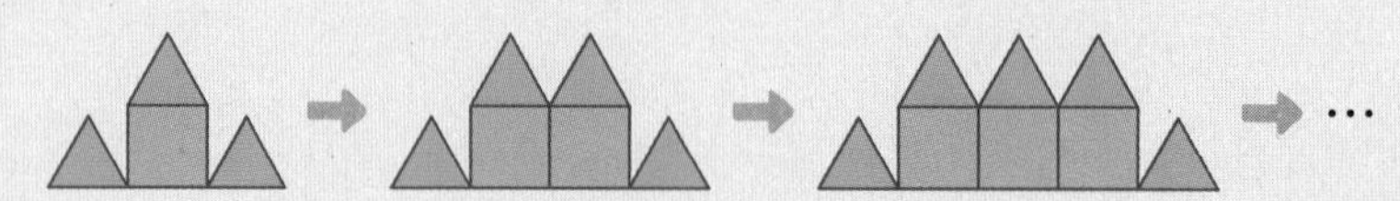

모양에서 변하는 조각과 변하지 않는 조각을 찾아서 사각형의 수와 삼각형의 수가 어떻게 변하는지 표로 나타내어 보자!

사각형 양옆에 있는 삼각형 조각 2개의 수는 변하지 않고 사각형 위에 있는 삼각형 조각의 수만 변하고 있어.

사각형의 수(개)	1	2	3	4	…
삼각형의 수(개)	3 (2+1)	4 (2+□)	□ (2+□)	□ (2+□)	…

사각형이 1개 늘어날 때마다 삼각형도 1개 늘어나고 있으니까 사각형의 수와 삼각형의 수의 차이에 변함이 없겠지?

즉, 삼각형의 수는 사각형의 수보다 항상 □만큼 더 커.

아~ 사각형의 수는 삼각형의 수보다 □만큼 더 작으니까 삼각형이 40개일 때 사각형은 □개 필요하구나!

2

초록색 사각판과 파란색 사각판으로 규칙적인 배열을 만들고 있습니다. 초록색 사각판의 수와 파란색 사각판의 수가 어떻게 변하는지 표를 이용하여 알아보고, □ 안에 알맞은 수를 써넣으세요.

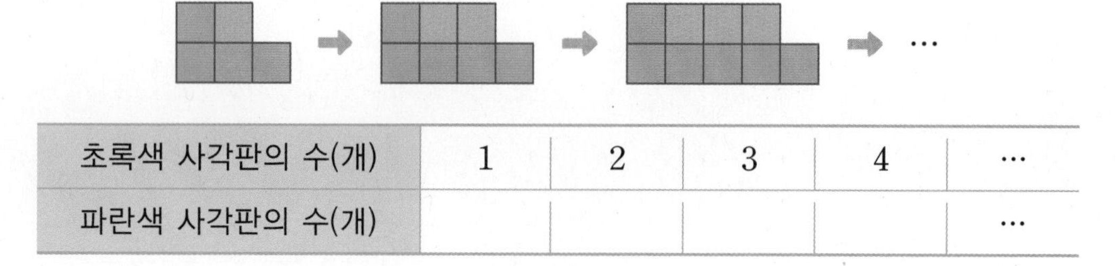

초록색 사각판의 수(개)	1	2	3	4	…
파란색 사각판의 수(개)					…

파란색 사각판이 30개일 때 초록색 사각판은 □개 필요합니다.

3

진도책 67쪽
4번 문제

배열 순서에 맞게 다각형을 그리고 있습니다. 빈칸에 알맞은 다각형을 그리고, 수 카드의 수와 다각형의 변의 수 사이의 대응 관계를 써 보세요.

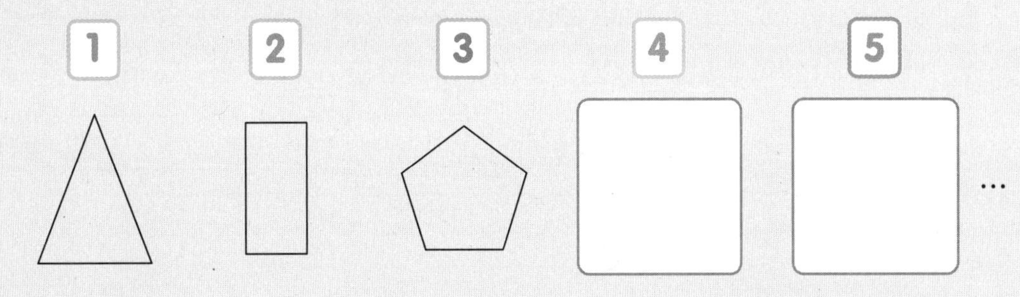

수 카드의 수와 다각형의 변의 수 사이의 대응 관계를 물어봤으니까, 수 카드의 수에 따라 다각형의 변의 수가 어떻게 변하는지 표로 나타내어 알아보자!

수 카드의 수	1	2	3	4	5	…
다각형의 변의 수(개)						…

표를 보면 수 카드의 수에 ☐을/를 더한 수가 다각형의 변의 수와 같네.

즉, 수 카드의 수와 다각형의 변의 수 사이의 대응 관계는 다음과 같아.

대응 관계 다각형의 변의 수는 수 카드의 수보다 ☐만큼 더 큽니다.

그럼 수 카드의 수가 4일 때는 변이 ☐개인 다각형을 그리고,

수 카드의 수가 5일 때는 변이 ☐개인 다각형을 그려야겠지?

아~ 빈 곳에 다각형을 각각 그리면 오른쪽과 같이 되는구나!

4 5

4

배열 순서에 맞게 다각형을 그리고 있습니다. 빈칸에 알맞은 다각형을 그리고, 수 카드의 수와 다각형의 변의 수 사이의 대응 관계를 써 보세요.

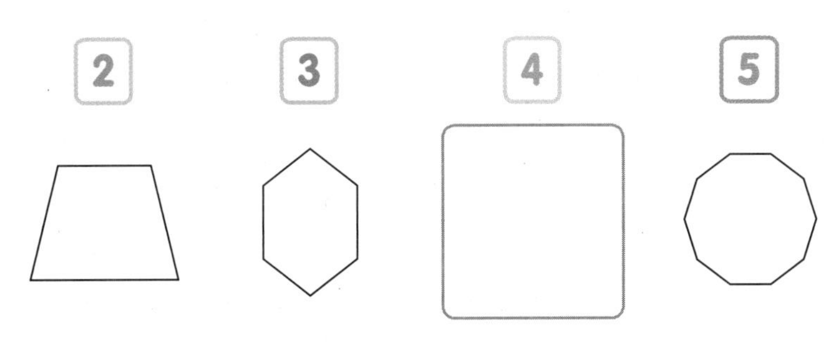

대응 관계 ....

5

진도책 68쪽 8번 문제

지하철은 1초에 30 m를 이동합니다. 지하철 이동 거리와 걸린 시간 사이의 대응 관계를 기호를 사용하여 식으로 나타내어 보세요.

지하철 이동 거리를 ☐, 걸린 시간을 ☐(이)라고 할 때, 두 양 사이의 대응 관계를 식으로 나타내면 ☐입니다.

어떻게 풀었니?

지하철 이동 거리와 걸린 시간 사이의 대응 관계를 알아보자!

지하철 이동 거리와 걸린 시간 사이의 대응 관계를 표를 이용하여 알아보면 다음과 같아.

이동 거리(m)	30				…
걸린 시간(초)	1	2	3	4	…

지하철 이동 거리는 걸린 시간의 ☐배야.

(걸린 시간)×☐=(지하철 이동 거리)

(지하철 이동 거리)÷☐=(걸린 시간)

대응 관계를 기호를 사용하여 식으로 나타내려면 두 양을 나타낼 기호를 정한 다음, 대응 관계에 알맞게 식으로 나타내면 돼. 이때 기호는 ◎, ○, □, △ 등 모양에 관계없이 하고 싶은 기호를 정하면 돼.

만약 지하철 이동 거리를 ◎, 걸린 시간을 △라고 하면 위의 식에서 지하철 이동 거리 대신에 ◎를, 걸린 시간 대신에 △를 써서 나타내면 되지.

아~ 두 양 사이의 대응 관계를 식으로 나타내면 ☐ 또는 ☐(이)구나!

6

세발자전거의 수와 바퀴의 수 사이의 관계를 기호를 사용하여 식으로 나타내어 보세요.

세발자전거의 수를 ☐, 바퀴의 수를 ☐(이)라고 할 때, 두 양 사이의 대응 관계를 식으로 나타내면 ☐입니다.

7

진도책 70쪽
13번 문제

다음과 같이 성냥개비로 정사각형을 만들고 있습니다. 표를 완성하고 정사각형 7개를 만드는 데 필요한 성냥개비는 몇 개인지 구해 보세요.

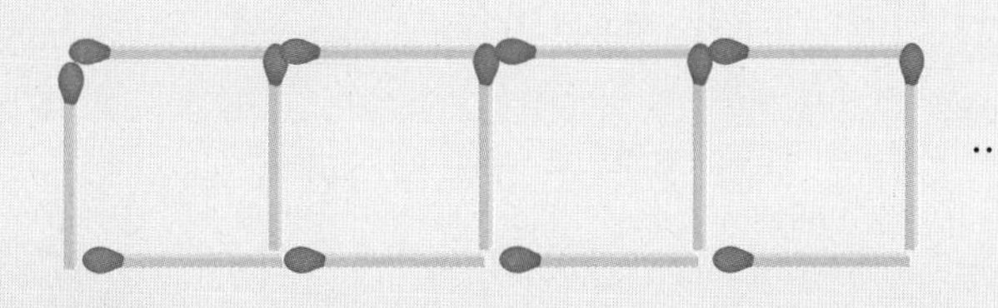

정사각형의 수(개)	1	2	3	4	…
성냥개비의 수(개)	4				…

어떻게 풀었니?

정사각형의 수와 성냥개비의 수 사이의 대응 관계를 알아보자!

정사각형의 수에 따른 성냥개비의 수를 구해 보면 다음과 같아.

(성냥개비의 수) $= \underbrace{1+3}_{1+3\times1} = 4$(개)

(성냥개비의 수) $= \underbrace{1+3+\square}_{1+3\times2} = \square$(개)

(성냥개비의 수) $= \underbrace{1+3+3+\square}_{1+3\times3} = \square$(개)

(성냥개비의 수) $= \underbrace{1+3+3+3+\square}_{1+3\times4} = \square$(개)

정사각형이 한 개 늘어날 때마다 성냥개비는 □개씩 늘어나지.

즉, 성냥개비의 수는 정사각형의 수에 □을 곱한 수보다 □만큼 더 커.

(정사각형의 수) $\times \square + \square =$ (성냥개비의 수)

아~ 정사각형 7개를 만드는 데 필요한 성냥개비는 $\square \times \square + \square = \square$(개)구나!

8

다음과 같이 성냥개비로 정삼각형을 만들고 있습니다. 정삼각형 8개를 만드는 데 필요한 성냥개비는 몇 개인지 구해 보세요.

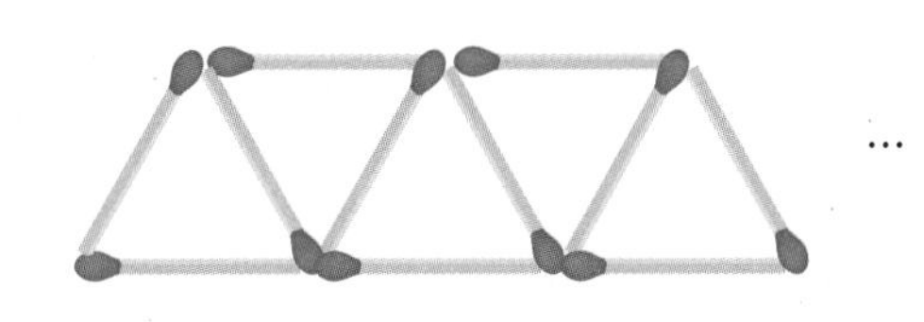

(   )

1 두 양 사이의 대응 관계 설명하기

친구들이 그린 그림을 누름 못을 꽂아서 게시판에 붙이고 있습니다. 그림의 수와 누름 못의 수 사이의 대응 관계를 설명해 보세요.

그림이 한 장, 두 장, 세 장, ...일 때 누름 못의 수는?

무엇을 쓸까? ❶ 두 양 사이의 대응 관계를 표를 이용하여 알아보기
❷ 두 양 사이의 대응 관계 설명하기

설명 예 그림의 수와 누름 못의 수 사이의 대응 관계를 표로 나타내면 오른쪽과 같습니다. --- ❶

그림의 수(장)	1	2	3	4	…
누름 못의 수(개)	2				…

따라서 (　　　　　)의 수는 (　　　　　)의 수보다 (　　)만큼 더 큽니다.

또는 (　　　　　)의 수는 (　　　　　)의 수보다 (　　)만큼 더 작습니다. --- ❷

1-1

오른쪽과 같이 리본 끈을 가위로 잘랐습니다. 자른 횟수와 리본 끈 도막의 수 사이의 대응 관계를 설명해 보세요.

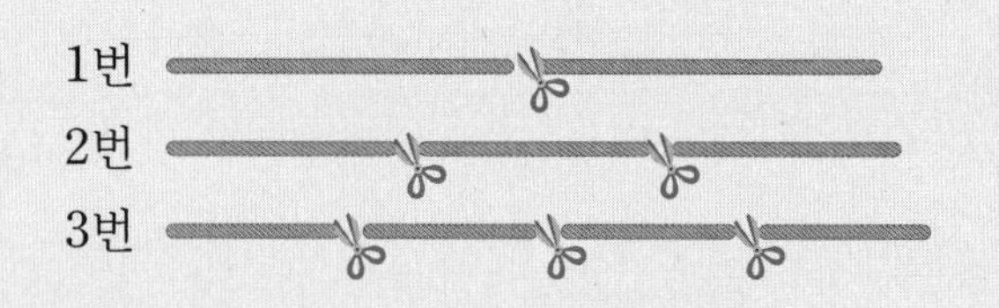

무엇을 쓸까? ❶ 두 양 사이의 대응 관계를 표를 이용하여 알아보기
❷ 두 양 사이의 대응 관계 설명하기

설명

2 두 양 사이의 대응 관계를 식으로 나타내기

어느 문구점에서 공책 한 권을 900원에 판매하고 있습니다. 팔린 공책의 수를 ○, 판매 금액을 △라고 할 때, 두 양 사이의 대응 관계를 식으로 나타내려고 합니다. 풀이 과정을 쓰고 답을 구해 보세요.

팔린 공책이 한 권, 두 권, 세 권, ...일 때 판매 금액은?

팔린 공책 수가 2배, 3배, ...가 되면 판매 금액도 2배, 3배, ...가 돼.

무엇을 쓸까? ❶ 팔린 공책의 수와 판매 금액 사이의 대응 관계 설명하기
❷ ○와 △ 사이의 대응 관계를 식으로 나타내기

풀이 예 팔린 공책의 수가 한 권씩 늘어날 때마다 판매 금액은 (   )원씩 늘어나므로
판매 금액은 팔린 공책의 수의 (   )배입니다. --- ❶
따라서 (팔린 공책의 수) × (   ) = (판매 금액)이므로
○ × (   ) = △ 또는 △ ÷ (   ) = ○입니다. --- ❷

답

2-1

도넛이 한 상자에 12개씩 들어 있습니다. 상자의 수를 ☆, 도넛의 수를 ◎라고 할 때, 두 양 사이의 대응 관계를 식으로 나타내려고 합니다. 풀이 과정을 쓰고 답을 구해 보세요.

무엇을 쓸까? ❶ 상자의 수와 도넛의 수 사이의 대응 관계 설명하기
❷ ☆과 ◎ 사이의 대응 관계를 식으로 나타내기

풀이

답

3 규칙적인 배열에서 도형의 수 구하기

배열 순서에 따라 수 카드를 놓고 사각형으로 규칙적인 배열을 만들고 있습니다. 다음에 올 사각형은 몇 개인지 풀이 과정을 쓰고 답을 구해 보세요.

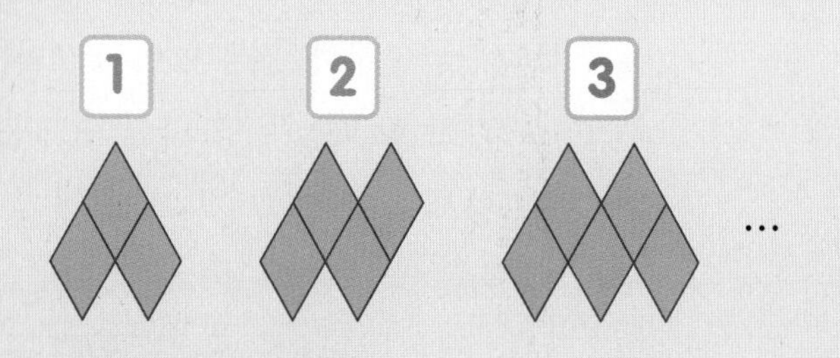

수 카드의 수가 4일 때 사각형의 수는?

무엇을 쓸까? ❶ 배열 순서와 사각형의 수 사이의 대응 관계 설명하기
❷ 다음에 올 사각형은 몇 개인지 구하기

풀이 예 사각형의 수는 배열 순서보다 (　　)만큼 더 큽니다. --- ❶

따라서 다음에 올 사각형은 $4+(\quad)=(\quad)$(개)입니다. --- ❷

답

3-1

배열 순서에 따라 수 카드를 놓고 삼각형으로 규칙적인 배열을 만들고 있습니다. 다음에 올 삼각형은 몇 개인지 풀이 과정을 쓰고 답을 구해 보세요.

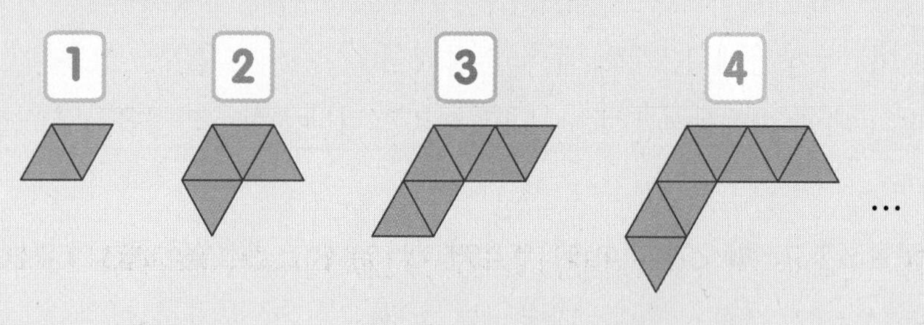

무엇을 쓸까? ❶ 배열 순서와 삼각형의 수 사이의 대응 관계 설명하기
❷ 다음에 올 삼각형은 몇 개인지 구하기

풀이

답

3-2

배열 순서에 따라 수 카드를 놓고 사각형으로 규칙적인 배열을 만들고 있습니다. 수 카드의 수가 15일 때 필요한 사각형은 몇 개인지 풀이 과정을 쓰고 답을 구해 보세요.

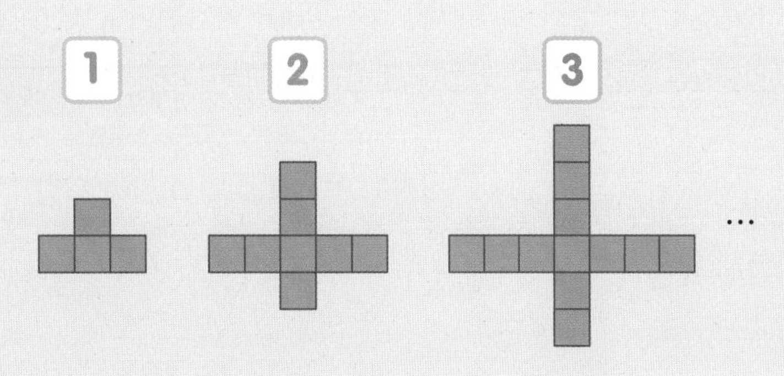

무엇을 쓸까? ❶ 배열 순서와 사각형의 수 사이의 대응 관계 설명하기
❷ 수 카드의 수가 15일 때 필요한 사각형은 몇 개인지 구하기

풀이

답

3-3

배열 순서에 따라 수 카드를 놓고 육각형으로 규칙적인 배열을 만들고 있습니다. 육각형이 30개일 때 수 카드의 수는 얼마인지 풀이 과정을 쓰고 답을 구해 보세요.

무엇을 쓸까? ❶ 배열 순서와 육각형의 수 사이의 대응 관계 설명하기
❷ 육각형이 30개일 때 수 카드의 수 구하기

풀이

답

4 생활에서 대응 관계의 활용

어느 박물관의 어린이 한 명의 입장료는 3000원입니다. 어린이 입장객이 6명일 때 어린이 입장료는 얼마인지 풀이 과정을 쓰고 답을 구해 보세요.

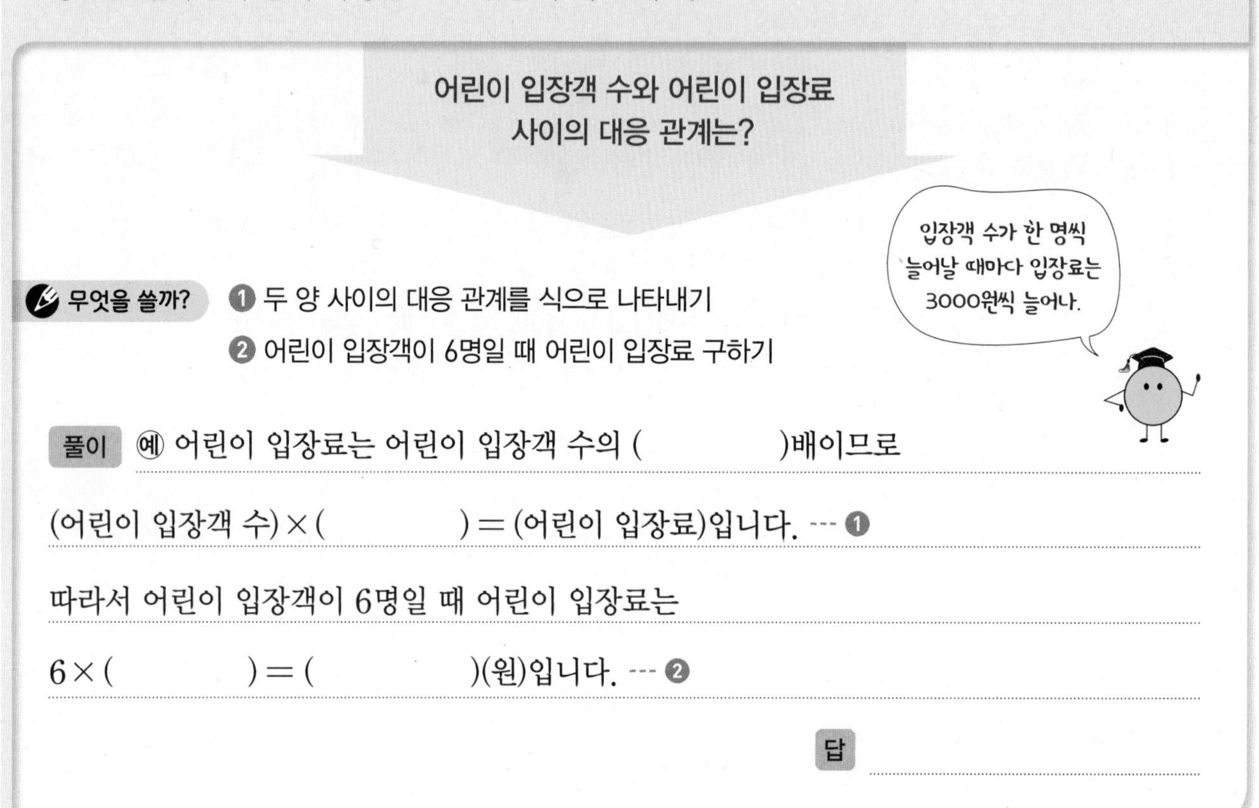

무엇을 쓸까? ❶ 두 양 사이의 대응 관계를 식으로 나타내기
❷ 어린이 입장객이 6명일 때 어린이 입장료 구하기

풀이 예 어린이 입장료는 어린이 입장객 수의 (　　　　)배이므로

(어린이 입장객 수) × (　　　　) = (어린이 입장료)입니다. --- ❶

따라서 어린이 입장객이 6명일 때 어린이 입장료는

6 × (　　　　) = (　　　　)(원)입니다. --- ❷

답 ____________

4-1

콜라 한 캔에 들어 있는 설탕의 양은 40 g입니다. 콜라 8캔에 들어 있는 설탕은 몇 g인지 풀이 과정을 쓰고 답을 구해 보세요.

무엇을 쓸까? ❶ 두 양 사이의 대응 관계를 식으로 나타내기
❷ 콜라 8캔에 들어 있는 설탕의 양 구하기

풀이 ____________

답 ____________

정답과 풀이 56쪽

4-2

같은 날 서울과 하노이의 시각 사이의 대응 관계를 나타낸 표입니다. 서울이 오후 9시일 때 하노이는 오후 몇 시인지 풀이 과정을 쓰고 답을 구해 보세요.

서울의 시각	오전 11시	낮 12시	오후 1시	오후 2시
하노이의 시각	오전 9시	오전 10시	오전 11시	낮 12시

무엇을 쓸까? ❶ 두 양 사이의 대응 관계를 식으로 나타내기
❷ 서울이 오후 9시일 때 하노이의 시각 구하기

풀이

답

3

4-3

어느 꽃집에서 꽃 한 다발에 장미를 15송이씩 넣어 포장하고 있습니다. 장미 165송이로는 꽃다발을 몇 개 만들 수 있는지 풀이 과정을 쓰고 답을 구해 보세요.

무엇을 쓸까? ❶ 두 양 사이의 대응 관계를 식으로 나타내기
❷ 장미 165송이로 만들 수 있는 꽃다발의 수 구하기

풀이

답

수행 평가

[1~2] 도형의 배열을 보고 물음에 답하세요.

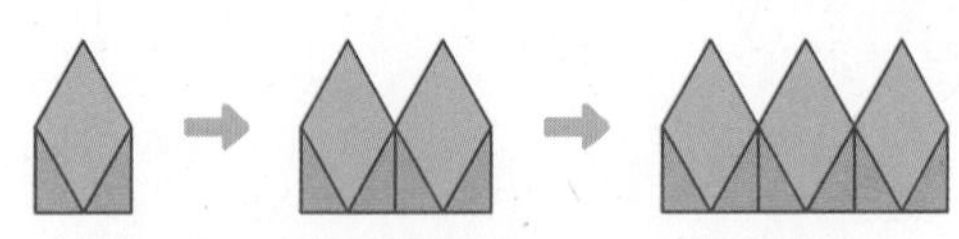

1 다음에 이어질 모양을 그려 보세요.

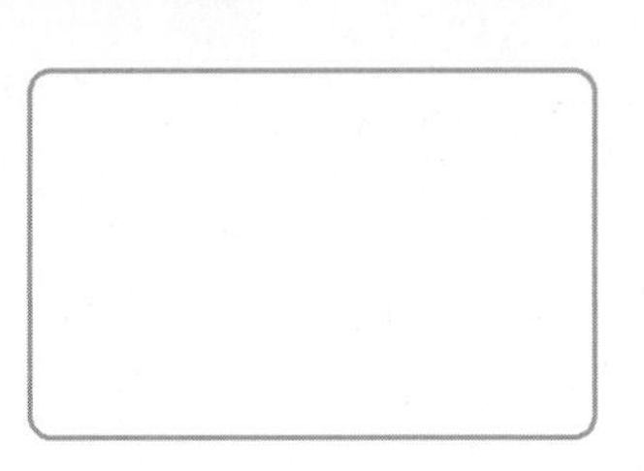

2 사각형의 수와 삼각형의 수 사이의 대응 관계를 생각하며 □ 안에 알맞은 수를 써넣으세요.

- 사각형이 20개일 때 필요한 삼각형의 수는 □개입니다.
- 삼각형이 50개일 때 필요한 사각형의 수는 □개입니다.

[3~4] 떡을 한 상자에 20개씩 포장하고 있습니다. 물음에 답하세요.

3 상자의 수와 떡의 수 사이의 대응 관계를 써 보세요.

4 상자의 수를 ◇, 떡의 수를 ○라고 할 때, 두 양 사이의 대응 관계를 식으로 나타내어 보세요.

식

5 개미 한 마리의 다리는 6개입니다. 개미의 수와 개미 다리 수 사이의 대응 관계를 잘못 이야기한 사람을 찾아 이름을 써 보세요.

태인: 개미의 수를 ○, 개미 다리의 수를 △라고 할 때, 두 양 사이의 대응 관계는 ○×6＝△야.

연서: 대응 관계를 나타낸 식 ◎÷6＝☆에서 ◎는 개미의 수, ☆은 개미 다리의 수를 나타내.

(　　　　　　　　)

6 오각형의 수와 오각형의 변의 수 사이의 대응 관계를 알아보려고 합니다. 오각형의 수를 □, 오각형의 변의 수를 △라고 할 때, 두 양 사이의 대응 관계를 식으로 나타내고, 오각형이 10개일 때 오각형의 변은 모두 몇 개인지 구해 보세요.

식 ....

( )

[7~8] 배열 순서에 따라 수 카드를 놓고 사각형으로 규칙적인 배열을 만들고 있습니다. 물음에 답하세요.

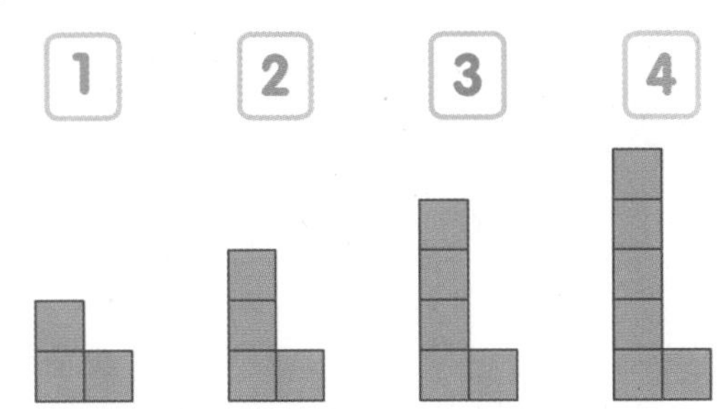

7 배열 순서를 ○, 사각형의 수를 ◇라고 할 때, 두 양 사이의 대응 관계를 식으로 나타내어 보세요.

식 ....

8 수 카드의 수가 9일 때 필요한 사각형은 몇 개인지 구해 보세요.

( )

9 어느 미술관의 한 명의 입장료는 7000원입니다. 입장료가 105000원일 때 입장객은 몇 명인지 구해 보세요.

( )

서술형 문제

10 윤성이는 매일 수학 문제를 오전에 10개, 오후에 15개씩 풉니다. 윤성이가 6월 한 달 동안 쉬지 않고 수학 문제를 풀었다면 모두 몇 개 풀었는지 풀이 과정을 쓰고 답을 구해 보세요.

풀이 ....

....

....

....

답 ....

3

➕ 개념 적용

1

진도책 87쪽 10번 문제

주어진 분수와 크기가 같은 분수를 모두 찾아 ○표 하세요.

$\frac{14}{42}$

$\frac{1}{3}$ $\frac{4}{14}$ $\frac{2}{6}$ $\frac{27}{84}$ $\frac{42}{126}$ $\frac{7}{22}$

어떻게 풀었니?

$\frac{14}{42}$와 크기가 같은 분수를 만들어 보자!

분모와 분자에 0이 아닌 같은 수를 곱하거나 분모와 분자를 0이 아닌 같은 수로 나누면 크기가 같은 분수가 돼.

먼저, $\frac{1}{3}$이 $\frac{14}{42}$와 크기가 같은 분수인지 알아보기 위해 $\frac{14}{42}$의 분모를 3이 되도록 바꿔 봐.

$\frac{14}{42}=\frac{14\div\square}{42\div14}=\frac{\square}{3}$이니까 $\frac{1}{3}$은 크기가 같은 분수야.

마찬가지 방법으로 $\frac{14}{42}$를 주어진 분수들과 각각 분모나 분자를 같게 만든 다음 비교해 봐.

$\frac{14}{42}=\frac{14\div\square}{42\div3}$(×) (나누어떨어지지 않음; $42\div3$ → 14), $\frac{14}{42}=\frac{14\div\square}{42\div\square}=\frac{\square}{6}$(○), $\frac{14}{42}=\frac{14\times\square}{42\times\square}=\frac{\square}{84}$(×),

$\frac{14}{42}=\frac{14\times\square}{42\times\square}=\frac{\square}{126}$(○), $\frac{14}{42}=\frac{14\div\square}{42\div\square}=\frac{7}{\square}$(×)

아~ $\frac{14}{42}$와 크기가 같은 분수인 $\square$, $\square$, $\square$에 ○표 하면 되는구나!

2

주어진 분수와 크기가 같은 분수를 모두 찾아 ○표 하세요.

$\frac{45}{60}$

$\frac{3}{4}$ $\frac{5}{10}$ $\frac{12}{30}$ $\frac{90}{120}$ $\frac{15}{20}$ $\frac{90}{150}$

3

진도책 89쪽
17번 문제

$\frac{36}{84}$을 약분하려고 합니다. 다음 중 분모와 분자를 나눌 수 있는 수를 모두 찾아 ○표 하세요.

2 3 4 5 6 7 8

어떻게 풀었니?

$\frac{36}{84}$의 분모와 분자를 나눌 수 있는 수를 찾아보자!

분모와 분자를 공약수로 나누어 간단히 하는 것을 약분한다고 해.

즉, $\frac{36}{84}$을 약분하려면 분모와 분자를 84와 36의 공약수로 나누어야 하지.

84와 36의 공약수는 두 수의 최대공약수의 약수로 구할 수 있어.

) 84 36

➡ 최대공약수: □×□×□=□

공약수: □, □, □, □, □, □

이때, 1은 모든 수의 공약수가 되지만, 분모와 분자를 1로 나누면 자기 자신이 되니까 1은 제외해야 해.

그러니까 $\frac{36}{84}$의 분모와 분자를 나눌 수 있는 수는 □, □, □, □, □(이)야.

아~ 분모와 분자를 나눌 수 있는 수인 □, □, □, □에 ○표 하면 되는구나!

4

4

$\frac{54}{90}$를 약분하려고 합니다. 다음 중 분모와 분자를 나눌 수 있는 수를 모두 찾아 ○표 하세요.

2 3 4 5 6 7 8 9

5

진도책 95쪽 4번 문제

세 분수의 크기를 비교하여 □ 안에 알맞은 수를 써넣으세요.

$$\left(\frac{4}{5}, \frac{5}{6}, \frac{11}{18}\right) \Rightarrow \square < \square < \square$$

어떻게 풀었니?

분모가 다른 세 분수의 크기를 비교해 보자!

세 분수의 크기를 비교할 때에는 두 분수씩 차례로 비교해도 되지만 한꺼번에 통분해서 비교하면 더 간단해져.

세 분수를 한꺼번에 통분하려면 세 수 5, 6, 18의 최소공배수를 구해서 공통분모로 하면 돼.

5와 6의 최소공배수: 30

30과 18의 최소공배수: □

➡ 5, 6, 18의 최소공배수: □

세 수의 최소공배수 □을/를 공통분모로 하여 통분하면

$$\left(\frac{4}{5}, \frac{5}{6}, \frac{11}{18}\right) \Rightarrow \left(\frac{\square}{\square}, \frac{\square}{\square}, \frac{\square}{\square}\right)$$

이니까 가장 큰 분수는 □이고, 가장 작은 분수는 □(이)지.

아~ □ 안에 □, □, □을/를 차례로 써넣으면 되는구나!

6

세 분수의 크기를 비교하여 □ 안에 알맞은 수를 써넣으세요.

$$\left(\frac{3}{5}, \frac{5}{9}, \frac{8}{15}\right) \Rightarrow \square < \square < \square$$

7

진도책 97쪽
11번 문제

학교와 도서관 중 윤하네 집에서 더 가까운 곳은 어디인지 써 보세요.

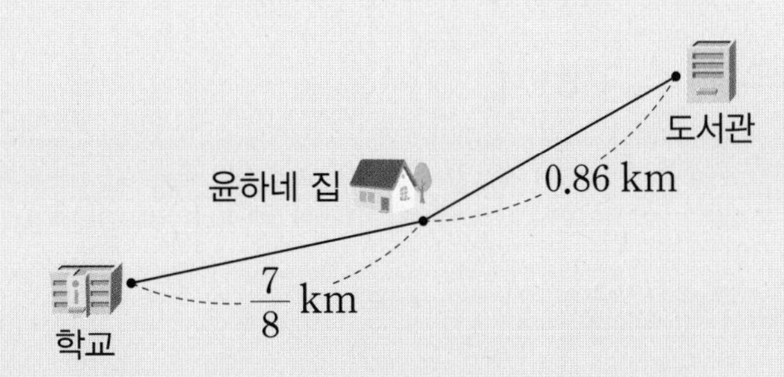

윤하네 집에서 각 장소까지의 거리를 비교해 보자!

$\frac{7}{8}$과 0.86의 크기를 비교하려면 분수를 소수로 나타내거나 소수를 분수로 나타내서 비교하면 돼.
분수의 크기를 비교하려면 다시 통분을 해야 하니까 분수를 소수로 나타내서 비교해 봐.

$$\frac{7}{8}=\frac{7\times\square}{8\times125}=\frac{\square}{1000}=\square$$

소수의 크기를 비교하면 $\square < \square$(이)야.
집에서 떨어진 거리가 짧을수록 가깝고, 길수록 먼 거야.
아~ 학교와 도서관 중 윤하네 집에서 더 가까운 곳은 $\square$(이)구나!

8

주하네 집에서 수영장까지의 거리는 1.725 km, 서점까지의 거리는 $1\frac{11}{25}$ km입니다. 수영장과 서점 중 주하네 집에서 더 가까운 곳은 어디인지 써 보세요.

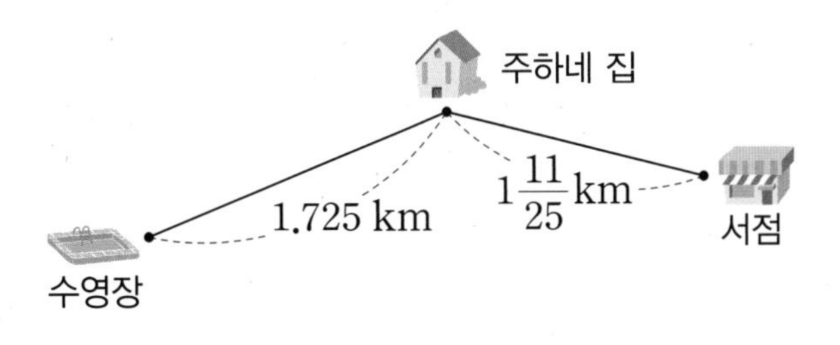

(　　　　　　　　)

쓰기 쉬운 서술형

1 크기가 같은 분수 구하기

$\frac{4}{9}$와 크기가 같은 분수 중에서 분모가 40보다 크고 50보다 작은 분수는 무엇인지 풀이 과정을 쓰고 답을 구해 보세요.

$\frac{4}{9}=\frac{4\times\square}{9\times\square}$에서 $40<9\times\square<50$이 되는 $\square$는?

분모와 분자에 0을 곱하면 안 돼.

무엇을 쓸까?

❶ $\frac{4}{9}$와 크기가 같은 분수 만드는 방법 설명하기

❷ 분모가 40보다 크고 50보다 작은 분수 구하기

풀이 예 분모와 분자에 0이 아닌 같은 수를 (더하면 , 곱하면) 크기가 같은 분수가 됩니다.

분모가 40보다 크고 50보다 작아야 하므로 $9\times(\quad)=(\quad)$에서 분모와 분자에 각각 (　　)을/를 곱해야 합니다. --- ❶

따라서 구하는 분수는 $\frac{4}{9}=\frac{4\times(\quad)}{9\times(\quad)}=\left(\quad\right)$입니다. --- ❷

답

1-1

$\frac{7}{8}$과 크기가 같은 분수 중에서 분모가 60보다 크고 70보다 작은 분수는 무엇인지 풀이 과정을 쓰고 답을 구해 보세요.

무엇을 쓸까?

❶ $\frac{7}{8}$과 크기가 같은 분수 만드는 방법 설명하기

❷ 분모가 60보다 크고 70보다 작은 분수 구하기

풀이

답

2 기약분수로 나타내기

윤서네 학교 5학년 학생 120명 중에서 안경을 쓴 학생이 36명입니다. 안경을 쓴 학생은 전체의 몇 분의 몇인지 기약분수로 나타내려고 합니다. 풀이 과정을 쓰고 답을 구해 보세요.

$\frac{(\text{안경을 쓴 학생 수})}{(\text{전체 학생 수})}$를 기약분수로 나타내면?

분모와 분자의 공약수가 1뿐인 분수를 기약분수라고 해.

무엇을 쓸까? ❶ 안경을 쓴 학생은 전체의 몇 분의 몇인지 분수로 나타내기
❷ 안경을 쓴 학생은 전체의 몇 분의 몇인지 기약분수로 나타내기

풀이 예 안경을 쓴 학생은 전체의 $\frac{(\quad)}{(\quad)}$입니다. --- ❶

따라서 기약분수로 나타내면 $\frac{(\quad)}{(\quad)}=\frac{(\quad)\div(\quad)}{(\quad)\div(\quad)}=\frac{(\quad)}{(\quad)}$입니다.

--- ❷

답

2-1

현아는 비즈 105개 중에서 목걸이를 만드는 데 49개를 사용했습니다. 현아가 사용한 비즈는 전체의 몇 분의 몇인지 기약분수로 나타내려고 합니다. 풀이 과정을 쓰고 답을 구해 보세요.

무엇을 쓸까? ❶ 사용한 비즈는 전체의 몇 분의 몇인지 분수로 나타내기
❷ 사용한 비즈는 전체의 몇 분의 몇인지 기약분수로 나타내기

풀이

답

3 분수와 소수의 크기 비교의 활용

냉장고에 포도주스는 $\frac{3}{4}$ L, 오렌지주스는 0.8 L 있습니다. 더 많은 주스는 어느 것인지 풀이 과정을 쓰고 답을 구해 보세요.

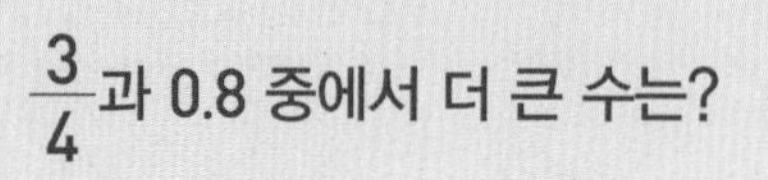

분수와 소수가 섞여 있으면 같은 형태로 바꿔서 비교해.

무엇을 쓸까?
❶ 포도주스의 양을 소수로 나타내기
❷ 더 많은 주스 구하기

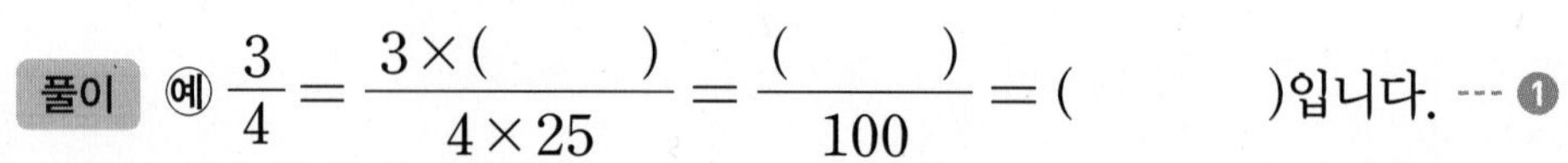

풀이 ⓔ $\frac{3}{4}=\frac{3\times(\quad)}{4\times25}=\frac{(\quad)}{100}=(\qquad)$입니다. --- ❶

따라서 $\frac{3}{4}$ ◯ 0.8이므로 더 많은 주스는 (　　　　　)입니다. --- ❷

답 ____________

3-1

민규 어머니께서 돼지고기 0.7 kg과 소고기 $\frac{16}{25}$ kg을 사 오셨습니다. 더 적은 양을 사 온 고기는 무엇인지 풀이 과정을 쓰고 답을 구해 보세요.

무엇을 쓸까?
❶ 소고기의 양을 소수로 나타내기
❷ 더 적은 양을 사 온 고기 구하기

풀이 ____________

답 ____________

3-2

학교에서 친구들의 집까지의 거리가 다음과 같을 때, 학교에서 가장 먼 곳에 사는 친구는 누구인지 풀이 과정을 쓰고 답을 구해 보세요.

연주	수지	도연
$\frac{5}{8}$ km	0.63 km	$\frac{103}{200}$ km

무엇을 쓸까? ❶ 학교에서 연주와 도연이네 집까지의 거리를 각각 소수로 나타내기
❷ 학교에서 가장 먼 곳에 사는 친구 구하기

풀이

답

3-3

미술 시간에 찰흙을 서율이는 0.48 kg, 은하는 $\frac{7}{20}$ kg, 민경이는 $\frac{2}{5}$ kg 사용했습니다. 찰흙을 적게 사용한 사람부터 차례로 쓰려고 합니다. 풀이 과정을 쓰고 답을 구해 보세요.

무엇을 쓸까? ❶ 은하와 민경이가 사용한 찰흙의 양을 각각 소수로 나타내기
❷ 찰흙을 적게 사용한 사람부터 차례로 쓰기

풀이

답

4 처음 분수 구하기

어떤 분수의 분자에서 5를 빼고 3으로 약분하였더니 $\frac{4}{7}$가 되었습니다. 처음 분수는 얼마인지 풀이 과정을 쓰고 답을 구해 보세요.

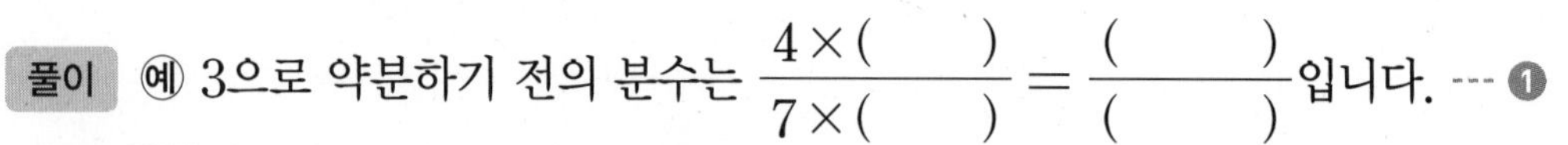

3으로 약분하기
➡ 분모와 분자를 각각 3으로 나누기

무엇을 쓸까? ❶ 약분하기 전의 분수 구하기
❷ 처음 분수 구하기

풀이 예 3으로 약분하기 전의 분수는 $\frac{4\times(\quad)}{7\times(\quad)}=\frac{(\quad)}{(\quad)}$입니다. --- ❶

분자에서 5를 빼기 전의 분수는 $\frac{12+(\quad)}{(\quad)}=\frac{(\quad)}{(\quad)}$입니다.

따라서 처음 분수는 $\left(\quad\right)$입니다. --- ❷

답

4-1

어떤 분수의 분모에 3을 더하고 4로 약분하였더니 $\frac{2}{9}$가 되었습니다. 처음 분수는 얼마인지 풀이 과정을 쓰고 답을 구해 보세요.

무엇을 쓸까? ❶ 약분하기 전의 분수 구하기
❷ 처음 분수 구하기

풀이

답

정답과 풀이 59쪽

4-2

어떤 분수의 분모와 분자에 각각 7을 더하고 6으로 약분하였더니 $\frac{3}{5}$이 되었습니다. 처음 분수는 얼마인지 풀이 과정을 쓰고 답을 구해 보세요.

무엇을 쓸까? ❶ 약분하기 전의 분수 구하기
❷ 처음 분수 구하기

풀이

답

4-3

어떤 분수의 분모에 6을 더하고 분자에서 4를 뺀 다음 5로 약분하였더니 $\frac{4}{11}$가 되었습니다. 처음 분수는 얼마인지 풀이 과정을 쓰고 답을 구해 보세요.

무엇을 쓸까? ❶ 약분하기 전의 분수 구하기
❷ 처음 분수 구하기

풀이

답

수행 평가

1 □ 안에 알맞은 수를 써넣으세요.

(1) $\frac{4}{7}=\frac{4\times\square}{7\times\square}=\frac{\square}{56}$

(2) $\frac{27}{36}=\frac{27\div\square}{36\div\square}=\frac{\square}{4}$

2 분수를 분모가 100인 분수로 고치고, 소수로 나타내어 보세요.

(1) $\frac{13}{20}=\frac{13\times\square}{20\times\square}=\frac{\square}{100}=\square$

(2) $\frac{9}{25}=\frac{9\times\square}{25\times\square}=\frac{\square}{100}=\square$

3 기약분수로 나타내어 보세요.

(1) $\frac{12}{42}$

(2) $\frac{20}{24}$

4 분모의 최소공배수를 공통분모로 하여 통분해 보세요.

(1) $\left(\frac{5}{12}, \frac{4}{9}\right) \rightarrow \left(\quad , \quad \right)$

(2) $\left(\frac{9}{14}, \frac{11}{21}\right) \rightarrow \left(\quad , \quad \right)$

5 민하는 104쪽짜리 동화책을 65쪽까지 읽었습니다. 민하가 읽은 동화책은 전체의 몇 분의 몇인지 기약분수로 나타내어 보세요.

( )

6 두 분수의 크기를 비교하여 ○ 안에 >, =, <를 알맞게 써넣으세요.

$\frac{7}{12}$ ○ $\frac{11}{15}$

7 분수와 소수의 크기를 비교하여 큰 수부터 차례로 기호를 써 보세요.

㉠ $\frac{27}{50}$ ㉡ 0.55 ㉢ $\frac{3}{8}$

( )

8 수 카드 4장 중에서 2장을 골라 진분수를 만들려고 합니다. 만들 수 있는 진분수 중에서 가장 큰 수를 소수로 나타내어 보세요.

2 3 4 5

( )

9 $\frac{6}{11}$과 크기가 같은 분수 중에서 분모와 분자의 합이 68인 분수를 구해 보세요.

( )

서술형 문제

10 리본 끈을 윤아는 1.41 m 가지고 있고, 선우는 $1\frac{53}{125}$ m 가지고 있습니다. 더 긴 리본 끈을 가지고 있는 사람은 누구인지 풀이 과정을 쓰고 답을 구해 보세요.

풀이

답

4

개념 적용

1

진도책 110쪽 4번 문제

분수 막대를 보고 □ 안에 알맞은 수를 써넣으세요.

$\frac{1}{2}$					$\frac{1}{2}$				
$\frac{1}{5}$		$\frac{1}{5}$		$\frac{1}{5}$		$\frac{1}{5}$		$\frac{1}{5}$	
$\frac{1}{10}$	$\frac{1}{10}$	$\frac{1}{10}$	$\frac{1}{10}$	$\frac{1}{10}$	$\frac{1}{10}$	$\frac{1}{10}$	$\frac{1}{10}$	$\frac{1}{10}$	$\frac{1}{10}$

$\frac{1}{2}$은 $\frac{1}{10}$ 막대 □개, $\frac{2}{5}$는 $\frac{1}{10}$ 막대 □개입니다. ➡ $\frac{1}{2}+\frac{2}{5}=\frac{\square}{10}$

어떻게 풀었니?

분수 막대를 보고 진분수의 덧셈을 해 보자!

$\frac{1}{2}$과 $\frac{2}{5}$는 분모가 다르니까 더하려면 다른 분수 막대로 바꿔야 해.

$\frac{1}{2}$, $\frac{2}{5}$와 길이가 같은 분수 막대를 각각 찾아보면 다음과 같아.

$\frac{1}{2}$				
$\frac{1}{10}$	$\frac{1}{10}$	$\frac{1}{10}$	$\frac{1}{10}$	$\frac{1}{10}$

$\frac{1}{5}$		$\frac{1}{5}$	
$\frac{1}{10}$	$\frac{1}{10}$	$\frac{1}{10}$	$\frac{1}{10}$

위의 그림에서 $\frac{1}{2}$은 $\frac{1}{10}$ 막대 □개이고, $\frac{2}{5}$는 $\frac{1}{10}$ 막대 □개이니까

$\frac{1}{2}$과 $\frac{2}{5}$를 합하면 $\frac{1}{10}$ 막대 □개야. $\frac{1}{10}$ 막대 □개인 수는 $\frac{\square}{10}$(이)지.

아~ $\frac{1}{2}+\frac{2}{5}=\frac{\square}{10}$(이)구나!

2

오른쪽 분수 막대를 보고 □ 안에 알맞은 수를 써넣으세요.

$$\frac{1}{2}+\frac{1}{3}=\frac{\square}{6}$$

$\frac{1}{2}$			$\frac{1}{2}$		
$\frac{1}{3}$		$\frac{1}{3}$		$\frac{1}{3}$	
$\frac{1}{6}$	$\frac{1}{6}$	$\frac{1}{6}$	$\frac{1}{6}$	$\frac{1}{6}$	$\frac{1}{6}$

3

진도책 114쪽
16번 문제

두 계산 결과를 각각 수직선에 표시해 보세요.

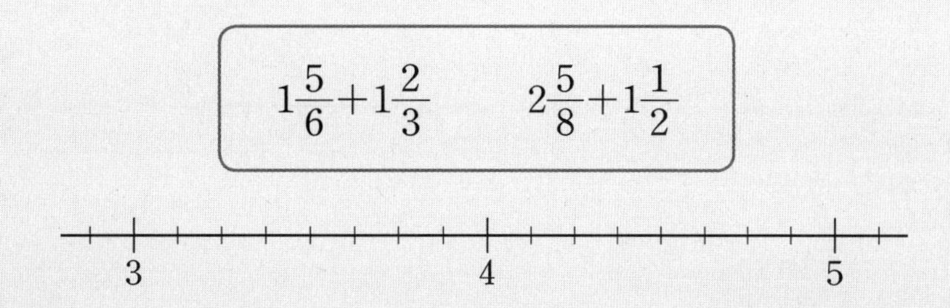

어떻게 풀었니?

대분수의 덧셈을 하고 계산 결과를 수직선에 나타내어 보자!

대분수의 덧셈은 자연수는 자연수끼리, 분수는 분수끼리 계산하면 돼. 이때 분수끼리의 합이 1보다 크면 자연수로 받아올림하면 돼.

$$1\frac{5}{6}+1\frac{2}{3}=1\frac{5}{6}+1\frac{\square}{6}=2\frac{\square}{6}=3\frac{\square}{6}=\square\frac{\square}{2}$$

$$2\frac{5}{8}+1\frac{1}{2}=2\frac{5}{8}+1\frac{\square}{8}=3\frac{\square}{8}=\square\frac{\square}{8}$$

계산 결과를 수직선에 나타내기 위해 수직선의 작은 눈금 한 칸의 크기를 알아보면

3과 4 사이를 8칸으로 똑같이 나누었으니까 작은 눈금 한 칸의 크기는 $\frac{\square}{\square}$(이)야.

계산 결과 $\square\frac{\square}{2}$을/를 분모가 8인 분수로 나타내면 $\square\frac{\square}{8}$이니까 3에서 오른쪽으로 $\square$칸 간 곳에, 계산 결과 $\square\frac{\square}{8}$은/는 4에서 오른쪽으로 $\square$칸 간 곳에 표시하면 돼.

아~ 계산 결과를 각각 수직선에 표시하면 오른쪽과 같구나!

4

두 계산 결과를 각각 수직선에 표시해 보세요.

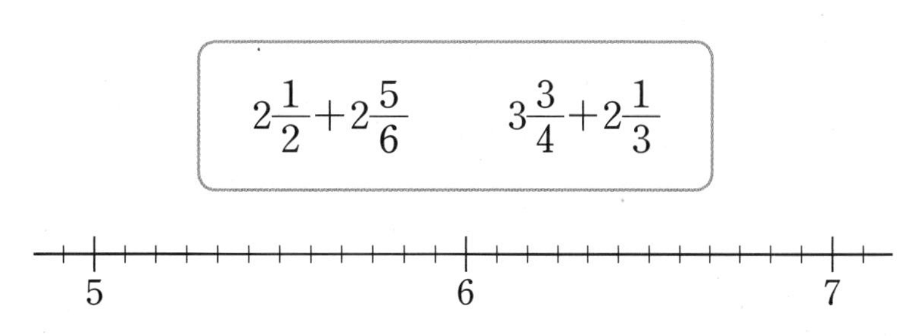

5

진도책 123쪽 11번 문제

가장 큰 분수와 가장 작은 분수의 차를 구해 보세요.

$2\frac{4}{5}$ $1\frac{1}{4}$ $2\frac{3}{10}$

어떻게 풀었니?

먼저 세 분수의 크기를 비교해 보자!

대분수는 자연수 부분이 클수록 큰 분수이니까 가장 작은 분수는 $\square\frac{\square}{\square}$(이)야.

$2\frac{4}{5}$와 $2\frac{3}{10}$을 통분하여 크기를 비교하면

$$\left(2\frac{4}{5}, 2\frac{3}{10}\right) \rightarrow \left(\square\frac{\square}{10}, \square\frac{\square}{10}\right) \rightarrow 2\frac{4}{5} \bigcirc 2\frac{3}{10}$$

이니까 가장 큰 분수는 $\square\frac{\square}{\square}$(이)야.

가장 큰 분수와 가장 작은 분수의 차를 구하는 거니까 가장 큰 분수에서 가장 작은 분수를 빼면 돼.

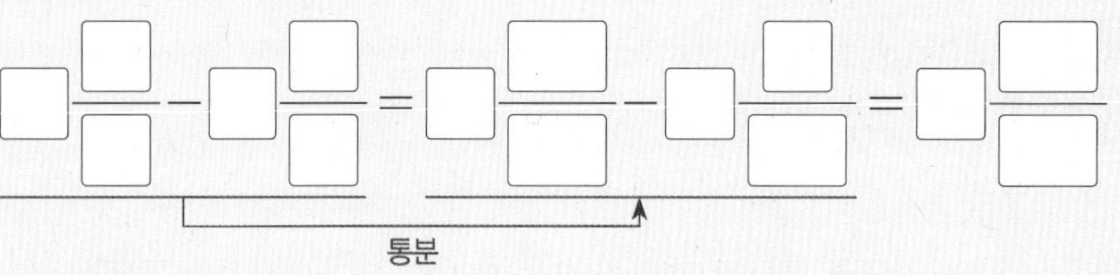

$$\square\frac{\square}{\square} - \square\frac{\square}{\square} = \square\frac{\square}{\square} - \square\frac{\square}{\square} = \square\frac{\square}{\square}$$

통분

아~ 가장 큰 분수와 가장 작은 분수의 차는 $\square$(이)구나!

6

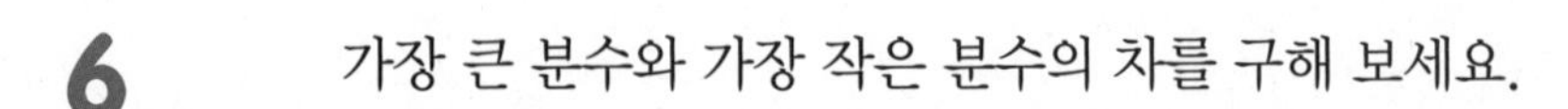

가장 큰 분수와 가장 작은 분수의 차를 구해 보세요.

$3\frac{3}{4}$ $3\frac{11}{12}$ $2\frac{5}{8}$

(   )

7

진도책 124쪽 14번 문제

계산 결과가 2와 3 사이의 수인 뺄셈에 ○표 하세요.

$4\frac{1}{5}-2\frac{2}{3}$ $5\frac{1}{3}-2\frac{4}{7}$ $6\frac{3}{5}-2\frac{1}{8}$

어떻게 풀었니?

대분수의 뺄셈 결과를 어림해 보자!

대분수의 뺄셈은 자연수는 자연수끼리, 분수는 분수끼리 계산하면 돼. 이때, 분수끼리 뺄 수 없으면 자연수에서 1을 빌려 와야 하지.

즉, 분수끼리 뺄 수 없다면 자연수끼리 계산한 결과가 1만큼 작아지게 되는 거야.

$4\frac{1}{5}-2\frac{2}{3}$ 자연수: $4-2=\square$, 분수: $\frac{1}{5}<\frac{2}{3}$ ➡ 뺄 수 없음

➡ 받아내림이 있으므로 계산 결과는 □와/과 □ 사이

$5\frac{1}{3}-2\frac{4}{7}$ 자연수: $5-2=\square$, 분수: $\frac{1}{3}<\frac{4}{7}$ ➡ 뺄 수 없음

➡ 받아내림이 있으므로 계산 결과는 □와/과 □ 사이

$6\frac{3}{5}-2\frac{1}{8}$ 자연수: $6-2=\square$, 분수: $\frac{3}{5}>\frac{1}{8}$ ➡ 뺄 수 있음

➡ 받아내림이 없으므로 계산 결과는 □와/과 □ 사이

직접 계산해서 확인해 볼까?

$4\frac{1}{5}-2\frac{2}{3}=\square$, $5\frac{1}{3}-2\frac{4}{7}=\square$, $6\frac{3}{5}-2\frac{1}{8}=\square$

아~ 계산해 보지 않아도 계산 결과가 2와 3 사이의 수인 뺄셈은

($4\frac{1}{5}-2\frac{2}{3}$, $5\frac{1}{3}-2\frac{4}{7}$, $6\frac{3}{5}-2\frac{1}{8}$)(이)구나!

8

계산 결과가 3과 4 사이의 수인 뺄셈에 ○표 하세요.

$7\frac{5}{6}-3\frac{1}{4}$ $8\frac{4}{7}-5\frac{3}{5}$ $5\frac{2}{3}-1\frac{7}{8}$

쓰기 쉬운 서술형

1 □ 안에 들어갈 수 있는 수 구하기

□ 안에 들어갈 수 있는 자연수를 모두 구하려고 합니다. 풀이 과정을 쓰고 답을 구해 보세요.

$$\frac{5}{12}+\frac{11}{16}>1\frac{\square}{48}$$

$\frac{5}{12}+\frac{11}{16}$보다 작은 $1\frac{\square}{48}$는?

계산 결과가 가분수이면 대분수로 고쳐.

무엇을 쓸까? ❶ $\frac{5}{12}+\frac{11}{16}$을 계산하여 □의 범위 구하기
❷ □ 안에 들어갈 수 있는 자연수 구하기

풀이 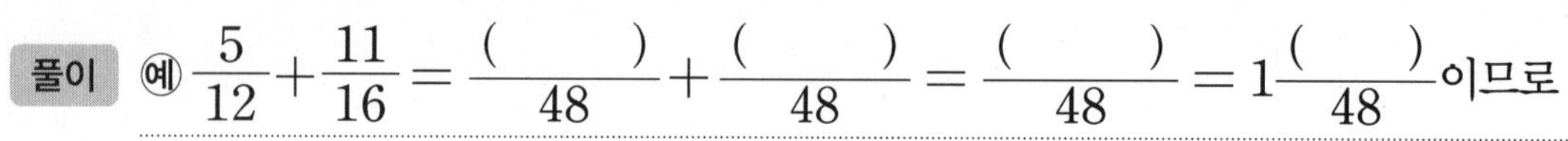
예) $\frac{5}{12}+\frac{11}{16}=\frac{(\quad)}{48}+\frac{(\quad)}{48}=\frac{(\quad)}{48}=1\frac{(\quad)}{48}$이므로

$1\frac{(\quad)}{48}>1\frac{\square}{48}$에서 ( )>□입니다. --- ❶

따라서 □ 안에 들어갈 수 있는 자연수는 ( ), ( ), ( ), ( )입니다. --- ❷

답

1-1

□ 안에 들어갈 수 있는 자연수는 모두 몇 개인지 풀이 과정을 쓰고 답을 구해 보세요.

$$2\frac{\square}{30}<7\frac{1}{6}-4\frac{4}{5}$$

무엇을 쓸까? ❶ $7\frac{1}{6}-4\frac{4}{5}$를 계산하여 □의 범위 구하기
❷ □ 안에 들어갈 수 있는 자연수의 개수 구하기

풀이

답

2 수 카드로 만든 분수의 합/차 구하기

3장의 수 카드 1, 5, 8 을 한 번씩만 사용하여 만들 수 있는 가장 큰 대분수와 가장 작은 대분수의 합은 얼마인지 풀이 과정을 쓰고 답을 구해 보세요.

(가장 큰 대분수)+(가장 작은 대분수)를 계산하면?

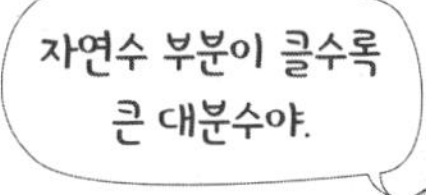

무엇을 쓸까? ❶ 가장 큰 대분수와 가장 작은 대분수 만들기
❷ 만든 대분수의 합 구하기

풀이 예 가장 큰 대분수는 자연수 부분이 가장 크므로 (　　　)이고,

가장 작은 대분수는 자연수 부분이 가장 작으므로 (　　　)입니다. --- ❶

따라서 두 대분수의 합은

$(\quad)+(\quad)=(\quad)\frac{(\quad)}{40}+(\quad)\frac{(\quad)}{40}=(\quad)$입니다. --- ❷

답

2-1

3장의 수 카드 2, 3, 7 을 한 번씩만 사용하여 만들 수 있는 가장 큰 대분수와 가장 작은 대분수의 차는 얼마인지 풀이 과정을 쓰고 답을 구해 보세요.

무엇을 쓸까? ❶ 가장 큰 대분수와 가장 작은 대분수 만들기
❷ 만든 대분수의 차 구하기

풀이

답

3 분수의 덧셈과 뺄셈의 활용

고구마를 준하는 $2\frac{2}{5}$ kg 캤고, 미호는 $3\frac{1}{3}$ kg 캤습니다. 준하와 미호가 캔 고구마는 모두 몇 kg인지 풀이 과정을 쓰고 답을 구해 보세요.

$2\frac{2}{5}+3\frac{1}{3}$을 계산하면?

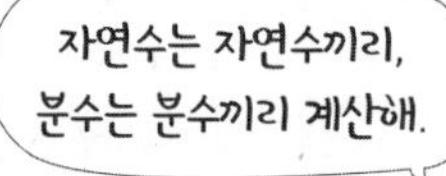

무엇을 쓸까? ❶ 준하와 미호가 캔 고구마의 양 구하는 과정 쓰기
❷ 준하와 미호가 캔 고구마의 양 구하기

풀이 예 (준하와 미호가 캔 고구마의 양) $=\left(\quad\right)+\left(\quad\right)$ --- ❶

$=(\quad)\frac{(\quad)}{15}+(\quad)\frac{(\quad)}{15}$

$=\left(\quad\right)$(kg)

따라서 준하와 미호가 캔 고구마는 모두 $\left(\quad\right)$ kg입니다. --- ❷

답

3-1

유빈이의 몸무게는 $41\frac{3}{4}$ kg이고, 태인이의 몸무게는 $43\frac{7}{8}$ kg입니다. 태인이는 유빈이보다 몇 kg 더 무거운지 풀이 과정을 쓰고 답을 구해 보세요.

무엇을 쓸까? ❶ 태인이는 유빈이보다 몇 kg 더 무거운지 구하는 과정 쓰기
❷ 태인이는 유빈이보다 몇 kg 더 무거운지 구하기

풀이

답

3-2

수지네 집에서 학교까지의 거리는 $1\frac{1}{6}$ km이고, 학교에서 도서관까지의 거리는 $1\frac{8}{9}$ km입니다. 수지네 집에서 학교를 지나 도서관까지 가는 거리는 몇 km인지 풀이 과정을 쓰고 답을 구해 보세요.

무엇을 쓸까? ❶ 수지네 집에서 학교를 지나 도서관까지 가는 거리 구하는 과정 쓰기
❷ 수지네 집에서 학교를 지나 도서관까지 가는 거리 구하기

풀이

답

3-3

일주일 동안 주스를 현지는 $1\frac{5}{8}$ L 마셨고, 은우는 현지보다 $\frac{3}{10}$ L 더 적게 마셨습니다. 일주일 동안 현지와 은우가 마신 주스는 모두 몇 L인지 풀이 과정을 쓰고 답을 구해 보세요.

무엇을 쓸까? ❶ 은우가 마신 주스의 양 구하기
❷ 현지와 은우가 마신 주스의 양 구하기

풀이

답

4 어떤 수 구하기

어떤 수에서 $\frac{5}{8}$를 뺐더니 $\frac{7}{12}$이 되었습니다. 어떤 수는 얼마인지 풀이 과정을 쓰고 답을 구해 보세요.

(어떤 수)$-\frac{5}{8}=\frac{7}{12}$에서 (어떤 수)는?

■－▲＝●
⟺ ●＋▲＝■

무엇을 쓸까? ❶ 어떤 수를 □라고 하여 식 세우기
❷ 어떤 수 구하기

풀이 예 어떤 수를 □라고 하면 □$-$(　　)$=$(　　)입니다. --- ❶

따라서 □$=$(　　)$+$(　　)$=\frac{(\quad)}{24}+\frac{(\quad)}{24}$

$=\frac{(\quad)}{24}=$(　　)입니다. --- ❷

답

4-1

어떤 수에 $\frac{2}{9}$를 더했더니 $\frac{14}{15}$가 되었습니다. 어떤 수는 얼마인지 풀이 과정을 쓰고 답을 구해 보세요.

무엇을 쓸까? ❶ 어떤 수를 □라고 하여 식 세우기
❷ 어떤 수 구하기

풀이

답

정답과 풀이 62쪽

4-2

어떤 수에서 $2\frac{5}{6}$를 뺐더니 $1\frac{3}{10}$이 되었습니다. 어떤 수는 얼마인지 풀이 과정을 쓰고 답을 구해 보세요.

무엇을 쓸까? ❶ 어떤 수를 □라고 하여 식 세우기
❷ 어떤 수 구하기

풀이

답

4-3

어떤 수에 $1\frac{7}{9}$을 더해야 할 것을 잘못하여 $1\frac{7}{9}$을 뺐더니 $3\frac{7}{12}$이 되었습니다. 바르게 계산하면 얼마인지 풀이 과정을 쓰고 답을 구해 보세요.

무엇을 쓸까? ❶ 어떤 수 구하기
❷ 바르게 계산한 값 구하기

풀이

답

수행 평가

1 □ 안에 알맞은 수를 써넣으세요.

$$5\frac{1}{9}-2\frac{5}{6}=5\frac{\square}{18}-2\frac{\square}{18}$$
$$=4\frac{\square}{18}-2\frac{\square}{18}$$
$$=\square$$

2 계산해 보세요.

(1) $\frac{3}{4}+\frac{5}{7}$

(2) $\frac{7}{12}-\frac{8}{15}$

3 계산 결과를 비교하여 ○ 안에 >, =, <를 알맞게 써넣으세요.

$$1\frac{3}{4}+2\frac{1}{6} \bigcirc 4\frac{5}{8}-1\frac{7}{10}$$

4 설명하는 수를 구해 보세요.

$2\frac{3}{10}$보다 $3\frac{11}{15}$ 큰 수

(　　　　　　　　)

5 계산 결과가 1보다 큰 것에 ○표 하세요.

$\frac{2}{5}+\frac{5}{12}$　　$\frac{3}{7}+\frac{9}{14}$　　$\frac{4}{9}+\frac{3}{8}$

6 물이 $4\frac{13}{20}$ L 들어 있는 수조에 물을 $1\frac{4}{15}$ L 더 부었습니다. 수조에 들어 있는 물은 모두 몇 L일까요?

( )

7 □ 안에 알맞은 수를 써넣으세요.

$$\square+\frac{7}{8}=1\frac{5}{6}$$

8 □ 안에 들어갈 수 있는 자연수는 모두 몇 개인지 구해 보세요.

$$3\frac{\square}{21}<5\frac{4}{7}-2\frac{1}{3}$$

( )

9 어떤 수에서 $\frac{1}{4}$을 빼야 할 것을 잘못하여 $\frac{1}{4}$을 더했더니 $\frac{19}{20}$가 되었습니다. 바르게 계산하면 얼마인지 구해 보세요.

( )

서술형 문제

10 소현이는 선물을 포장하는 데 리본 끈 $3\frac{7}{10}$ m 중에서 $1\frac{5}{12}$ m를 사용했습니다. 남은 리본 끈은 몇 m인지 풀이 과정을 쓰고 답을 구해 보세요.

풀이

답

⊕ 개념 적용

1

진도책 145쪽
10번 문제

평행사변형과 정삼각형의 둘레의 차는 몇 cm인지 구해 보세요.

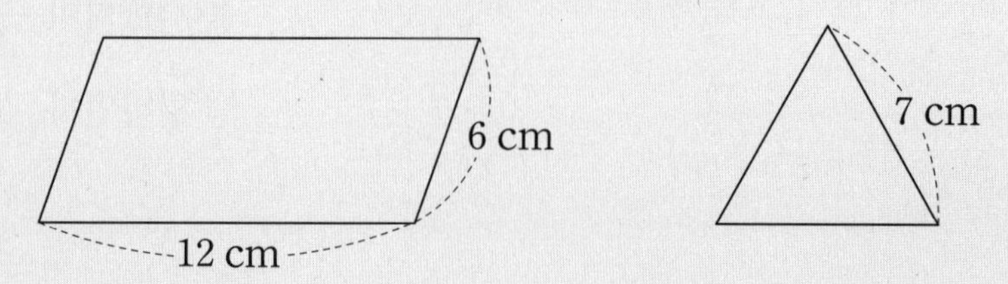

어떻게 풀었니?

먼저 평행사변형의 둘레와 정삼각형의 둘레를 각각 구해 보자!

평행사변형은 마주 보는 두 변의 길이가 같다는 거 기억하니?
평행사변형의 둘레에 12 cm인 변과 6 cm인 변이 2개씩 있으니까
평행사변형의 둘레는 다음과 같아.

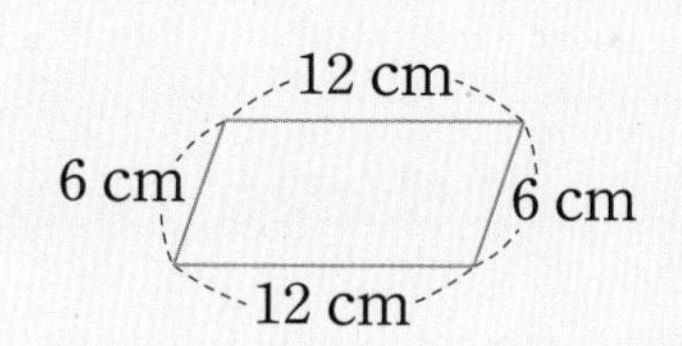

(평행사변형의 둘레) $= 12 \times \square + \square \times \square$

$= (12 + \square) \times \square = \square$ (cm)

정삼각형은 (두 , 세) 변의 길이가 같은 삼각형이니까 정삼각형의 둘레는 다음과 같아.

(정삼각형의 둘레) $= 7 \times \square = \square$ (cm)

평행사변형의 둘레에서 정삼각형의 둘레를 빼면 $\square - \square = \square$ (cm)가 되지.

아~ 평행사변형과 정삼각형의 둘레의 차는 $\square$ cm구나!

2

직사각형과 마름모의 둘레의 차는 몇 cm인지 구해 보세요.

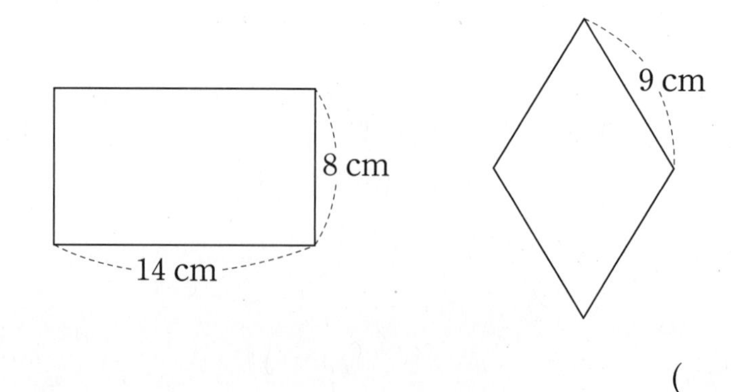

( )

3

진도책 159쪽
10번 문제

색칠한 부분의 넓이는 몇 cm^2일까요?

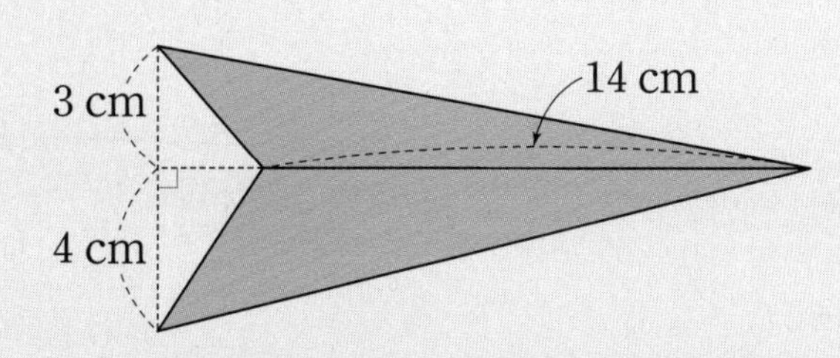

어떻게 풀었니?

도형을 2개의 삼각형으로 나누어서 넓이를 구해 보자!

주어진 도형을 오른쪽 그림과 같이 두 부분으로 나누면
㉠, ㉡은 모두 삼각형이 돼.
㉠은 밑변의 길이가 14 cm, 높이가 3 cm인 삼각형이니까
(㉠의 넓이) = ☐ × ☐ ÷ ☐ = ☐ (cm^2)이고,
㉡은 밑변의 길이가 14 cm, 높이가 4 cm인 삼각형이니까
(㉡의 넓이) = ☐ × ☐ ÷ ☐ = ☐ (cm^2)야.

색칠한 부분의 넓이는 ㉠과 ㉡의 넓이의 합이니까 ☐ + ☐ = ☐ (cm^2)가 되지.

아~ 색칠한 부분의 넓이는 ☐ cm^2구나!

4

색칠한 부분의 넓이는 몇 cm^2일까요?

(1)

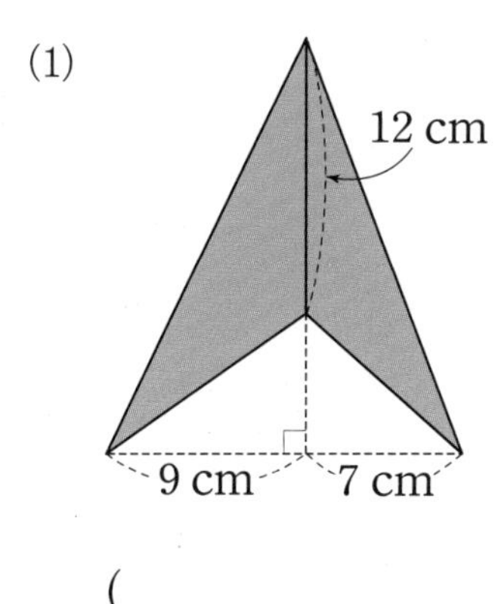

(　　　　　　　　　)

(2)

(　　　　　　　　　)

5

진도책 161쪽 16번 문제

마름모 ㄱㄴㄷㄹ에서 선분 ㄴㄹ의 길이는 선분 ㄱㄷ의 길이의 2배입니다. 마름모의 넓이는 몇 cm^2일까요?

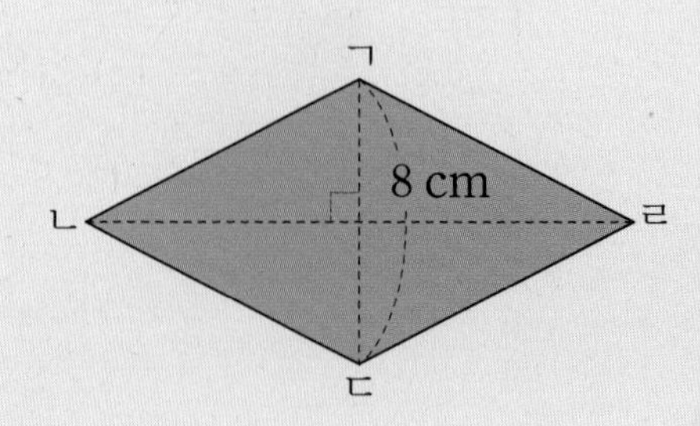

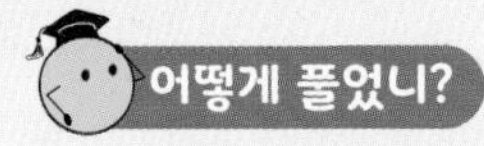

마름모의 넓이를 구하는 방법을 알아보자!

마름모의 넓이는 (한 대각선의 길이)×(다른 대각선의 길이)÷2로 구할 수 있으니까 마름모의 넓이를 구하려면 두 대각선의 길이를 알아야 해.

마름모에서 두 대각선은 선분 ㄱㄷ과 선분 ㄴㄹ이야.

선분 ㄱㄷ의 길이는 8 cm이고, 선분 ㄴㄹ의 길이는 선분 ㄱㄷ의 길이의 2배이니까

(선분 ㄴㄹ의 길이) = 8 × ☐ = ☐ (cm)

라는 걸 알 수 있지.

이제 마름모의 넓이를 구해 봐.

(마름모의 넓이) = 8 × ☐ ÷ ☐ = ☐ (cm^2)

아~ 마름모의 넓이는 ☐ cm^2구나!

6

마름모 ㄱㄴㄷㄹ에서 선분 ㄴㄹ의 길이는 선분 ㄱㄷ의 길이의 3배입니다. 마름모의 넓이는 몇 cm^2일까요?

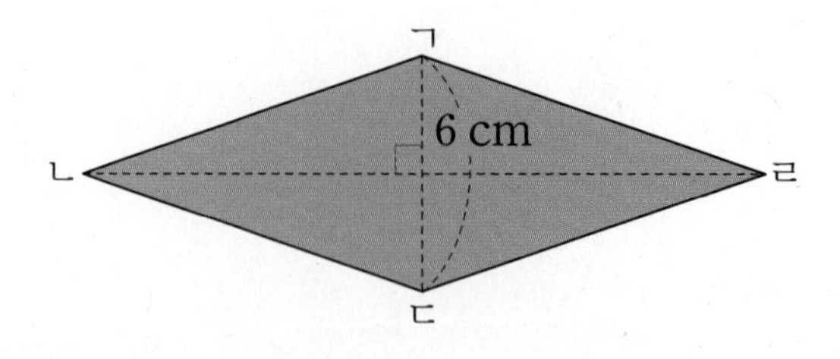

(　　　　　　　　)

7

진도책 163쪽 21번 문제

사다리꼴의 넓이가 96 cm^2일 때 □ 안에 알맞은 수를 써넣으세요.

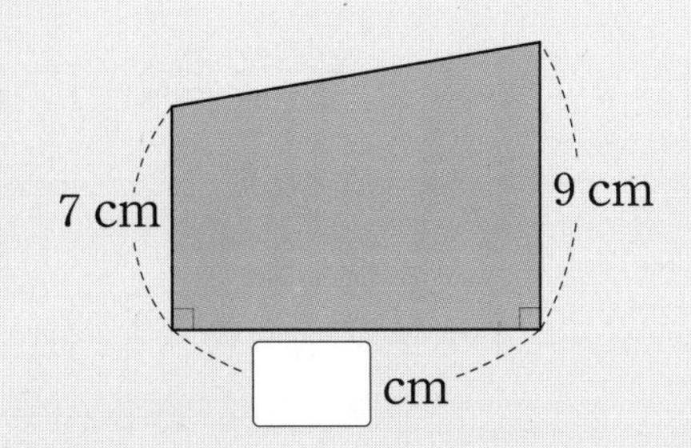

어떻게 풀었니?

윗변의 길이, 아랫변의 길이, 높이가 주어진 사다리꼴의 넓이를 구해 보자!

사다리꼴의 넓이는 ((윗변의 길이)+(아랫변의 길이))×(높이)÷2로 구할 수 있어.

주어진 사다리꼴은 윗변, 아랫변의 길이가 각각 7 cm, 9 cm이고 높이가 □cm이니까

(사다리꼴의 넓이)=(□+□)×□÷2

이고, 넓이가 96 cm^2로 주어졌으니까 (□+□)×□÷2=96이야.

이제 이 식을 계산해서 □를 구하면 돼.

□×□÷2=96에서 □×□=□이니까 □=□이/가 되지.

아~ □ 안에 알맞은 수는 □(이)구나!

8

사다리꼴의 넓이가 42 cm^2일 때 높이는 몇 cm인지 구해 보세요.

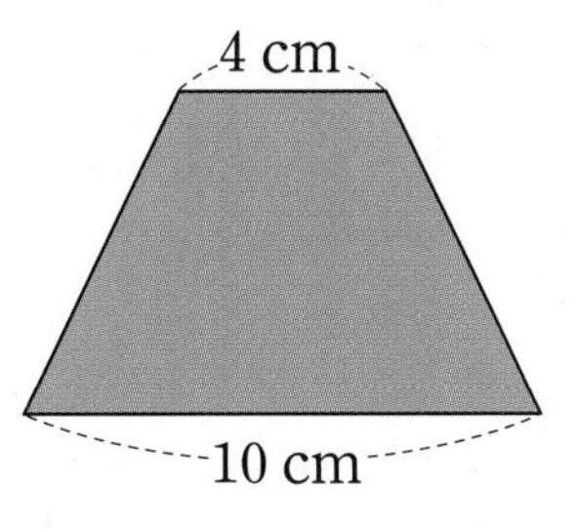

( )

9

사다리꼴의 넓이가 95 cm^2일 때 □ 안에 알맞은 수를 써넣으세요.

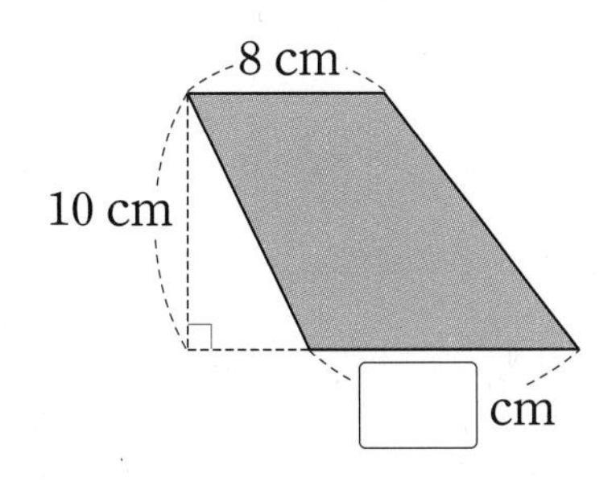

쓰기 쉬운 서술형

1 둘레가 주어진 정다각형의 한 변의 길이 구하기

둘레가 30 cm인 정오각형의 한 변의 길이는 몇 cm인지 풀이 과정을 쓰고 답을 구해 보세요.

5개의 변의 길이의 합이 30 cm인
정다각형의 한 변의 길이는?

정다각형은 모든 변의 길이가 같아.

무엇을 쓸까? ❶ 정오각형의 한 변의 길이를 구하는 과정 쓰기
❷ 정오각형의 한 변의 길이 구하기

풀이 예 정오각형은 (　　)개의 변의 길이가 모두 같습니다.

(한 변의 길이) = (　　　)÷(　　　) --- ❶

= (　　　) (cm)

따라서 한 변의 길이는 (　　) cm입니다. --- ❷

답

1-1

둘레가 56 cm인 정팔각형의 한 변의 길이는 몇 cm인지 풀이 과정을 쓰고 답을 구해 보세요.

무엇을 쓸까? ❶ 정팔각형의 한 변의 길이를 구하는 과정 쓰기
❷ 정팔각형의 한 변의 길이 구하기

풀이

답

1-2

둘레가 60 cm인 정십이각형의 한 변의 길이는 몇 cm인지 풀이 과정을 쓰고 답을 구해 보세요.

무엇을 쓸까? ❶ 정십이각형의 한 변의 길이를 구하는 과정 쓰기
❷ 정십이각형의 한 변의 길이 구하기

풀이

답

1-3

두 정다각형의 둘레가 같을 때, 정구각형의 한 변의 길이는 몇 cm인지 풀이 과정을 쓰고 답을 구해 보세요.

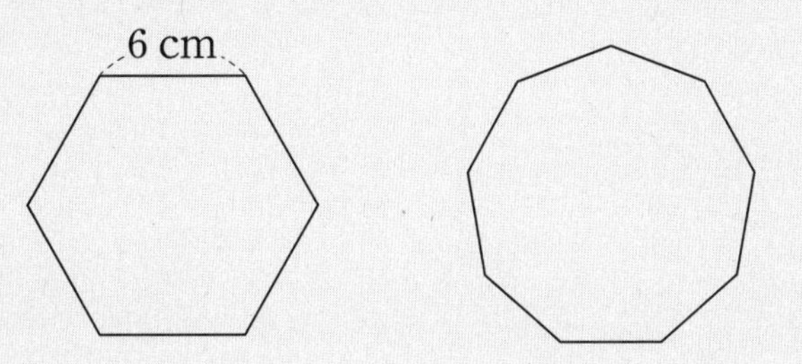

무엇을 쓸까? ❶ 정육각형의 둘레 구하기
❷ 정구각형의 한 변의 길이 구하기

풀이

답

2 둘레가 주어진 사각형의 한 변의 길이 구하기

직사각형의 둘레가 28 cm일 때 가로는 몇 cm인지 풀이 과정을 쓰고 답을 구해 보세요.

5 cm

세로가 5 cm, 둘레가 28 cm인 직사각형의 가로는?

직사각형은 마주 보는 변의 길이가 같아.

무엇을 쓸까?
1. 직사각형의 둘레를 구하는 식 쓰기
2. 직사각형의 가로의 길이 구하기

풀이 예 직사각형의 가로를 □cm라고 하면 (□+5)×(　　)=(　　)입니다. --- ❶

□+5=(　　)÷2, □+5=(　　), □=(　　)

따라서 직사각형의 가로는 (　　) cm입니다. --- ❷

답

2-1

평행사변형의 둘레가 26 cm일 때 □ 안에 알맞은 수는 얼마인지 풀이 과정을 쓰고 답을 구해 보세요.

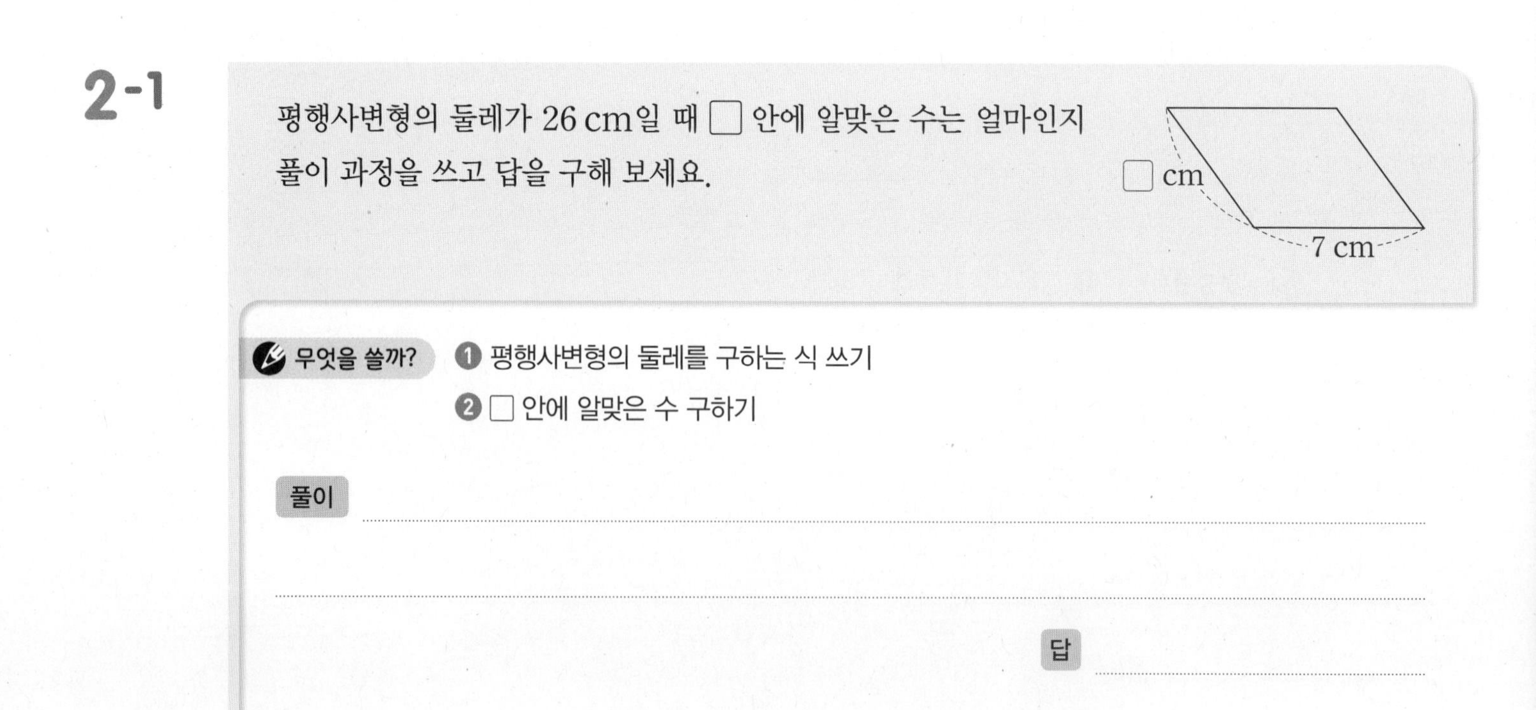

무엇을 쓸까?
1. 평행사변형의 둘레를 구하는 식 쓰기
2. □ 안에 알맞은 수 구하기

풀이

답

2-2

평행사변형과 마름모의 둘레가 같을 때 마름모의 한 변의 길이는 몇 cm인지 풀이 과정을 쓰고 답을 구해 보세요.

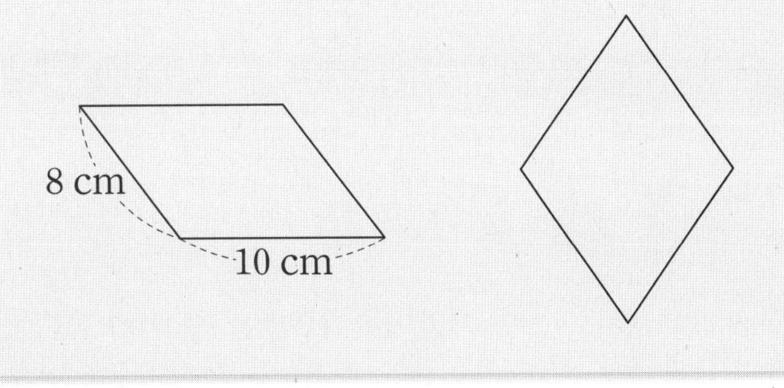

무엇을 쓸까? ❶ 평행사변형의 둘레 구하기
❷ 마름모의 한 변의 길이 구하기

풀이

답

2-3

둘레가 38 cm인 직사각형이 있습니다. 가로가 세로보다 3 cm 더 길 때, 가로는 몇 cm인지 풀이 과정을 쓰고 답을 구해 보세요.

무엇을 쓸까? ❶ 직사각형의 둘레를 구하는 식 쓰기
❷ 직사각형의 가로의 길이 구하기

풀이

답

3 넓이가 주어진 도형의 한 변의 길이 구하기

높이가 10 cm이고 넓이가 70 cm^2인 삼각형이 있습니다. 이 삼각형의 밑변의 길이는 몇 cm인지 풀이 과정을 쓰고 답을 구해 보세요.

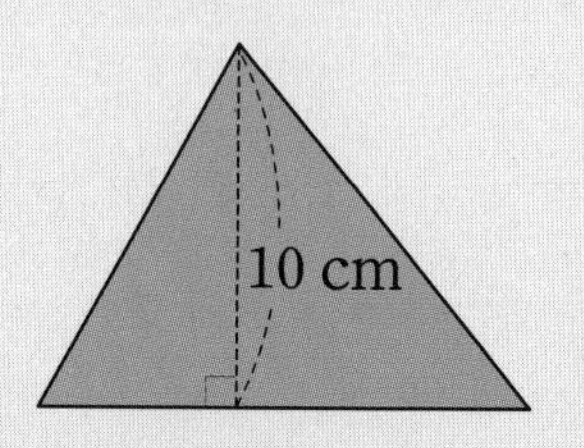

높이가 10 cm, 넓이가 70 cm^2인
삼각형의 밑변의 길이는?

(삼각형의 넓이)
=(밑변의 길이)
×(높이)÷2

무엇을 쓸까? ❶ 삼각형의 넓이를 구하는 식 쓰기
❷ 삼각형의 밑변의 길이 구하기

풀이 예 삼각형의 밑변의 길이를 □cm라고 하면

□×(　　)÷2=(　　)입니다. --- ❶

□×(　　)=(　　)×2, □×(　　)=(　　), □=(　　)

따라서 삼각형의 밑변의 길이는 (　　) cm입니다. --- ❷

답

3-1

넓이가 90 cm^2인 마름모의 한 대각선의 길이가 15 cm일 때 다른 대각선의 길이는 몇 cm인지 풀이 과정을 쓰고 답을 구해 보세요.

무엇을 쓸까? ❶ 마름모의 넓이를 구하는 식 쓰기
❷ 마름모의 다른 대각선의 길이 구하기

풀이

답

4 색칠한 부분의 넓이 구하기

오른쪽 도형에서 색칠한 부분의 넓이는 몇 cm^2인지 풀이 과정을 쓰고 답을 구해 보세요.

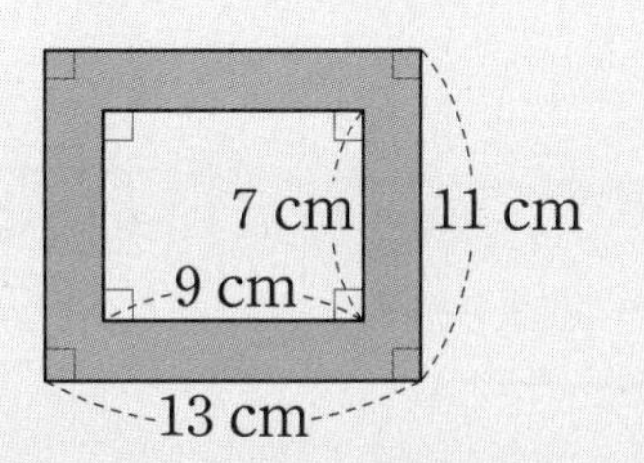

큰 직사각형의 넓이에서 작은 직사각형의 넓이를 빼면?

전체 도형의 넓이에서 색칠하지 않은 부분의 넓이를 빼면 돼.

무엇을 쓸까? ❶ 색칠한 부분의 넓이를 구하는 과정 쓰기
❷ 색칠한 부분의 넓이 구하기

풀이 예 (색칠한 부분의 넓이) = (　　)×(　　)−(　　)×(　　) --- ❶
= (　　)−(　　) = (　　) (cm^2)
따라서 색칠한 부분의 넓이는 (　　) cm^2입니다. --- ❷

답

4-1

오른쪽 도형에서 색칠한 부분의 넓이는 몇 cm^2인지 풀이 과정을 쓰고 답을 구해 보세요.

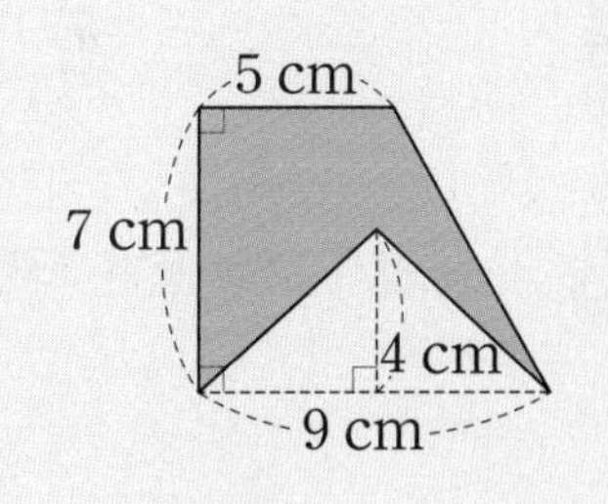

무엇을 쓸까? ❶ 색칠한 부분의 넓이를 구하는 과정 쓰기
❷ 색칠한 부분의 넓이 구하기

풀이

답

수행 평가

1 정칠각형의 둘레를 구해 보세요.

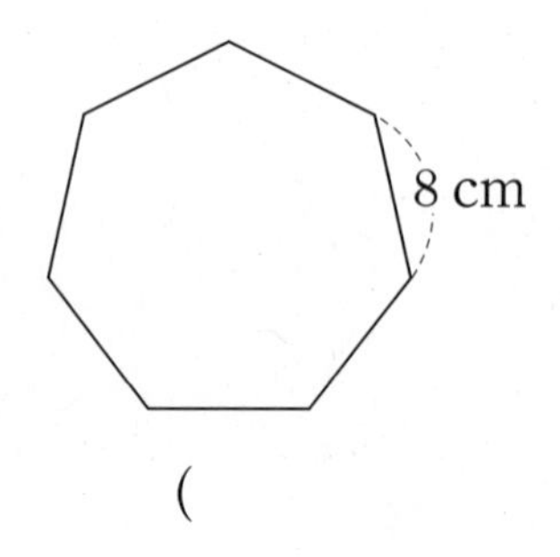

(　　　　　　　　)

2 □ 안에 알맞은 수를 써넣으세요.

(1) $14\ m^2 = \square\ cm^2$

(2) $0.9\ km^2 = \square\ m^2$

3 넓이가 가장 넓은 도형을 찾아 기호를 써 보세요.

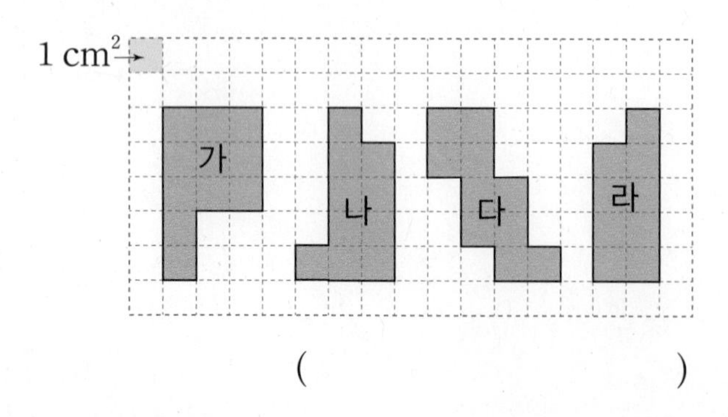

(　　　　　　　　)

4 직사각형의 둘레와 넓이를 각각 구해 보세요.

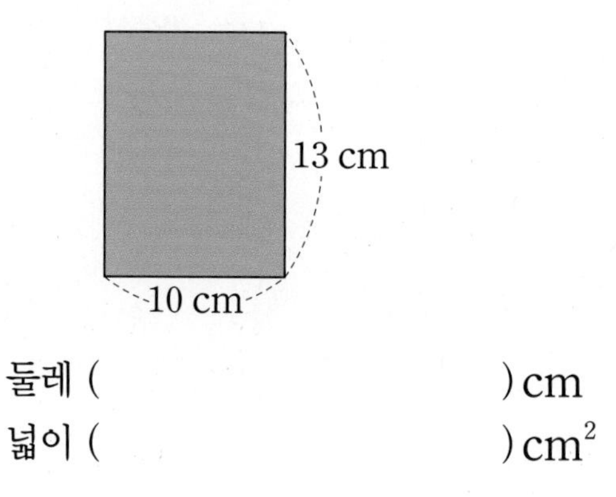

둘레 (　　　　　　　　) cm

넓이 (　　　　　　　　) cm^2

5 주어진 평행사변형과 넓이가 같고 모양이 다른 평행사변형을 2개 그려 보세요.

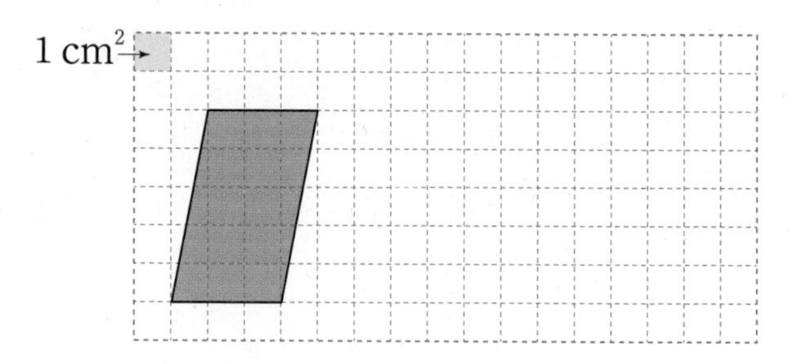

6 마름모의 두 대각선의 길이를 자로 재어 보고 넓이는 몇 cm^2인지 구해 보세요.

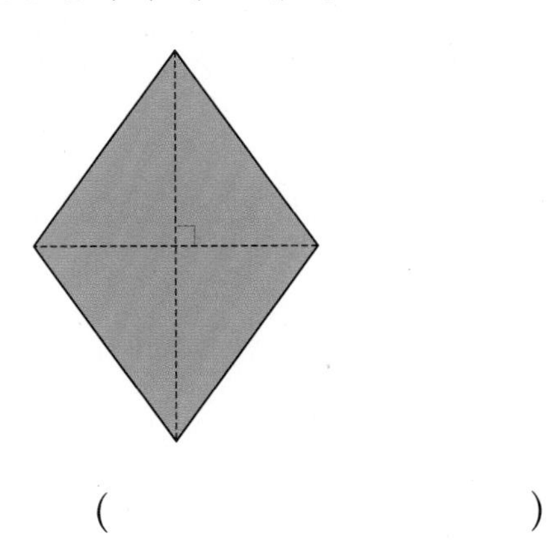

(　　　　　　　　)

7 둘레가 48 cm인 정사각형의 넓이는 몇 cm^2인지 구해 보세요.

(　　　　　　　　)

8 삼각형의 넓이가 60 cm^2일 때 □ 안에 알맞은 수를 구해 보세요.

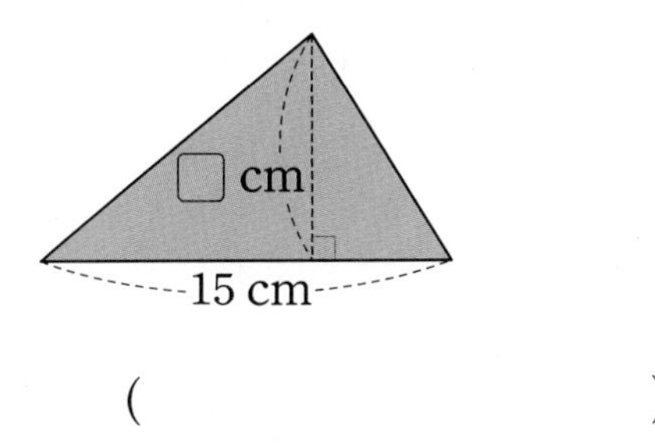

(　　　　　　　　)

9 사다리꼴과 평행사변형의 넓이가 같을 때, □ 안에 알맞은 수를 써넣으세요.

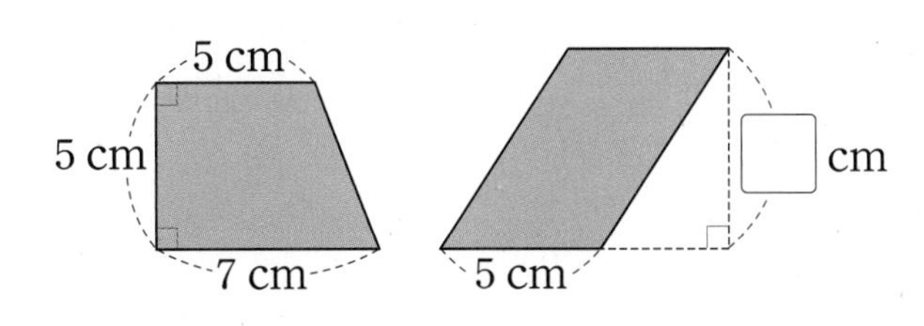

서술형 문제

10 다각형의 넓이는 몇 cm^2인지 풀이 과정을 쓰고 답을 구해 보세요.

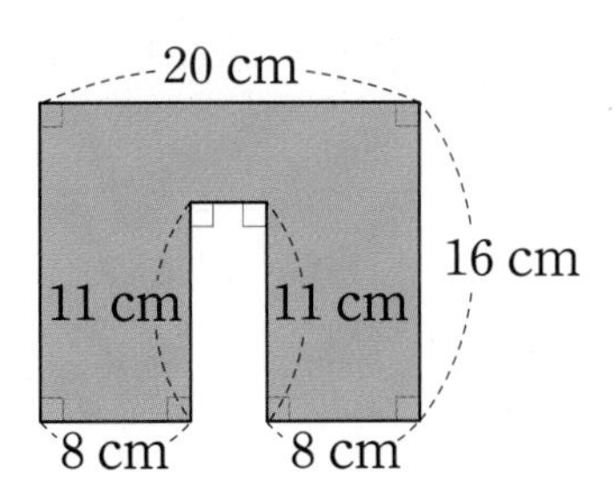

풀이 ....

답 ....

총괄 평가

1 계산 순서를 나타내고 계산해 보세요.

$9\times7-(26+16)\div3$

2 정팔각형의 둘레는 몇 cm인지 구해 보세요.

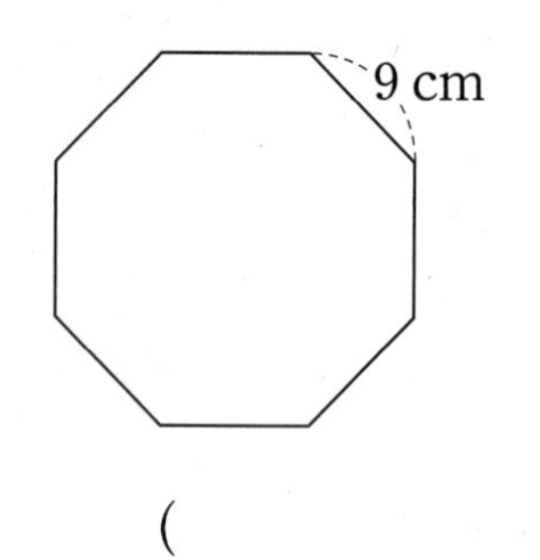

( )

3 곱셈식을 보고 24와 60의 최대공약수와 최소공배수를 각각 구해 보세요.

$24=2\times2\times2\times3$
$60=2\times2\times3\times5$

최대공약수 ( )
최소공배수 ( )

4 분모의 최소공배수를 공통분모로 하여 통분해 보세요.

(1) $\left(\frac{5}{16}, \frac{7}{12}\right) \rightarrow (\quad , \quad)$

(2) $\left(\frac{11}{18}, \frac{17}{27}\right) \rightarrow (\quad , \quad)$

5 계산해 보세요.

(1) $\frac{5}{6}+\frac{3}{4}$

(2) $1\frac{8}{15}-\frac{7}{10}$

6 평행사변형의 둘레와 넓이를 각각 구해 보세요.

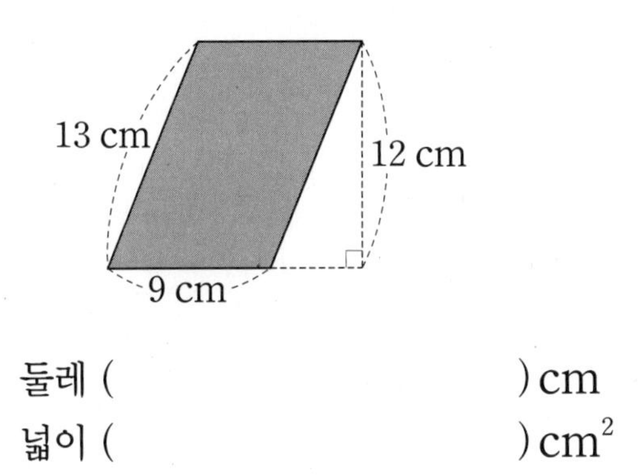

둘레 ( ) cm

넓이 ( ) cm^2

7 거미의 수와 거미 다리의 수 사이의 대응 관계를 알아보려고 합니다. 거미의 수를 ◎, 거미 다리의 수를 △라고 할 때, 두 양 사이의 대응 관계를 식으로 나타내고, 거미가 15마리일 때 거미 다리는 모두 몇 개인지 구해 보세요.

식

( )

8 계산 결과를 비교하여 ○ 안에 >, =, <를 알맞게 써넣으세요.

$$2\frac{3}{5}+3\frac{1}{8} \bigcirc 8\frac{7}{10}-2\frac{3}{4}$$

9 선주는 빨간 튤립 25송이와 노란 튤립 29송이를 색깔에 관계없이 꽃병 6개에 똑같이 나누어 꽂으려고 합니다. 꽃병 한 개에 꽂아야 하는 튤립은 몇 송이인지 하나의 식으로 나타내어 구해 보세요.

식

답

10 어떤 두 수의 최대공약수가 45일 때, 이 두 수의 공약수를 모두 구해 보세요.

( )

11 가로가 20 cm, 세로가 12 cm인 직사각형 모양의 종이를 겹치지 않게 이어 붙여 가장 작은 정사각형을 만들려고 합니다. 이때 정사각형의 한 변의 길이를 몇 cm로 해야 하는지 구해 보세요.

( )

12 마름모의 넓이가 27 m^2일 때, □ 안에 알맞은 수를 써넣으세요.

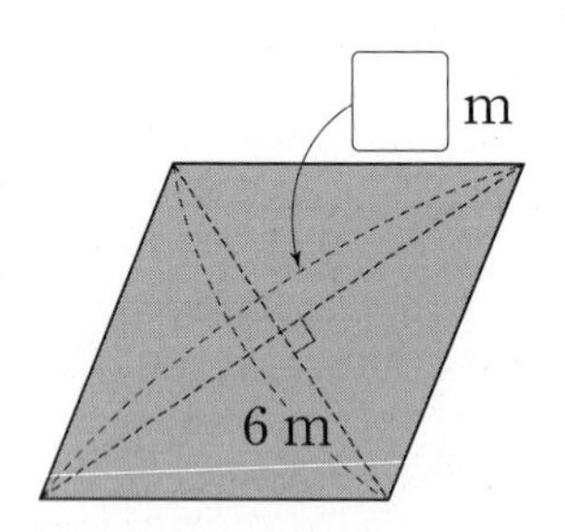

13 $\frac{7}{10}$과 $\frac{21}{25}$ 사이의 분수 중에서 분모가 50인 기약분수는 모두 몇 개인지 구해 보세요.

( )

14 같은 날 서울과 프라하의 시각 사이의 대응 관계를 나타낸 표입니다. 서울이 오후 10시일 때 프라하는 오후 몇 시인지 구해 보세요.

서울의 시각	오후 1시	오후 2시	오후 3시	오후 4시
프라하의 시각	오전 6시	오전 7시	오전 8시	오전 9시

( )

15 3장의 수 카드 2, 5, 9를 한 번씩만 사용하여 만들 수 있는 가장 큰 대분수와 가장 작은 대분수의 합은 얼마인지 구해 보세요.

( )

16 □ 안에 들어갈 수 있는 자연수는 모두 몇 개인지 구해 보세요.

$$\frac{3}{8} < \frac{6}{\square} < \frac{5}{11}$$

(　　　　　　　　)

17 어떤 수에 $\frac{3}{7}$을 더해야 할 것을 잘못하여 $\frac{3}{7}$을 뺐더니 $\frac{2}{3}$가 되었습니다. 바르게 계산하면 얼마인지 구해 보세요.

(　　　　　　　　)

18 삼각형에서 □ 안에 알맞은 수를 구해 보세요.

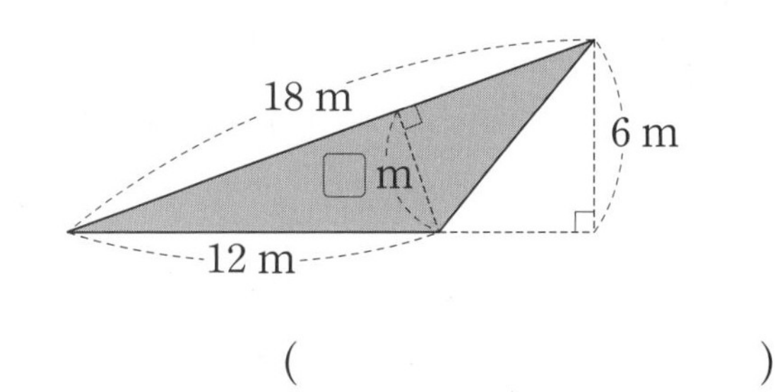

(　　　　　　　　)

서술형 문제

19 냉장고에 주스가 1.15 L, 우유가 $1\frac{1}{8}$ L, 식혜가 1.08 L 있습니다. 가장 많이 있는 음료는 무엇인지 풀이 과정을 쓰고 답을 구해 보세요.

풀이

답

서술형 문제

20 다각형의 넓이는 몇 cm^2인지 풀이 과정을 쓰고 답을 구해 보세요.

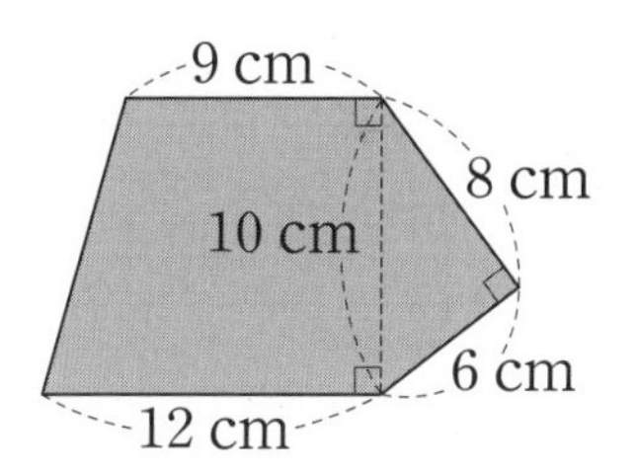

풀이

답

진도책 # 정답과 풀이

1 자연수의 혼합 계산

혼합 계산은 물건을 여러 개 사고 난 후에 물건 값을 지불하고 거스름돈을 받아야 하는 상황이나 물건을 여러 모둠에 똑같은 개수로 나누어 주고 남은 개수를 구하는 상황 등에서 이용됩니다. 따라서 학생들은 혼합 계산이 실생활 상황에서 활용된다는 것을 알고, 문제 상황을 혼합 계산식으로 표현할 수 있어야 합니다. 또 혼합 계산에서는 계산의 순서가 중요하다는 것과 계산 순서를 달리 하면 결과가 달라진다는 것을 알아야 합니다. 이 단원에서 학습한 혼합 계산은 중등 과정에서 정수와 유리수의 사칙 계산과 혼합 계산으로 이어지므로 계산이 이루어지는 순서에 대한 규약을 알고 이를 적절히 적용하여 문제를 해결할 수 있는 능력을 기르는 데 초점을 두도록 합니다.
또 계산 순서가 정해진 이유를 알고 계산하도록 지도하고, 기계적인 계산이 되지 않도록 유의합니다.

교과서 개념 이해 1 덧셈, 뺄셈이 섞여 있으면 앞에서부터, ( )가 있으면 ( )부터 계산해. 8쪽

1 (1) (위에서부터) 30, 19, 30
(2) (위에서부터) 8, 35, 8

2 (1) $28-9+15=34$ (① $28-9$, ② $+15$)
(2) $28-(9+15)=4$ (① $9+15$, ② $28-$)

1 (1) 앞에서부터 차례로 계산합니다.
(2) ( ) 안을 먼저 계산하고 뺄셈을 계산합니다.

2 (1) $28-9+15=19+15=34$ (① $28-9$, ② $+15$)
(2) $28-(9+15)=28-24=4$ (① $9+15$, ② $28-$)

교과서 개념 이해 2 곱셈, 나눗셈이 섞여 있으면 앞에서부터, ( )가 있으면 ( )부터 계산해. 9쪽

1 (1) (위에서부터) 27, 9, 27
(2) (위에서부터) 3, 15, 3

2 (1) $72\div3\times4=96$ (① $72\div3$, ② $\times4$)
(2) $72\div(3\times4)=6$ (① 3×4, ② $72\div$)

1 (1) 앞에서부터 차례로 계산합니다.
(2) ( ) 안을 먼저 계산하고 나눗셈을 계산합니다.

2 (1) $72\div3\times4=24\times4=96$ (① $72\div3$, ② $\times4$)
(2) $72\div(3\times4)=72\div12=6$ (① 3×4, ② $72\div$)

개념 적용 -1 덧셈, 뺄셈이 섞여 있는 식 10~11쪽

1 (1) 43 (2) 25 (3) 52 (4) 32
2 (1) = (2) <
3 $35-(19-11)=27$
4 55
5 ① 37 ② 25, 37, 25, 26
6 (1) 예 9, 6, 2, 5 / (2) 예 7, 3, 4, 6

 9, 9

1 (1) $34+25-16=59-16=43$
(2) $34-25+16=9+16=25$
(3) $71-29+10=42+10=52$
(4) $71-(29+10)=71-39=32$

2 (1) $18+31-22=49-22=27$,
$18+(31-22)=18+9=27$
(2) $53-(7+16)=53-23=30$,
$53-7+16=46+16=62$

3 8을 19 − 11로 나타내어 35 − 8 = 27에서 8의 자리에 넣습니다.

4 47 + 28 − 20 = 75 − 20 = 55

5 (책꽂이에 남아 있는 책의 수)
= (과학책의 수) + (역사책의 수) − (꺼낸 책의 수)
= 14 + 37 − 25 = 51 − 25 = 26(권)

내가 만드는 문제
6 1부터 9까지의 수를 자유롭게 써넣어 앞에서부터 차례로 계산하여 계산 결과를 구합니다.
(1) 예 9 − 6 + 2 = 3 + 2 = 5
(2) 예 7 + 3 − 4 = 10 − 4 = 6

10 ㉠ 50 ÷ 2 × 5 = 25 × 5 = 125
㉡ 50 ÷ (2 × 5) = 50 ÷ 10 = 5
㉢ (50 ÷ 2) × 5 = 25 × 5 = 125
㉢의 식은 (　　)가 없어도 계산 결과가 같으므로 ㉠의 식과 계산 결과가 같습니다.

11 (한 상자에 담을 모자의 수)
= (1시간에 만든 모자의 수) × (작동 시간) ÷ (나누어 담을 상자의 수)
= 18 × 6 ÷ 4 = 108 ÷ 4 = 27(개)

내가 만드는 문제
12 식을 (　　)로 묶는 방법에 따라 계산 결과가 다양하게 나올 수 있습니다.
예 243 ÷ (9 × 9) ÷ 3 × 3 = 243 ÷ 81 ÷ 3 × 3
= 3 ÷ 3 × 3 = 1 × 3 = 3

개념 적용 -2 곱셈, 나눗셈이 섞여 있는 식 (12~13쪽)

7 (1) 27 (2) 48 (3) 75 (4) 3
➕ 9, 27

8 (1) 90 × 3 ÷ 6 = 45 (2) 90 ÷ (3 × 6) = 5

9 84 ÷ (7 × 3) = 84 ÷ 21 = 4
① 7 × 3, ② 84 ÷ 21

10 ㉡

11 ① 6 ② 4, 6, 4, 27

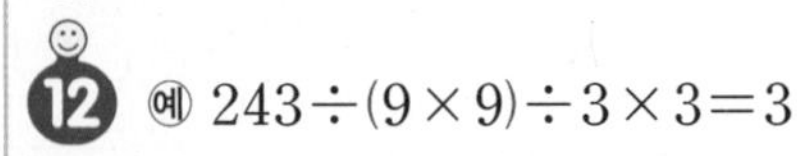

12 예 243 ÷ (9 × 9) ÷ 3 × 3 = 3

3, 3

7 (1) 36 × 3 ÷ 4 = 108 ÷ 4 = 27
(2) 36 ÷ 3 × 4 = 12 × 4 = 48
(3) 60 ÷ 4 × 5 = 15 × 5 = 75
(4) 60 ÷ (4 × 5) = 60 ÷ 20 = 3
➕ (마름모의 넓이) = (한 대각선의 길이) × (다른 대각선의 길이) ÷ 2이므로
(마름모의 넓이) = 6 × 9 ÷ 2 = 54 ÷ 2 = 27 (cm^2)입니다.

8 (2) 3과 6의 곱을 먼저 구한 다음 90에서 나누어야 하므로 3과 6의 곱을 구하는 부분을 (　　)로 묶어 줍니다.

9 (　　)가 있는 식은 (　　) 안을 먼저 계산해야 합니다.

교과서 개념 이해 3 덧셈, 뺄셈, 곱셈이 섞여 있으면 곱셈부터, (　　)가 있으면 (　　)부터 계산해. (14쪽)

1 (1) (위에서부터) 56, 48, 61, 56
(2) (위에서부터) 31, 3, 18, 31

2 (1) 65 − 4 × 11 + 2 = 23
① 4 × 11, ② 65 − 44, ③ 21 + 2

(2) 65 − 4 × (11 + 2) = 13

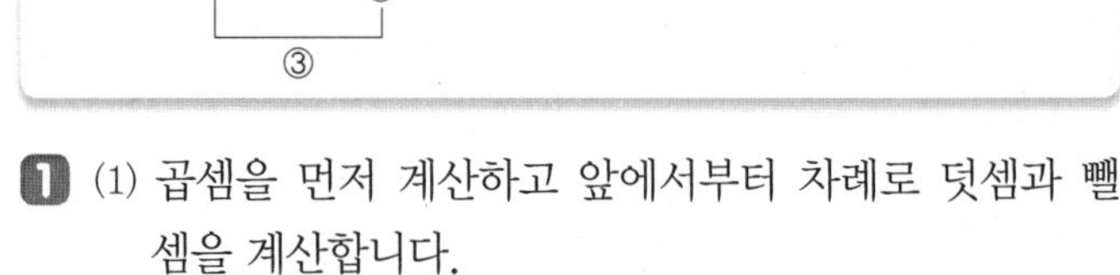

1 (1) 곱셈을 먼저 계산하고 앞에서부터 차례로 덧셈과 뺄셈을 계산합니다.
(2) (　　) 안을 가장 먼저 계산하고, 곱셈을 계산한 다음 덧셈을 계산합니다.

2 (1) 65 − 4 × 11 + 2 = 65 − 44 + 2
= 21 + 2
= 23

(2) 65 − 4 × (11 + 2) = 65 − 4 × 13
= 65 − 52
= 13

교과서 개념 이해 4 덧셈, 뺄셈, 나눗셈이 섞여 있으면 나눗셈부터, (   )가 있으면 (   )부터 계산해. 15쪽

1 (1) (위에서부터) 18, 4, 24, 18
(2) (위에서부터) 32, 3, 12, 32

2 (1) 84−49÷7+10=87

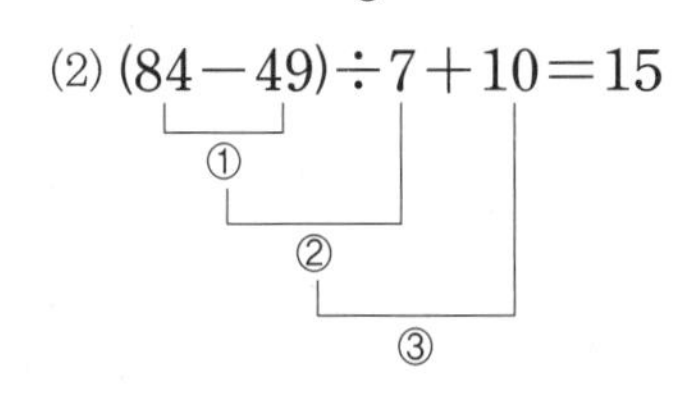

(2) (84−49)÷7+10=15

1 (1) 나눗셈을 먼저 계산하고 앞에서부터 차례로 덧셈과 뺄셈을 계산합니다.
(2) (   ) 안을 가장 먼저 계산하고, 나눗셈을 계산한 다음 덧셈을 계산합니다.

2 (1) 84 − 49÷7 + 10 = 84 − 7 + 10
= 77 + 10
= 87

(2) (84 − 49)÷7 + 10 = 35÷7 + 10
= 5 + 10
= 15

교과서 개념 이해 5 덧셈, 뺄셈, 곱셈, 나눗셈이 섞여 있으면 곱셈, 나눗셈부터, (   )가 있으면 (   )부터. 16~17쪽

1 ㉣, ㉠, ㉢

2 (위에서부터) 7, 63, 35, 63, 98

3 (1) (위에서부터) 10, 6, 18, 28, 10
(2) (위에서부터) 94, 6, 8, 72, 94

4 (1) (위에서부터) 40, 10, 74, 61
(2) (위에서부터) 21, 27, 3, 37

5 (1) 17+3×8−54÷6=32

(2) (17+3)×8−54÷6=151

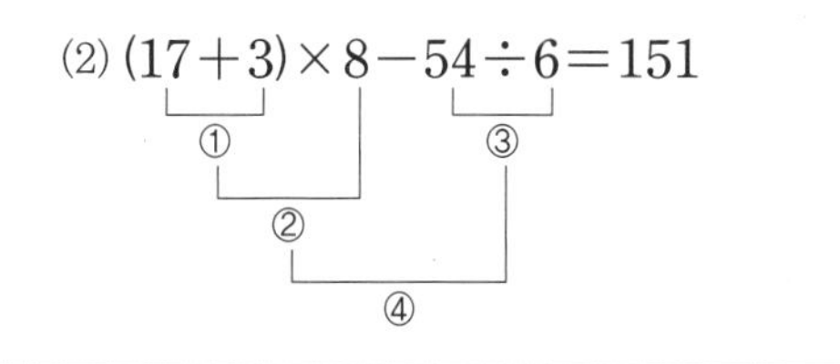

1 곱셈과 나눗셈을 먼저 앞에서부터 차례로 계산하고 덧셈과 뺄셈을 앞에서부터 차례로 계산합니다.

3 (1) 곱셈과 나눗셈을 먼저 앞에서부터 차례로 계산하고 덧셈과 뺄셈을 앞에서부터 차례로 계산합니다.
(2) (   ) 안을 가장 먼저 계산하고, 곱셈과 나눗셈을 앞에서부터 차례로 계산한 다음 덧셈을 계산합니다.

4 (2) (   ) 안을 가장 먼저 계산하고, 나눗셈을 계산한 다음 뺄셈을 계산합니다.

5 (1) 17 + 3×8 − 54÷6 = 17 + 24 − 54÷6
= 17 + 24 − 9
= 41 − 9
= 32

(2) (17 + 3)×8 − 54÷6 = 20×8 − 54÷6
= 160 − 54÷6
= 160 − 9
= 151

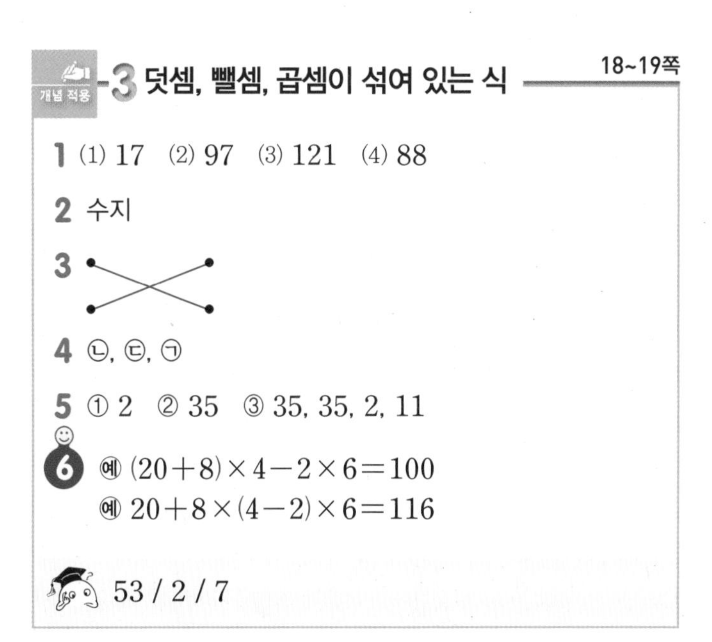

개념 적용 -3 덧셈, 뺄셈, 곱셈이 섞여 있는 식 18~19쪽

1 (1) 17 (2) 97 (3) 121 (4) 88

2 수지

3

4 ㉡, ㉢, ㉠

5 ① 2 ② 35 ③ 35, 35, 2, 11

6 예 (20+8)×4−2×6=100
예 20+8×(4−2)×6=116

53 / 2 / 7

1 (1) $50-7\times6+9=17$
① 42 ② 8 ③ 17

(2) $50-7+6\times9=97$
② 43 ① 54 ③ 97

(3) $28+12\times8-3=121$
① 96 ② 124 ③ 121

(4) $28+12\times(8-3)=88$
① 5 ② 60 ③ 88

2 $6+4\times(11-8)=18$
① 3 ② 12 ③ 18

➡ ( )가 있는 식은 ( ) 안을 가장 먼저 계산합니다.

3 $(80-12)\times5+13=68\times5+13$
$=340+13=353$
$80-12\times5+13=80-60+13$
$=20+13=33$

4 ㉠ $(7+9)-5\times3=16-5\times3=16-15=1$
㉡ $(7+9-5)\times3=(16-5)\times3=11\times3=33$
㉢ $7+(9-5)\times3=7+4\times3=7+12=19$
➡ ㉡>㉢>㉠

5 (응원한 전체 학생 수)
=(시우네 반 학생 수)−(피구를 한 학생 수)
+(응원한 다른 반 학생 수)
$=35-14\times2+4$
$=35-28+4=7+4=11$(명)

내가 만드는 문제
6 ( )로 묶는 방법에 따라 계산 결과가 다양하게 나올 수 있습니다.
예 $(20+8)\times4-2\times6$
$=28\times4-2\times6=112-12=100$
예 $20+8\times(4-2)\times6$
$=20+8\times2\times6=20+96=116$
예 $20+(8\times4-2)\times6$
$=20+(32-2)\times6=20+30\times6$
$=20+180=200$
예 $(20+8\times4-2)\times6$
$=(20+32-2)\times6=50\times6=300$

개념 적용 4 덧셈, 뺄셈, 나눗셈이 섞여 있는 식 20~21쪽

7 (1) 72 (2) 24 (3) 39 (4) 43

8 $91+81\div9-4=96$

9

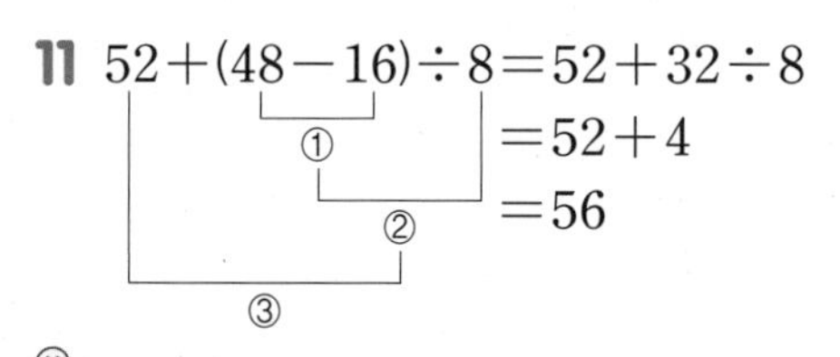

10 (1) > (2) <

11 $52+(48-16)\div8=52+32\div8$
$=52+4$
$=56$

12 예 7, 15

(위에서부터) 9, 9 / 달라에 ○표

7 (1) $70-48\div12+6=72$
① 4 ② 66 ③ 72

(2) $70-48+12\div6=24$
② 22 ① 2 ③ 24

(3) $34+63\div9-2=39$
① 7 ② 41 ③ 39

(4) $34+63\div(9-2)=43$
① 7 ② 9 ③ 43

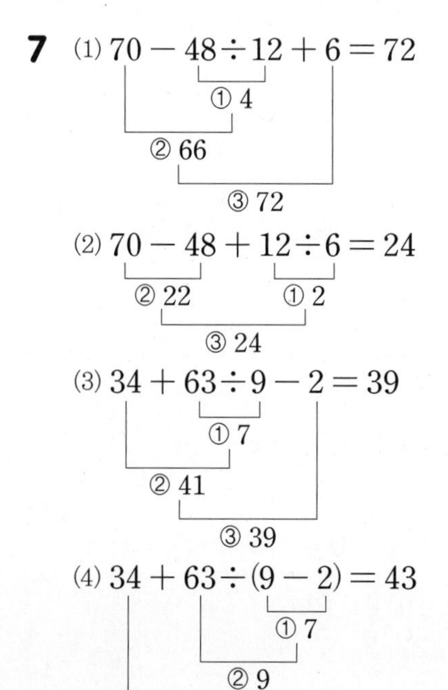

8 9를 $81\div9$로 나타내어 $91+9-4=96$에서 9의 자리에 넣습니다.

9 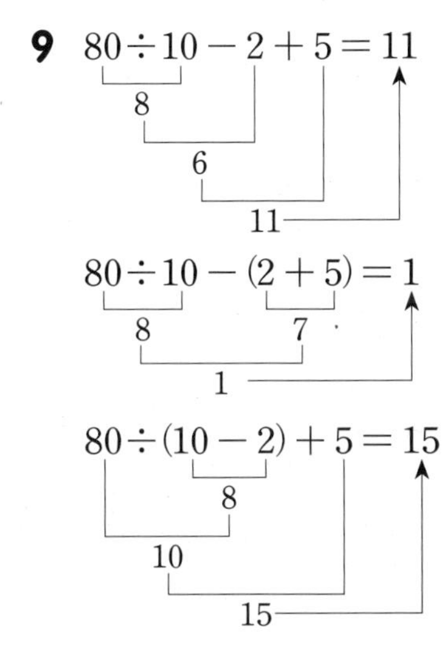

$80 \div 10 - 2 + 5 = 11$ (8, 6, 11)

$80 \div 10 - (2 + 5) = 1$ (8, 7, 1)

$80 \div (10 - 2) + 5 = 15$ (8, 10, 15)

10 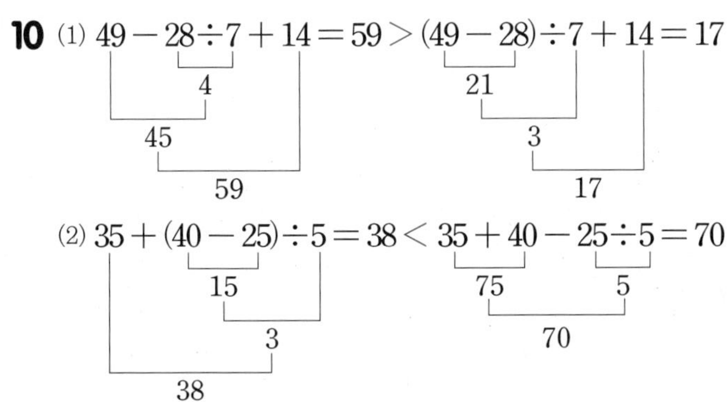

(1) $49 - 28 \div 7 + 14 = 59 > (49 - 28) \div 7 + 14 = 17$ (4, 45, 59 / 21, 3, 17)

(2) $35 + (40 - 25) \div 5 = 38 < 35 + 40 - 25 \div 5 = 70$ (15, 3, 38 / 75, 5, 70)

11 ( ) 안을 가장 먼저 계산하고, 나눗셈을 계산한 다음 덧셈을 계산합니다.

☺ 내가 만드는 문제

12 1부터 9까지의 수를 자유롭게 써넣어 ( ) 안을 먼저 계산합니다.

예 ○ = 7일 때,

$30 \div 6 + (17 - 7) = 30 \div 6 + 10 = 5 + 10 = 15$

개념 적용 1-5 덧셈, 뺄셈, 곱셈, 나눗셈이 섞여 있는 식 22~23쪽

13 (1) 93 (2) 181 (3) 41 (4) 38

⊕ 16, 5 / 55

14 ㉠, ㉢, ㉡

15 10개

16 25 °C

☺ **17** 예 −, ÷, +, ×, 140

(위에서부터) 14, 31, 19, 5 / ㉣

13 (1) $5 + 36 \div 4 \times 10 - 2 = 93$

① 9 ② 90 ③ 95 ④ 93

(2) $5 \times 36 - 4 + 10 \div 2 = 181$

① 180 ② 5 ③ 176 ④ 181

(3) $42 - 12 \times 5 \div 6 + 9 = 41$

① 60 ② 10 ③ 32 ④ 41

(4) $42 - 12 \times 5 \div (6 + 9) = 38$

② 60 ① 15 ③ 4 ④ 38

⊕ (사다리꼴의 넓이)

= ((윗변의 길이) + (아랫변의 길이)) × (높이) ÷ 2이므로

(사다리꼴의 넓이) = $(6 + 16) \times 5 \div 2 = 22 \times 5 \div 2$

$= 110 \div 2 = 55\,(\text{cm}^2)$입니다.

14 ㉠ $6 \times (7 + 13) - 12 \div 3$

$= 6 \times 20 - 12 \div 3 = 120 - 4 = 116$

㉡ $6 \times 7 + 13 - 12 \div 3$

$= 42 + 13 - 12 \div 3 = 42 + 13 - 4 = 51$

㉢ $6 \times (7 + 13 - 12 \div 3)$

$= 6 \times (7 + 13 - 4) = 6 \times 16 = 96$

따라서 계산 결과의 크기를 비교하면 ㉠>㉢>㉡입니다.

15 $37 + 11 - 4 \times 6 \div 3$

$= 37 + 11 - 24 \div 3 = 37 + 11 - 8$

$= 48 - 8 = 40$

$37 + (11 - 4) \times 6 \div 3$

$= 37 + 7 \times 6 \div 3 = 37 + 42 \div 3$

$= 37 + 14 = 51$

➡ 40<□<51이므로 □ 안에 들어갈 수 있는 자연수는 41, 42, 43, 44, 45, 46, 47, 48, 49, 50으로 모두 10개입니다.

16 $(77-32)\times5\div9$
$=45\times5\div9=225\div9=25(^\circ\text{C})$

☺ 내가 만드는 문제
17 연산 기호를 넣는 방법에 따라 다양한 식을 만들 수 있습니다.
예 $128-64\div16+8\times2$
$=128-4+8\times2$
$=128-4+16$
$=124+16$
$=140$

발전 문제 24~26쪽

개념 완성

1	14	**2**	51
3	500	**4**	29
5	13	**6**	63
7	(1) 7 (2) 4	**8**	30
9	44	**10**	×
11	−, ×		

12 예 5 (+) 5 (÷) 5 (−) 5=1
5 (÷) 5 (+) 5 (÷) 5=2
5 (−)(5 (+) 5)(÷) 5=3

13 $(4+3)\times5=35$ / 35명

14 335번 **15** 약 2 kg

16 4, 8, 2 또는 8, 4, 2 / 16

17 3, 5, 1 / 32 **18** 10 / 5

1 $5\times2+4=14$
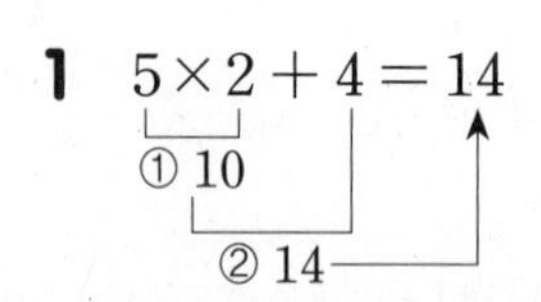

2 $54-(9+3\times4)\div7=51$
① 12
② 21
③ 3
④ 51

3 $104+(83-47)\times(91\div13+64\div16)=500$
① 36 ② 7 ③ 4
④ 11
⑤ 396
⑥ 500

4 17♥5 $=17-5+17$
$=12+17$
$=29$

5 4★6 $=4+6\times6\div4$
$=4+36\div4$
$=4+9=13$

6 21♠14 $=21\div(21-14)\times14+21$
$=21\div7\times14+21$
$=3\times14+21$
$=42+21=63$

7 (1) (□+3)=●라 하면 42÷●=6, ●=7입니다.
(2) □+3=7이므로 □=7−3=4입니다.

8 14−(□÷5)=8에서 □÷5의 값을 먼저 구합니다.
➡ □÷5=14−8=6,
□=6×5=30

9 $54-63\div9=54-7=47$이므로
26+(□−9)×3÷5=47입니다.
➡ (□−9)×3÷5=47−26=21,
(□−9)×3=21×5=105,
□−9=105÷3=35,
□=35+9=44

10 24÷6=4이므로 ○ 안에 ×를 써넣어야 4×9=36이 됩니다.

11 30÷(8×2) ➡ 30÷16 ➡ 나누어떨어지지 않습니다.
30÷(8÷2) ➡ 30÷4 ➡ 나누어떨어지지 않습니다.
30÷(8+2)×3=9(×)
30÷(8−2)×3=15(○)

12 예 $5+5\div5-5=5+1-5=6-5=1$,
$5\div5+5\div5=1+5\div5=1+1=2$,
$5-(5+5)\div5=5-10\div5=5-2=3$

13 (기범이네 반 전체 학생 수)=(한 모둠의 학생 수)×5
=(4+3)×5=35(명)

14 준영이는 일주일 동안 매일 25번씩 훌라후프를 했으므로 식으로 나타내면 7×25이고, 지민이는 일주일 중 2일은 쉬고 나머지 날에 32번씩 훌라후프를 했으므로 식으로 나타내면 $(7-2) \times 32$입니다.
따라서 준영이와 지민이는 일주일 동안 훌라후프를
$7 \times 25 + (7-2) \times 32 = 7 \times 25 + 5 \times 32$
$= 175 + 160 = 335$(번)
했습니다.

15 달에서 몸무게를 재었을 때 수현이와 하준이의 몸무게의 합을 식으로 나타내면 $(34+32) \div 6$입니다. 달에서의 선생님의 몸무게는 약 $78 \div 6 = 13$(kg)이므로 달에서 잰 선생님의 몸무게는 수현이와 하준이의 몸무게의 합보다 약 $13 - (34+32) \div 6 = 13 - 66 \div 6$
$= 13 - 11 = 2$(kg)
더 무겁습니다.

16 계산 결과가 가장 크려면 나누는 수가 가장 작아야 합니다.
➡ $4 \times 8 \div 2 = 32 \div 2 = 16$
$8 \times 4 \div 2 = 32 \div 2 = 16$

17 계산 결과가 가장 크려면 곱하는 수가 가장 커야 하고 더해지는 수가 빼는 수보다 커야 합니다.
➡ $3 + (6 \times 5) - 1 = 3 + 30 - 1 = 33 - 1 = 32$

18 • 계산 결과가 가장 크려면 48을 나누는 수가 가장 작아야 하므로 (8, 4, 6) 또는 (8, 6, 4)의 순서로 수를 넣습니다.
➡ $8 + 48 \div (4 \times 6) = 8 + 48 \div 24 = 8 + 2 = 10$
$8 + 48 \div (6 \times 4) = 8 + 48 \div 24 = 8 + 2 = 10$
• 계산 결과가 가장 작으려면 48을 나누는 수가 가장 커야 하므로 (4, 6, 8) 또는 (4, 8, 6)의 순서로 수를 써넣습니다.
➡ $4 + 48 \div (6 \times 8) = 4 + 48 \div 48 = 4 + 1 = 5$
$4 + 48 \div (8 \times 6) = 4 + 48 \div 48 = 4 + 1 = 5$

1 단원 단원 평가 27~29쪽

1 ㉡
2 (위에서부터) 5, 9, 63, 5
3 (1) $14+30 \div 5 \times 2=26$ (① $30 \div 5$, ② $\times 2$, ③ $14+$)
(2) $14+30 \div (5 \times 2)=17$ (① 5×2, ② $30 \div$, ③ $14+$)
4 (1) 4, 578, 4, 574 (2) 2, 600, 2, 300
5 ㉢
6 (1) > (2) <
7 64
8 $76 \div 2+5=43$ / 43 kg
9 ②
10 $18+42 \div 6-4 \times 3=13$ (① 7, ② 12, ③ 25, ④ 13)
11 14개
12 예 $25+17-56 \div 8 \times 3=21$
13 $12 \times 4-7 \times 5=13$ / 13자루
14 $80 - 8 \times (4 + 5) = 8$
15 6
16 177
17 +, ÷, −
18 6, 2, 3 / 42
19 31명
20 $70 \times (16-4)=840$

1 곱셈, 나눗셈을 덧셈, 뺄셈보다 먼저 계산합니다. 이때 곱셈, 나눗셈은 앞에서부터 차례로 계산해야 하므로 가장 먼저 계산해야 하는 부분은 ㉡입니다.

2 (   ) 안을 먼저 계산하고 곱셈을 계산한 다음 뺄셈을 계산합니다.

3 (   ) 안 ➡ 곱셈, 나눗셈 ➡ 덧셈, 뺄셈
(1) $14 + 30 \div 5 \times 2 = 14 + 6 \times 2$
$= 14 + 12 = 26$
(2) $14 + 30 \div (5 \times 2) = 14 + 30 \div 10$
$= 14 + 3 = 17$

4 (1) $196=200-4$로 계산합니다.
(2) $25=50\div2$로 계산합니다.

5 ( )가 있으면 ( ) 안을 먼저 계산하고, ( )의 위치에 따라 계산 결과가 다를 수도 있습니다.
㉠ $8\times9\div3+21=72\div3+21=24+21=45$
㉡ $8\times(9\div3)+21=8\times3+21=24+21=45$
㉢ $8\times9\div(3+21)=8\times9\div24=72\div24=3$

6 (1) $45-6+8=39+8=47$
$32\div4\times5=8\times5=40$
(2) $(84-21)\div7=63\div7=9$
$84-(21\div7)=84-3=81$

7 $35+57-28=92-28=64$

8 (찬호의 몸무게) = (아버지의 몸무게의 반) + 5
$=76\div2+5=38+5=43$ (kg)

9 한 상자에 담는 딸기의 수를 알아보는 식: $6\times4=24$
필요한 상자의 수를 알아보는 식: $120\div24=5$
하나의 식으로 나타내기 ➡ $120\div(6\times4)=5$

10 덧셈, 뺄셈, 곱셈, 나눗셈이 섞여 있는 식은 곱셈과 나눗셈을 먼저 계산하고, 앞에서부터 차례로 덧셈과 뺄셈을 계산합니다.

11 $15-6\times8\div4=15-48\div4=15-12=3$
$(15-6)\times8\div4=9\times8\div4=72\div4=18$
➡ $3<\square<18$이므로 □ 안에 들어갈 수 있는 자연수는 4, 5, 6, 7, 8, 9, 10, 11, 12, 13, 14, 15, 16, 17로 모두 14개입니다.

12 $25+17-56\div8\times3=21$
③ 42, ① 7, ② 21, ④ 21

13 (남은 연필의 수)
= (4타의 연필의 수) − (나누어 준 연필의 수)
$=12\times4-7\times5$
$=48-35$
$=13$(자루)

14 $80-8\times(4+5)=80-8\times9=80-72=8$

15 $67-(22+8)\times\square\div9=67-30\times\square\div9=47$에서 $30\times\square\div9=20$이어야 합니다.
따라서 $30\times\square\div9=20$, $30\times\square=180$이므로 $\square=6$입니다.

16 $9♣12=9\times(9+12)-12$
$=9\times21-12$
$=189-12=177$

17 46①28②7③11 = 39에서 ÷을 넣을 수 있는 곳은 ②입니다. ①, ③에 +, −, ×을 넣어 식을 완성합니다.
46⊕28⊘7⊖11 $=46+4-11$
$=50-11=39$

18 계산 결과가 가장 크려면 곱하는 수는 가장 커야 하고, 나누는 수는 가장 작아야 합니다.
➡ $15\times6\div2-3=90\div2-3$
$=45-3$
$=42$

서술형
19 예 현재 버스 안에 있는 사람 수는 처음 버스에 타고 있던 사람 수에서 내린 사람의 수를 빼고 탄 사람의 수를 더하면 됩니다.
따라서 $26-8+13=18+13=31$(명)입니다.

평가 기준	배점
현재 버스 안에 있는 사람 수를 구하는 식을 세웠나요?	2점
현재 버스 안에 있는 사람 수를 구했나요?	3점

서술형
20 예 두 식에 공통으로 들어 있는 수는 12이므로 아래의 식에서 12 대신에 $16-4$를 쓰면 됩니다.
이때 $70\times16-4$라고 쓰면 70×16을 먼저 계산하게 되므로 $16-4$에 ( )를 사용하여 나타내야 합니다.

평가 기준	배점
두 식에 공통으로 들어 있는 수를 찾았나요?	2점
( )를 사용하여 하나의 식으로 나타냈나요?	3점

2 약수와 배수

수는 수학의 여러 영역에서 가장 기본이 되고, 수에 대한 정확한 이해와 수를 이용한 연산 능력은 수학 학습을 하는 데 기초가 됩니다. 이에 본 단원에서는 수의 연산에서 중요한 요소인 약수와 배수를 자연수의 범위에서 알아봅니다. 약수와 배수는 학생들이 이미 학습한 곱셈과 나눗셈의 연산 개념을 바탕으로 정의됩니다. 약수와 배수, 최대공약수와 최소공배수를 학습한 뒤에는 일상생활에서 약수와 배수와 관련된 문제를 해결하고 그 해결 과정을 설명하게 하며 주어진 수가 어떤 수의 배수인지 쉽게 판별하는 방법을 알아봅니다. 약수와 배수는 5학년의 약분과 통분, 분모가 다른 분수의 덧셈과 뺄셈으로 연결되며, 중등 과정에서 다항식 계산의 기초가 되므로 학생들이 정확하게 이해하고 문제를 해결하도록 지도합니다.

교과서 개념 이해 1 약수는 어떤 수를 나누어떨어지게 하는 수야.

32쪽

1 1, 2, 7, 14 / 1, 2, 7, 14

2 (위에서부터) 1, 2, 4 / 5, 10, 20 / 1, 2, 4, 5, 10, 20

1 14를 나누어떨어지게 하는 수는 1, 2, 7, 14이므로 14의 약수는 1, 2, 7, 14입니다.

2 두 수의 곱셈식에서 1, 2, 4, 5, 10, 20은 20을 나누어떨어지게 하는 수이므로 20의 약수는 1, 2, 4, 5, 10, 20입니다.

교과서 개념 이해 2 배수는 어떤 수를 1배, 2배, 3배, ... 한 수야.

33쪽

1 (1) 수직선 0~20에서 3, 6, 9, 12, 15, 18에 화살표

(2) 수직선 0~20에서 6, 12, 18에 화살표

2 (1) 10, 15, 20, 25 (2) 18, 27, 36, 45

1 (1) 3의 배수: $3\times1=3$, $3\times2=6$, $3\times3=9$, $3\times4=12$, $3\times5=15$, $3\times6=18$, ...

(2) 6의 배수: $6\times1=6$, $6\times2=12$, $6\times3=18$, ...

2 (1) 5의 배수: $5\times1=5$, $5\times2=10$, $5\times3=15$, $5\times4=20$, $5\times5=25$, ...

(2) 9의 배수: $9\times1=9$, $9\times2=18$, $9\times3=27$, $9\times4=36$, $9\times5=45$, ...

교과서 개념 이해 3 곱셈식에서 약수와 배수의 관계를 찾을 수 있어.

34~35쪽

1 (1) 배수에 ○표, 약수에 ○표
(2) 약수에 ○표, 배수에 ○표
(3) 배수에 ○표, 약수에 ○표

2 (1) 7, 21 (2) 3, 7, 21

3 8, 4 / (1) 2, 4, 8 (2) 1, 2, 4, 8

4 5, 2 /
(1) 2, 4, 5, 10, 20
(2) 1, 2, 4, 5, 10, 20

5 (1) 1, 3, 5, 15 (2) 1, 3, 5, 15

2 ●=■×▲에서 ■와 ▲는 ●의 약수이고, ●는 ■와 ▲의 배수입니다.

3 두 곱셈식에서 8은 각각의 곱하는 두 수의 배수이고, 각각의 곱하는 두 수는 8의 약수입니다.

4 $20=2\times10$
$=2\times2\times5$

$20=4\times5$
$=2\times2\times5$

5 $15=1\times15$, $15=3\times5$이므로 15의 약수는 1, 3, 5, 15이고 15는 1, 3, 5, 15의 배수입니다.

개념 적용 1 약수

36~37쪽

1 (1) (위에서부터) 3, 1, 2, 2 / 2, 1, 4 / 1, 3, 1, 2 / 1, 1, 1
(2) 1, 2, 5, 10

2 (1) × (2) ○

3 1, 2, 4, 7, 14, 28에 ○표

4 (1) 4, 8 (2) 1, 3, 6, 12

5 30에 ○표
➕ (1) 2 (2) 3

6 예 48 / 1, 2, 3, 4, 6, 8에 ○표

15 / 5 / 1, 3, 5, 15

1 10을 나누어떨어지게 하는 수는 1, 2, 5, 10이므로 10의 약수는 1, 2, 5, 10입니다.

2 (1) $63 \div 8 = 7 \cdots 7$이므로 8은 63의 약수가 아닙니다.
(2) $42 \div 7 = 6$이므로 7은 42의 약수입니다.

3 $28 \div 1 = 28$, $28 \div 2 = 14$, $28 \div 4 = 7$, $28 \div 7 = 4$, $28 \div 14 = 2$, $28 \div 28 = 1$
➡ 28의 약수: 1, 2, 4, 7, 14, 28
다른 풀이 | 곱해서 28이 되는 두 수를 찾습니다.
$1 \times 28 = 28$, $2 \times 14 = 28$, $4 \times 7 = 28$이므로 28의 약수는 1, 2, 4, 7, 14, 28입니다.

4 (1) $16 \div 1 = 16$, $16 \div 2 = 8$, $16 \div 4 = 4$, $16 \div 8 = 2$, $16 \div 16 = 1$이므로
16의 약수는 1, 2, 4, 8, 16입니다.
(2) $24 \div 1 = 24$, $24 \div 2 = 12$, $24 \div 3 = 8$, $24 \div 4 = 6$, $24 \div 6 = 4$, $24 \div 8 = 3$, $24 \div 12 = 2$, $24 \div 24 = 1$이므로
24의 약수는 1, 2, 3, 4, 6, 8, 12, 24입니다.

5
- 18의 약수: 1, 2, 3, 6, 9, 18 ➡ 6개
- 21의 약수: 1, 3, 7, 21 ➡ 4개
- 30의 약수: 1, 2, 3, 5, 6, 10, 15, 30 ➡ 8개
- 32의 약수: 1, 2, 4, 8, 16, 32 ➡ 6개

➕ (1) 7의 약수는 1, 7이므로 2개입니다.
따라서 7은 약수가 1과 자기 자신뿐인 수이므로 소수입니다.
(2) 9의 약수는 1, 3, 9이므로 3개입니다.
따라서 9는 약수의 개수가 2개보다 많으므로 합성수입니다.

내가 만드는 문제
6 16의 약수: 1, 2, 4, 8, 16
20의 약수: 1, 2, 4, 5, 10, 20
36의 약수: 1, 2, 3, 4, 6, 9, 12, 18, 36
48의 약수: 1, 2, 3, 4, 6, 8, 12, 16, 24, 48
60의 약수: 1, 2, 3, 4, 5, 6, 10, 12, 15, 20, 30, 60

개념 적용 -2 배수 38~39쪽

7 4, 8, 12, 16, 20, 24, 28, 32, 36, 40에 ○표
7, 14, 21, 28, 35에 △표

8 (1) 32, 56 (2) 42, 84, 98

9 (1) 86, 134에 ×표
(2) 168, 194에 ×표
➕ 0 / 9 / 6

10 (1) × (2) ○ (3) ○

11 ㉢

12 예 15 / 15, 30, 45, 60

5, 10, 15, 20 / 5, 10, 15, 20

7 4의 배수는 4를 1배, 2배, 3배, ...한 수이므로 4, 8, 12, 16, 20, 24, 28, 32, 36, 40, ...이고
7의 배수는 7을 1배, 2배, 3배, ...한 수이므로 7, 14, 21, 28, 35, ...입니다.

8 (1) 8부터 8씩 커지므로 8의 배수를 나타냅니다.
따라서 네 번째 칸은 $8 \times 4 = 32$, 일곱 번째 칸은 $8 \times 7 = 56$입니다.
(2) 14부터 14씩 커지므로 14의 배수를 나타냅니다.
따라서 세 번째 칸은 $14 \times 3 = 42$, 여섯 번째 칸은 $14 \times 6 = 84$, 일곱 번째 칸은 $14 \times 7 = 98$입니다.

9 (1) $6 \times 12 = 72$, $6 \times 17 = 102$, $6 \times 33 = 198$
(2) $9 \times 11 = 99$, $9 \times 13 = 117$, $9 \times 23 = 207$
➕ 360은 2의 배수, 3의 배수, 4의 배수, 5의 배수, 6의 배수, 9의 배수입니다.

10 (1) 1은 모든 수의 약수입니다.

11 13의 배수는 $13 \times 1 = 13$, $13 \times 2 = 26$, $13 \times 3 = 39$, $13 \times 4 = 52$, $13 \times 5 = 65$, $13 \times 6 = 78$, $13 \times 7 = 91$, $13 \times 8 = 104$, ...이므로
두 수가 모두 13의 배수인 것은 ㉢입니다.

내가 만드는 문제
12 예 두 자리 수를 15로 정했다면 15의 배수는
$15 \times 1 = 15$, $15 \times 2 = 30$, $15 \times 3 = 45$, $15 \times 4 = 60$, ...이므로 가장 작은 수부터 차례로 쓰면 15, 30, 45, 60입니다.

개념 적용 3 곱을 이용하여 약수와 배수의 관계 알기 40~41쪽

13 (1) 배수 / 약수 (2) 배수 / 약수

14

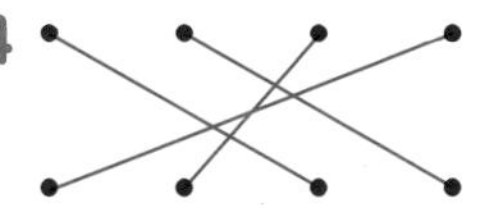

15 15, 5 / 10, 5 / 6, 3 /
1, 2, 3, 5, 6, 10, 15, 30 /
1, 2, 3, 5, 6, 10, 15, 30

16 (3, 48), (8, 48), (11, 55)

17 (1) 16, 8, 4 (2) 4, 8, 16
(3) 1, 2, 4, 8, 16

18 예 6, 60 / 예 3, 21

4 / 20

13 곱셈식에서 계산 결과는 곱하는 두 수의 배수이고 곱하는 두 수는 계산 결과의 약수입니다.

14 큰 수를 작은 수로 나누었을 때 나누어떨어지는 것끼리 잇습니다.
➡ $33 \div 11 = 3$, $81 \div 9 = 9$, $26 \div 2 = 13$, $35 \div 7 = 5$

15 $30 = 1 \times 30 = 1 \times 2 \times 15 = 1 \times 2 \times 3 \times 5$
$30 = 3 \times 10 = 3 \times 2 \times 5$
$30 = 5 \times 6 = 5 \times 2 \times 3$

16 큰 수를 작은 수로 나누었을 때 나누어떨어지는지 알아봅니다.
➡ $55 \div 5 = 11$, $48 \div 3 = 16$, $48 \div 8 = 6$, $55 \div 11 = 5$

17 직사각형의 가로와 세로를 이용하여 16을 두 수의 곱으로 나타냅니다.

내가 만드는 문제

18 보기 에서 왼쪽 수는 오른쪽 수의 약수이고, 오른쪽 수는 왼쪽 수의 배수입니다.
왼쪽 수를 정하고 왼쪽 수의 배수 중 하나를 오른쪽에 쓰거나, 오른쪽 수를 정하고 오른쪽 수의 약수 중 하나를 왼쪽에 씁니다.

교과서 개념 이해 4 두 수의 약수 중 공통된 수는 공약수라고 해. 42쪽

1 (1) 1, 2, 3, 6 / 1, 2, 3, 6, 9, 18
(2) 1, 2, 3, 6 / 6
(3) 6

1 (2) 6과 18의 공약수는 6과 18의 공통된 약수이므로 1, 2, 3, 6입니다.
최대공약수는 공약수 중 가장 큰 수이므로 6입니다.
(3) 최대공약수가 6이므로 사과 6개와 딸기 18개를 최대 6명에게 똑같이 나누어 줄 수 있습니다.

교과서 개념 이해 5 두 수의 공약수 중 가장 큰 수는 최대공약수라고 해. 43쪽

1 (1) 2, 3 / 2, 3 / 2, 3, 6
(2) 2 / 3 / 6

1 (1) 24와 42에 공통으로 들어 있는 곱셈식을 이용하여 최대공약수를 구합니다.
(2) 24와 42의 공약수가 1밖에 없을 때까지 두 수의 공약수로 나누고, 나눈 공약수들을 모두 곱하여 최대공약수를 구합니다.

교과서 개념 이해 6 두 수의 배수 중 공통된 수는 공배수라고 해. 44쪽

1 (1) 2, 4, 6, 8, 10, 12, 14 / 3, 6, 9, 12, 15
(2) 6, 12 / 6
(3) 6

1 (2) 2와 3의 공배수는 2와 3의 공통된 배수이므로 6, 12, ...입니다.
최소공배수는 공배수 중 가장 작은 수이므로 6입니다.
(3) 최소공배수가 6이므로 민서와 준호가 공통으로 색칠하게 되는 수 중 가장 작은 수는 6입니다.

교과서 개념 이해 7 두 수의 공배수 중 가장 작은 수는 최소공배수라고 해. 45쪽

1 (1) 2, 3 / 2, 3 / 2, 3, 4, 7, 168
(2) 2 / 3 / 4, 7, 168

1 (1) 24와 42의 최대공약수인 $2 \times 3 = 6$과 나머지 수 4, 7을 모두 곱하여 최소공배수를 구합니다.
(2) 24와 42의 공약수가 1밖에 없을 때까지 두 수의 공약수로 나누고, 나눈 공약수들과 남은 몫을 모두 곱하여 최소공배수를 구합니다.

개념 적용 -4 공약수와 최대공약수 46~47쪽

1 1, 3, 9 / 9

2 1, 2, 4, 5, 10, 20 / 1, 2, 3, 5, 6, 10, 15, 30
1, 2, 5, 10 / 10

3 3개

4 (1) 1, 3, 5, 15 (2) 1, 2, 3, 4, 6, 8, 12, 24

5 ㉣

6 ① 1, 2, 4, 4
② 4
③ 3, 8

(왼쪽에서부터) 1, 1, 1 / 1, 1, 1, 1 / 1

1 • 공약수는 그림에서 가운데 겹치는 부분에 있는 수입니다.
• 최대공약수는 가운데 겹치는 부분에 있는 수 중 가장 큰 수입니다.

2 공약수는 두 수의 공통된 약수이므로 1, 2, 5, 10이고, 공약수 중 가장 큰 수는 10이므로 최대공약수는 10입니다.

3 16의 약수: 1, 2, 4, 8, 16
20의 약수: 1, 2, 4, 5, 10, 20
➡ 16과 20의 공약수: 1, 2, 4 ➡ 3개

4 두 수의 공약수는 두 수의 최대공약수의 약수와 같으므로 주어진 최대공약수의 약수를 구합니다.
(1) 15의 약수: 1, 3, 5, 15
(2) 24의 약수: 1, 2, 3, 4, 6, 8, 12, 24

5 ㉣ 약수와 배수의 관계인 두 수의 최대공약수는 두 수 중 작은 수입니다.

6 12와 32의 공약수는 1, 2, 4이고, 최대공약수는 공약수 중 가장 큰 수이므로 4입니다.
최대공약수가 4이므로 자 12개와 지우개 32개를 최대 4 모둠에게 똑같이 나누어 줄 수 있습니다.
따라서 한 모둠에 자를 $12 \div 4 = 3$(개)씩, 지우개를 $32 \div 4 = 8$(개)씩 줄 수 있습니다.

개념 적용 -5 최대공약수 구하기 48~49쪽

7 (왼쪽에서부터) 2, 3, 6 / 2, 3, 6
6

8 2 / 2, 7 / 8

9 (1) 2 / 3 / 3, 5 / 6
(2) 2 / 7 / 5, 2 / 14
➕ ① 6 ② 2 / 3 / 6

10 예
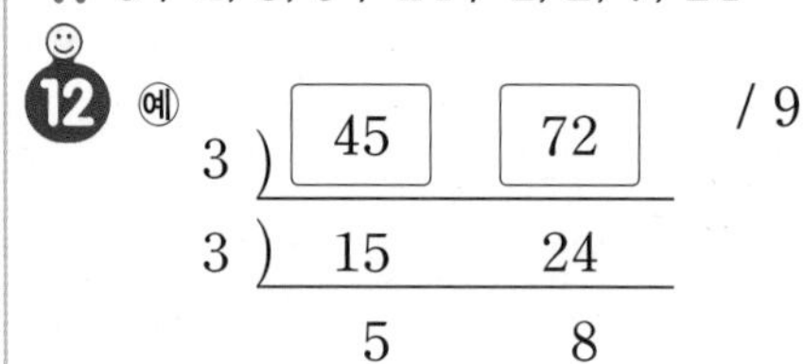

/ 8

11 9 / 1, 3, 9 / 14 / 1, 2, 7, 14

12 예
3) 45 72
3) 15 24
5 8
/ 9

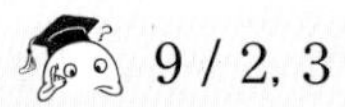
9 / 2, 3

7 공약수는 두 수의 곱셈식에서 공통으로 들어 있는 수 1, 2, 3, 6이고, 최대공약수는 공약수 중 가장 큰 수인 6입니다.

8 $16 = 2 \times 2 \times 2 \times 2$ $56 = 2 \times 2 \times 2 \times 7$
➡ 16과 56의 최대공약수: $2 \times 2 \times 2 = 8$

9 두 수의 공약수가 1밖에 없을 때까지 공약수로 나누고, 나눈 공약수들을 모두 곱하여 최대공약수를 구합니다.
(1) 18과 30의 최대공약수: $2 \times 3 = 6$
(2) 70과 28의 최대공약수: $2 \times 7 = 14$

10 24와 32의 공약수가 1밖에 없을 때까지 두 수의 공약수로 나누고, 나눈 공약수들을 모두 곱하여 최대공약수를 구합니다.
➡ 최대공약수: $2 \times 2 \times 2 = 8$

11 두 수의 최대공약수의 약수가 두 수의 공약수입니다.
(27, 63) ➡
3) 27 63
3) 9 21
3 7
➡ 최대공약수: $3 \times 3 = 9$, 공약수: 1, 3, 9

(42, 98) ➡ 2) 42 98
7) 21 49
3 7

➡ 최대공약수: $2\times7=14$, 공약수: 1, 2, 7, 14

내가 만드는 문제

12 고른 두 수의 공약수가 1밖에 없을 때까지 두 수의 공약수로 나누고, 나눈 공약수들을 모두 곱하여 최대공약수를 구합니다.

개념 적용 -6 공배수와 최소공배수 50~51쪽

13 18, 36 / 18

14 4, 8, 12, 16, 20, 24 / 6, 12, 18, 24, 30, 36
12, 24 / 12

15 (1) 16, 32, 48, 64
(2) 21, 42, 63, 84

16 (1) ○ (2) × (3) ×

17 ㉡

18 24번째

19 예 20 / 60, 120, 180 / 60

1 / 없습니다에 ○표

13 • 공배수는 그림에서 가운데 겹치는 부분에 있는 수입니다.
• 최소공배수는 가운데 겹치는 부분에 있는 수 중 가장 작은 수입니다.

14 공배수는 두 수의 공통된 배수이므로 12, 24, ...입니다.
공배수 중 가장 작은 수는 12이므로 최소공배수는 12입니다.

15 두 수의 공배수는 두 수의 최소공배수의 배수와 같으므로 주어진 최소공배수의 배수를 구합니다.
(1) 16의 배수: 16, 32, 48, 64, ...
(2) 21의 배수: 21, 42, 63, 84, ...

16 (2) 약수와 배수의 관계인 두 수의 최소공배수는 두 수 중 큰 수입니다.
(3) 두 수의 공약수가 1뿐일 때만 두 수의 공배수 중 가장 작은 수가 두 수의 곱입니다.
참고 | (두 수의 공배수 중 가장 작은 수)=(최소공배수)

17 ㉠ (3, 9) ➡ 3의 배수: 3, 6, 9, 12, ...
9의 배수: 9, 18, 27, 36, ...
➡ 최소공배수: 9
㉡ (6, 4) ➡ 6의 배수: 6, 12, 18, 24, ...
4의 배수: 4, 8, 12, 16, ...
➡ 최소공배수: 12
따라서 최소공배수가 더 큰 것은 ㉡입니다.

18 하영이는 빨간색 구슬을 6의 배수마다 놓고, 민준이는 빨간색 구슬을 8의 배수마다 놓는 규칙이므로 6과 8의 공배수마다 빨간색 구슬이 나란히 놓입니다.
6과 8의 최소공배수는 24이므로 빨간색 구슬이 처음으로 나란히 놓이는 곳은 24번째입니다.

내가 만드는 문제

19 예 30의 배수: 30, 60, 90, 120, 150, 180, ...
20의 배수: 20, 40, 60, 80, 100, 120, 140, 160, 180, ...
➡ 30과 20의 공배수는 60, 120, 180, ...이고 최소공배수는 60입니다.

개념 적용 -7 최소공배수 구하기 52~53쪽

20 (왼쪽에서부터) 1, 2, 4 / 1, 2, 4
4, 7, 8, 224

21 3, 5 / 3, 7 / 210

22 (1) 3 / 3 / 3, 5 / 135
(2) 2 / 5 / 6, 5 / 300
➕ ① 3 ② 2 / 3 / 3, 4, 72

23 예 2) 72 54 / 216
3) 36 27
3) 12 9
4 3

24 50 / 50, 100, 150, 200 / 72 / 72, 144, 216, 288

25 예

/ 180

49 / 45 / 큰 수에 ○표

20 두 수의 곱셈식에 공통으로 들어 있는 수 중 가장 큰 수는 4이므로 4가 들어 있는 곱셈식을 찾습니다.
최소공배수는 공통으로 들어 있는 수 4와 남은 수 7과 8을 모두 곱하여 구합니다.

21 $30 = 2 \times 3 \times 5$ $42 = 2 \times 3 \times 7$
➡ 30과 42의 최소공배수: $2 \times 3 \times 5 \times 7 = 210$

22 두 수의 공약수가 1밖에 없을 때까지 공약수로 나누고, 나눈 공약수와 남은 몫을 모두 곱하여 최소공배수를 구합니다.
(1) 27과 45의 최소공배수: $3 \times 3 \times 3 \times 5 = 135$
(2) 60과 50의 최소공배수: $2 \times 5 \times 6 \times 5 = 300$

23 72와 54의 공약수가 1밖에 없을 때까지 두 수의 공약수로 나누고, 나눈 공약수와 남은 몫을 모두 곱하여 최소공배수를 구합니다.
➡ 최소공배수: $2 \times 3 \times 3 \times 4 \times 3 = 216$

24 두 수의 최소공배수의 배수가 두 수의 공배수입니다.
(25, 10) ➡ 5) 25 10
　　　　　　　5 2
➡ 최소공배수: $5 \times 5 \times 2 = 50$
공배수: 50, 100, 150, 200, ...
(36, 24) ➡ 2) 36 24
　　　　　2) 18 12
　　　　　3) 9 6
　　　　　　　3 2
➡ 최소공배수: $2 \times 2 \times 3 \times 3 \times 2 = 72$
공배수: 72, 144, 216, 288, ...

내가 만드는 문제
25 예 공약수가 1밖에 없는 3과 5를 남은 몫으로 정해 □ 안에 각각 써넣으면 최대공약수가 12인 두 수는 $12 \times 3 = 36$, $12 \times 5 = 60$이 됩니다.
➡ 36과 60의 최소공배수: $12 \times 3 \times 5 = 180$

발전 문제 (개념 완성) 54~56쪽

1	3, 6, 9, 12	2	28, 49
3	198	4	7
5	225	6	15
7	7, 21	8	1, 3, 9
9	8	10	3
11	2 / 5	12	30 / 45
13	4	14	15 cm
15	3자루 / 4자루	16	24
17	50 cm	18	45일

1 $3 \times 1 = 3$, $3 \times 2 = 6$, $3 \times 3 = 9$, $3 \times 4 = 12$
참고 | 어떤 수의 배수 중 가장 작은 수는 어떤 수 자신입니다.

2 7을 1배, 2배, 3배, ...한 수이므로 4번째 수는 $7 \times 4 = 28$이고 7번째 수는 $7 \times 7 = 49$입니다.

3 9를 1배, 2배, 3배, ...한 수이므로 22번째 수는 $9 \times 22 = 198$입니다.

4 28의 약수: 1, 2, 4, 7, 14, 28
따라서 1보다 큰 홀수는 7입니다.

5 5) 15 25
　　　3 5 ➡ 최소공배수: $5 \times 3 \times 5 = 75$
15와 25의 공배수는 75의 배수인 75, 150, 225, ...이므로 200에 가장 가까운 수는 225입니다.

6 5의 배수: 5, 10, 15, 20, 25, 30, 35, 40, 45, ...
45의 약수: 1, 3, 5, 9, 15, 45
➡ 5, 15, 45 중 5보다 크고 30보다 작은 수는 15입니다.

7 25를 어떤 수로 나누면 나머지가 4이므로 $25 - 4 = 21$을 어떤 수로 나누면 나누어떨어집니다.
즉 어떤 수가 될 수 있는 자연수는 21의 약수인 1, 3, 7, 21 중 나머지 4보다 큰 수인 7, 21입니다.
참고 | 나누는 수는 나머지보다 커야 하므로 어떤 수는 나머지 4보다 커야 합니다.

8 어떤 수는 54와 63의 공약수입니다.
3) 54 63
3) 18 21
　　6 7 ➡ 최대공약수: $3 \times 3 = 9$
따라서 54와 63의 공약수는 9의 약수인 1, 3, 9입니다.

9 $59-3=56$과 $34-2=32$를 어떤 수로 나누면 나누어떨어지므로 어떤 수는 56과 32의 공약수입니다.

$$\begin{array}{r|rr} 2 & 56 & 32 \\ 2 & 28 & 16 \\ 2 & 14 & 8 \\ & 7 & 4 \end{array}$$

➡ 최대공약수: $2\times2\times2=8$

따라서 어떤 수 중에서 가장 큰 수는 56과 32의 최대공약수인 8입니다.

참고 | $59\div8=7\cdots3$
$34\div8=4\cdots2$

10 최대공약수는 곱셈식에서 공통으로 들어 있는 수 중 가장 큰 수이므로 3입니다.

11 • ㉠ $=\square\times5\times7$에서 ㉠과 ㉡의 최대공약수가 10이 되려면 $\square\times5=10$이 되어야 합니다.
따라서 $\square=2$입니다.
• ㉡ $=2\times3\times\square$에서 ㉠과 ㉡의 최대공약수가 10이 되려면 $2\times\square=10$이 되어야 합니다.
따라서 $\square=5$입니다.

12 남은 몫이 2와 3으로 공약수가 1밖에 없으므로
★×●가 ㉠과 ㉡의 최대공약수인 15입니다.
$10\div$●$=2$, $15\div$●$=3$이므로 ●$=5$입니다.
★×●$=15$이므로 ★$\times5=15$, ★$=3$입니다.
따라서 ㉠ $=10\times3=30$, ㉡ $=15\times3=45$입니다.

13 12와 32를 모두 나누어떨어지게 하는 자연수는 12와 32의 공약수입니다. 이 중 가장 큰 수는 최대공약수입니다.

$$\begin{array}{r|rr} 2 & 12 & 32 \\ 2 & 6 & 16 \\ & 3 & 8 \end{array}$$

➡ 최대공약수: $2\times2=4$

14

$$\begin{array}{r|rr} 3 & 60 & 45 \\ 5 & 20 & 15 \\ & 4 & 3 \end{array}$$

➡ 최대공약수: $3\times5=15$

따라서 잘라 만들 수 있는 가장 큰 정사각형의 한 변의 길이는 15 cm입니다.

15

$$\begin{array}{r|rr} 2 & 24 & 32 \\ 2 & 12 & 16 \\ 2 & 6 & 8 \\ & 3 & 4 \end{array}$$

➡ 최대공약수: $2\times2\times2=8$

따라서 8명에게 각각 연필을 $24\div8=3$(자루)씩, 볼펜을 $32\div8=4$(자루)씩 줄 수 있습니다.

16 8의 배수도 되고 12의 배수도 되는 수는 8과 12의 공배수입니다. 이 중 가장 작은 수는 최소공배수입니다.

$$\begin{array}{r|rr} 2 & 8 & 12 \\ 2 & 4 & 6 \\ & 2 & 3 \end{array}$$

➡ 최소공배수: $2\times2\times2\times3=24$

17

$$\begin{array}{r|rr} 5 & 10 & 25 \\ & 2 & 5 \end{array}$$

➡ 최소공배수: $5\times2\times5=50$

따라서 만든 정사각형의 한 변의 길이는 50 cm입니다.

18

$$\begin{array}{r|rr} 3 & 9 & 15 \\ & 3 & 5 \end{array}$$

➡ 최소공배수: $3\times3\times5=45$

따라서 수지와 유리가 오늘 같이 운동을 하였다면 45일 뒤에 처음으로 다시 같이 운동을 하게 됩니다.

2단원 단원 평가 57~59쪽

1	3 / 24		
2	(1) 1, 7, 49 (2) 1, 3, 9, 27		
3	32, 56에 ○표	**4**	1, 2, 4, 8 / 8
5	7 / 7 / 2, 7, 14	**6**	420
7	㉢	**8**	81에 ○표
9	6 / 462	**10**	28, 56, 84
11	105	**12**	㉠, ㉣
13	16개	**14**	9
15	6 cm	**16**	45 / 63
17	6	**18**	8개 / 5개
19	6개	**20**	오전 10시 30분

1 곱셈식에서 곱하는 두 수 8과 3은 계산 결과인 24의 약수이고, 24는 8과 3의 배수입니다.

2 (1) $49\div1=49$, $49\div7=7$, $49\div49=1$이므로
49의 약수는 1, 7, 49입니다.
(2) $27\div1=27$, $27\div3=9$, $27\div9=3$,
$27\div27=1$이므로
27의 약수는 1, 3, 9, 27입니다.

3 8의 배수는 $8\times1=8$, $8\times2=16$, $8\times3=24$, $8\times4=32$, $8\times5=40$, $8\times6=48$, $8\times7=56$, $8\times8=64$, $8\times9=72$, $8\times10=80$, ...이므로 8의 배수는 32, 56입니다.

4 공약수는 곱셈식에서 공통으로 들어 있는 수 1, 2, 4, 8이고 최대공약수는 공통으로 들어 있는 수 중 가장 큰 수이므로 8입니다.

5 28과 70에 공통으로 들어 있는 곱셈식으로 최대공약수를 구합니다.

6 최소공배수: $2\times2\times3\times5\times7=420$

7 ㉢ $56=14\times4$이므로 56은 14의 배수이고, 14는 56의 약수입니다.

8 • 54의 약수: 1, 2, 3, 6, 9, 18, 27, 54 ➡ 8개
• 81의 약수: 1, 3, 9, 27, 81 ➡ 5개
• 45의 약수: 1, 3, 5, 9, 15, 45 ➡ 6개
따라서 약수의 개수가 가장 적은 것은 81입니다.

9
```
2 ) 42  66
3 ) 21  33
     7  11
```
➡ (최대공약수) $=2\times3=6$
(최소공배수) $=2\times3\times7\times11=462$

10 두 수의 공배수는 두 수의 최소공배수의 배수와 같으므로 28, 56, 84, ...입니다.

11 7을 1배, 2배, 3배, ...한 수이므로 15번째 수는 $7\times15=105$입니다.

12 ㉡ 14의 약수는 1, 2, 7, 14입니다.
㉢ 8과 12는 약수와 배수의 관계가 아닙니다.

13 두 수의 공약수는 두 수의 최대공약수의 약수와 같습니다. 최대공약수인 120의 약수는 1, 2, 3, 4, 5, 6, 8, 10, 12, 15, 20, 24, 30, 40, 60, 120입니다.
따라서 두 수의 공약수는 16개입니다.

14 72의 약수는 1, 2, 3, 4, 6, 8, 9, 12, 18, 24, 36, 72입니다. 이 중 4보다 크고 40보다 작은 수는 6, 8, 9, 12, 18, 24, 36입니다.
6, 8, 9, 12, 18, 24, 36 중 2의 배수가 아닌 수는 9이므로 조건을 만족하는 수는 9입니다.

15
```
2 ) 42  30
3 ) 21  15
     7   5
```
➡ 최대공약수: $2\times3=6$
따라서 잘라 만들 수 있는 가장 큰 정사각형의 한 변의 길이는 6 cm입니다.

16 남은 몫이 5와 7로 공약수가 1밖에 없으므로
▲×♥가 ㉠과 ㉡의 최대공약수인 9입니다.
15÷♥ = 5, 21÷♥ = 7이므로 ♥ = 3입니다.
▲×♥ = 9이므로 ▲×3 = 9, ▲ = 3입니다.
따라서 ㉠ $=15\times3=45$, ㉡ $=21\times3=63$입니다.

17 $15-3=12$와 $33-3=30$을 어떤 수로 나누면 나누어떨어지므로 어떤 수는 12와 30의 공약수입니다.
```
2 ) 12  30
3 )  6  15
     2   5
```
➡ 최대공약수: $2\times3=6$
따라서 어떤 수가 될 수 있는 수는 12와 30의 최대공약수인 6의 약수이므로 1, 2, 3, 6이고, 이 중 나누는 수는 나머지보다 커야 하므로 3보다 큰 6입니다.
참고 | $15\div6=2\cdots3$
$33\div6=5\cdots3$

18
```
3 ) 72  45
3 ) 24  15
     8   5
```
➡ 최대공약수: $3\times3=9$
따라서 9명에게 각각 사탕을 $72\div9=8$(개)씩, 젤리를 $45\div9=5$(개)씩 줄 수 있습니다.

서술형
19 예 50보다 크고 100보다 작은 수 중에서 9의 배수는 54, 63, 72, 81, 90, 99이므로 모두 6개입니다.

평가 기준	배점
50보다 크고 100보다 작은 수 중에서 9의 배수를 모두 구했나요?	3점
50보다 크고 100보다 작은 수 중에서 9의 배수의 개수를 구했나요?	2점

서술형
20 예 두 기차가 동시에 출발하는 경우를 구해야 하므로 30과 45의 최소공배수를 구해야 합니다.
$30=2\times3\times5$, $45=3\times3\times5$이므로 최소공배수는 $3\times5\times2\times3=90$입니다. 90분은 1시간 30분이므로 다음번에 동시에 출발하는 시각은 오전 9시에서 1시간 30분 후인 오전 10시 30분입니다.

평가 기준	배점
두 기차가 동시에 출발하는 경우는 몇 분 후인지 구했나요?	3점
다음번에 동시에 출발하는 시각을 구했나요?	2점

3 규칙과 대응

규칙과 대응은 함수 개념의 기초가 되는 중요한 아이디어이며, 주변의 다양한 현상을 탐구하고 관련 문제를 해결하는 데 유용합니다. 이에 이 단원에서는 학생들에게 친숙한 일상 생활 및 주변 현상을 통하여 대응 관계를 탐구해 볼 수 있도록 합니다. [수학 4-1]에서는 수 배열과 계산식의 배열 등을 중심으로 한 양의 규칙적인 변화를 알아본 반면, 이 단원에서는 두 양 사이의 대응 관계를 탐구하고 이를 기호를 사용하여 표현해 보는 데 초점을 둡니다. 이러한 대응 관계의 개념은 이후 중등 과정의 함수 학습과 직접적으로 연계되므로 학생들이 대응 관계에 대한 정확한 이해를 바탕으로 두 양 사이의 대응 관계를 파악하고 표현할 수 있도록 지도합니다.

교과서 개념 이해 1 한 양이 변할 때 다른 양이 그에 따라 변하는 관계가 대응이야. 62~63쪽

1 (1)
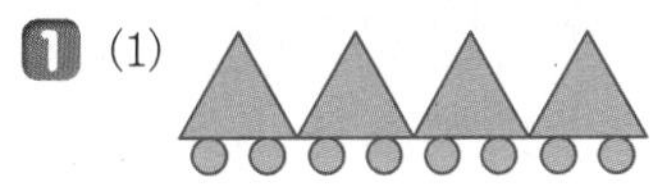

(2) 2
(3) 2
(4) 2

2 (1) 8, 12, 16, 20
(2) 4 / 4

3 (1) 3, 4, 5, 6
(2) 2, 많습니다에 ○표 / 2, 적습니다에 ○표
(3) 8개

1 삼각형의 수가 1개씩 늘어날 때마다 원의 수는 2개씩 늘어납니다.

2 자동차 한 대의 바퀴는 4개이므로 자동차의 수가 1대씩 늘어날 때마다 바퀴의 수는 4개씩 늘어납니다.

3 (3) 원의 수는 사각형의 수보다 2개 많으므로 사각형이 6개일 때 원은 $6+2=8$(개) 필요합니다.

교과서 개념 이해 2 대응 관계를 식으로 나타낼 수 있어. 64쪽

1 (1) 20, 30, 40, 50
(2) 10, 10 / 10, 10

1 (1) 달걀판이 1판씩 늘어날 때마다 달걀은 10개씩 늘어납니다.

교과서 개념 이해 3 생활 속에서 대응 관계를 찾을 수 있어. 65쪽

1 ▲, ★

2 (1) 2400, 3200, 4000, 4800
(2) ■ × 800 = ● (또는 ● ÷ 800 = ■)

1 우유갑이 1개일 때 우유의 양은 200 mL, 우유갑이 2개일 때 우유의 양은 400 mL, 우유갑이 3개일 때 우유의 양은 600 mL, ...입니다. 따라서 우유의 양은 우유갑의 수의 200배입니다.
(우유갑의 수) × 200 = (우유의 양) ➡ ▲ × 200 = ★

2 (입장객의 수) × 800 = (입장료) ➡ ■ × 800 = ●
또는 (입장료) ÷ 800 = (입장객의 수) ➡ ● ÷ 800 = ■

개념 적용 1 두 양 사이의 관계 알아보기 66~67쪽

1 5

2 (1) 3, 4, 5, 6 (2) 22개 (3) 38개

3 2, 3, 4, 5, 6
대응 관계 예 철봉 기둥의 수는 철봉 대의 수보다 1개 많습니다.

4 예 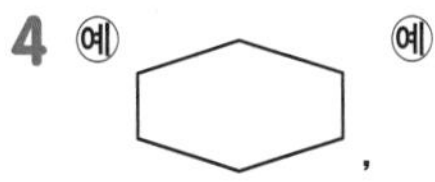, 예 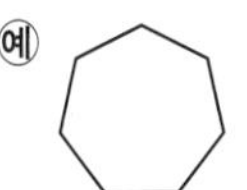

대응 관계 예 다각형의 변의 수는 수 카드의 수보다 2 큽니다.

5 예

	현재	1년 뒤	2년 뒤	3년 뒤	…
엄마의 나이(살)	40	41	42	43	…
나의 나이(살)	12	13	14	15	…

대응 관계 예 엄마의 나이는 나의 나이보다 28살 많습니다.

 2 / 2

1 접시가 1개씩 늘어날 때마다 토마토는 5개씩 늘어나므로 토마토의 수는 접시의 수의 5배입니다.

2 (1) 양옆에 있는 삼각형 2개는 변하지 않고, 가운데에 있는 삼각형과 사각형이 1개씩 늘어나고 있습니다.
(2) 삼각형의 수는 사각형의 수보다 2개 많으므로 사각형이 20개일 때 삼각형은 $20+2=22$(개) 필요합니다.
(3) 사각형의 수는 삼각형의 수보다 2개 적으므로 삼각형이 40개일 때 사각형은 $40-2=38$(개) 필요합니다.

3 철봉 대의 수가 1개, 2개, 3개, 4개, ...일 때 철봉 기둥의 수는 2개, 3개, 4개, 5개, ...이므로 철봉 기둥의 수는 철봉 대의 수보다 1개 많습니다.
(또는 철봉 대의 수는 철봉 기둥의 수보다 1개 적습니다.)

4 수 카드의 수가 1, 2, 3, ...일 때 다각형의 변의 수는 3개, 4개, 5개, ...이므로 다각형의 변의 수는 수 카드의 수보다 2 큽니다.(또는 수 카드의 수는 다각형의 변의 수보다 2 작습니다.)
따라서 수 카드의 수가 4일 때는 육각형을, 수 카드의 수가 5일 때는 칠각형을 그립니다.

내가 만드는 문제
5 고른 가족의 나이와 나의 나이를 표를 이용하여 나타낸 후 일정한 변화를 찾아 두 수 사이의 대응 관계를 찾아봅니다.

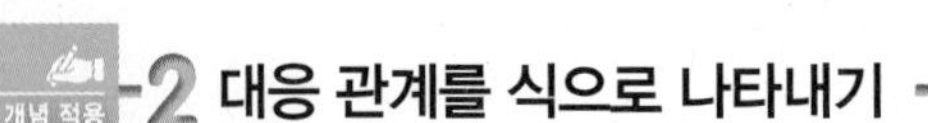

개념 적용 2 대응 관계를 식으로 나타내기 (68~69쪽)

6 (1) 3 / 12, 30
(2) ▲×6=●(또는 ●÷6=▲)

7 ★÷5=●(또는 ●×5=★)

8 예 ◎, △ / △×30=◎(또는 ◎÷30=△)

9 ㉢

10 예 5 / 10, 20, 30, 40

3, 3 / 1, 1

6 개미의 수에 6을 곱하면 개미 다리의 수와 같습니다.
➡ ▲×6=●
개미 다리의 수를 6으로 나누면 개미의 수와 같습니다.
➡ ●÷6=▲

7 $15\div5=3$, $20\div5=4$, $25\div5=5$, $30\div5=6$
➡ ★÷5=●(또는 ●×5=★)

8 예 (걸린 시간)×30=(이동 거리) ➡ △×30=◎
(이동 거리)÷30=(걸린 시간) ➡ ◎÷30=△

9 오각형의 수와 성냥개비의 수 사이의 대응 관계를 표로 나타내면 다음과 같습니다.

오각형의 수(개)	1	2	3	4	···
성냥개비의 수(개)	5	10	15	20	···

㉢ ■×5=★ ➡ ■는 오각형의 수, ★는 성냥개비의 수를 나타냅니다.

내가 만드는 문제
10 ♠는 ◆의 □배입니다.

개념 적용 3 생활 속에서 대응 관계를 찾아 식으로 나타내기 (70~71쪽)

11 (1) 3, 4, 5, 6
(2) ◆=●−1(또는 ●=◆+1)

12 ▲+5=■(또는 ■−5=▲)

13 7, 10, 13 / 22개

14 56 L ➕ 8

15 예 쿠키, ♥=700×▲(또는 ▲=♥÷700)

7, 28 / 40, 10

11 (자른 횟수)=(도막의 수)−1
또는 (도막의 수)=(자른 횟수)+1

12 진수가 답한 수는 유지가 말한 수에 5를 더한 수입니다.
➡ ▲+5=■ 또는 ■−5=▲

13 성냥개비의 수는 정사각형의 수에 3을 곱하고 1을 더한 것과 같습니다.
따라서 (정사각형의 수)×3+1=(성냥개비의 수)이므로 정사각형 7개를 만드는 데 필요한 성냥개비의 수는 $7\times3+1=22$(개)입니다.

14 (물을 받은 시간)×7=(받은 물의 양)이므로 8분 동안 받은 물의 양은 $8\times7=56$ (L)입니다.
➕ (귤의 수)=8×(봉지의 수) ➡ $y=8\times x$

내가 만드는 문제

15 고른 간식의 수가 1개씩 늘어날 때마다 간식의 값은 간식 한 개의 값만큼 늘어납니다.

- 초콜릿을 고른 경우: ♥ $=850\times$ ▲
  또는 ▲ $=$ ♥ $\div 850$
- 쿠키를 고른 경우: ♥ $=700\times$ ▲
  또는 ▲ $=$ ♥ $\div 700$
- 사탕을 고른 경우: ♥ $=350\times$ ▲
  또는 ▲ $=$ ♥ $\div 350$

개념 완성 발전 문제 72~74쪽

1 5

2 예 구슬의 수는 팔찌의 수의 10배입니다.

3 예 초록색 사각형의 수에 2를 더하면 파란색 사각형의 수와 같습니다. / 파란색 사각형의 수에서 2를 빼면 초록색 사각형의 수와 같습니다.

4 8, 12, 16

5 6 / 1500, 2500

6 12 / 17, 4, 9

7 (   ) (○) (   )

8 2, 3, 4, 5 / ■+1=★ (또는 ★−1=■)

9 ▲×4=◎ (또는 ◎÷4=▲)

10 5개

11 13개

12 60개

13 12, 18, 24, 30 / 30개

14 12600원

15 예 (초콜릿의 무게)÷85=(초콜릿 봉지의 수) / 11봉지

16 ●+2=♥ (또는 ♥−2=●)

17 오전 8시

18 11, 4, 오후에 ○표, 9시

1 접시가 1개씩 늘어날 때마다 귤이 5개씩 늘어나므로 귤의 수는 접시의 수의 5배입니다.

2 팔찌가 1개, 2개, 3개, 4개, 5개, ...일 때
구슬은 10개, 20개, 30개, 40개, 50개, ...이므로
구슬의 수는 팔찌의 수의 10배입니다.

3 파란색 사각형의 수와 초록색 사각형의 수 사이의 대응 관계를 표로 나타내면 다음과 같습니다.

파란색 사각형의 수(개)	3	5	7	9	…
초록색 사각형의 수(개)	1	3	5	7	…

-2

4 (기린의 수) $\times 4=$ (기린 다리의 수)

5 (빵의 수) $\times 500=$ (빵의 값)
(빵의 값) $\div 500=$ (빵의 수)
$3\times 500=1500$(원)
$5\times 500=2500$(원)
$3000\div 500=6$(개)

6 (낮의 시간) $+$ (밤의 시간) $=24$(시간)임을 이용합니다.
$7+\square=24$, $\square=17$
$\square+12=24$, $\square=12$
$20+\square=24$, $\square=4$
$15+\square=24$, $\square=9$

7 거미의 수에 8을 곱하면 다리의 수와 같습니다.
➡ ♥ $\times 8=$ ●

8 누름 못의 수는 그림의 수보다 1 큽니다.
➡ ■ $+1=$ ★

9

놓은 순서(▲)	1	2	3	4	…
바둑돌의 수(◎)	4	8	12	16	…

바둑돌의 수는 4개씩 늘어나므로 ◎는 ▲의 4배입니다.
➡ ▲ $\times 4=$ ◎ (또는 ◎ $\div 4=$ ▲)

10 순서에 따라 사각형의 수가 1개, 2개, 3개, ...로 한 개씩 늘어나고 있으므로 (사각형의 수) $=$ (순서)입니다.
따라서 다섯 번째에 놓이는 사각형은 5개입니다.

11 순서에 따라 사각형의 수가 4개, 5개, 6개, ...로 한 개씩 늘어나고 있으므로 (사각형의 수) $=$ (순서) $+3$입니다.
따라서 10번째에 놓이는 사각형은 $10+3=13$(개)입니다.

12

수 카드의 수	1	2	3	4	…
육각형의 수(개)	2	4	6	8	…

(육각형의 수) $=$ (수 카드의 수) $\times 2$입니다.
따라서 수 카드의 수가 30일 때 육각형은
$30\times 2=60$(개) 필요합니다.

13 사과의 수는 바구니의 수의 6배입니다.
따라서 바구니가 5개일 때 사과의 수는 $5 \times 6 = 30$(개)입니다.

14 입장료는 입장객의 수의 1800배이므로 입장객의 수를 ○, 입장료를 △라고 할 때, 두 양 사이의 대응 관계를 식으로 나타내면 ○ × 1800 = △입니다. 따라서 입장객이 7명일 때 입장료는 $7 \times 1800 = 12600$(원)입니다.

15 초콜릿이 한 봉지씩 늘어날 때마다 초콜릿의 무게는 85 g씩 늘어나므로
(초콜릿의 무게) ÷ 85 = (초콜릿 봉지의 수)입니다.
따라서 초콜릿의 무게가 935 g일 때 초콜릿은
$935 \div 85 = 11$(봉지)입니다.

16 시작 시각과 끝난 시각은 2시간 차이가 납니다.
➡ ● + 2 = ♥ (또는 ♥ − 2 = ●)

17 방콕의 시각은 서울보다 2시간이 느립니다.
따라서 서울의 시각이 오전 10시일 때 방콕의 시각은
오전 10시 − 2시간 = 오전 8시입니다.

18 로마의 시각은 서울의 시각보다 8시간 느립니다. 서울의 시각이 11월 5일 오전 5시일 때 로마의 시각은 전날 오후 9시입니다. 따라서 로마의 시각은 11월 4일 오후 9시입니다.

3단원 단원 평가 75~77쪽

1 2, 3, 4, 5 **2** 1

3 (그림)

4 7개 **5** 2

6 5, 10, 15, 20

7 ■ × 5 = ▲ (또는 ▲ ÷ 5 = ■)

8 ♣ + 12 = ● (또는 ● − 12 = ♣)

9 (위에서부터) 3000, 1000 / 3500, 1500

10 예 ★, ◎, ◎ + 2000 = ★ (또는 ★ − 2000 = ◎)

11 (그림) **12** 찬주

13 14, 11 / 17살

14 8

15 ★ + 4 = ▲ (또는 ▲ − 4 = ★)

16 11개 **17** 21개

18 예 (과자의 무게) ÷ 75 = (과자 봉지의 수)
또는 (과자 봉지의 수) × 75 = (과자의 무게)
/ 12봉지

19 예 개미 다리의 수(●)는 개미의 수(♥)의 6배입니다.

20 오후 1시

2 사각형의 수가 1개, 2개, 3개, ...일 때 원의 수가 2개, 3개, 4개, ...이므로 사각형의 수가 1개씩 늘어날 때마다 원의 수는 1개씩 늘어납니다.

4 (원의 수) = (사각형의 수) + 1이므로 사각형의 수가 6개이면 원의 수는 7개입니다.

5 오리의 다리는 2개입니다.
➡ (오리의 수) × 2 = (오리 다리의 수) 또는
(오리 다리의 수) ÷ 2 = (오리의 수)

7 꽃의 수는 꽃병의 수의 5배입니다.

8 ●는 ♣보다 12 큽니다.
➡ ♣ + 12 = ● (또는 ● − 12 = ♣)

9 연주는 2000원에서 시작하고, 선애는 0원에서 시작합니다. 연주와 선애 모두 1주일에 500원씩 저금하므로 연주는 항상 선애보다 2000원이 많습니다.

10 연주는 항상 선애보다 2000원이 많습니다.
예 ◎ + 2000 = ★ (또는 ★ − 2000 = ◎)

11 • 사자 다리의 수는 사자의 수의 4배입니다.
➡ ♥ × 4 = ■
• 삼각형의 변의 수는 삼각형의 수의 3배입니다.
➡ ♥ × 3 = ■

12 찬주: 대응 관계를 나타낸 식 ★ × 8 = ■에서 ★은 문어의 수, ■는 문어 다리의 수를 나타냅니다.

13 동생의 나이는 형의 나이보다 4살 적습니다. 형의 나이를 ▲, 동생의 나이를 ★이라고 할 때, 두 양 사이의 대응 관계를 식으로 나타내면 ▲ − 4 = ★ (또는 ★ + 4 = ▲)입니다.
따라서 형이 21살일 때 동생은 $21 - 4 = 17$(살)입니다.

14 넣은 수와 나온 수 사이의 대응 관계를 표로 나타내면 다음과 같습니다.

넣은 수	24	42	30	···
나온 수	4	7	5	···

(넣은 수)$\div 6 =$(나온 수)이므로 48을 넣으면
$48 \div 6 = 8$이 나옵니다.

15 사각형 조각의 수는 놓은 순서의 수보다 4 큽니다.
➡ ★ + 4 = ▲(또는 ▲ − 4 = ★)

16 $7 + 4 = 11$(개)

17

정삼각형의 수(개)	1	2	3	4	···
성냥개비의 수(개)	3	5	7	9	···

성냥개비의 수는 정삼각형의 수에 2를 곱하고 1을 더한 것과 같습니다.
따라서 (정삼각형의 수)$\times 2 + 1 =$(성냥개비의 수)이므로 정삼각형이 10개일 때 성냥개비의 수는
$10 \times 2 + 1 = 21$(개)입니다.

18 과자가 한 봉지씩 늘어날 때마다 과자의 무게는 75 g씩 늘어나므로 (과자의 무게)$\div 75 =$(과자 봉지의 수)입니다. 따라서 과자의 무게가 900 g일 때 과자는
$900 \div 75 = 12$(봉지)입니다.

서술형
19

평가 기준	배점
식에 알맞은 상황을 만들었나요?	5점

서술형
20 예 서울의 시각은 런던의 시각보다 9시간 빠릅니다.
따라서 서울이 오후 10시일 때 런던은
오후 10시 − 9시간 = 오후 1시입니다.

평가 기준	배점
서울과 런던의 시각 차를 구했나요?	3점
서울이 오후 10시일 때 런던은 오후 몇 시인지 구했나요?	2점

4 약분과 통분

크기가 같은 분수를 만드는 활동인 약분과 통분은 여러 가지 분모로 표현되는 다양한 분수를 비교하고 나아가 연산을 할 때 필요한 중요한 개념입니다. 약분은 분수가 나타내는 양을 변화시키지 않고 단순화함으로써 감각적으로 쉽게 그 양을 파악할 수 있게 해 주며, 분수의 곱셈 및 나눗셈에서 계산을 효과적으로 수행할 수 있게 해 줍니다. 또한 통분은 분모가 다른 분수의 덧셈과 뺄셈을 할 때 분모를 같게 만든 것으로 통분을 해야 덧셈과 뺄셈을 할 수 있습니다. 일상생활에서 분수의 약분과 통분이 활용되는 수학적 상황은 찾아보기 어렵습니다. 그 이유는 분수의 약분과 통분이 분수가 가지고 있는 자료의 값에 초점을 두기보다는 계산의 편리성을 위해 조작된 형태이기 때문입니다. 그러나 약분과 통분은 후속 학습인 분수의 덧셈과 뺄셈을 위한 선행 학습 개념으로 중요한 의미를 가지므로 크기가 같은 분수를 통해 약분과 통분의 필요성을 이해하게 합니다.

교과서 개념 이해 1 분수가 달라도 분수의 크기는 같을 수 있어. 80쪽

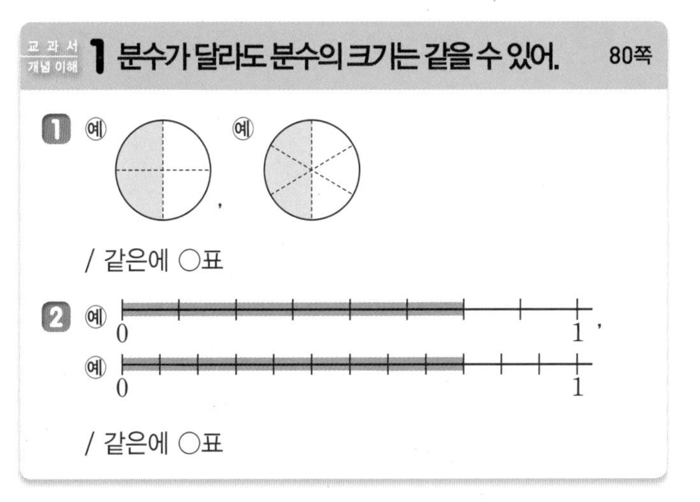

1 분수만큼 색칠해 보면 $\frac{1}{2}$, $\frac{2}{4}$, $\frac{3}{6}$은 색칠한 부분의 크기가 같으므로 세 분수의 크기는 모두 같습니다.

2 $\frac{3}{4}$, $\frac{6}{8}$, $\frac{9}{12}$는 수직선에 표시한 부분의 크기가 같으므로 세 분수의 크기는 모두 같습니다.

교과서 개념 이해 2 분모, 분자에 수를 곱하거나 분모, 분자를 수로 나누어 크기가 같은 분수를 만들 수 있어. 81쪽

1 (1) 2, 3, 4 / 4, 9, 8
(2) 2, 3, 4, 24, 4, 12

2 (1) 4, 4
(2) 3, $\frac{3}{4}$

1 (1) 분모와 분자에 각각 0이 아닌 같은 수를 곱하면 크기가 같은 분수를 만들 수 있습니다.
(2) 분모와 분자를 각각 0이 아닌 같은 수로 나누면 크기가 같은 분수를 만들 수 있습니다.

2 그림을 보고 주어진 분수의 분모와 분자에 0이 아닌 같은 수를 곱하거나 분모와 분자를 0이 아닌 같은 수로 나누어 크기가 같은 분수를 만듭니다.

교과서 개념 이해 3 분모와 분자를 공약수로 나누어 간단하게 나타낼 수 있어. 82쪽

1 (1) 4, 8, 16
(2) 2, 24 / 4, 12 / 8, 6 / 16, 3
(3) 24, 12, 6, 3

2 (1) 6
(2) 6, $\frac{4}{7}$

1 (1), (2) 분모 80과 분자 48의 공약수 중 1을 제외한 2, 4, 8, 16으로 나누어 약분합니다.
(3) 분모와 분자의 공약수로 더 이상 나누어지지 않을 때까지 나누면 기약분수입니다.

2 분모와 분자의 최대공약수로 나누면 한 번에 기약분수로 나타낼 수 있습니다.

교과서 개념 이해 4 분모가 다른 두 분수의 분모를 같게 만들자. 83쪽

1 3, 4, 5 / 3, 4, 5 / 2, 4 / 4, 8

2 (1) 8, 6 / $\frac{40}{48}$, $\frac{36}{48}$
(2) 4, 3 / $\frac{20}{24}$, $\frac{18}{24}$

1 분모와 분자에 각각 2, 3, 4, 5, ...를 곱하면 크기가 같은 분수를 만들 수 있고 $\frac{1}{2}$, $\frac{1}{4}$과 크기가 같은 분수들 중에서 분모가 같은 분수는 $\left(\frac{2}{4}, \frac{1}{4}\right)$, $\left(\frac{4}{8}, \frac{2}{8}\right)$, ...입니다. 따라서 공통분모는 4, 8, ...입니다.

2 (1) 분모가 $6\times8=48$이 되도록 두 분수의 분모와 분자에 각각 같은 수를 곱합니다.
(2) 분모가 6과 8의 최소공배수인 24가 되도록 두 분수의 분모와 분자에 각각 같은 수를 곱합니다.

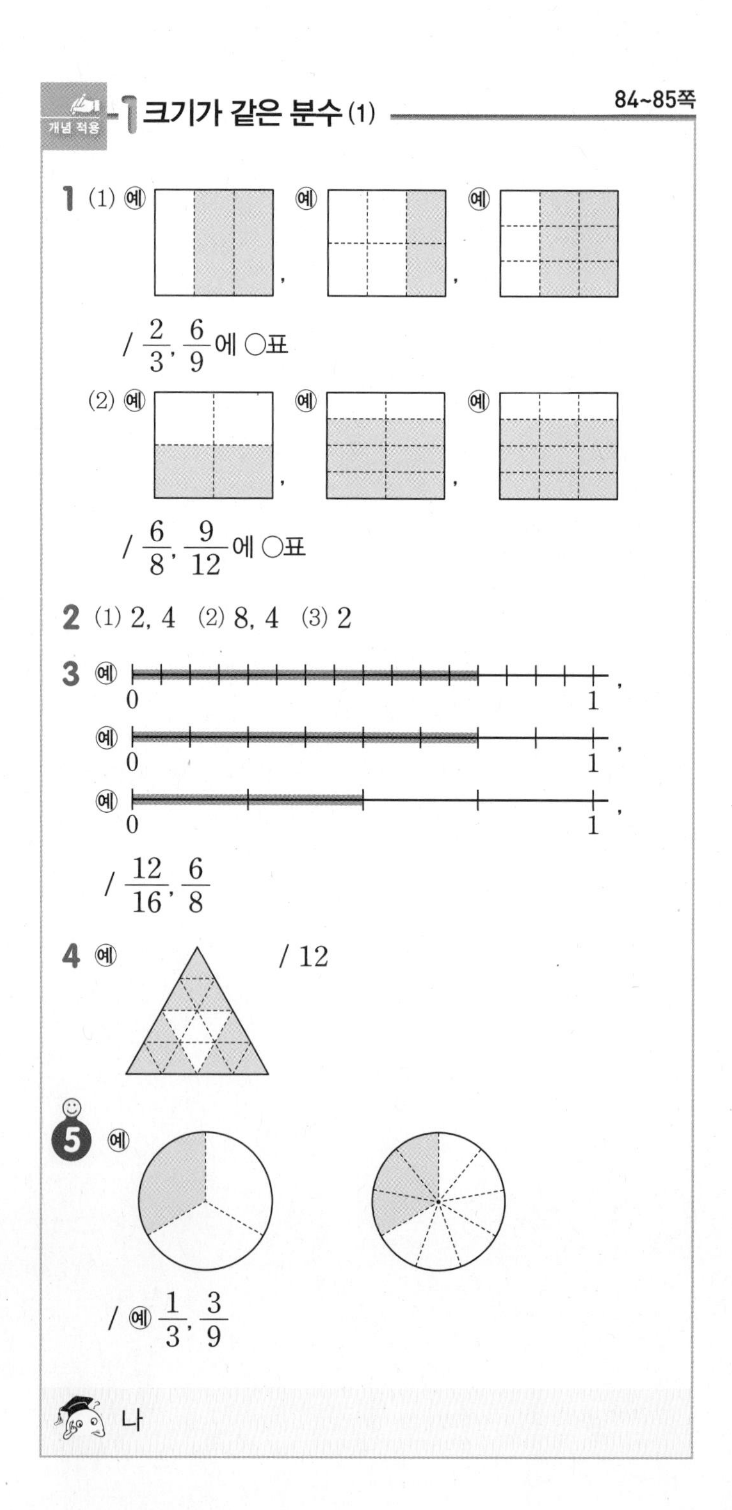

1 전체를 나눈 부분의 개수가 달라도 색칠한 부분의 크기가 같으면 두 분수의 크기가 같습니다.

2 (1) ($\frac{1}{2}$ 막대 한 개) $=$ ($\frac{1}{4}$ 막대 2개) $=$ ($\frac{1}{8}$ 막대 4개)

(2) ($\frac{1}{4}$ 막대 한 개) $=$ ($\frac{1}{8}$ 막대 2개) $=$ ($\frac{1}{16}$ 막대 4개)

(3) ($\frac{1}{8}$ 막대 한 개) $=$ ($\frac{1}{16}$ 막대 2개)

3 주어진 분수만큼 수직선에 표시하면 셋 중 크기가 같은 분수는 $\frac{12}{16}$와 $\frac{6}{8}$입니다.

4 $\frac{3}{4}$과 크기가 같은 분수가 되도록 색칠하면 전체를 똑같이 16으로 나눈 것 중의 12이므로 $\frac{12}{16}$입니다.

내가 만드는 문제

5 예 전체 3칸 중 1칸을 색칠하여 $\frac{1}{3}$을 나타내었다면 전체 9칸 중 3칸을 색칠하여 $\frac{1}{3}$과 크기가 같은 분수 $\frac{3}{9}$을 나타냅니다.

개념 적용 -2 크기가 같은 분수 (2)

86~87쪽

6 (1) $\frac{10}{15}$ (2) $\frac{3}{7}$

7 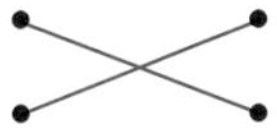

8 (1) 14, 15, 28, 25, 42

(2) 18, 20, 9, 10, 3

9 (1) 예 $\frac{4}{10}$, $\frac{6}{15}$, $\frac{8}{20}$

(2) 예 $\frac{32}{48}$, $\frac{16}{24}$, $\frac{8}{12}$

10 (1) $\frac{3}{5}$, $\frac{12}{20}$, $\frac{30}{50}$에 ○표

(2) $\frac{1}{3}$, $\frac{2}{6}$, $\frac{42}{126}$에 ○표

11 $\frac{10}{12}$, $\frac{15}{18}$, $\frac{20}{24}$

12 예 $\frac{3}{5}$, 2, 2, $\frac{6}{10}$, 2, 2, $\frac{12}{20}$

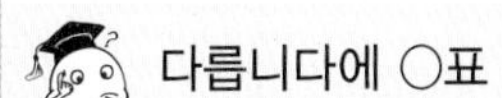

다릅니다에 ○표

6 (1) $\frac{2}{3}=\frac{2\times5}{3\times5}=\frac{10}{15}$ (2) $\frac{12}{28}=\frac{12\div4}{28\div4}=\frac{3}{7}$

7 $\frac{3}{8}=\frac{3\times2}{8\times2}=\frac{6}{16}$, $\frac{12}{18}=\frac{12\div3}{18\div3}=\frac{4}{6}$

8 (1) $\frac{5}{7}=\frac{5\times2}{7\times2}=\frac{5\times3}{7\times3}=\frac{5\times4}{7\times4}$

$=\frac{5\times5}{7\times5}=\frac{5\times6}{7\times6}$

(2) $\frac{36}{60}=\frac{36\div2}{60\div2}=\frac{36\div3}{60\div3}=\frac{36\div4}{60\div4}$

$=\frac{36\div6}{60\div6}=\frac{36\div12}{60\div12}$

9 (1) 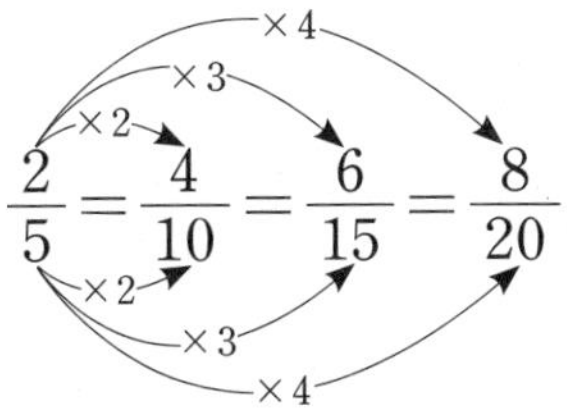

(2) 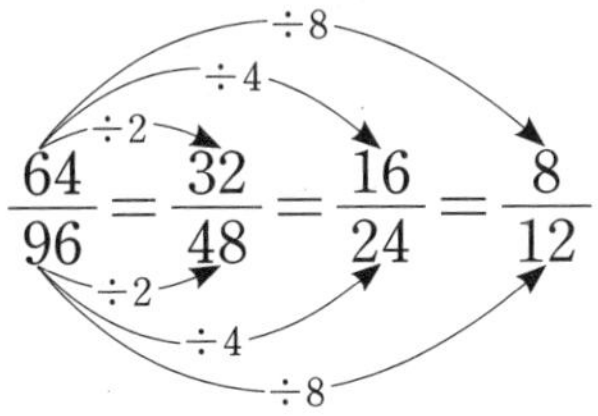

10 (1) $\frac{6}{10}=\frac{6\div2}{10\div2}=\frac{3}{5}$, $\frac{6}{10}=\frac{6\times2}{10\times2}=\frac{12}{20}$,

$\frac{6}{10}=\frac{6\times5}{10\times5}=\frac{30}{50}$

(2) $\frac{14}{42}=\frac{14\div14}{42\div14}=\frac{1}{3}$, $\frac{14}{42}=\frac{14\div7}{42\div7}=\frac{2}{6}$,

$\frac{14}{42}=\frac{14\times3}{42\times3}=\frac{42}{126}$

11 $\frac{5}{6}=\frac{5\times2}{6\times2}=\frac{5\times3}{6\times3}=\frac{5\times4}{6\times4}$

➡ $\frac{5}{6}=\frac{10}{12}=\frac{15}{18}=\frac{20}{24}$

내가 만드는 문제

12 예 $\frac{6}{10}$과 크기가 같은 분수를 구해 봅니다.

➡ $\frac{6\div2}{10\div2}=\frac{3}{5}$, $\frac{6\times2}{10\times2}=\frac{12}{20}$

개념 적용 -3 분수를 간단하게 나타내기

88~89쪽

13 (1) $\frac{6}{15}$ / 4, 10, $\frac{4}{10}$ / 2, 5, $\frac{2}{5}$

(2) 12, 28, $\frac{12}{28}$ / 6, 14, $\frac{6}{14}$ / 3, 7, $\frac{3}{7}$

14 (1) 35, 14, $\frac{5}{7}$ / $\frac{5}{7}$

(2) 30, $\frac{3}{18}$, $\frac{1}{6}$ / $\frac{1}{6}$

15 (1) 9, 9, 8 (2) 5, 5, $\frac{4}{11}$

16 (1) 2 (2) 3

17 2, 3, 4, 6에 ○표

18 $\frac{5}{16}$, $\frac{8}{21}$, $\frac{7}{12}$에 ○표

19 예 ㉡ / 예 $\frac{4}{9}$

3, 3 / 9, 9 / 1

14 (1) 70과 50의 공약수가 1, 2, 5, 10이므로 분모와 분자를 각각 2, 5, 10으로 나눕니다.

$\frac{50}{70}=\frac{50\div2}{70\div2}=\frac{25}{35}$, $\frac{50}{70}=\frac{50\div5}{70\div5}=\frac{10}{14}$,

$\frac{50}{70}=\frac{50\div10}{70\div10}=\frac{5}{7}$

➡ 기약분수는 더 이상 나누어지지 않는 $\frac{5}{7}$입니다.

(2) 90과 15의 공약수가 1, 3, 5, 15이므로 분모와 분자를 각각 3, 5, 15로 나눕니다.

$\frac{15}{90}=\frac{15\div3}{90\div3}=\frac{5}{30}$, $\frac{15}{90}=\frac{15\div5}{90\div5}=\frac{3}{18}$,

$\frac{15}{90}=\frac{15\div15}{90\div15}=\frac{1}{6}$

➡ 기약분수는 더 이상 나누어지지 않는 $\frac{1}{6}$입니다.

15 (1) 분모와 분자를 각각 72와 45의 최대공약수인 9로 나눕니다.

(2) 분모와 분자를 각각 55와 20의 최대공약수인 5로 나눕니다.

16 (1) 분모와 분자를 각각 28과 16의 공약수인 2로 나누어 약분하였습니다.

(2) 분모와 분자를 각각 81과 63의 공약수인 3으로 나누어 약분하였습니다.

17 $\frac{36}{84}$을 약분할 때 분모와 분자를 나눌 수 있는 수는 84와 36의 공약수입니다.

84와 36의 공약수는 1, 2, 3, 4, 6, 12이므로

약분할 수 있는 수를 모두 찾으면 2, 3, 4, 6입니다.

18 기약분수는 분모와 분자의 공약수가 1뿐인 분수입니다.

따라서 기약분수는 $\frac{5}{16}$, $\frac{8}{21}$, $\frac{7}{12}$입니다.

내가 만드는 문제

19 예 분모와 분자의 최대공약수로 나누는 방법을 골랐다면 72와 32의 최대공약수는 8이므로

$\frac{32}{72}$를 약분하면 $\frac{32}{72}=\frac{32\div8}{72\div8}=\frac{4}{9}$입니다.

개념 적용 -4 분모가 같은 분수로 나타내기

90~91쪽

20 $\frac{4}{6}$, $\frac{6}{9}$, $\frac{8}{12}$ / $\frac{2}{8}$, $\frac{3}{12}$, $\frac{4}{16}$ / 예 $\frac{8}{12}$, $\frac{3}{12}$

➕ (1) 5, 4, 15, 4, 19

(2) 3, 2, 12, 4, 8, 4

21 24, 48에 ○표

22 $\left(\frac{50}{160}, \frac{56}{160}\right)$에 색칠

23 25 / 30 / 30

24 예 ㉢ / 예 $\frac{21}{36}$, $\frac{10}{36}$

24 / $\frac{3}{8}$에 ○표

20 ➕ (1) 분모를 4와 5의 곱인 20으로 통분하고 분자끼리 더합니다.

(2) 분모를 6과 9의 최소공배수인 18로 통분하고 분자끼리 뺍니다.

21 두 분수 $\frac{5}{8}$와 $\frac{9}{12}$를 통분할 때 공통분모가 될 수 있는 수는 8과 12의 공배수인 24, 48, 72, ...입니다.

22 $\frac{5}{16}$와 $\frac{7}{20}$을 공통분모를 160으로 하여 통분하면

$\left(\frac{5}{16}, \frac{7}{20}\right)$ ➡ $\left(\frac{5\times10}{16\times10}, \frac{7\times8}{20\times8}\right)$

➡ $\left(\frac{50}{160}, \frac{56}{160}\right)$입니다.

23 $\frac{11}{15}=\frac{22}{\text{㉢}}$에서 $11\times2=22$이므로
$15\times2=$㉢, ㉢$=30$입니다.
두 분수를 공통분모를 30으로 하여 통분하면
$\left(\frac{5}{6}, \frac{11}{15}\right) \Rightarrow \left(\frac{5\times5}{6\times5}, \frac{11\times2}{15\times2}\right) \Rightarrow \left(\frac{25}{30}, \frac{22}{30}\right)$이므로
㉠$=25$, ㉡$=30$, ㉢$=30$입니다.

내가 만드는 문제
24 두 분모의 최소공배수로 통분하는 방법을 골랐다면
12와 18의 최소공배수는 36이므로
$\left(\frac{7}{12}, \frac{5}{18}\right) \Rightarrow \left(\frac{7\times3}{12\times3}, \frac{5\times2}{18\times2}\right) \Rightarrow \left(\frac{21}{36}, \frac{10}{36}\right)$
입니다.

교과서 개념 이해 5 분모가 다른 분수는 통분하여 크기를 비교해. 92쪽

1 14, $>$, 14, $>$

2 10, 9, $>$ / 18, 25, $<$ / 4, $<$ / $\frac{3}{5}$, $\frac{2}{3}$, $\frac{5}{6}$

1 분모가 다른 두 분수는 통분하여 분모를 같게 한 다음 분자의 크기를 비교합니다.

교과서 개념 이해 6 분수를 소수로, 소수를 분수로 나타내어 크기를 비교해. 93쪽

1 (1) 5, 7, 5, $<$, 7, $<$
(2) 5, 7, 0.5, $<$, $<$

2 (1) 4, 0.4, $<$
(2) 4, 6, $<$

개념 적용 -5 분수의 크기 비교 94~95쪽

1 9, $<$, 9 / $<$

2 예 , 4, ( )

예 , 6, (○)

예 , 5, ( )

3 (1) $<$ (2) $>$ (3) $>$ (4) $<$
+ 9, 16, $<$

4 (1) $\frac{2}{5}$, $\frac{7}{10}$, $\frac{3}{4}$ (2) $\frac{11}{18}$, $\frac{4}{5}$, $\frac{5}{6}$

5 (위에서부터) $\frac{5}{6}$ / $\frac{5}{6}$, $\frac{9}{16}$

6 예 $\frac{5}{6}$, $>$, $\frac{5}{8}$

$>$

1 분모가 다른 두 분수는 약분하여 분모를 같게 한 다음 분자의 크기를 비교합니다.

3 (1) $\left(\frac{3}{4}, \frac{7}{8}\right) \Rightarrow \left(\frac{6}{8}, \frac{7}{8}\right) \Rightarrow \frac{6}{8}<\frac{7}{8}$
$\Rightarrow \frac{3}{4}<\frac{7}{8}$

(2) $\left(\frac{6}{8}, \frac{7}{10}\right) \Rightarrow \left(\frac{30}{40}, \frac{28}{40}\right) \Rightarrow \frac{30}{40}>\frac{28}{40}$
$\Rightarrow \frac{6}{8}>\frac{7}{10}$

(3) $\left(\frac{5}{9}, \frac{8}{15}\right) \Rightarrow \left(\frac{25}{45}, \frac{24}{45}\right) \Rightarrow \frac{25}{45}>\frac{24}{45}$
$\Rightarrow \frac{5}{9}>\frac{8}{15}$

(4) $\left(\frac{10}{16}, \frac{9}{12}\right) \Rightarrow \left(\frac{30}{48}, \frac{36}{48}\right) \Rightarrow \frac{30}{48}<\frac{36}{48}$
$\Rightarrow \frac{10}{16}<\frac{9}{12}$

+ 자연수 부분이 1로 같으므로 분수 부분의 크기를 비교합니다.
$\left(\frac{3}{8}, \frac{2}{3}\right) \Rightarrow \left(\frac{9}{24}, \frac{16}{24}\right) \Rightarrow \frac{3}{8}<\frac{2}{3}$이므로 $1\frac{3}{8}<1\frac{2}{3}$입니다.

4 (1) $\left(\frac{3}{4}, \frac{2}{5}, \frac{7}{10}\right) \Rightarrow \left(\frac{15}{20}, \frac{8}{20}, \frac{14}{20}\right)$
$\Rightarrow \frac{8}{20}<\frac{14}{20}<\frac{15}{20} \Rightarrow \frac{2}{5}<\frac{7}{10}<\frac{3}{4}$

(2) $\left(\frac{4}{5}, \frac{5}{6}, \frac{11}{18}\right) \Rightarrow \left(\frac{72}{90}, \frac{75}{90}, \frac{55}{90}\right)$
$\Rightarrow \frac{55}{90}<\frac{72}{90}<\frac{75}{90} \Rightarrow \frac{11}{18}<\frac{4}{5}<\frac{5}{6}$

5 $\left(\frac{5}{9}, \frac{5}{6}\right) \Rightarrow \left(\frac{10}{18}, \frac{15}{18}\right) \Rightarrow \frac{5}{9} < \frac{5}{6}$

$\left(\frac{5}{12}, \frac{9}{16}\right) \Rightarrow \left(\frac{20}{48}, \frac{27}{48}\right) \Rightarrow \frac{5}{12} < \frac{9}{16}$

$\left(\frac{5}{6}, \frac{9}{16}\right) \Rightarrow \left(\frac{40}{48}, \frac{27}{48}\right) \Rightarrow \frac{5}{6} > \frac{9}{16}$

내가 만드는 문제

6 주어진 7개의 분수 중 2개를 고른 다음 두 분수의 크기를 비교합니다.

예 $\frac{5}{6}$와 $\frac{5}{8}$를 골랐다면

$\left(\frac{5}{6}, \frac{5}{8}\right) \Rightarrow \left(\frac{20}{24}, \frac{15}{24}\right) \Rightarrow \frac{5}{6} > \frac{5}{8}$입니다.

개념 적용 6 분수와 소수의 크기 비교 96~97쪽

7 (1) 2, 2, 4, 0.4

(2) 25, 25, 75, 0.75

(3) 5, 5, 35, 0.035

8 44, 36 /

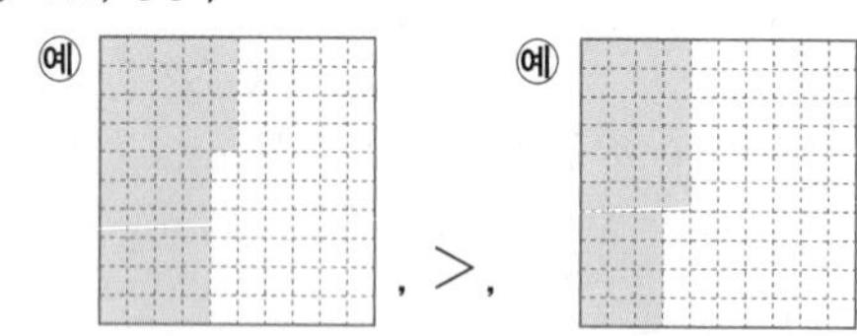

9 (1) < (2) = (3) > (4) <

10 윤지

11 도서관

12 예 $\frac{1}{4}$, >, 0.2

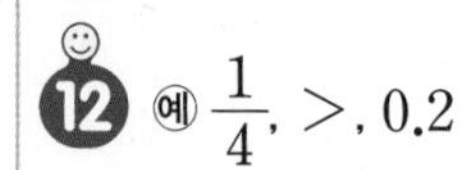

4 / >, 28 / >

7 (1) 5×2＝10이므로 분모와 분자에 각각 2를 곱합니다.

(2) 4×25＝100이므로 분모와 분자에 각각 25를 곱합니다.

(3) 200×5＝1000이므로 분모와 분자에 각각 5를 곱합니다.

8 $\frac{11}{25} = \frac{11 \times 4}{25 \times 4} = \frac{44}{100}$이므로 100칸 중 44칸을 색칠하고, $0.36 = \frac{36}{100}$이므로 100칸 중 36칸을 색칠합니다. 따라서 색칠한 칸수가 더 많을수록 크기가 더 크므로 $\frac{11}{25} > 0.36$입니다.

9 (1) $\frac{13}{50} = \frac{26}{100} = 0.26$이므로 $\frac{13}{50} < 0.3$입니다.

(2) $\frac{2}{5} = \frac{4}{10} = 0.4$이므로 $0.4 = \frac{2}{5}$입니다.

(3) $1.7 = 1\frac{7}{10}$이고 $1\frac{1}{2} = 1\frac{5}{10}$이므로

$1.7 > 1\frac{1}{2}$입니다.

(4) $2\frac{1}{4} = 2\frac{25}{100} = 2.25$이므로 $2\frac{1}{4} < 2.48$입니다.

10 진우가 마신 물의 양을 소수로 나타내면

$\frac{4}{5} = \frac{8}{10} = 0.8$ (L)입니다.

따라서 0.89 > 0.8이므로 물을 더 많이 마신 친구는 윤지입니다.

11 $\frac{7}{8} = \frac{875}{1000} = 0.875$이므로 0.86 < 0.875입니다.

따라서 윤하네 집에서 더 가까운 곳은 도서관입니다.

내가 만드는 문제

12 예 A에서 $\frac{1}{4}$을, B에서 0.2를 골랐다면

$\frac{1}{4} = \frac{25}{100} = 0.25$이므로 $\frac{1}{4} > 0.2$입니다.

개념 완성 발전 문제 98~100쪽

1	8, 12, 16	**2**	$\frac{4}{6}$, $\frac{6}{9}$
3	$\frac{15}{35}$	**4**	$\frac{24}{88}$
5	$\frac{18}{65}$	**6**	$\frac{17}{37}$
7	$\frac{4}{7}$, $\frac{3}{5}$	**8**	$\frac{9}{24}$, $\frac{16}{24}$
9	$\frac{3}{4}$	**10**	3
11	1, 2, 3	**12**	6
13	$\frac{3}{11}$	**14**	$\frac{16}{27}$
15	$\frac{1}{2}$	**16**	$\frac{1}{3}$
17	$\frac{2}{3}$	**18**	0.8

1 $\frac{4}{9}=\frac{4\times2}{9\times2}=\frac{4\times3}{9\times3}=\frac{4\times4}{9\times4}$

➡ $\frac{4}{9}=\frac{8}{18}=\frac{12}{27}=\frac{16}{36}$

2 $\frac{2}{3}=\frac{2\times2}{3\times2}=\frac{2\times3}{3\times3}=\frac{2\times4}{3\times4}=\cdots$

➡ $\frac{2}{3}=\frac{4}{6}=\frac{6}{9}=\frac{8}{12}=\cdots$

3 $\frac{3}{7}$과 크기가 같은 분수인 $\frac{6}{14}$, $\frac{9}{21}$, $\frac{12}{28}$, $\frac{15}{35}$, $\frac{18}{42}$, … 중에서 분모와 분자의 합이 50인 분수를 찾으면 $\frac{15}{35}$입니다.

다른 풀이 | $\frac{3}{7}$의 분모와 분자의 합은 10이므로 분모와 분자의 합이 50이 되려면 $\frac{3}{7}$의 분모와 분자에 각각 $50\div10=5$를 곱하면 됩니다. ➡ $\frac{3}{7}=\frac{3\times5}{7\times5}=\frac{15}{35}$

4 8로 약분하기 전의 분수: $\frac{3\times8}{11\times8}=\frac{24}{88}$

5 9로 약분하기 전의 분수: $\frac{2\times9}{7\times9}=\frac{18}{63}$

분모에서 2를 빼기 전의 분수: $\frac{18}{63+2}=\frac{18}{65}$

6 4로 약분하기 전의 분수: $\frac{5\times4}{8\times4}=\frac{20}{32}$

분모에서 5를 빼기 전, 분자에 3을 더하기 전의 분수 : $\frac{20-3}{32+5}=\frac{17}{37}$

7 $\frac{20}{35}=\frac{20\div5}{35\div5}=\frac{4}{7}$, $\frac{21}{35}=\frac{21\div7}{35\div7}=\frac{3}{5}$

8 $\left(\frac{3}{8}, \frac{2}{3}\right)$ ➡ $\left(\frac{3\times3}{8\times3}, \frac{2\times8}{3\times8}\right)$ ➡ $\left(\frac{9}{24}, \frac{16}{24}\right)$

9 □ 안에 알맞은 분수를 $\frac{㉡}{㉠}$이라 하면

$\frac{㉡\times12}{㉠\times12}=\frac{36}{48}$입니다.

$㉠\times12=48$, $㉠=48\div12=4$이고,

$㉡\times12=36$, $㉡=36\div12=3$이므로

$\frac{㉡}{㉠}=\frac{3}{4}$입니다.

10 $5\times6=30$이므로

$\square\times6=18$, $\square=18\div6=3$입니다.

11 $\frac{\square}{7}=\frac{\square\times4}{7\times4}=\frac{\square\times4}{28}$이므로

$\frac{\square\times4}{28}<\frac{15}{28}$에서 분자를 비교하면 $\square\times4<15$입니다.

따라서 □ 안에 들어갈 수 있는 자연수는 1, 2, 3입니다.

12 12와 16의 최소공배수인 48로 통분하면

$\frac{5}{12}=\frac{20}{48}$, $\frac{\square}{16}=\frac{\square\times3}{48}$이므로

$\frac{20}{48}>\frac{\square\times3}{48}$에서 분자를 비교하면 $20>\square\times3$입니다.

따라서 □ 안에 들어갈 수 있는 자연수는 1, 2, 3, 4, 5, 6이고 이 중에서 가장 큰 수는 6입니다.

13 주어진 분수는 $\frac{3}{8}$과 분자가 같은 분수입니다.

분자가 같은 분수는 분모가 클수록 작은 수이므로

$\frac{3}{11}<\frac{3}{8}<\frac{3}{7}<\frac{3}{5}$입니다.

따라서 $\frac{3}{8}$보다 작은 분수는 $\frac{3}{11}$입니다.

14 $\left(\frac{5}{9}, \frac{16}{27}\right)$ ➡ $\left(\frac{15}{27}, \frac{16}{27}\right)$ ➡ $\frac{5}{9}<\frac{16}{27}$

$\left(\frac{5}{9}, \frac{23}{45}\right)$ ➡ $\left(\frac{25}{45}, \frac{23}{45}\right)$ ➡ $\frac{5}{9}>\frac{23}{45}$

$\left(\frac{5}{9}, \frac{7}{18}\right)$ ➡ $\left(\frac{10}{18}, \frac{7}{18}\right)$ ➡ $\frac{5}{9}>\frac{7}{18}$

따라서 $\frac{5}{9}$보다 큰 분수는 $\frac{16}{27}$입니다.

15 $\frac{7}{20}=\frac{35}{100}$이고 $0.52=\frac{52}{100}$이므로 $\frac{35}{100}$보다 크고 $\frac{52}{100}$보다 작은 분수를 찾아야 합니다.

$\frac{13}{20}=\frac{65}{100}$, $\frac{11}{50}=\frac{22}{100}$, $\frac{1}{2}=\frac{50}{100}$이므로

$\frac{35}{100}$보다 크고 $\frac{52}{100}$보다 작은 분수는 $\frac{50}{100}$입니다.

따라서 조건을 만족하는 분수는 $\frac{1}{2}$입니다.

16 $\left(\frac{4}{9}, \frac{2}{5}, \frac{1}{3}\right)$을 한꺼번에 통분하면

$\left(\frac{20}{45}, \frac{18}{45}, \frac{15}{45}\right)$이므로 $\frac{4}{9}>\frac{2}{5}>\frac{1}{3}$입니다.

따라서 가장 작은 진분수는 $\frac{1}{3}$입니다.

17 만들 수 있는 진분수는 $\frac{2}{3}$, $\frac{3}{6}$, $\frac{2}{6}$입니다.

$\frac{2}{3}\left(=\frac{4}{6}\right)>\frac{3}{6}>\frac{2}{6}$이므로 가장 큰 진분수는 $\frac{2}{3}$입니다.

18 만들 수 있는 진분수는 $\frac{2}{8}$, $\frac{5}{8}$, $\frac{4}{8}$, $\frac{2}{5}$, $\frac{4}{5}$, $\frac{2}{4}$입니다.

분모가 8인 분수 중 가장 큰 수는 $\frac{5}{8}$,

분모가 5인 분수 중 가장 큰 수는 $\frac{4}{5}$이므로

$\frac{5}{8}$, $\frac{4}{5}$, $\frac{2}{4}$의 크기를 비교하면

$\frac{4}{5}\left(=\frac{32}{40}\right)>\frac{5}{8}\left(=\frac{25}{40}\right)>\frac{2}{4}\left(=\frac{20}{40}\right)$입니다.

따라서 가장 큰 진분수는 $\frac{4}{5}$이므로 소수로 나타내면

$\frac{4}{5}=\frac{8}{10}=0.8$입니다.

4단원 단원 평가 101~103쪽

1 예 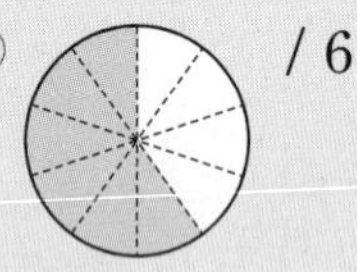 / 6

2 (1) 4, 28 (2) 7, 8

3 (1) 6, $\frac{5}{6}$ (2) 4, $\frac{4}{7}$

4 21, 4, 7

5 (1) 2, 2, 2, 0.2 (2) 5, 5, 85, 0.85

6 $\frac{18}{24}$, $\frac{22}{24}$

7 2개

8 예 $\frac{14}{40}$, $\frac{25}{40}$ / $<$

9 42, 84에 ○표

10 9

11 (1) $>$ (2) $<$

12 (1) × (2) ○ (3) ×

13 $\frac{32}{52}$

14 ㉠, ㉡, ㉢

15 $\frac{50}{120}$, $\frac{96}{120}$

16 4, 5, 6, 7

17 $\frac{27}{70}$, $\frac{28}{70}$, $\frac{29}{70}$

18 0.6

19 5

20 현수

1 $\frac{3}{5}$과 크기가 같은 분수는 전체를 똑같이 10으로 나눈 것 중의 6입니다.

2 분모와 분자에 0이 아닌 같은 수를 곱하거나 분모와 분자를 0이 아닌 같은 수로 나누어 크기가 같은 분수를 만들 수 있습니다.

3 (1) $40\div8=5$, $48\div8=6$
(2) $63\div9=7$, $36\div9=4$

4 12와 42의 공약수는 1, 2, 3, 6이므로 분모와 분자를 2, 3, 6으로 각각 나눕니다.

➡ $\frac{12}{42}=\frac{12\div2}{42\div2}=\frac{6}{21}$, $\frac{12}{42}=\frac{12\div3}{42\div3}=\frac{4}{14}$,
$\frac{12}{42}=\frac{12\div6}{42\div6}=\frac{2}{7}$

5 (1) $5\times2=10$이므로 분모와 분자에 각각 2를 곱합니다.
(2) $20\times5=100$이므로 분모와 분자에 각각 5를 곱합니다.

6 8과 12의 최소공배수인 24가 공통분모가 되도록 통분합니다.

7 분모와 분자의 공약수가 1뿐인 분수는 $\frac{16}{49}$, $\frac{13}{62}$으로 모두 2개입니다.

➡ $\frac{11}{99}=\frac{11\div11}{99\div11}=\frac{1}{9}$, $\frac{9}{42}=\frac{9\div3}{42\div3}=\frac{3}{14}$,
$\frac{18}{81}=\frac{18\div9}{81\div9}=\frac{2}{9}$, $\frac{21}{56}=\frac{21\div7}{56\div7}=\frac{3}{8}$

8 20과 8의 공배수가 공통분모가 되도록 통분합니다.

예 $\frac{7}{20}=\frac{7\times2}{20\times2}=\frac{14}{40}$, $\frac{5}{8}=\frac{5\times5}{8\times5}=\frac{25}{40}$
➡ $\frac{14}{40}<\frac{25}{40}$ ➡ $\frac{7}{20}<\frac{5}{8}$

9 두 분수의 공통분모가 될 수 있는 수는 두 분모 14와 21의 공배수인 42, 84, 126, 168, ...입니다.

10 한 번만 약분하여 기약분수로 나타내려면 분모와 분자의 최대공약수로 나누어야 합니다. 분모 63과 분자 27의 최대공약수는 9이므로 분모와 분자를 9로 나누어야 합니다.

11 (1) 분자가 같은 분수는 분모가 작을수록 큰 수입니다.

$\frac{4}{6}=\frac{4\times2}{6\times2}=\frac{8}{12}$ ➡ $\frac{8}{12}>\frac{8}{14}$

(2) $\frac{14}{15}=\frac{14\times4}{15\times4}=\frac{56}{60}$, $\frac{19}{20}=\frac{19\times3}{20\times3}=\frac{57}{60}$

➡ $\frac{14}{15}<\frac{19}{20}$

12 (1) 기약분수는 분모와 분자의 공약수가 1뿐이므로 1개입니다.

(3) 분모와 분자를 0이 아닌 같은 수로 나누어야 합니다.

13 $\frac{8}{13}$과 크기가 같은 분수는 $\frac{16}{26}$, $\frac{24}{39}$, $\frac{32}{52}$, $\frac{40}{65}$, ...입니다. 이 중에서 분모와 분자의 합이 84인 분수를 찾으면 $\frac{32}{52}$입니다.

14 ㉡ $\frac{17}{50}=\frac{34}{100}=0.34$

➡ $0.45>0.34>0.11$

➡ $0.45>\frac{17}{50}>0.11$

15 두 분모 12와 10의 최소공배수는 60입니다.
공통분모가 될 수 있는 수는 60, 120, 180, ...이므로 분모가 될 수 있는 가장 작은 세 자리 수는 120입니다.

➡ $\left(\frac{5}{12}, \frac{8}{10}\right)$ ➡ $\left(\frac{50}{120}, \frac{96}{120}\right)$

16 분모 8, 10, 5의 최소공배수인 40을 공통분모로 통분하면

$\left(\frac{3}{8}, \frac{□}{10}, \frac{4}{5}\right)$ ➡ $\left(\frac{3\times5}{8\times5}, \frac{□\times4}{10\times4}, \frac{4\times8}{5\times8}\right)$

➡ $\left(\frac{15}{40}, \frac{□\times4}{40}, \frac{32}{40}\right)$입니다.

$15<□\times4<32$이므로

□ 안에 들어갈 수 있는 자연수는 4, 5, 6, 7입니다.

17 $\frac{13}{35}$과 $\frac{6}{14}$을 공통분모를 70으로 하여 통분하면

$\left(\frac{26}{70}, \frac{30}{70}\right)$입니다.

따라서 $\frac{26}{70}$과 $\frac{30}{70}$ 사이의 분수를 모두 구하면

$\frac{27}{70}$, $\frac{28}{70}$, $\frac{29}{70}$입니다.

18 만들 수 있는 진분수는 $\frac{1}{5}$, $\frac{3}{5}$, $\frac{5}{9}$, $\frac{1}{9}$, $\frac{3}{9}$, $\frac{1}{3}$입니다.

분모가 5인 분수 중 가장 큰 수는 $\frac{3}{5}$,

분모가 9인 분수 중 가장 큰 수는 $\frac{5}{9}$이므로

$\frac{5}{9}$, $\frac{3}{5}$, $\frac{1}{3}$의 크기를 비교하면

$\frac{3}{5}\left(=\frac{27}{45}\right)>\frac{5}{9}\left(=\frac{25}{45}\right)>\frac{1}{3}\left(=\frac{15}{45}\right)$입니다.

따라서 가장 큰 진분수는 $\frac{3}{5}$이므로 소수로 나타내면

$\frac{3}{5}=\frac{6}{10}=0.6$입니다.

서술형
19 예 $70\div□=14$, $45\div□=9$이므로 $□=5$입니다.
따라서 분모와 분자를 각각 5로 나누었습니다.

평가 기준	배점
분모와 분자를 각각 어떤 수로 나누었는지 구하는 식을 세웠나요?	2점
분모와 분자를 각각 어떤 수로 나누었는지 구했나요?	3점

서술형
20 예 $43\frac{13}{25}=43\frac{52}{100}=43.52$이므로 현수의 몸무게는 43.52 kg입니다.
$43.2<43.52$이므로 현수가 윤호보다 몸무게가 더 무겁습니다.

평가 기준	배점
분수를 소수로 바르게 나타냈나요?	3점
윤호와 현수의 몸무게를 비교하여 더 무거운 친구는 누구인지 구했나요?	2점

다른 풀이 | $43.2=43\frac{2}{10}=43\frac{20}{100}$이므로 윤호의 몸무게는 $43\frac{20}{100}$ kg입니다.

$43\frac{13}{25}=43\frac{52}{100}$이므로 현수의 몸무게는 $43\frac{52}{100}$ kg입니다.

따라서 $43\frac{20}{100}<43\frac{52}{100}$이므로

현수가 윤호보다 몸무게가 더 무겁습니다.

5 분수의 덧셈과 뺄셈

분모가 다른 분수의 덧셈과 뺄셈은 자연수 연산과 같은 맥락으로 그 수가 분수로 확장된 것입니다. [수학 4-2]에서 학습한 분모가 같은 분수의 덧셈과 뺄셈은 기준이 되는 단위가 같으므로 분자끼리의 덧셈과 뺄셈으로 자연수 연산의 연장선에서 문제를 해결할 수 있었습니다. 그러나 분모가 다른 분수의 덧셈과 뺄셈에서는 공통분모 도입의 필요에 따라 분수 연산에 대한 보다 깊은 이해가 필요합니다. 따라서 다양한 분수 모델과 교구 활동을 통해 분모가 다른 분수의 덧셈과 뺄셈의 개념 이해 및 원리를 탐구할 수 있도록 합니다. 이러한 학습은 이후 6학년 1학기 분수의 곱셈과 나눗셈과 연계되므로 분모가 다른 분수의 덧셈과 뺄셈의 개념 및 원리에 대한 정확한 이해를 바탕으로 분수 연산의 기본 개념이 잘 형성될 수 있도록 지도합니다.

교과서 개념 이해 1 분모를 같게 만든 다음 분수의 덧셈을 해. 106쪽

1 3, 예 /

예 , 2 / 3, 2, 5

2 (1) 6, 9, 9, 6, 45, 51, 17
(2) 2, 3, 3, 2, 15, 17

2 (1) 분모의 곱을 이용하여 통분한 후 계산합니다.
(2) 분모의 최소공배수를 이용하여 통분한 후 계산합니다.

교과서 개념 이해 2 분수끼리의 합이 1이 되면 자연수 부분으로 올림해. 107쪽

1 8, 예 /

예 , 9 / 8, 9, 17, 1, 5

2 (1) 8, 6, 6, 8, 42, 50, 1, 2, 1, 1
(2) 4, 3, 3, 4, 21, 25, 1, 1

2 (1) 분모의 곱을 이용하여 통분한 후 계산합니다.
(2) 분모의 최소공배수를 이용하여 통분한 후 계산합니다.

교과서 개념 이해 3 대분수의 덧셈도 분모를 같게 만들어 계산해. 108~109쪽

1 5, 6 /

예 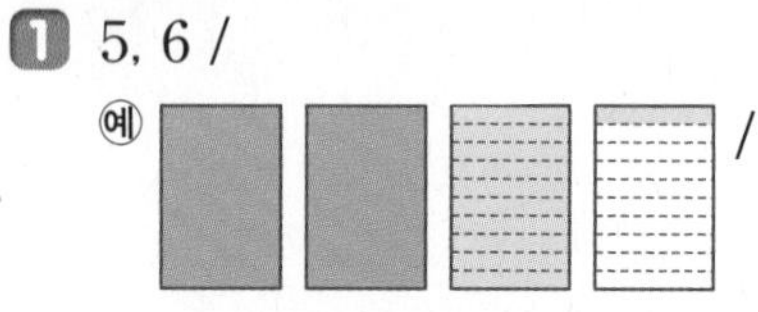 /

5, 6, 11, 1, 1, 3, 1

2 (1) 4, 15, 4, 15, 3, 19, 3, 1, 1, 4, 1
(2) 20, 11, 40, 33, 73, 4, 1

3 (1) $2\frac{1}{4}+1\frac{4}{5}=\frac{9}{4}+\frac{9}{5}=\frac{45}{20}+\frac{36}{20}=\frac{81}{20}$
$=4\frac{1}{20}$

(2) $3\frac{9}{10}+1\frac{2}{15}=\frac{39}{10}+\frac{17}{15}=\frac{117}{30}+\frac{34}{30}$
$=\frac{151}{30}=5\frac{1}{30}$

4 (1) $2\frac{13}{21}$ (2) $4\frac{1}{24}$

5 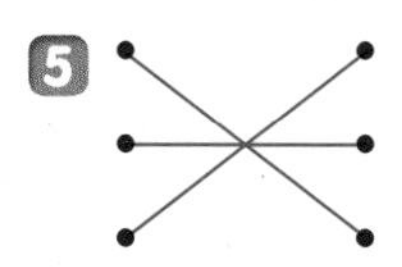

2 (1) $2\frac{2}{9}+1\frac{5}{6}=2\frac{4}{18}+1\frac{15}{18}$
$=(2+1)+\left(\frac{4}{18}+\frac{15}{18}\right)=3+\frac{19}{18}$
$=3+1\frac{1}{18}=4\frac{1}{18}$

(2) $2\frac{2}{9}+1\frac{5}{6}=\frac{20}{9}+\frac{11}{6}=\frac{40}{18}+\frac{33}{18}$
$=\frac{73}{18}=4\frac{1}{18}$

3 대분수를 가분수로 나타내어 계산합니다.

4 (1) $1\frac{1}{3}+1\frac{2}{7}=\frac{4}{3}+\frac{9}{7}=\frac{28}{21}+\frac{27}{21}$
$=\frac{55}{21}=2\frac{13}{21}$

(2) $1\frac{1}{6}+2\frac{7}{8}=\frac{7}{6}+\frac{23}{8}=\frac{28}{24}+\frac{69}{24}$
$=\frac{97}{24}=4\frac{1}{24}$

5 $2\frac{3}{7}+1\frac{4}{5}=2\frac{15}{35}+1\frac{28}{35}=3\frac{43}{35}=4\frac{8}{35}$
$1\frac{5}{6}+1\frac{3}{4}=1\frac{10}{12}+1\frac{9}{12}=2\frac{19}{12}=3\frac{7}{12}$
$1\frac{7}{9}+2\frac{5}{6}=1\frac{14}{18}+2\frac{15}{18}=3\frac{29}{18}=4\frac{11}{18}$

개념 적용 -1 받아올림이 없는 진분수의 덧셈 110~111쪽

1 (1) $\frac{5}{6}$, $\frac{3}{4}$, $\frac{7}{10}$ (2) $\frac{7}{12}$, $\frac{8}{15}$, $\frac{1}{2}$

➕ 4, 3 / 4, 3, 1

2 (1) $<$ (2) $<$

3 $\frac{17}{24}$

4 5, 4, 9

5 $\frac{1}{2}$

6 예 육각형, 예 $\frac{5}{8}$

$\frac{5}{6}$ / 2 / 5, $\frac{5}{6}$

1 (1) $\frac{1}{2}+\frac{1}{3}=\frac{3}{6}+\frac{2}{6}=\frac{5}{6}$

$\frac{1}{2}+\frac{1}{4}=\frac{2}{4}+\frac{1}{4}=\frac{3}{4}$

$\frac{1}{2}+\frac{1}{5}=\frac{5}{10}+\frac{2}{10}=\frac{7}{10}$

(2) $\frac{1}{3}+\frac{1}{4}=\frac{4}{12}+\frac{3}{12}=\frac{7}{12}$

$\frac{1}{3}+\frac{1}{5}=\frac{5}{15}+\frac{3}{15}=\frac{8}{15}$

$\frac{1}{3}+\frac{1}{6}=\frac{2}{6}+\frac{1}{6}=\frac{3}{6}=\frac{1}{2}$

2 (1) 두 식의 더해지는 수가 모두 $\frac{1}{3}$로 같으므로 $\frac{3}{8}$과 $\frac{5}{8}$의 크기를 비교합니다.

➡ $\frac{3}{8}<\frac{5}{8}$이므로 $\frac{1}{3}+\frac{3}{8}<\frac{1}{3}+\frac{5}{8}$입니다.

(2) 두 식의 더하는 수가 모두 $\frac{1}{7}$로 같으므로 $\frac{5}{9}$와 $\frac{5}{6}$의 크기를 비교합니다.

➡ $\frac{5}{9}<\frac{5}{6}$이므로 $\frac{5}{9}+\frac{1}{7}<\frac{5}{6}+\frac{1}{7}$입니다.

3 색칠한 부분의 크기를 분수로 나타내면 각각 $\frac{1}{3}$, $\frac{3}{8}$입니다.

$\frac{1}{3}+\frac{3}{8}=\frac{8}{24}+\frac{9}{24}=\frac{17}{24}$

4 $\frac{1}{2}$은 $\frac{1}{10}$ 막대 5개와 같고, $\frac{2}{5}$는 $\frac{1}{10}$ 막대 4개와 같습니다.

따라서 $\frac{1}{2}+\frac{2}{5}$는 $\frac{1}{10}$ 막대 9개와 같으므로

$\frac{1}{2}+\frac{2}{5}=\frac{9}{10}$입니다.

5 '한 집에'의 음표는 ♩♪♪이므로 음표의 길이의 합은

$\frac{1}{4}+\frac{1}{8}+\frac{1}{8}$입니다.

$\frac{1}{4}+\frac{1}{8}+\frac{1}{8}=\frac{2}{8}+\frac{1}{8}+\frac{1}{8}=\frac{4}{8}=\frac{1}{2}$

내가 만드는 문제

6 원 모양을 골랐다면 두 분수의 합은

$\frac{1}{3}+\frac{3}{5}=\frac{5}{15}+\frac{9}{15}=\frac{14}{15}$입니다.

하트 모양을 골랐다면 두 분수의 합은

$\frac{4}{9}+\frac{2}{7}=\frac{28}{63}+\frac{18}{63}=\frac{46}{63}$입니다.

육각형 모양을 골랐다면 두 분수의 합은

$\frac{3}{8}+\frac{1}{4}=\frac{3}{8}+\frac{2}{8}=\frac{5}{8}$입니다.

개념 적용 -2 받아올림이 있는 진분수의 덧셈 112~113쪽

7 (1) $\frac{4}{5}+\frac{5}{9}=\frac{4\times9}{5\times9}+\frac{5\times5}{9\times5}=\frac{36}{45}+\frac{25}{45}$

$=\frac{61}{45}=1\frac{16}{45}$

(2) $\frac{3}{8}+\frac{6}{7}=\frac{3\times7}{8\times7}+\frac{6\times8}{7\times8}=\frac{21}{56}+\frac{48}{56}$

$=\frac{69}{56}=1\frac{13}{56}$

8 (1) $1\frac{19}{24}$ (2) $1\frac{11}{30}$

9 $1\frac{3}{10}$

10 (1) $1\frac{21}{40}$ (2) $1\frac{2}{21}$

11 ㉡

12 예 $1\frac{5}{8}$ m

18, 20, 38, 14, 7 / 9, 10, 19, 7

8 (1) $\frac{7}{8}+\frac{11}{12}=\frac{21}{24}+\frac{22}{24}=\frac{43}{24}=1\frac{19}{24}$

(2) $\frac{2}{3}+\frac{7}{10}=\frac{20}{30}+\frac{21}{30}=\frac{41}{30}=1\frac{11}{30}$

9 $\frac{7}{10}+\frac{3}{5}=\frac{7}{10}+\frac{6}{10}=\frac{13}{10}=1\frac{3}{10}$

10 (1) $\frac{5}{8}+\frac{9}{10}=\frac{25}{40}+\frac{36}{40}=\frac{61}{40}=1\frac{21}{40}$ (kg)

(2) $\frac{6}{7}+\frac{5}{21}=\frac{18}{21}+\frac{5}{21}=\frac{23}{21}=1\frac{2}{21}$ (kg)

11 ㉠ $\frac{1}{2}+\frac{7}{8}=\frac{4}{8}+\frac{7}{8}=\frac{11}{8}=1\frac{3}{8}$

㉡ $\frac{5}{7}+\frac{3}{8}=\frac{40}{56}+\frac{21}{56}=\frac{61}{56}=1\frac{5}{56}$

㉢ $\frac{5}{6}+\frac{13}{24}=\frac{20}{24}+\frac{13}{24}=\frac{33}{24}=1\frac{9}{24}=1\frac{3}{8}$

내가 만드는 문제

12 A에서 B까지 가는 방법은 4가지입니다.

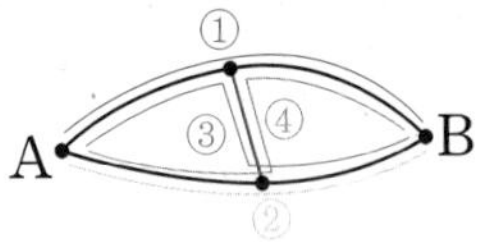

①: $\frac{4}{5}+\frac{9}{10}=\frac{8}{10}+\frac{9}{10}=\frac{17}{10}=1\frac{7}{10}$ (m)

②: $\frac{7}{8}+\frac{3}{4}=\frac{7}{8}+\frac{6}{8}=\frac{13}{8}=1\frac{5}{8}$ (m)

③: $\frac{4}{5}+\frac{1}{2}+\frac{3}{4}=\frac{16}{20}+\frac{10}{20}+\frac{15}{20}=\frac{41}{20}$
$=2\frac{1}{20}$ (m)

④: $\frac{7}{8}+\frac{1}{2}+\frac{9}{10}=\frac{35}{40}+\frac{20}{40}+\frac{36}{40}=\frac{91}{40}$
$=2\frac{11}{40}$ (m)

개념 적용 -3 받아올림이 있는 대분수의 덧셈 114~115쪽

13 (1) $4\frac{1}{6}$ (2) $5\frac{2}{15}$

14 (1) $2\frac{3}{5}+\frac{5}{6}$, $1\frac{4}{9}+1\frac{3}{5}$에 ○표

(2) $2\frac{5}{7}+2\frac{1}{3}$, $\frac{5}{8}+4\frac{3}{5}$에 ○표

15 $3\frac{5}{6}+1\frac{4}{9}=(3+1)+\left(\frac{15}{18}+\frac{8}{18}\right)$
$=4\frac{23}{18}=5\frac{5}{18}$

16

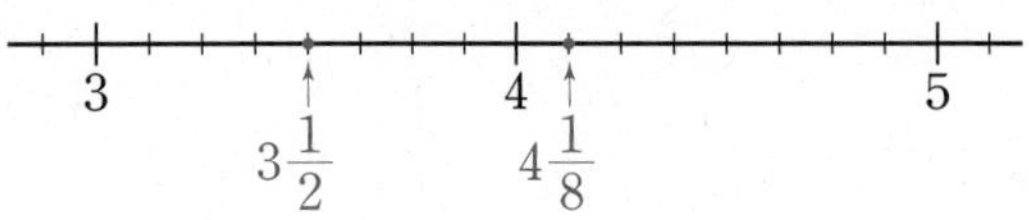

17 (1) $5\frac{3}{8}$ (2) $4\frac{1}{40}$

18 예 $2\frac{7}{8}+3\frac{5}{12}=2\frac{21}{24}+3\frac{10}{24}=5\frac{31}{24}=6\frac{7}{24}$

2, 7 / 4, 14, 2 / 6, 21, 3

13 (1) $1\frac{1}{2}+2\frac{2}{3}=1\frac{3}{6}+2\frac{4}{6}=3\frac{7}{6}=4\frac{1}{6}$

(2) $1\frac{1}{3}+3\frac{4}{5}=1\frac{5}{15}+3\frac{12}{15}=4\frac{17}{15}=5\frac{2}{15}$

14 (1) $1\frac{2}{3}+1\frac{1}{4}=1\frac{8}{12}+1\frac{3}{12}=2\frac{11}{12}$,

$2\frac{3}{5}+\frac{5}{6}=2\frac{18}{30}+\frac{25}{30}=2\frac{43}{30}=3\frac{13}{30}$,

$1\frac{4}{9}+1\frac{3}{5}=1\frac{20}{45}+1\frac{27}{45}=2\frac{47}{45}=3\frac{2}{45}$

(2) $2\frac{5}{7}+2\frac{1}{3}=2\frac{15}{21}+2\frac{7}{21}=4\frac{22}{21}=5\frac{1}{21}$,

$3\frac{2}{7}+1\frac{1}{2}=3\frac{4}{14}+1\frac{7}{14}=4\frac{11}{14}$,

$\frac{5}{8}+4\frac{3}{5}=\frac{25}{40}+4\frac{24}{40}=4\frac{49}{40}=5\frac{9}{40}$

15 통분할 때 분모와 분자에 같은 수를 곱해야 하는데 분모에만 곱해서 틀렸습니다.

16 $1\frac{5}{6}+1\frac{2}{3}=1\frac{5}{6}+1\frac{4}{6}=2\frac{9}{6}=3\frac{3}{6}=3\frac{1}{2}$

$2\frac{5}{8}+1\frac{1}{2}=2\frac{5}{8}+1\frac{4}{8}=3\frac{9}{8}=4\frac{1}{8}$

17 (1) $3\frac{3}{4}+1\frac{5}{8}=3\frac{6}{8}+1\frac{5}{8}=4\frac{11}{8}=5\frac{3}{8}$ (cm)

(2) $1\frac{5}{8}+2\frac{2}{5}=1\frac{25}{40}+2\frac{16}{40}=3\frac{41}{40}=4\frac{1}{40}$ (cm)

내가 만드는 문제

18 두 분수의 공통분모가 될 수 있는 수는 8과 12의 공배수인 24, 48, 72, ...입니다.

예 공통분모를 24로 정했다면

$2\frac{7}{8}+3\frac{5}{12}=2\frac{21}{24}+3\frac{10}{24}=5\frac{31}{24}=6\frac{7}{24}$

입니다.

교과서 개념 이해 4 진분수의 뺄셈도 통분 먼저! 116쪽

1 9, 예  /
예 , 4, / 9, 4, 5

2 (1) 9, 6, 45, 24, 21, 7
(2) 3, 2, 15, 8, 7

2 (1) 분모의 곱을 이용하여 통분한 후 계산합니다.
(2) 분모의 최소공배수를 이용하여 통분한 후 계산합니다.

교과서 개념 이해 5 받아내림이 없는 대분수의 뺄셈도 통분 먼저! 117쪽

1 7, 6 / 예 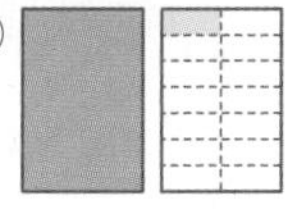 / 7, 6, 1, 1

2 (1) 15, 14, 15 14, 2, 1, 2, 1
(2) 26, 5, 78, 35, 43, 2, 1

2 (1) 분모를 통분한 후 자연수는 자연수끼리, 분수는 분수끼리 빼서 계산합니다.
(2) 대분수를 가분수로 나타낸 다음 분모를 통분한 후 계산합니다.

교과서 개념 이해 6 받아내림이 있는 대분수의 뺄셈도 통분 먼저! 118~119쪽

1 5, 8 / 예 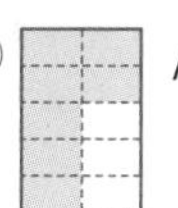 / 5, 8, 15, 8, 7

2 (1) 7, 8, 21, 8, 21, 8, 13, 1, 13
(2) 7, 11, 49, 22, 27, 1, 13

3 (1) $4\frac{2}{7}-1\frac{2}{3}=\frac{30}{7}-\frac{5}{3}=\frac{90}{21}-\frac{35}{21}$
$=\frac{55}{21}=2\frac{13}{21}$
(2) $3\frac{1}{4}-1\frac{5}{8}=\frac{13}{4}-\frac{13}{8}=\frac{26}{8}-\frac{13}{8}$
$=\frac{13}{8}=1\frac{5}{8}$

4 (1) $3\frac{37}{40}$ (2) $2\frac{15}{28}$

5 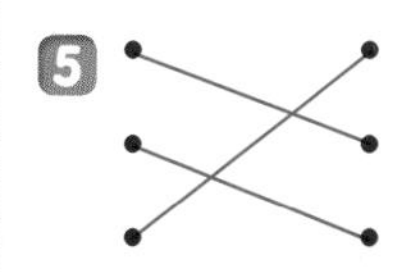

2 (1) 분모를 통분한 후 자연수는 자연수끼리, 분수는 분수끼리 빼서 계산합니다.
(2) 대분수를 가분수로 나타낸 다음 분모를 통분한 후 계산합니다.

3 대분수를 가분수로 나타내어 계산합니다.

4 (1) $6\frac{1}{8}-2\frac{1}{5}=6\frac{5}{40}-2\frac{8}{40}=5\frac{45}{40}-2\frac{8}{40}$
$=3\frac{37}{40}$
(2) $4\frac{2}{7}-1\frac{3}{4}=\frac{30}{7}-\frac{7}{4}=\frac{120}{28}-\frac{49}{28}$
$=\frac{71}{28}=2\frac{15}{28}$

5 $3\frac{1}{4}-1\frac{5}{8}=3\frac{2}{8}-1\frac{5}{8}=2\frac{10}{8}-1\frac{5}{8}=1\frac{5}{8}$
$4\frac{1}{2}-2\frac{4}{7}=4\frac{7}{14}-2\frac{8}{14}=3\frac{21}{14}-2\frac{8}{14}=1\frac{13}{14}$
$5\frac{2}{9}-3\frac{5}{6}=5\frac{4}{18}-3\frac{15}{18}=4\frac{22}{18}-3\frac{15}{18}=1\frac{7}{18}$

개념 적용 -4 받아내림이 없는 진분수의 뺄셈 120~121쪽

1 8, 5 / 8, 5, 3

2 (1) $\frac{16}{35}$, $\frac{9}{35}$, $\frac{2}{35}$
(2) $\frac{41}{56}$, $\frac{33}{56}$, $\frac{25}{56}$

3 (1) > (2) <

4 $\frac{11}{36}$

5 (1) $\frac{18}{35}$, $\frac{18}{35}$ (2) $\frac{1}{12}$, $\frac{1}{12}$

6 예 $\frac{5}{36}$

$1\frac{5}{21}$, $1\frac{5}{21}$, $\frac{2}{21}$

2 (1) $\frac{6}{7}-\frac{2}{5}=\frac{30}{35}-\frac{14}{35}=\frac{16}{35}$

$\frac{6}{7}-\frac{3}{5}=\frac{30}{35}-\frac{21}{35}=\frac{9}{35}$

$\frac{6}{7}-\frac{4}{5}=\frac{30}{35}-\frac{28}{35}=\frac{2}{35}$

(2) $\frac{7}{8}-\frac{1}{7}=\frac{49}{56}-\frac{8}{56}=\frac{41}{56}$

$\frac{7}{8}-\frac{2}{7}=\frac{49}{56}-\frac{16}{56}=\frac{33}{56}$

$\frac{7}{8}-\frac{3}{7}=\frac{49}{56}-\frac{24}{56}=\frac{25}{56}$

3 (1) 두 식의 빼는 수가 모두 $\frac{2}{5}$로 같으므로

$\frac{10}{11}$과 $\frac{9}{11}$의 크기를 비교합니다.

➡ $\frac{10}{11}>\frac{9}{11}$이므로 $\frac{10}{11}-\frac{2}{5}>\frac{9}{11}-\frac{2}{5}$입니다.

(2) 두 식의 빼는 수가 모두 $\frac{3}{8}$으로 같으므로

$\frac{7}{15}$과 $\frac{8}{15}$의 크기를 비교합니다.

➡ $\frac{7}{15}<\frac{8}{15}$이므로 $\frac{7}{15}-\frac{3}{8}<\frac{8}{15}-\frac{3}{8}$입니다.

4 $\frac{5}{9}-\frac{1}{4}=\frac{20}{36}-\frac{9}{36}=\frac{11}{36}$

5 (1) $\frac{5}{7}-\frac{1}{5}=\frac{25}{35}-\frac{7}{35}=\frac{18}{35}$

(2) $\frac{5}{6}-\frac{3}{4}=\frac{10}{12}-\frac{9}{12}=\frac{1}{12}$

내가 만드는 문제

6 예 빨간색 수 카드는 $\frac{11}{12}$,

파란색 수 카드는 $\frac{7}{9}$을 골랐다면

$\left(\frac{11}{12}, \frac{7}{9}\right)$ ➡ $\left(\frac{33}{36}, \frac{28}{36}\right)$이므로

$\frac{11}{12}$에서 $\frac{7}{9}$을 뺀 값을 구합니다.

➡ $\frac{11}{12}-\frac{7}{9}=\frac{33}{36}-\frac{28}{36}=\frac{5}{36}$

참고 | 뺄셈을 할 때에는 큰 수에서 작은 수를 빼야 합니다.

개념 적용 -5 받아내림이 없는 대분수의 뺄셈 122~123쪽

7 (1) $1\frac{1}{2}$, $1\frac{3}{10}$, $1\frac{1}{10}$

(2) $2\frac{19}{30}$, $2\frac{13}{30}$, $2\frac{7}{30}$

8 $2\frac{6}{35}$

9 (1) $1\frac{1}{2}$ (2) $1\frac{17}{30}$

10 (1) $1\frac{8}{21}$, $1\frac{8}{21}$ (2) $2\frac{7}{18}$, $2\frac{7}{18}$

11 $1\frac{11}{20}$

12 예 식빵, $2\frac{19}{30}$ 컵

7 / 115, 78, 37, 7

7 (1) $2\frac{4}{5}-1\frac{3}{10}=2\frac{8}{10}-1\frac{3}{10}=1\frac{5}{10}=1\frac{1}{2}$

$2\frac{3}{5}-1\frac{3}{10}=2\frac{6}{10}-1\frac{3}{10}=1\frac{3}{10}$

$2\frac{2}{5}-1\frac{3}{10}=2\frac{4}{10}-1\frac{3}{10}=1\frac{1}{10}$

(2) $3\frac{5}{6}-1\frac{1}{5}=3\frac{25}{30}-1\frac{6}{30}=2\frac{19}{30}$

$3\frac{5}{6}-1\frac{2}{5}=3\frac{25}{30}-1\frac{12}{30}=2\frac{13}{30}$

$3\frac{5}{6}-1\frac{3}{5}=3\frac{25}{30}-1\frac{18}{30}=2\frac{7}{30}$

8 $4\frac{4}{7}-2\frac{2}{5}=4\frac{20}{35}-2\frac{14}{35}=2\frac{6}{35}$

9 (1) $2\frac{5}{6}-1\frac{1}{3}=2\frac{5}{6}-1\frac{2}{6}=1\frac{3}{6}=1\frac{1}{2}$

(2) $2\frac{9}{10}-1\frac{1}{3}=2\frac{27}{30}-1\frac{10}{30}=1\frac{17}{30}$

10 (1) $2\frac{2}{3}-1\frac{2}{7}=2\frac{14}{21}-1\frac{6}{21}=1\frac{8}{21}$

(2) $3\frac{5}{9}-1\frac{1}{6}=3\frac{10}{18}-1\frac{3}{18}=2\frac{7}{18}$

11 세 분수를 통분하면 $2\frac{16}{20}$, $1\frac{5}{20}$, $2\frac{6}{20}$이므로

가장 큰 분수는 $2\frac{4}{5}$이고, 가장 작은 분수는 $1\frac{1}{4}$입니다.

➡ $2\frac{4}{5}-1\frac{1}{4}=2\frac{16}{20}-1\frac{5}{20}=1\frac{11}{20}$

☺ 내가 만드는 문제

12 각각의 빵을 1개 만들었을 때 남는 밀가루의 양은 다음과 같습니다.

식빵: $7\frac{4}{5}-5\frac{1}{6}=7\frac{24}{30}-5\frac{5}{30}=2\frac{19}{30}$(컵)

도넛: $7\frac{4}{5}-1\frac{4}{9}=7\frac{36}{45}-1\frac{20}{45}=6\frac{16}{45}$(컵)

크림빵: $7\frac{4}{5}-4\frac{2}{7}=7\frac{28}{35}-4\frac{10}{35}=3\frac{18}{35}$(컵)

크루아상: $7\frac{4}{5}-2\frac{3}{4}=7\frac{16}{20}-2\frac{15}{20}=5\frac{1}{20}$(컵)

개념 적용 -6 받아내림이 있는 대분수의 뺄셈 124~125쪽

13 (1) $2\frac{9}{20}$, $2\frac{13}{20}$
(2) $3\frac{9}{10}$, $2\frac{7}{10}$

14 $5\frac{1}{3}-2\frac{4}{7}$에 ○표

15 $4\frac{1}{4}-2\frac{4}{7}=4\frac{7}{28}-2\frac{16}{28}$
$=3\frac{35}{28}-2\frac{16}{28}=1\frac{19}{28}$

16 (1) $2\frac{33}{35}$ (2) $2\frac{20}{21}$

17 $1\frac{17}{18}$ mL, $2\frac{7}{8}$ mL, $1\frac{24}{35}$ mL

☺ **18** 예 $1\frac{4}{5}$, $6\frac{3}{10}$, $3\frac{11}{20}$

8, $1\frac{5}{6}$

13 (1) $4\frac{1}{5}-1\frac{3}{4}=4\frac{4}{20}-1\frac{15}{20}$
$=3\frac{24}{20}-1\frac{15}{20}=2\frac{9}{20}$

$4\frac{2}{5}-1\frac{3}{4}=4\frac{8}{20}-1\frac{15}{20}$
$=3\frac{28}{20}-1\frac{15}{20}=2\frac{13}{20}$

(2) $7\frac{3}{10}-3\frac{2}{5}=7\frac{3}{10}-3\frac{4}{10}$
$=6\frac{13}{10}-3\frac{4}{10}=3\frac{9}{10}$

$6\frac{1}{10}-3\frac{2}{5}=6\frac{1}{10}-3\frac{4}{10}$
$=5\frac{11}{10}-3\frac{4}{10}=2\frac{7}{10}$

14 $4\frac{1}{5}-2\frac{2}{3}=4\frac{3}{15}-2\frac{10}{15}=3\frac{18}{15}-2\frac{10}{15}=1\frac{8}{15}$

$5\frac{1}{3}-2\frac{4}{7}=5\frac{7}{21}-2\frac{12}{21}=4\frac{28}{21}-2\frac{12}{21}=2\frac{16}{21}$

$6\frac{3}{5}-2\frac{1}{8}=6\frac{24}{40}-2\frac{5}{40}=4\frac{19}{40}$

➡ 계산 결과가 2와 3 사이의 수인 뺄셈은 $5\frac{1}{3}-2\frac{4}{7}$입니다.

15 자연수 부분에서 받아내림한 1을 빼지 않았습니다.

16 (1) $4\frac{4}{5}-1\frac{6}{7}=4\frac{28}{35}-1\frac{30}{35}$
$=3\frac{63}{35}-1\frac{30}{35}=2\frac{33}{35}$

(2) $5\frac{2}{7}-2\frac{1}{3}=5\frac{6}{21}-2\frac{7}{21}$
$=4\frac{27}{21}-2\frac{7}{21}=2\frac{20}{21}$

17 사용한 빨간색 페인트 양: $5\frac{1}{2}-3\frac{5}{9}=5\frac{9}{18}-3\frac{10}{18}$
$=4\frac{27}{18}-3\frac{10}{18}$
$=1\frac{17}{18}$ (mL)

사용한 파란색 페인트 양: $5\frac{1}{4}-2\frac{3}{8}=5\frac{2}{8}-2\frac{3}{8}$
$=4\frac{10}{8}-2\frac{3}{8}$
$=2\frac{7}{8}$ (mL)

사용한 노란색 페인트 양: $4\frac{2}{5}-2\frac{5}{7}=4\frac{14}{35}-2\frac{25}{35}$
$=3\frac{49}{35}-2\frac{25}{35}$
$=1\frac{24}{35}$ (mL)

☺ 내가 만드는 문제

18 ◯ 안에 자유롭게 대분수를 써넣고 □ 안에 알맞은 수를 왼쪽부터 차례로 구해 봅니다.

발전 문제 126~129쪽

1 $1\frac{1}{8}$	2 $3\frac{13}{24}$
3 $6\frac{27}{35}$	4 $\frac{7}{8}$ L
5 은정, $1\frac{1}{9}$ kg	6 $2\frac{9}{10}$ cm
7 2	8 1, 2, 3, 4
9 3개	10 $\frac{1}{4}$, $\frac{1}{2}$
11 $\frac{1}{9}$, $\frac{1}{3}$	12 $\frac{1}{4}$, $\frac{1}{2}$
13 (1) 10 (2) 1, 24	14 1시간 16분
15 오후 3시 27분	16 $\frac{31}{35}$
17 $6\frac{14}{15}$	18 $6\frac{3}{14}$
19 (1) $\frac{7}{10}$ (2) $\frac{29}{63}$	20 $3\frac{24}{35}$ m
21 $1\frac{9}{14}$ m	22 $5\frac{3}{28}$ km
23 1 m	24 $\frac{9}{16}$ km

1 $\square+\frac{5}{8}=1\frac{3}{4}$

➡ $\square=1\frac{3}{4}-\frac{5}{8}=1\frac{6}{8}-\frac{5}{8}=1\frac{1}{8}$

2 어떤 수를 □라 하면 $\square+1\frac{5}{6}=5\frac{3}{8}$이므로

$\square=5\frac{3}{8}-1\frac{5}{6}=5\frac{9}{24}-1\frac{20}{24}=4\frac{33}{24}-1\frac{20}{24}$

$=3\frac{13}{24}$입니다.

3 어떤 수를 □라 하면 $\square-1\frac{3}{5}=3\frac{4}{7}$이므로

$\square=3\frac{4}{7}+1\frac{3}{5}=3\frac{20}{35}+1\frac{21}{35}=4\frac{41}{35}=5\frac{6}{35}$

입니다. 따라서 바르게 계산하면

$5\frac{6}{35}+1\frac{3}{5}=5\frac{6}{35}+1\frac{21}{35}=6\frac{27}{35}$입니다.

4 (오전에 마신 우유의 양) + (오후에 마신 우유의 양)

$=\frac{3}{8}+\frac{1}{2}=\frac{3}{8}+\frac{4}{8}=\frac{7}{8}$(L)

5 $2\frac{7}{9}>1\frac{2}{3}$이므로 은정이가 딸기를

$2\frac{7}{9}-1\frac{2}{3}=2\frac{7}{9}-1\frac{6}{9}=1\frac{1}{9}$(kg)

더 많이 땄습니다.

6 (재민이가 가지고 있는 철사의 길이)

$=1\frac{8}{15}-\frac{1}{6}=1\frac{16}{30}-\frac{5}{30}=1\frac{11}{30}$(cm)

(윤주와 재민이가 가지고 있는 철사의 길이)

$=1\frac{8}{15}+1\frac{11}{30}=1\frac{16}{30}+1\frac{11}{30}=2\frac{27}{30}=2\frac{9}{10}$(cm)

7 $\frac{1}{3}+\frac{\square}{7}=\frac{13}{21}$ ➡ $\frac{7}{21}+\frac{\square\times3}{21}=\frac{13}{21}$이므로

$7+\square\times3=13$, $\square\times3=6$, $\square=2$입니다.

8 $\frac{1}{2}-\frac{2}{9}=\frac{9}{18}-\frac{4}{18}=\frac{5}{18}$

➡ $\frac{5}{18}>\frac{\square}{18}$이므로 $5>\square$입니다.

따라서 □ 안에 들어갈 수 있는 자연수는 1, 2, 3, 4입니다.

9 $\frac{1}{8}+\frac{1}{4}=\frac{1}{8}+\frac{2}{8}=\frac{3}{8}$

$3\frac{5}{24}-2\frac{1}{3}=3\frac{5}{24}-2\frac{8}{24}=2\frac{29}{24}-2\frac{8}{24}$

$=\frac{21}{24}=\frac{7}{8}$

➡ $\frac{3}{8}<\frac{\square}{8}<\frac{7}{8}$이므로 $3<\square<7$입니다.

따라서 □ 안에 들어갈 수 있는 자연수는 4, 5, 6으로 모두 3개입니다.

10 $\frac{3}{4}$을 분모가 4인 두 분수의 합으로 나타내면

$\frac{3}{4}=\frac{1}{4}+\frac{2}{4}$입니다.

따라서 $\frac{3}{4}=\frac{1}{4}+\frac{2}{4}=\frac{1}{4}+\frac{1}{2}$로 나타낼 수 있습니다.

다른 풀이 | 4의 약수는 1, 2, 4이고 $1+2=3$이므로

$\frac{3}{4}=\frac{1}{4}+\frac{2}{4}=\frac{1}{4}+\frac{1}{2}$로 나타낼 수 있습니다.

11 $\frac{4}{9}$를 분모가 9인 두 분수의 합으로 나타내면

$\frac{4}{9}=\frac{1}{9}+\frac{3}{9}$, $\frac{4}{9}=\frac{2}{9}+\frac{2}{9}$입니다.

이 중 $\frac{4}{9}=\frac{2}{9}+\frac{2}{9}$는 단위분수의 합으로 나타낼 수 없습니다.

따라서 $\frac{4}{9}=\frac{1}{9}+\frac{3}{9}=\frac{1}{9}+\frac{1}{3}$로 나타낼 수 있습니다.

다른 풀이 | 9의 약수는 1, 3, 9이고 $1+3=4$이므로
$\frac{4}{9}=\frac{1}{9}+\frac{3}{9}=\frac{1}{9}+\frac{1}{3}$로 나타낼 수 있습니다.

12 한 단위분수가 $\frac{1}{8}$이므로 나머지 두 단위분수의 합은
$\frac{7}{8}-\frac{1}{8}=\frac{6}{8}$입니다.
$\frac{6}{8}$을 분모가 8인 두 분수의 합으로 나타내면
$\frac{6}{8}=\frac{1}{8}+\frac{5}{8}$, $\frac{6}{8}=\frac{2}{8}+\frac{4}{8}$, $\frac{6}{8}=\frac{3}{8}+\frac{3}{8}$입니다.
이 중 $\frac{6}{8}=\frac{1}{8}+\frac{5}{8}$, $\frac{6}{8}=\frac{3}{8}+\frac{3}{8}$은 단위분수의 합으로 나타낼 수 없습니다.
따라서 $\frac{6}{8}=\frac{2}{8}+\frac{4}{8}=\frac{1}{4}+\frac{1}{2}$이므로
$\frac{7}{8}=\frac{1}{8}+\frac{1}{4}+\frac{1}{2}$로 나타낼 수 있습니다.
다른 풀이 | 8의 약수는 1, 2, 4, 8이고 $1+2+4=7$이므로
$\frac{7}{8}=\frac{1}{8}+\frac{2}{8}+\frac{4}{8}=\frac{1}{8}+\frac{1}{4}+\frac{1}{2}$로 나타낼 수 있습니다.

13 (1) 1시간은 60분입니다.
$\frac{1}{6}=\frac{10}{60}$이므로 $\frac{1}{6}$시간 $=$ 10분입니다.
(2) $1\frac{2}{5}=1\frac{24}{60}$이므로 $1\frac{2}{5}$시간 $=$ 1시간 24분입니다.

14 (지윤이가 운동을 한 시간) $=$ (연주가 운동을 한 시간) $-\frac{2}{5}$
$=1\frac{2}{3}-\frac{2}{5}=1\frac{10}{15}-\frac{6}{15}$
$=1\frac{4}{15}$(시간)
따라서 $1\frac{4}{15}$시간 $=1\frac{16}{60}$시간이므로 지윤이가 운동을 한 시간은 1시간 16분입니다.

15 (할머니 댁까지 이동하는 데 걸린 시간)
$=$ (버스를 탄 시간) $+$ (걸은 시간)
$=1\frac{1}{4}+\frac{1}{5}=1\frac{5}{20}+\frac{4}{20}=1\frac{9}{20}$(시간)
$1\frac{9}{20}$시간 $=1\frac{27}{60}$시간 $=$ 1시간 27분이므로
할머니 댁에 도착한 시각은
오후 2시 $+$ 1시간 27분 $=$ 오후 3시 27분입니다.

16 민호가 만들 수 있는 진분수: $\frac{3}{5}$,
지희가 만들 수 있는 진분수: $\frac{2}{7}$
➡ $\frac{3}{5}+\frac{2}{7}=\frac{21}{35}+\frac{10}{35}=\frac{31}{35}$

17 만들 수 있는 가장 큰 대분수는 $5\frac{1}{3}$이고, 가장 작은 대분수는 $1\frac{3}{5}$입니다.
➡ $5\frac{1}{3}+1\frac{3}{5}=5\frac{5}{15}+1\frac{9}{15}=6\frac{14}{15}$

18 만들 수 있는 대분수 중 가장 큰 대분수의 자연수 부분은 7이고, 작은 대분수의 자연수 부분은 1입니다.
$7\frac{1}{2}$, $7\frac{1}{5}$, $7\frac{2}{5}$ 중 가장 큰 대분수는 $7\frac{1}{2}$이고,
$1\frac{2}{5}$, $1\frac{2}{7}$, $1\frac{5}{7}$ 중 가장 작은 대분수는 $1\frac{2}{7}$입니다.
➡ $7\frac{1}{2}-1\frac{2}{7}=7\frac{7}{14}-1\frac{4}{14}=6\frac{3}{14}$

19 (1) $\frac{7}{15}+\frac{2}{5}-\frac{1}{6}=\frac{7}{15}+\frac{6}{15}-\frac{1}{6}$
$=\frac{13}{15}-\frac{1}{6}=\frac{26}{30}-\frac{5}{30}$
$=\frac{21}{30}=\frac{7}{10}$
(2) $\frac{5}{9}+\frac{4}{21}-\frac{2}{7}=\frac{35}{63}+\frac{12}{63}-\frac{2}{7}$
$=\frac{47}{63}-\frac{2}{7}=\frac{47}{63}-\frac{18}{63}=\frac{29}{63}$

20 (이어 붙인 색 테이프 전체의 길이)
$=$ (색 테이프 2장의 길이) $-$ (겹쳐진 부분의 길이)
$=2\frac{1}{7}+2\frac{1}{7}-\frac{3}{5}=4\frac{2}{7}-\frac{3}{5}$
$=4\frac{10}{35}-\frac{21}{35}=3\frac{45}{35}-\frac{21}{35}=3\frac{24}{35}$ (m)

21 (겹쳐진 부분의 길이)
$=$ (색 테이프 2장의 길이) $-$ (전체 색 테이프의 길이)
$=4\frac{3}{7}+4\frac{3}{7}-7\frac{3}{14}=8\frac{6}{7}-7\frac{3}{14}$
$=8\frac{12}{14}-7\frac{3}{14}=1\frac{9}{14}$ (m)

22 (집에서 서점까지의 거리)
$=$ (학교에서 서점까지의 거리) $-$ (학교에서 집까지의 거리)
$=7\frac{5}{14}-2\frac{1}{4}=7\frac{10}{28}-2\frac{7}{28}=5\frac{3}{28}$ (km)

23 (선분 ㄱㄴ) $=$ (선분 ㄱㄷ) $+$ (선분 ㄷㄹ) $-$ (선분 ㄴㄹ)
$=1\frac{1}{3}+\frac{1}{2}-\frac{5}{6}=1\frac{2}{6}+\frac{3}{6}-\frac{5}{6}$
$=1\frac{5}{6}-\frac{5}{6}=1$ (m)

24 (병원에서 약국까지의 거리)
= (집에서 약국까지의 거리)
+ (병원에서 학교까지의 거리)
− (집에서 학교까지의 거리)

$= 2\frac{7}{12} + 1\frac{1}{6} - 3\frac{3}{16}$

$= 2\frac{7}{12} + 1\frac{2}{12} - 3\frac{3}{16}$

$= 3\frac{9}{12} - 3\frac{3}{16}$

$= 3\frac{36}{48} - 3\frac{9}{48}$

$= \frac{27}{48} = \frac{9}{16}$ (km)

5단원 단원 평가 130~132쪽

1 4, 3, 7

2 20, 9, 20, 9, 1, 11, 1, 11

3 $1\frac{2}{5} + 1\frac{4}{7} = \frac{7}{5} + \frac{11}{7} = \frac{49}{35} + \frac{55}{35}$
$= \frac{104}{35} = 2\frac{34}{35}$

4 (1) $1\frac{11}{35}$ (2) $\frac{7}{36}$

5 $2\frac{43}{72}$

6 $1\frac{7}{40}$

7 >

8 $\frac{1}{6} + \frac{8}{9}$에 ○표

9 $8\frac{2}{3} - 2\frac{3}{4} = 8\frac{8}{12} - 2\frac{9}{12}$
$= 7\frac{20}{12} - 2\frac{9}{12} = 5\frac{11}{12}$

10 3

11 $\frac{3}{4}$

12 $3\frac{13}{36}$ cm

13 $6\frac{43}{60}$

14 $\frac{13}{18}$ km

15 $3\frac{1}{12}$

16 $3\frac{19}{20}$ m

17 6개

18 오후 4시 32분

19 $\frac{37}{40}$ L

20 $9\frac{33}{40}$

2 두 분수를 통분한 후 자연수는 자연수끼리, 분수는 분수끼리 빼서 계산합니다.

3 대분수를 가분수로 나타내어 계산합니다.

4 (1) $\frac{5}{7} + \frac{3}{5} = \frac{25}{35} + \frac{21}{35} = \frac{46}{35} = 1\frac{11}{35}$
(2) $\frac{7}{9} - \frac{7}{12} = \frac{28}{36} - \frac{21}{36} = \frac{7}{36}$

5 $3\frac{2}{9}$보다 $\frac{5}{8}$ 작은 수 ➡ $3\frac{2}{9} - \frac{5}{8}$
$3\frac{2}{9} - \frac{5}{8} = 3\frac{16}{72} - \frac{45}{72} = 2\frac{88}{72} - \frac{45}{72} = 2\frac{43}{72}$

6 $\square = \frac{4}{5} + \frac{3}{8} = \frac{32}{40} + \frac{15}{40} = \frac{47}{40} = 1\frac{7}{40}$

7 $2\frac{1}{2} + 1\frac{3}{8} = 2\frac{4}{8} + 1\frac{3}{8} = 3\frac{7}{8}$
$3\frac{5}{6} - 1\frac{1}{4} = 3\frac{10}{12} - 1\frac{3}{12} = 2\frac{7}{12}$
➡ $3\frac{7}{8} > 2\frac{7}{12}$

8 $\frac{3}{8} + \frac{2}{5} = \frac{15}{40} + \frac{16}{40} = \frac{31}{40}$
$\frac{1}{6} + \frac{8}{9} = \frac{3}{18} + \frac{16}{18} = \frac{19}{18} = 1\frac{1}{18}$
$\frac{3}{5} + \frac{3}{10} = \frac{6}{10} + \frac{3}{10} = \frac{9}{10}$

9 자연수 부분에서 받아내림한 1을 빼지 않았습니다.

10 6과 18의 최소공배수인 18을 공통분모로 하여 통분합니다.
이때 1은 $\frac{18}{18}$로 나타낼 수 있습니다.
$\frac{15}{18} + \frac{\square}{18} = \frac{18}{18}$ ➡ $\frac{\square}{18} = \frac{18-15}{18} = \frac{3}{18}$
따라서 □ 안에 알맞은 수는 3입니다.

11 세 분수를 통분하면 $\frac{16}{40}$, $\frac{14}{40}$, $\frac{15}{40}$이므로
가장 큰 분수는 $\frac{2}{5}$이고, 가장 작은 분수는 $\frac{7}{20}$입니다.
➡ $\frac{2}{5} + \frac{7}{20} = \frac{16}{40} + \frac{14}{40} = \frac{30}{40} = \frac{3}{4}$

12 (가로) − (세로) $= 6\frac{1}{9} - 2\frac{3}{4}$
$= 6\frac{4}{36} - 2\frac{27}{36}$
$= 5\frac{40}{36} - 2\frac{27}{36} = 3\frac{13}{36}$ (cm)

13 $\square=7\frac{1}{4}-\frac{8}{15}=7\frac{15}{60}-\frac{32}{60}$

$=6\frac{75}{60}-\frac{32}{60}=6\frac{43}{60}$

14 (집~학교~은행) $=1\frac{8}{9}+1\frac{2}{3}=1\frac{8}{9}+1\frac{6}{9}$

$=2\frac{14}{9}=3\frac{5}{9}$ (km)

따라서 집에서 학교를 거쳐 은행까지 가는 길은 집에서 바로 은행으로 가는 길보다

$3\frac{5}{9}-2\frac{5}{6}=3\frac{10}{18}-2\frac{15}{18}=2\frac{28}{18}-2\frac{15}{18}$

$=\frac{13}{18}$ (km) 더 멉니다.

15 어떤 수를 □라 하면 $\square+1\frac{1}{3}=5\frac{3}{4}$ 이므로

$\square=5\frac{3}{4}-1\frac{1}{3}=5\frac{9}{12}-1\frac{4}{12}=4\frac{5}{12}$ 입니다.

따라서 바르게 계산한 값은

$4\frac{5}{12}-1\frac{1}{3}=4\frac{5}{12}-1\frac{4}{12}=3\frac{1}{12}$ 입니다.

16 (이어 붙인 색 테이프 전체의 길이)

= (색 테이프 2장의 길이) − (겹쳐진 부분의 길이)

$=\left(2\frac{3}{8}+2\frac{3}{8}\right)-\frac{4}{5}=4\frac{6}{8}-\frac{4}{5}=4\frac{30}{40}-\frac{32}{40}$

$=3\frac{70}{40}-\frac{32}{40}=3\frac{38}{40}=3\frac{19}{20}$ (m)

17 $\frac{7}{12}+\frac{11}{18}=\frac{21}{36}+\frac{22}{36}=\frac{43}{36}=1\frac{7}{36}$

$1\frac{7}{36}>1\frac{\square}{36}$에서 $7>\square$입니다.

따라서 □ 안에 들어갈 수 있는 자연수는 1, 2, 3, 4, 5, 6으로 모두 6개입니다.

18 (할아버지 댁까지 이동하는 데 걸린 시간)

= (지하철을 탄 시간) + (걸은 시간)

$=1\frac{1}{5}+\frac{1}{3}=1\frac{3}{15}+\frac{5}{15}=1\frac{8}{15}$(시간)

$1\frac{8}{15}$ 시간 $=1\frac{32}{60}$ 시간 = 1시간 32분이므로

할아버지 댁에 도착한 시각은

오후 3시 + 1시간 32분 = 오후 4시 32분입니다.

서술형

19 예 (남은 우유의 양)

= (처음 우유의 양)

− (딸기우유를 만드는 데 사용한 우유의 양)

$=1\frac{4}{5}-\frac{7}{8}=1\frac{32}{40}-\frac{35}{40}$

$=\frac{72}{40}-\frac{35}{40}=\frac{37}{40}$ (L)

평가 기준	배점
문제에 알맞은 식을 세웠나요?	2점
남은 우유는 몇 L인지 구했나요?	3점

서술형

20 예 만들 수 있는 가장 큰 대분수는 $8\frac{1}{5}$ 이고,

가장 작은 대분수는 $1\frac{5}{8}$ 입니다.

➡ $8\frac{1}{5}+1\frac{5}{8}=8\frac{8}{40}+1\frac{25}{40}=9\frac{33}{40}$

평가 기준	배점
만들 수 있는 가장 큰 대분수와 가장 작은 대분수를 각각 구했나요?	3점
구한 두 대분수의 합을 구했나요?	2점

6 다각형의 둘레와 넓이

다각형의 둘레와 넓이는 공간 추론, 형식화, 일반화, 논리적 사고를 훈련할 수 있는 주제이며, 양감을 기르고 주변의 다양한 문제를 해결하는 데 유용합니다. 학생들은 [수학 1-1], [수학 2-1], [수학 2-2]에서 길이에 대해 충분히 학습하였고, 넓이에 대해서는 [수학 1-1] 4단원에서 학습하였습니다. 이 단원에서는 길이를 둘레의 개념으로 발전시키고, 넓이의 개념을 형성하고 측정 과정을 학습합니다. 다각형의 둘레와 넓이는 이후 원의 둘레와 넓이 및 입체도형의 겉넓이와 부피 학습과 직접 연계되므로 이 단원에서는 다각형의 성질을 바탕으로 공식을 유추하고 문제를 해결하며 이를 표현하는 과정에 초점을 두어 지도해야 합니다.

교과서 개념 이해 1 정다각형의 둘레는 한 변의 길이와 변의 수의 곱이야. 136쪽

1 (1) 6, 6, 6, 30 (2) 6, 5, 30

2 (1) 3, 21 (2) 4, 20

1 (2) 정오각형은 다섯 변의 길이가 모두 같으므로 정오각형의 둘레는 $6 \times 5 = 30$(cm)입니다.

2 (1) (정삼각형의 둘레) = (한 변의 길이) × 3
= $7 \times 3 = 21$(cm)
(2) (정사각형의 둘레) = (한 변의 길이) × 4
= $5 \times 4 = 20$(cm)

교과서 개념 이해 2 둘레는 모든 변의 길이의 합이야. 137쪽

1 (1) 6, 2, 30
(2) 5, 2, 26
(3) 7, 4, 28

1 (1) (직사각형의 둘레) = ((가로) + (세로)) × 2
(2) (평행사변형의 둘레)
= ((한 변의 길이) + (다른 한 변의 길이)) × 2
(3) (마름모의 둘레) = (한 변의 길이) × 4

교과서 개념 이해 3 넓이는 $1\,cm^2$를 단위로 사용해. 138쪽

1 (1) $2\,cm^2$, 2 제곱센티미터
(2) $4\,cm^2$, 4 제곱센티미터

2 5, 5 / 7, 7

2 $1\,cm^2$의 수를 세어 보면 가는 5개이므로 $5\,cm^2$, 나는 7개이므로 $7\,cm^2$입니다.

교과서 개념 이해 4 직사각형의 넓이는 $1\,cm^2$의 개수를 세어서 구해. 139쪽

1 (1) 6, 3, 6, 3, 18 (2) 3, 3, 3, 3, 9

2 (1) 5, 8, 40 (2) 6, 6, 36

2 (1) (직사각형의 넓이) = $5 \times 8 = 40(cm^2)$
(2) (정사각형의 넓이) = $6 \times 6 = 36(cm^2)$

교과서 개념 이해 5 큰 넓이는 $1\,m^2$, $1\,km^2$ 단위를 사용하면 좀 더 간단해. 140~141쪽

1 (1) $3\,m^2$, 3 제곱미터
(2) $5\,km^2$, 5 제곱킬로미터

2 (1) 10000 (2) 1000000

3 (1) m^2에 ○표 (2) km^2에 ○표

4 (1) 20000 (2) 4000000 (3) 8 (4) 10

5 18, 18

3 (1) 교실의 넓이를 나타낼 때는 m^2가 알맞습니다.
(2) 대전광역시의 면적을 나타낼 때는 km^2가 알맞습니다.

4 $1\,m^2 = 10000\,cm^2$, $1\,km^2 = 1000000\,m^2$

5 한 변의 길이가 1 km인 정사각형이 가로에 6개, 세로에 3개 있으므로 $1\,km^2$가 $6 \times 3 = 18$(번) 들어갑니다.
6000 m = 6 km, 3000 m = 3 km이므로 한 변의 길이가 1 km인 정사각형이 가로에 6개, 세로에 3개 있습니다. 따라서 $1\,km^2$가 $6 \times 3 = 18$(번) 들어갑니다.

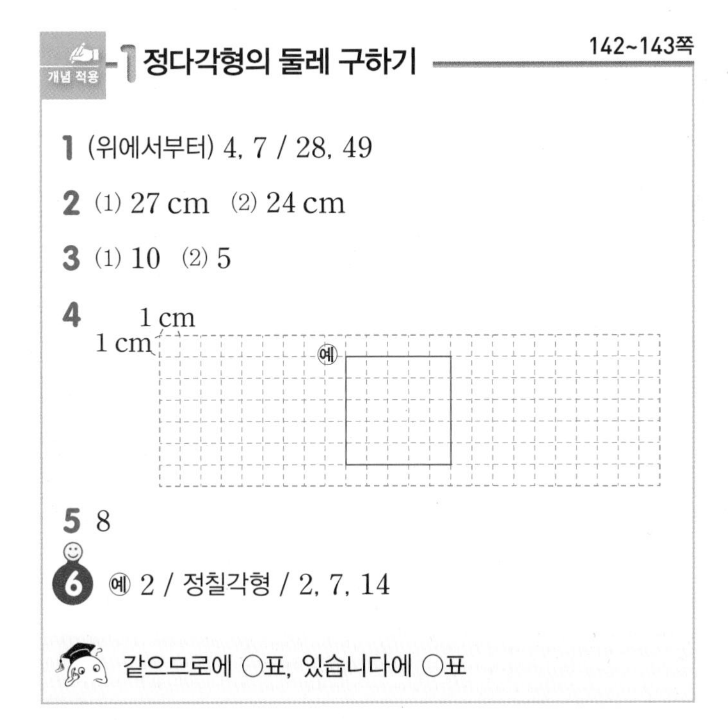

개념 적용-1 정다각형의 둘레 구하기 142~143쪽

1 (위에서부터) 4, 7 / 28, 49

2 (1) 27 cm (2) 24 cm

3 (1) 10 (2) 5

4 1 cm, 1 cm, 예

5 8

6 예 2 / 정칠각형 / 2, 7, 14

같으므로에 ○표, 있습니다에 ○표

1 (정다각형의 둘레) = (한 변의 길이) × (변의 수)

2 (1) (정삼각형의 둘레) $= 9 \times 3 = 27$ (cm)
(2) (정팔각형의 둘레) $= 3 \times 8 = 24$ (cm)

3 (1) (정삼각형의 한 변의 길이) $= 30 \div 3 = 10$ (cm)
(2) (정육각형의 한 변의 길이) $= 30 \div 6 = 5$ (cm)

4 둘레가 20 cm인 정사각형의 한 변의 길이는 $20 \div 4 = 5$ (cm)이므로 한 변의 길이가 5 cm인 정사각형을 그립니다.

5 (정사각형의 둘레) $= 10 \times 4 = 40$ (cm)
따라서 정오각형의 한 변의 길이를 □cm라 하면
$□ \times 5 = 40$, $□ = 40 \div 5 = 8$입니다.

내가 만드는 문제

6 주어진 정다각형은 변이 7개이므로 정칠각형입니다.
예 한 변의 길이를 2 cm로 정했다면 정칠각형의 둘레는 $2 \times 7 = 14$ (cm)입니다.

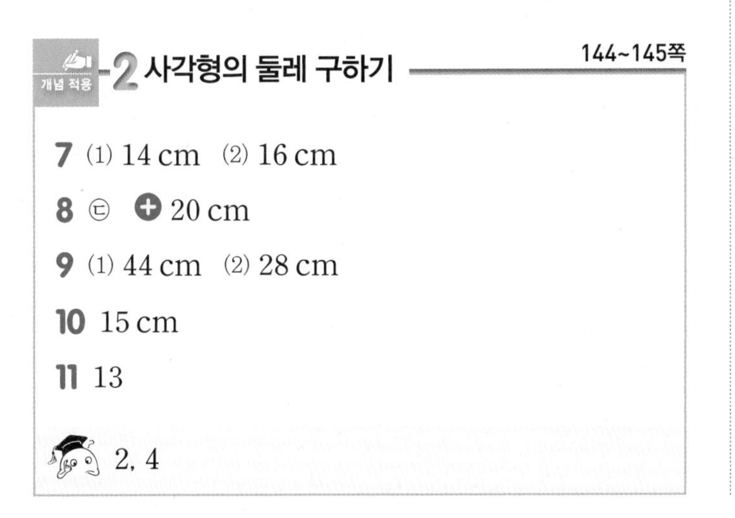

개념 적용-2 사각형의 둘레 구하기 144~145쪽

7 (1) 14 cm (2) 16 cm

8 ㉢ ➕ 20 cm

9 (1) 44 cm (2) 28 cm

10 15 cm

11 13

2, 4

7 (1) (평행사변형의 둘레) $= (4 + 3) \times 2 = 14$ (cm)
(2) (평행사변형의 둘레) $= (2 + 6) \times 2 = 16$ (cm)

8 (직사각형의 둘레) = (가로) + (세로) + (가로) + (세로)
= (가로) × 2 + (세로) × 2
= ((가로) + (세로)) × 2
가로가 6 cm이고, 세로가 9 cm인 직사각형의 둘레는
$6 + 9 + 6 + 9 = 6 \times 2 + 9 \times 2$
$= (6 + 9) \times 2 = 30$ (cm)로
구할 수 있습니다.
➕ 직사각형의 세로가 3 cm이고 가로와 세로의 비가 7 : 3이므로 직사각형의 가로는 7 cm입니다.
➡ (직사각형의 둘레) $= (7 + 3) \times 2 = 20$ (cm)

9 (1) (마름모의 둘레) $= 11 \times 4 = 44$ (cm)
(2) (마름모의 둘레) $= 7 \times 4 = 28$ (cm)

10 (평행사변형의 둘레) $= (12 + 6) \times 2 = 36$ (cm)이고,
(정삼각형의 둘레) $= 7 \times 3 = 21$ (cm)입니다.
➡ (평행사변형과 정삼각형의 둘레의 차)
$= 36 - 21 = 15$ (cm)

11 직사각형의 세로를 □cm라 하면
(직사각형의 둘레) $= (8 + □) \times 2 = 42$입니다.
➡ $8 + □ = 42 \div 2$, $8 + □ = 21$,
$□ = 21 - 8 = 13$

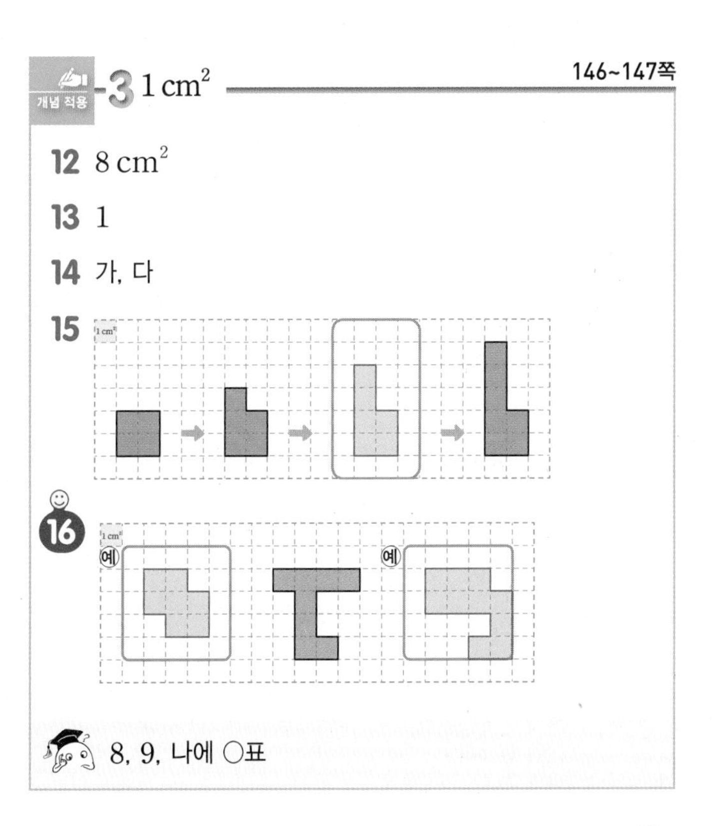

개념 적용-3 1 cm² 146~147쪽

12 8 cm²

13 1

14 가, 다

15 1 cm²

16 1 cm², 예, 예

8, 9, 나에 ○표

12 $1\,cm^2$의 수를 세어 도형의 넓이를 구합니다.
$1\,cm^2$가 8개 ➡ $8\,cm^2$

13 가: $1\,cm^2$가 9개 ➡ $9\,cm^2$, 나: $1\,cm^2$가 8개 ➡ $8\,cm^2$
따라서 도형 가는 도형 나보다 넓이가
$9-8=1\,(cm^2)$ 더 넓습니다.

14 가: $1\,cm^2$가 6개 ➡ $6\,cm^2$, 나: $1\,cm^2$가 4개 ➡ $4\,cm^2$,
다: $1\,cm^2$가 6개 ➡ $6\,cm^2$
따라서 넓이가 $6\,cm^2$인 도형은 가와 다입니다.

15 도형을 그리는 규칙은 맨 왼쪽 줄에서 위쪽으로 한 칸씩 늘어나는 것입니다. 빈칸에 그려질 도형의 넓이는 $6\,cm^2$이므로 넓이가 $5\,cm^2$인 도형에서 맨 왼쪽 줄에서 위쪽으로 한 칸 더 늘어난 도형을 그려야 합니다.

내가 만드는 문제
16 주어진 도형의 넓이가 $8\,cm^2$이므로 $8\,cm^2$보다 넓이가 더 좁은 도형, $8\,cm^2$보다 넓이가 더 넓은 도형을 각각 그려 봅니다.

개념 적용 -4 직사각형의 넓이 구하기 148~149쪽

17 $21\,cm^2$
18 (1) $70\,cm^2$ (2) $81\,cm^2$
19 (○)( )( ) ➕ $60\,cm^2$
20 8
21

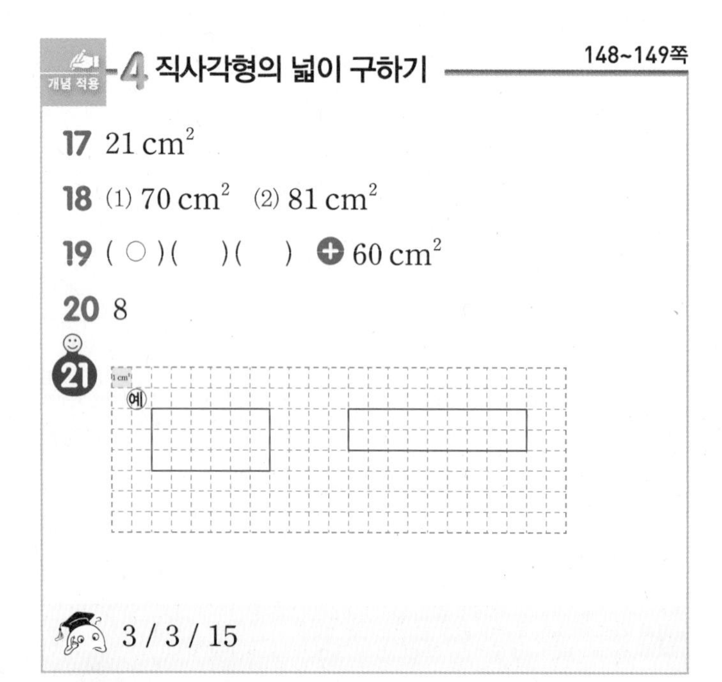

3 / 3 / 15

17 $1\,cm^2$가 가로에 7개, 세로에 3개이므로
(직사각형의 넓이) $=7\times3=21\,(cm^2)$입니다.

18 (1) $10\times7=70\,(cm^2)$
(2) $9\times9=81\,(cm^2)$

19 $6\times3=18\,(cm^2)$, $4\times4=16\,(cm^2)$,
$8\times2=16\,(cm^2)$
➕ 두 직사각형은 합동이므로 직사각형 가의 가로는 12 cm, 세로는 5 cm입니다.
➡ (직사각형 가의 넓이) $=12\times5=60\,(cm^2)$

20 직사각형의 가로를 □cm라 하면
(직사각형의 넓이) $=\square\times5=40$입니다.
➡ $\square=40\div5=8$

내가 만드는 문제
21 $18\times1=18$, $9\times2=18$, $6\times3=18$이므로
가로가 18 cm, 세로가 1 cm인 직사각형 또는 가로가 9 cm, 세로가 2 cm인 직사각형 또는 가로가 6 cm, 세로가 3 cm인 직사각형을 그릴 수 있습니다.
가로와 세로를 바꾸어 그릴 수도 있습니다.

개념 적용 -5 $1\,m^2$, $1\,km^2$ 150~151쪽

22 (1) 10000 (2) 1000000
23 (1) 250000 (2) 65000000 (3) m^2 (4) km^2
24 (1) < (2) <
25 (1) 16 (2) 9
26 ㉡ / 음악실의 넓이는 $90\,m^2$입니다.
27 예 45

10000, 1000000

22 (1) $1\,m^2=10000\,cm^2$ (2) $1\,km^2=1000000\,m^2$

23 (1) $1\,m^2=10000\,cm^2$이므로
$25\,m^2=250000\,cm^2$입니다.
(2) $1\,km^2=1000000\,m^2$이므로
$65\,km^2=65000000\,m^2$입니다.
(3) $10000\,cm^2=1\,m^2$이므로
$320000\,cm^2=32\,m^2$입니다.
(4) $1000000\,m^2=1\,km^2$이므로
$2800000\,m^2=2.8\,km^2$입니다.

24 (1) $6\,km^2=6000000\,m^2$이므로
$65000\,m^2<6\,km^2$입니다.
(2) $7000000\,m^2=7\,km^2$이므로
$7000000\,m^2<8\,km^2$입니다.

25 (1) $200\,cm=2\,m$이므로
(직사각형의 넓이) $=8\times2=16\,(m^2)$입니다.
(2) $3000\,m=3\,km$이므로
(직사각형의 넓이) $=3\times3=9\,(km^2)$입니다.

26 음악실의 넓이는 m^2로 나타내는 것이 알맞습니다.

내가 만드는 문제
27 예 직사각형의 가로를 300 cm, 세로를 15 m로 정한다면 가로는 $300\,cm=3\,m$이므로 직사각형의 넓이는 $3\times15=45\,(m^2)$입니다.

교과서 개념 이해 **6 평행사변형의 넓이는 직사각형의 넓이를 이용하여 구해.** 152쪽

❶ 2, 10

❷ 3, 4, 12

❶ 평행사변형의 넓이는 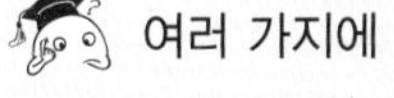 10개의 넓이와 같습니다.

교과서 개념 이해 **7 삼각형의 넓이는 평행사변형의 넓이를 이용하여 구해.** 153쪽

❶ 4, 4, 8

교과서 개념 이해 **8 마름모의 넓이는 평행사변형 또는 직사각형의 넓이를 이용하여 구해.** 154쪽

❶ 4, 6, 12

❷ 12, 10, 60

❶ 만들어진 평행사변형의 밑변의 길이는 마름모의 한 대각선의 길이와 같고, 높이는 마름모의 다른 대각선의 길이의 반과 같습니다.

교과서 개념 이해 **9 사다리꼴의 넓이는 평행사변형의 넓이를 이용하여 구해.** 155쪽

❶ 3, 3, 15

❶ 만들어진 평행사변형의 밑변의 길이는 사다리꼴의 윗변과 아랫변의 길이의 합과 같고, 높이는 사다리꼴의 높이와 같습니다.

개념 적용 **-6 평행사변형의 넓이 구하기** 156~157쪽

1 32 cm^2

2 (1) 48 cm^2 (2) 42 cm^2 (3) 40 m^2 (4) 63 m^2

3 5

4 3, 3, 4 / 12, 12, 16 / 다

5

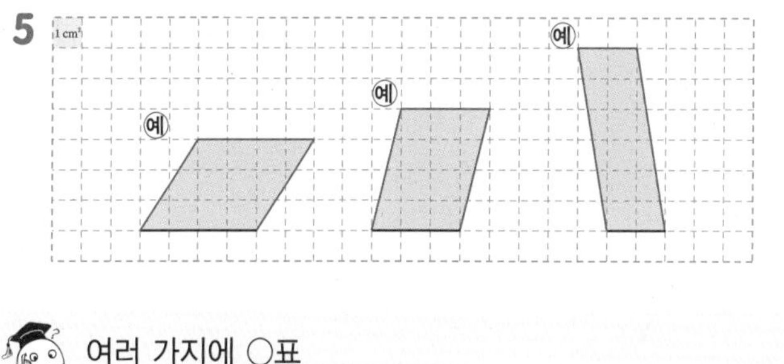

여러 가지에 ○표

1 밑변의 길이는 8 cm이고, 높이는 4 cm이므로 평행사변형의 넓이는 $8 \times 4 = 32(\text{cm}^2)$입니다.

2 (1) (평행사변형의 넓이) $= 8 \times 6 = 48(\text{cm}^2)$
(2) (평행사변형의 넓이) $= 6 \times 7 = 42(\text{cm}^2)$
(3) (평행사변형의 넓이) $= 4 \times 10 = 40(\text{m}^2)$
(4) (평행사변형의 넓이) $= 7 \times 9 = 63(\text{m}^2)$

3 평행사변형의 밑변의 길이가 9 m일 때 높이가 □m이므로 (평행사변형의 넓이) $= 9 \times □ = 45$입니다.
➡ $□ = 45 \div 9 = 5$

4 평행사변형은 모양이 달라도 밑변의 길이와 높이가 같으면 넓이가 같습니다.
세 평행사변형의 높이는 모두 같지만 밑변의 길이가 가와 나는 3 cm이고 다는 4 cm이므로 넓이가 다른 평행사변형은 다입니다.

5 (밑변의 길이)×(높이) = 12인 평행사변형을 완성해야 합니다.
밑변의 길이가 4 cm일 때는 높이를 $12 \div 4 = 3$ (cm)로,
밑변의 길이가 3 cm일 때는 높이를 $12 \div 3 = 4$ (cm)로,
밑변의 길이가 2 cm일 때는 높이를 $12 \div 2 = 6$ (cm)로
하여 평행사변형을 완성합니다.

개념 적용 7 삼각형의 넓이 구하기

158~159쪽

6 $24\,cm^2$

7 (1) $54\,cm^2$ (2) $60\,cm^2$

8 (1) 12, 5에 ○표 / $30\,cm^2$
(2) 9, 4에 ○표 / $18\,cm^2$

9 7

10 $49\,cm^2$

11

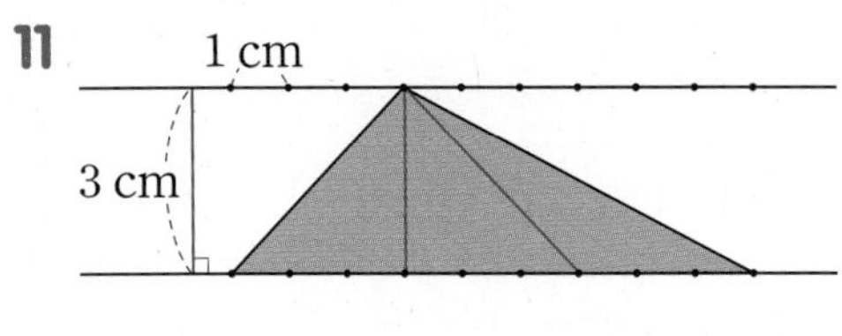

(왼쪽에서부터) 3, 3 / 6, 6

6 밑변의 길이는 8 cm이고, 높이는 6 cm이므로 삼각형의 넓이는 $8\times6\div2=24(cm^2)$입니다.

7 (1) (삼각형의 넓이) $=12\times9\div2=54(cm^2)$
(2) (삼각형의 넓이) $=20\times6\div2=60(cm^2)$

8 (1) (삼각형의 넓이) $=12\times5\div2=30(cm^2)$
(2) (삼각형의 넓이) $=9\times4\div2=18(cm^2)$

9 (밑변의 길이) = (삼각형의 넓이) × 2 ÷ (높이)
$=21\times2\div6=7(cm)$

10 (색칠한 부분의 넓이)
= (위쪽 삼각형의 넓이) + (아래쪽 삼각형의 넓이)
$=14\times3\div2+14\times4\div2$
$=21+28=49(cm^2)$

11 높이가 같으므로 밑변의 길이가 같아지도록 나눕니다.
주어진 삼각형은 밑변의 길이가 9 cm이므로
작은 삼각형의 밑변의 길이가 각각 $9\div3=3(cm)$가 되도록 나눕니다.

개념 적용 8 마름모의 넓이 구하기

160~161쪽

12 $12\,cm^2$

13 (1) $24\,cm^2$ (2) $14\,cm^2$

14 $45\,cm^2$

15 10

16 $64\,cm^2$

17

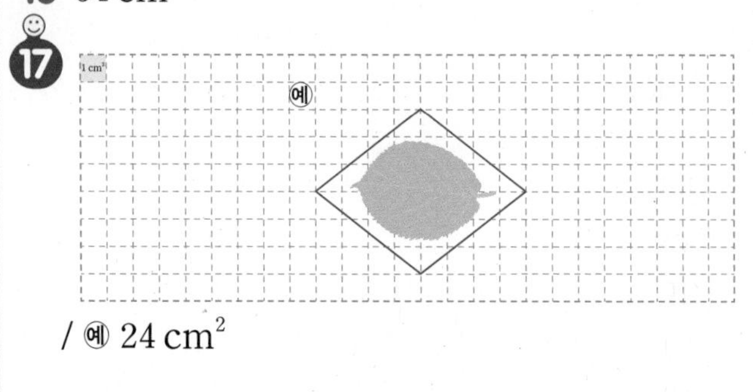

/ 예 $24\,cm^2$

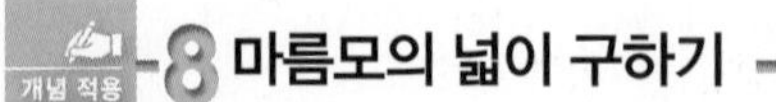

(왼쪽에서부터) 2, 12 / 4, 12 / 2, 12

12 한 대각선의 길이가 6 cm일 때 다른 대각선의 길이는 4 cm이므로 마름모의 넓이는 $6\times4\div2=12(cm^2)$입니다.

13 (1) (마름모의 넓이) $=8\times6\div2=24(cm^2)$
(2) (마름모의 넓이) $=7\times4\div2=14(cm^2)$

14 직사각형의 네 변의 가운데를 이어 그린 마름모의 두 대각선의 길이는 각각 직사각형의 가로, 세로와 같습니다.
➡ (마름모의 넓이) $=15\times6\div2=45(cm^2)$

15 (한 대각선의 길이)
= (마름모의 넓이) × 2 ÷ (다른 대각선의 길이)
$=30\times2\div6=10(cm)$

16 선분 ㄴㄹ의 길이는 선분 ㄱㄷ의 길이의 2배이므로 $8\times2=16(cm)$입니다.
따라서 마름모의 넓이는 $16\times8\div2=64(cm^2)$입니다.

내가 만드는 문제

17 나뭇잎을 둘러싸도록 마름모를 그립니다.
예 한 대각선의 길이가 8 cm, 다른 대각선의 길이가 6 cm인 마름모를 그렸다면
(마름모의 넓이) $=8\times6\div2=24(cm^2)$입니다.

9 사다리꼴의 넓이 구하기

162~163쪽

18 35 cm^2

19 (1) 45 cm^2 (2) 70 cm^2

20 1200 cm^2

21 12

22 ㉢

 12, 18, 30 / 8, 12, 6, 26

18 윗변의 길이가 6 cm, 아랫변의 길이가 8 cm, 높이가 5 cm이므로
(사다리꼴의 넓이) $= (6+8) \times 5 \div 2 = 35(\text{cm}^2)$입니다.

19 (1) (사다리꼴의 넓이) $= (10+5) \times 6 \div 2 = 45(\text{cm}^2)$
(2) (사다리꼴의 넓이) $= (8+12) \times 7 \div 2 = 70(\text{cm}^2)$

20 검은색 부분은 윗변의 길이가 20 cm, 아랫변의 길이가 60 cm, 높이가 30 cm인 사다리꼴 모양입니다.
➡ (검은색 부분의 넓이)
$= (20+60) \times 30 \div 2 = 1200(\text{cm}^2)$

21 (높이) $=$ (사다리꼴의 넓이) $\times 2$
$\div$ ((윗변의 길이) $+$ (아랫변의 길이))
$= 96 \times 2 \div (7+9) = 12(\text{cm})$

22 ㉠ (사다리꼴의 넓이)
$=$ ((윗변의 길이) $+$ (아랫변의 길이)) $\times$ (높이) $\div 2$
$= (5+15) \times 8 \div 2 = 80(\text{cm}^2)$
㉡ 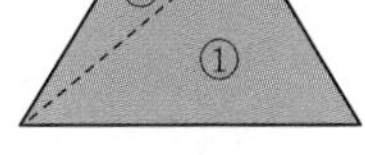

(사다리꼴의 넓이)
$=$ (삼각형 ①의 넓이) $+$ (삼각형 ②의 넓이)
$= (15 \times 8 \div 2) + (5 \times 8 \div 2)$
$= 60 + 20 = 80(\text{cm}^2)$

발전 문제

164~167쪽

1 28 cm **2** 64 cm

3 66 cm **4** 96 cm^2

5 81 cm^2 **6** 49 cm^2

7
8
9
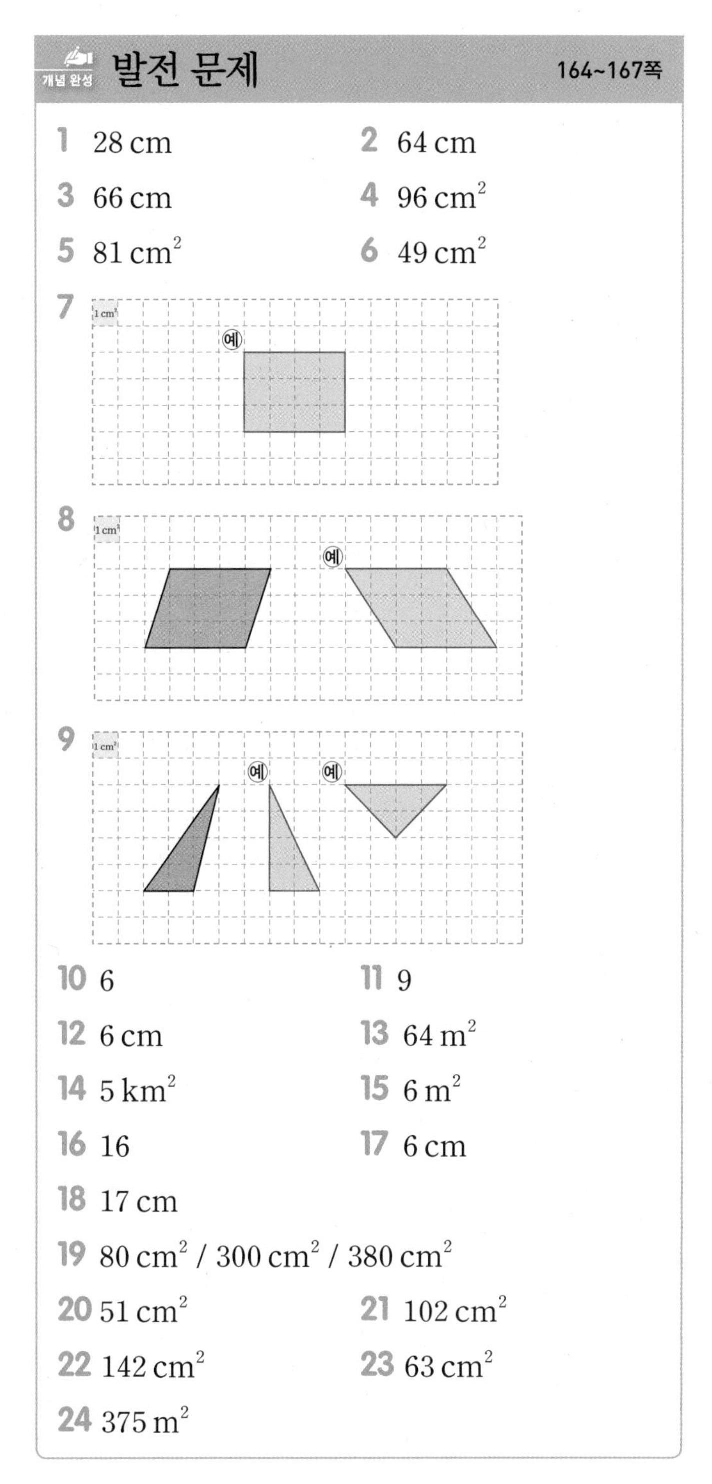

10 6 **11** 9

12 6 cm **13** 64 m^2

14 5 km^2 **15** 6 m^2

16 16 **17** 6 cm

18 17 cm

19 80 cm^2 / 300 cm^2 / 380 cm^2

20 51 cm^2 **21** 102 cm^2

22 142 cm^2 **23** 63 cm^2

24 375 m^2

1 (직사각형의 둘레) $= (8+6) \times 2 = 28(\text{cm})$

2 도형의 둘레는 가로가 20 cm, 세로가 12 cm인 직사각형의 둘레와 같습니다.
➡ $(20+12) \times 2 = 64(\text{cm})$

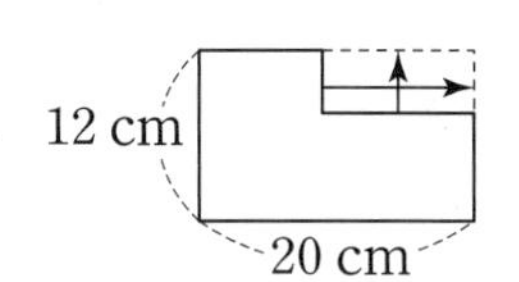

3 도형의 둘레는 가로가 18 cm, 세로가 15 cm인 직사각형의 둘레와 같습니다.
➡ $(18+15) \times 2 = 66(\text{cm})$

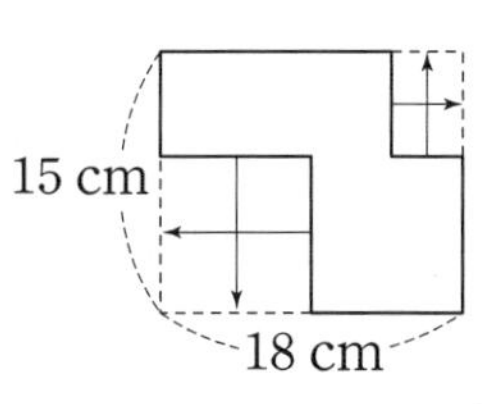

4 직사각형의 세로의 길이를 □cm라 하면
$12+□+12+□=40$, $□=8$입니다.
직사각형의 가로는 12 cm, 세로는 8 cm이므로
직사각형의 넓이는 $12\times8=96(cm^2)$입니다.

5 정사각형의 한 변의 길이는 $36\div4=9$(cm)입니다.
정사각형의 한 변의 길이가 9 cm이므로
정사각형의 넓이는 $9\times9=81(cm^2)$입니다.

6 (직사각형의 둘레) $=(8+6)\times2=28$(cm)
$28\div4=7$(cm)이므로 직사각형과 둘레가 같은 정사각형의 한 변의 길이는 7 cm입니다.
따라서 정사각형의 넓이는 $7\times7=49(cm^2)$입니다.

7 [1 cm²]가 12개인 직사각형을 그립니다.

8 주어진 평행사변형의 넓이는 $4\times3=12(cm^2)$이므로 밑변의 길이와 높이를 곱하여 $12\ cm^2$가 되는 여러 가지 모양의 평행사변형을 그립니다.

9 주어진 삼각형의 넓이는 $2\times4\div2=4(cm^2)$이므로 밑변의 길이와 높이를 곱하여 $8\ cm^2$가 되는 여러 가지 모양의 삼각형을 그립니다.

10 (사다리꼴의 넓이) $=(4+8)\times□\div2=36(cm^2)$
➡ $12\times□\div2=36$, $12\times□=72$,
$□=72\div12=6$

11 평행사변형의 밑변의 길이가 5 cm일 때 높이는 □cm이므로 $5\times□=45$, $□=9$입니다.

12 삼각형의 밑변의 길이가 15 cm일 때 높이는 8 cm이므로 삼각형의 넓이는 $15\times8\div2=60(cm^2)$입니다.
삼각형의 밑변의 길이가 20 cm일 때 높이는 선분 ㄷㄹ이므로 선분 ㄷㄹ의 길이를 □cm라 하면
$20\times□\div2=60$, $20\times□=120$,
$□=120\div20=6$입니다.

13 600 cm = 6 m
(사다리꼴의 넓이)
=((윗변의 길이)+(아랫변의 길이))×(높이)÷2이므로
$(6+10)\times8\div2=64(m^2)$입니다.

14 2000 m = 2 km
(삼각형의 넓이) = (밑변의 길이) × (높이) ÷ 2이므로
$5\times2\div2=5(km^2)$입니다.

15 (가로) $=50\times6=300$(cm),
(세로) $=40\times5=200$(cm)
(도형의 넓이) $=300\times200=60000(cm^2)$
➡ $10000\ cm^2$는 $1\ m^2$이므로 $60000\ cm^2$는 $6\ m^2$입니다.

16 (가의 넓이) $=8\times8=64(cm^2)$
나의 가로를 □cm라 하면
나의 넓이는 $□\times4=64$이므로 $□=16$입니다.

17 (삼각형의 넓이) $=12\times8\div2=48(cm^2)$
마름모의 다른 대각선의 길이를 □cm라 하면
$16\times□\div2=48$, $16\times□=96$, $□=96\div16=6$입니다.

18 (평행사변형의 넓이) $=20\times12=240(cm^2)$
사다리꼴의 아랫변의 길이를 □cm라 하면
사다리꼴의 넓이는 $(13+□)\times16\div2=240$이므로
$(13+□)\times16=480$, $13+□=30$,
$□=30-13=17$입니다.

19 (가의 넓이) $=20\times8\div2=80(cm^2)$
(나의 넓이) $=20\times15=300(cm^2)$
➡ (가 + 나의 넓이) = (가의 넓이) + (나의 넓이)
$=80+300=380(cm^2)$

20 (사다리꼴의 넓이) $=(7+11)\times5\div2=45(cm^2)$
(삼각형의 넓이) $=3\times4\div2=6(cm^2)$
➡ (다각형의 넓이) $=45+6=51(cm^2)$

21

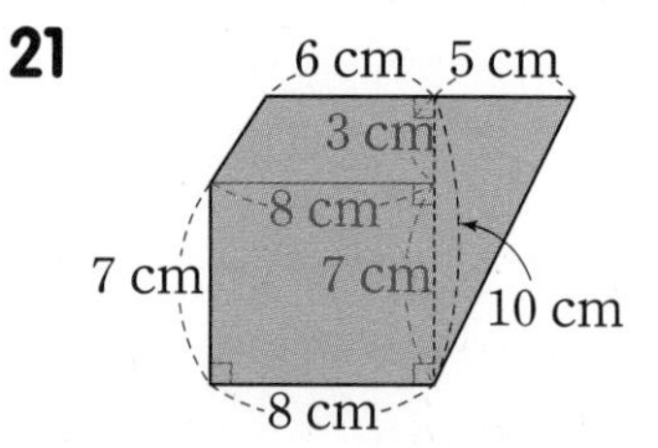

(다각형의 넓이)
= (사다리꼴의 넓이) + (직사각형의 넓이) + (삼각형의 넓이)
$=((6+8)\times3\div2)+(8\times7)+(5\times10\div2)$
$=21+56+25=102(cm^2)$

22 (색칠한 부분의 넓이)
= (큰 직사각형의 넓이) − (작은 직사각형의 넓이)
$=(16\times12)-(10\times5)$
$=192-50=142(cm^2)$

23 (색칠한 부분의 넓이)
= (직사각형의 넓이) − (사다리꼴의 넓이)
$=(11\times7)-((2+5)\times4\div2)$
$=77-14=63(cm^2)$

24 색칠한 도형을 하나로 이어 붙이면 직사각형이 됩니다.

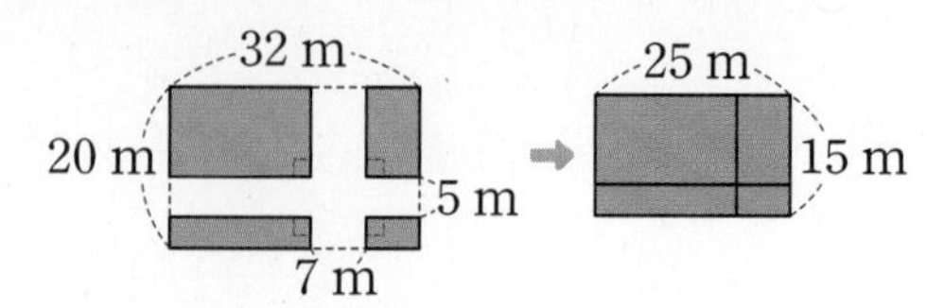

(색칠한 부분의 넓이) $=25\times15=375(m^2)$

6 단원 단원 평가 168~170쪽

1 윗변 / 높이
2 30 cm
3 (1) 30000 (2) 500000
4 34 / 60
5

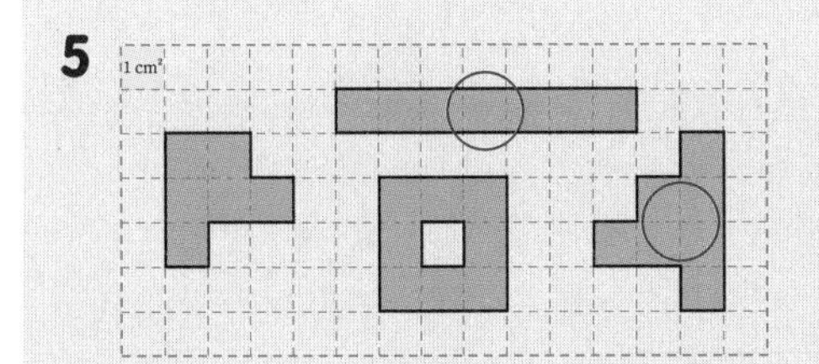

6 $91\ cm^2$
7 $9\ cm^2$
8 12 cm
9 $32\ m^2$
10 $33\ cm^2$
11 다
12 7
13 86 cm
14

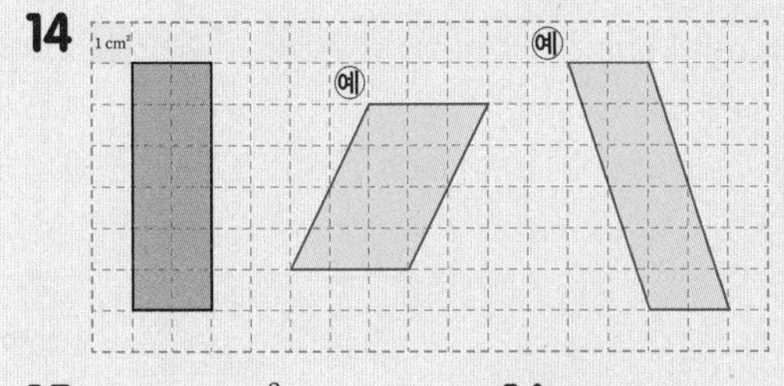

15 $1008\ cm^2$
16 15 cm
17 $168\ cm^2$
18 $214\ cm^2$
19 평행사변형
20 42 m

1 • 사다리꼴에서 평행한 두 변 중 한 밑변을 윗변, 다른 밑변을 아랫변이라고 합니다.
• 두 밑변 사이의 거리를 높이라고 합니다.

2 (정다각형의 둘레) = (한 변의 길이) × (변의 수)이므로 (정오각형의 둘레) $= 6 \times 5 = 30$ (cm)입니다.

3 (1) $1\ m^2 = 10000\ cm^2$이므로 $3\ m^2 = 30000\ cm^2$입니다.
(2) $1\ km^2 = 1000000\ m^2$이므로 $0.5\ km^2 = 500000\ m^2$입니다.

4 (직사각형의 둘레) $= (12 + 5) \times 2 = 34$ (cm)
(직사각형의 넓이) $= 12 \times 5 = 60\ (cm^2)$

5 $1\ cm^2$가 7개인 것을 모두 찾아봅니다.

6 (평행사변형의 넓이) $= 7 \times 13 = 91\ (cm^2)$

7 (마름모의 넓이) $= 6 \times 3 \div 2 = 9\ (cm^2)$

8 정팔각형의 변의 수는 8개이므로 (한 변의 길이) $= 96 \div 8 = 12$ (cm)입니다.

9 800 cm = 8 m이므로 (직사각형의 넓이) $= 8 \times 4 = 32\ (m^2)$입니다.

10 (삼각형의 넓이) $= 6 \times 11 \div 2 = 33\ (cm^2)$

11 높이가 4 cm로 모두 같고 밑변의 길이가 가와 나는 3 cm, 다는 4 cm입니다. 따라서 넓이가 다른 하나는 다입니다.

12 마름모의 한 대각선의 길이가 8 m일 때
다른 대각선의 길이를 □ m라 하면
(마름모의 넓이) $= 8 \times \square \div 2 = 28$, $8 \times \square = 56$, $\square = 7$입니다.

13 도형의 둘레는 가로가 25 cm, 세로가 18 cm인 직사각형의 둘레와 같습니다.
➡ $(25 + 18) \times 2 = 86$ (cm)

14 주어진 직사각형의 넓이는 $12\ cm^2$입니다. 따라서 밑변의 길이와 높이를 곱하여 $12\ cm^2$가 되는 여러 가지 모양의 평행사변형을 그립니다.

15 파란색 부분을 하나로 이어 붙이면 직사각형이 됩니다.

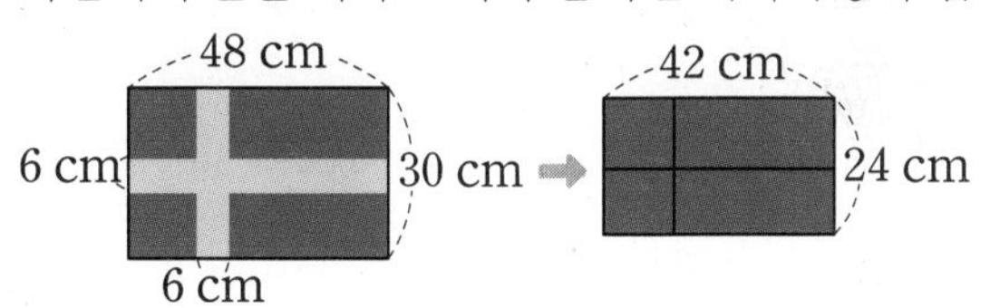

➡ (파란색 부분의 넓이) $= 42 \times 24 = 1008\ (cm^2)$

16 (마름모의 넓이) $= 10 \times 18 \div 2 = 90\ (cm^2)$
사다리꼴의 넓이는 마름모의 넓이와 같으므로 $90\ cm^2$입니다.
➡ (높이) $= 90 \times 2 \div (7 + 5) = 90 \times 2 \div 12 = 15$ (cm)

17 삼각형과 평행사변형의 높이는 직선 가와 직선 나의 평행선 사이의 거리로 같습니다.
(높이) = (삼각형의 넓이) × 2 ÷ (밑변의 길이)
$= 63 \times 2 \div 9 = 14$ (cm)
➡ (평행사변형의 넓이) $= 12 \times 14 = 168\ (cm^2)$

18 (다각형의 넓이)
= (삼각형의 넓이) + (사다리꼴의 넓이)
$= (11 \times 20 \div 2) + ((6 + 20) \times 8 \div 2)$
$= 110 + 104 = 214\ (cm^2)$

서술형
19 예 (마름모의 넓이) $= 15 \times 8 \div 2 = 60\ (cm^2)$
(평행사변형의 넓이) $= 7 \times 9 = 63\ (cm^2)$
따라서 $60 < 63$이므로 평행사변형의 넓이가 더 넓습니다.

평가 기준	배점
두 도형의 넓이를 각각 구했나요?	3점
어느 도형의 넓이가 더 넓은지 구했나요?	2점

서술형

20 예 직사각형의 가로를 □ m라 하면
□ $\times 9 = 108$, □ $= 108 \div 9 = 12$입니다.
직사각형의 가로는 12 m, 세로는 9 m이므로
직사각형의 둘레는
$(12 + 9) \times 2 = 21 \times 2 = 42$ (m)입니다.

평가 기준	배점
직사각형의 가로를 구했나요?	3점
직사각형의 둘레를 구했나요?	2점

학생부록 정답과 풀이

1 자연수의 혼합 계산

➕ 개념 적용 2쪽

1

보기 와 같이 ( )를 사용하여 하나의 식으로 나타내어 보세요.

보기
5+2=7
16−7=9 ➡ 식 16−(5+2)=9

19−11=8
35−8=27 ➡ 식

어떻게 풀었니?

보기 에서 두 식을 하나의 식으로 어떻게 나타내었는지 살펴보자!
16−7=9에서 7=5+2이니까 7 대신에 5+2를 넣어서 하나의 식으로 만들었어.
16−5+2=9
이 식을 계산해서 16−7=9가 되려면 5+2를 먼저 계산해야 하니까
( )를 꼭 넣어줘야 해.
16−5+2=[11]+2=[13] (×)　　16−(5+2)=16−[7]=[9] (○)
이제, 19−11=8, 35−8=27을 하나의 식으로 만들어 봐.
두 식에 공통으로 들어 있는 수가 8이니까 35−8=27의 8 대신에 [19−11]을/를 넣어서
하나의 식으로 만들면 돼. 이때 ( )를 넣어야 한다는 걸 꼭 기억해.
아~ ( )를 사용하여 하나의 식으로 나타내면 [35−(19−11)=27]이/가 되는구나!

2 85−(16+15)+23=77

3

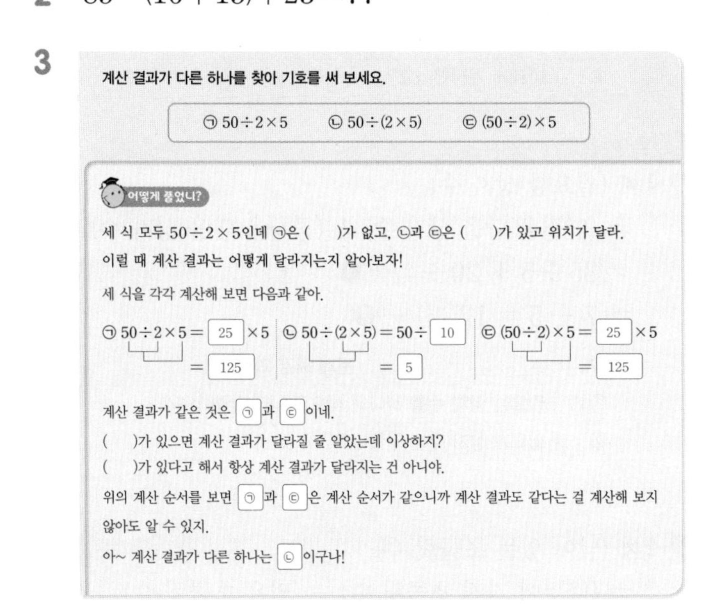

계산 결과가 다른 하나를 찾아 기호를 써 보세요.

㉠ 50÷2×5　㉡ 50÷(2×5)　㉢ (50÷2)×5

어떻게 풀었니?

세 식 모두 50÷2×5인데 ㉠은 ( )가 없고, ㉡과 ㉢은 ( )가 있고 위치가 달라.
이럴 때 계산 결과는 어떻게 달라지는지 알아보자!
세 식을 각각 계산해 보면 다음과 같아.
㉠ 50÷2×5=[25]×5=[125]　㉡ 50÷(2×5)=50÷[10]=[5]　㉢ (50÷2)×5=[25]×5=[125]
계산 결과가 같은 것은 [㉠]과 [㉢]이네.
( )가 있으면 계산 결과가 달라질 줄 알았는데 이상하지?
( )가 있다고 해서 항상 계산 결과가 달라지는 건 아니야.
위의 계산 순서를 보면 [㉠]과 [㉢]은 계산 순서가 같으니까 계산 결과도 같다는 걸 계산해 보지 않아도 알 수 있지.
아~ 계산 결과가 다른 하나는 [㉡]이구나!

4 ㉢　　**5** ㉡

6

계산 결과가 큰 것부터 차례로 기호를 써 보세요.

㉠ (7+9)−5×3
㉡ (7+9−5)×3
㉢ 7+(9−5)×3

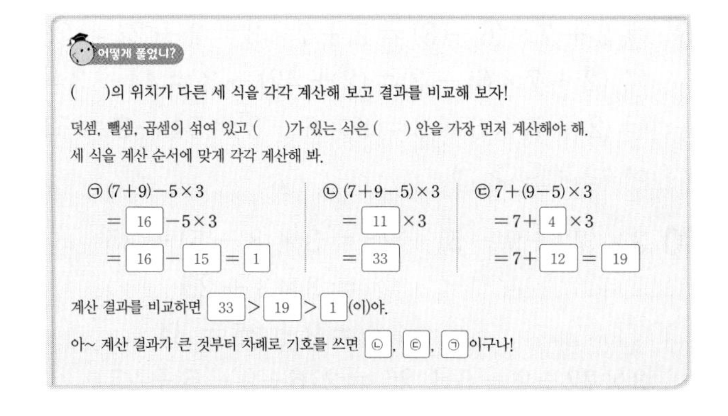

어떻게 풀었니?

( )의 위치가 다른 세 식을 각각 계산해 보고 결과를 비교해 보자!
덧셈, 뺄셈, 곱셈이 섞여 있고 ( )가 있는 식은 ( ) 안을 가장 먼저 계산해야 해.
세 식을 계산 순서에 맞게 각각 계산해 봐.
㉠ (7+9)−5×3 =[16]−5×3 =[16]−[15]=[1]
㉡ (7+9−5)×3 =[11]×3 =[33]
㉢ 7+(9−5)×3 =7+[4]×3 =7+[12]=[19]
계산 결과를 비교하면 [33]>[19]>[1](이)야.
아~ 계산 결과가 큰 것부터 차례로 기호를 쓰면 [㉡], [㉢], [㉠]이구나!

7 ㉢, ㉡, ㉠　　**8** ㉢

9

□ 안에 들어갈 수 있는 자연수는 모두 몇 개인지 구해 보세요.

37+11−4×6÷3<□<37+(11−4)×6÷3

어떻게 풀었니?

양쪽에 있는 두 식을 먼저 계산해서 □의 범위를 구해 보자!
덧셈, 뺄셈, 곱셈, 나눗셈이 섞여 있는 식은 곱셈과 나눗셈을 먼저 계산하고, ( )가 있는 식은 ( ) 안을 가장 먼저 계산해야 해.
양쪽의 식을 계산 순서에 맞게 각각 계산해 봐.
37+11−4×6÷3=37+11−[24]÷3 =37+11−[8] =[48]−[8] =[40]
37+(11−4)×6÷3=37+[7]×6÷3 =37+[42]÷3 =37+[14] =[51]
즉, [40]<□<[51]이니까 □ 안에 들어갈 수 있는 자연수는 [41]부터 [50]까지야.
아~ □ 안에 들어갈 수 있는 자연수는 모두 [10]개구나!

10 9개　　**11** 4개

2 31=(16+15)로 나타내어 85−31+23=77에서 31의 자리에 넣습니다.

4 ㉠ 63÷3×7=21×7=147
㉡ (63÷3)×7=21×7=147
㉢ 63÷(3×7)=63÷21=3
㉡의 식은 ( )가 없어도 그 결과가 같으므로 ㉠의 식과 계산 결과가 같습니다.

5 ㉠ 8×12÷4=96÷4=24
8×(12÷4)=8×3=24
㉡ 60÷5×3=12×3=36
60÷(5×3)=60÷15=4

7 ㉠ (30−3+2)×4=(27+2)×4
=29×4=116
㉡ 30−(3+2×4)=30−(3+8)
=30−11=19
㉢ 30−(3+2)×4=30−5×4
=30−20=10
➡ ㉢<㉡<㉠

8 ㉠ $2+7\times(6-3)=2+7\times3=2+21=23$
㉡ $(2+7\times6)-3=(2+42)-3=44-3=41$
㉢ $(2+7)\times6-3=9\times6-3=54-3=51$
➡ ㉢ > ㉡ > ㉠

10 $3\times(72\div9-5)+25=3\times(8-5)+25$
$=3\times3+25$
$=9+25=34$
$3\times72\div9-5+25=216\div9-5+25$
$=24-5+25$
$=19+25=44$
➡ $34<\square<44$이므로 □ 안에 들어갈 수 있는 자연수는 35, 36, 37, 38, 39, 40, 41, 42, 43으로 모두 9개입니다.

11 $5\times15-(6+24\div6)=5\times15-(6+4)$
$=75-10=65$
$5\times15-(6+24)\div6=5\times15-30\div6$
$=75-5=70$
➡ $65<\square<70$이므로 □ 안에 들어갈 수 있는 자연수는 66, 67, 68, 69로 모두 4개입니다.

쓰기 쉬운 서술형 6쪽

1 곱셈에 ○표, 앞에서부터 차례로 계산해서, 28, 25, 28, 53 / 53
1-1 40
1-2 16
1-3 89
2 50, 4, 8, 4, 32, 18 / 18개
2-1 12개
2-2 11개
2-3 1200원
3 52, 13, 52, 13, 52, 13, 4, 208 / 208
3-1 39
4 3, 5, 2, 3, 5, 2, 3, 3, 3, 12, 15 / 15
4-1 1

1-1 예 덧셈, 뺄셈, 나눗셈이 섞여 있는 식은 나눗셈을 먼저 계산해야 하는데 앞에서부터 차례로 계산해서 틀렸습니다. ···· ❶
따라서 바르게 계산하면 $40+24\div8-3$
$=40+3-3=43-3=40$입니다. ···· ❷

단계	문제 해결 과정
①	계산이 잘못된 곳을 찾아 이유를 썼나요?
②	바르게 계산했나요?

1-2 예 덧셈, 뺄셈, 나눗셈이 섞여 있고 ( )가 있는 식은 ( ) 안을 먼저 계산해야 하는데 나눗셈을 먼저 계산해서 틀렸습니다. ···· ❶
따라서 바르게 계산하면 $25-(12+42)\div6$
$=25-54\div6=25-9=16$입니다. ···· ❷

단계	문제 해결 과정
①	계산이 잘못된 곳을 찾아 이유를 썼나요?
②	바르게 계산했나요?

1-3 예 덧셈, 뺄셈, 곱셈, 나눗셈이 섞여 있고 ( )가 있는 식은 ( ) 안을 먼저 계산해야 하는데 곱셈을 먼저 계산해서 틀렸습니다. ···· ❶
따라서 바르게 계산하면 $8\times(5+7)-21\div3$
$=8\times12-21\div3=96-7=89$입니다. ···· ❷

단계	문제 해결 과정
①	계산이 잘못된 곳을 찾아 이유를 썼나요?
②	바르게 계산했나요?

2-1 예 (필요한 상자 수)
=(연필을 담을 상자 수)+(공책을 담을 상자 수)
$=35\div5+20\div4$ ···· ❶
$=7+5=12$(개) ···· ❷

단계	문제 해결 과정
①	필요한 상자 수를 하나의 식으로 나타내었나요?
②	필요한 상자 수를 구했나요?

2-2 예 (남아 있는 초콜릿 수)
=(나누어 가진 초콜릿 수)−(먹은 초콜릿 수)
$=25\times3\div5-4$ ···· ❶
$=75\div5-4$
$=15-4=11$(개) ···· ❷

단계	문제 해결 과정
①	남아 있는 초콜릿 수를 하나의 식으로 나타내었나요?
②	남아 있는 초콜릿 수를 구했나요?

2-3 예 (거스름돈) = (낸 돈) − (산 사과와 배의 값)

$= 5000 - (600 \times 5 + 1600 \div 2)$ ···· ❶

$= 5000 - (3000 + 800)$

$= 5000 - 3800 = 1200$(원) ···· ❷

단계	문제 해결 과정
①	거스름돈을 하나의 식으로 나타내었나요?
②	거스름돈을 구했나요?

3-1 예 ㉠ 대신에 14, ㉡ 대신에 4를 넣어 14♥4를 구하는 식을 쓰면 $4 + 14 \times (14 - 4) \div 4$입니다. ···· ❶

따라서 14♥4 $= 4 + 14 \times (14 - 4) \div 4$

$= 4 + 14 \times 10 \div 4$

$= 4 + 140 \div 4$

$= 4 + 35 = 39$입니다. ···· ❷

단계	문제 해결 과정
①	14♥4를 구하는 식을 썼나요?
②	14♥4는 얼마인지 구했나요?

4-1 예 계산 결과가 가장 작으려면 96을 나누는 수가 가장 커야 하므로 수 카드를 4, 6, 3 또는 6, 4, 3 순서로 놓아야 합니다. ···· ❶

따라서 계산 결과가 가장 작을 때는 $96 \div (4 \times 6) - 3$ $= 96 \div 24 - 3 = 4 - 3 = 1$입니다. ···· ❷

단계	문제 해결 과정
①	계산 결과를 가장 작게 만드는 과정을 썼나요?
②	계산 결과가 가장 작을 때는 얼마인지 구했나요?

1단원 수행 평가 12~13쪽

1 ㉡, ㉣, ㉠, ㉢

2 $48 \div 6 + 5 \times (13 - 4) = 53$ (계산 순서: $13-4$ ①, $48 \div 6$ ②, $5 \times (13-4)$ ③, 덧셈 ④)

3 ㉢

4 $12 \times (30 - 17) = 156$

5 <

6 $(24 + 32) \div 7 = 8$ / 8개

7 20

8 30

9 62 / 38

10 45살

1 덧셈, 뺄셈, 곱셈, 나눗셈이 섞여 있는 식은 곱셈과 나눗셈을 먼저 계산합니다.

2 $48 \div 6 + 5 \times (13 - 4) = 48 \div 6 + 5 \times 9$

$= 8 + 5 \times 9$

$= 8 + 45 = 53$

3 덧셈, 뺄셈, 나눗셈이 섞여 있는 식은 나눗셈을 먼저 계산합니다.

따라서 ㉠과 ㉡은 계산 순서가 같으므로 계산 결과도 같습니다.

4 $13 = (30 - 17)$로 나타내어

$12 \times 13 = 156$에서 13의 자리에 넣습니다.

5 $8 + 6 - 3 \times 4 = 8 + 6 - 12 = 14 - 12 = 2$

$8 + (6 - 3) \times 4 = 8 + 3 \times 4 = 8 + 12 = 20$

➡ $2 < 20$

6 전체 구슬 수는 $(24 + 32)$개이므로 한 상자에 담은 구슬 수는 $(24 + 32) \div 7 = 56 \div 7 = 8$(개)입니다.

7 $(38 - \square) \times 4 + 15 = 87$,

$(38 - \square) \times 4 = 87 - 15$, $(38 - \square) \times 4 = 72$,

$38 - \square = 72 \div 4$, $38 - \square = 18$,

$\square = 38 - 18$, $\square = 20$

8 ㉠ 대신에 20, ㉡ 대신에 8을 넣어 계산합니다.

20◆8 $= 20 \times (20 - 8) \div 8 = 20 \times 12 \div 8$

$= 240 \div 8 = 30$

9
- 계산 결과가 가장 크려면 곱해지는 수가 가장 커야 합니다.

  ➡ $(7 + 6) \times 5 - 3 = 13 \times 5 - 3$

  $= 65 - 3 = 62$
- 계산 결과가 가장 작으려면 곱해지는 수가 가장 작아야 합니다.

  ➡ $(3 + 6) \times 5 - 7 = 9 \times 5 - 7$

  $= 45 - 7 = 38$

서술형

10 예 (윤아 어머니의 나이)

= (윤아와 동생 나이의 합) $\times 2 + 3$

$= (12 + 9) \times 2 + 3$

$= 21 \times 2 + 3$

$= 42 + 3 = 45$(살)

평가 기준	배점
윤아 어머니의 나이를 하나의 식으로 나타내었나요?	4점
윤아 어머니의 나이를 구했나요?	6점

2 약수와 배수

개념 적용 14쪽

1

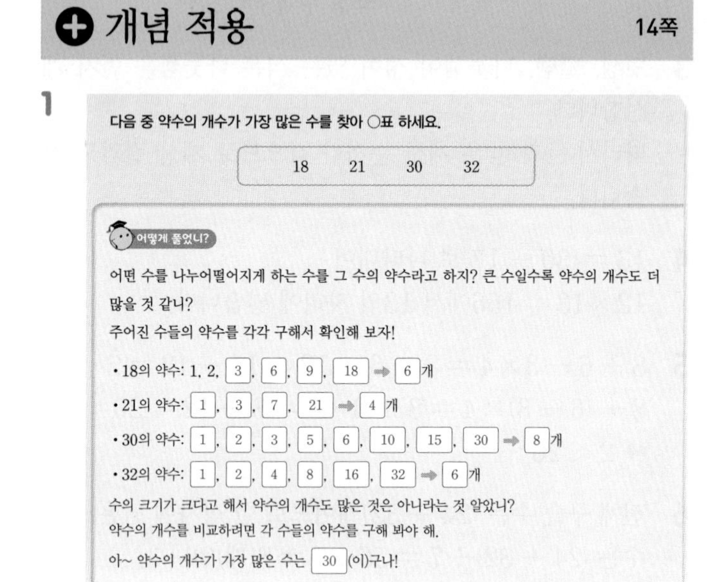
다음 중 약수의 개수가 가장 많은 수를 찾아 ○표 하세요.

18　21　30　32

어떻게 풀었니?

어떤 수를 나누어떨어지게 하는 수를 그 수의 약수라고 하지? 큰 수일수록 약수의 개수도 더 많을 것 같니?
주어진 수들의 약수를 각각 구해서 확인해 보자!

- 18의 약수: 1, 2, 3, 6, 9, 18 ➡ 6개
- 21의 약수: 1, 3, 7, 21 ➡ 4개
- 30의 약수: 1, 2, 3, 5, 6, 10, 15, 30 ➡ 8개
- 32의 약수: 1, 2, 4, 8, 16, 32 ➡ 6개

수의 크기가 크다고 해서 약수의 개수도 많은 것은 아니라는 것 알았니?
약수의 개수를 비교하려면 각 수들의 약수를 구해 봐야 해.
아~ 약수의 개수가 가장 많은 수는 30(이)구나!

2 25에 ○표　　**3** 2, 3, 5, 7

4

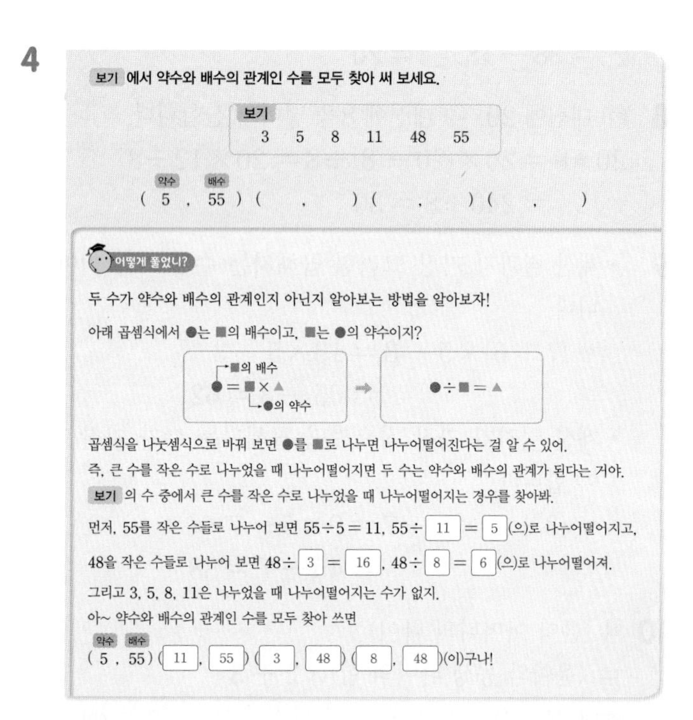
보기 에서 약수와 배수의 관계인 수를 모두 찾아 써 보세요.

보기: 3　5　8　11　48　55

(약수 5, 배수 55) (　,　) (　,　) (　,　)

어떻게 풀었니?

두 수가 약수와 배수의 관계인지 아닌지 알아보는 방법을 알아보자!
아래 곱셈식에서 ●는 ■의 배수이고, ■는 ●의 약수이지?

●=■×▲ (■의 배수, ●의 약수) ➡ ●÷■=▲

곱셈식을 나눗셈식으로 바꿔 보면 ●를 ■로 나누면 나누어떨어진다는 걸 알 수 있어.
즉, 큰 수를 작은 수로 나누었을 때 나누어떨어지면 두 수는 약수와 배수의 관계가 된다는 거야.
보기 의 수 중에서 큰 수를 작은 수로 나누었을 때 나누어떨어지는 경우를 찾아봐.
먼저, 55를 작은 수들로 나누어 보면 55÷5=11, 55÷11=5(으)로 나누어떨어지고,
48을 작은 수들로 나누어 보면 48÷3=16, 48÷8=6(으)로 나누어떨어져.
그리고 3, 5, 8, 11은 나누었을 때 나누어떨어지는 수가 없지.
아~ 약수와 배수의 관계인 수를 모두 찾아 쓰면
(5, 55) (11, 55) (3, 48) (8, 48)(이)구나!

5 (13, 65) (2, 36) (9, 36)

6

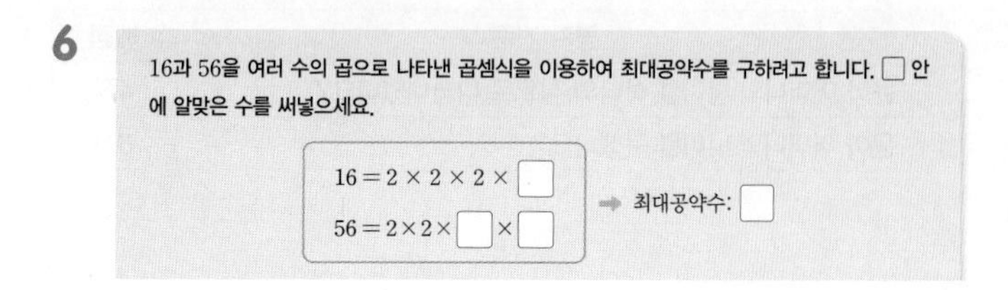
16과 56을 여러 수의 곱으로 나타낸 곱셈식을 이용하여 최대공약수를 구하려고 합니다. □ 안에 알맞은 수를 써넣으세요.

$16=2\times2\times2\times□$
$56=2\times2\times□\times□$ ➡ 최대공약수: □

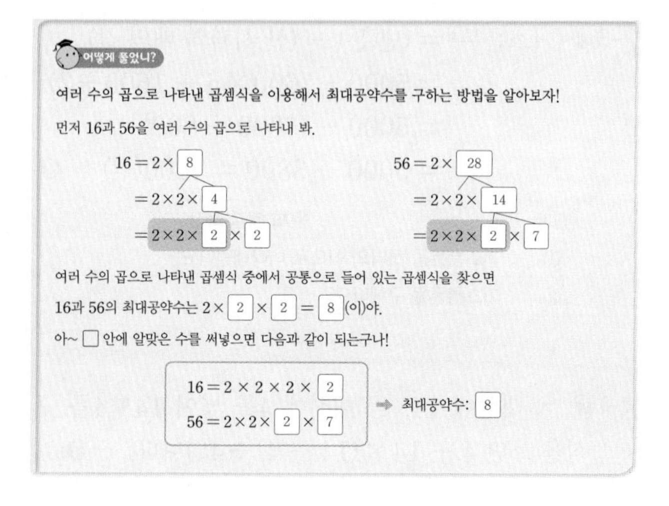
어떻게 풀었니?

여러 수의 곱으로 나타낸 곱셈식을 이용해서 최대공약수를 구하는 방법을 알아보자!
먼저 16과 56을 여러 수의 곱으로 나타내 봐.

$16=2\times8=2\times2\times4=2\times2\times2\times2$
$56=2\times28=2\times2\times14=2\times2\times2\times7$

여러 수의 곱으로 나타낸 곱셈식 중에서 공통으로 들어 있는 곱셈식을 찾으면
16과 56의 최대공약수는 $2\times2\times2=8$(이)야.
아~ □ 안에 알맞은 수를 써넣으면 다음과 같이 되는구나!

$16=2\times2\times2\times2$
$56=2\times2\times2\times7$ ➡ 최대공약수: 8

7 3, 3 / 3, 5 / 3, 3, 9

8

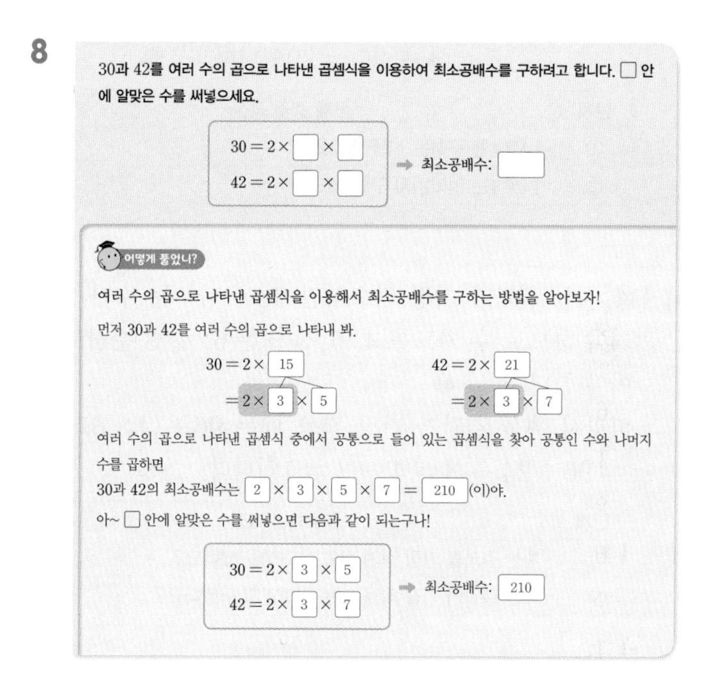
30과 42를 여러 수의 곱으로 나타낸 곱셈식을 이용하여 최소공배수를 구하려고 합니다. □ 안에 알맞은 수를 써넣으세요.

$30=2\times□\times□$
$42=2\times□\times□$ ➡ 최소공배수: □

어떻게 풀었니?

여러 수의 곱으로 나타낸 곱셈식을 이용해서 최소공배수를 구하는 방법을 알아보자!
먼저 30과 42를 여러 수의 곱으로 나타내 봐.

$30=2\times15=2\times3\times5$
$42=2\times21=2\times3\times7$

여러 수의 곱으로 나타낸 곱셈식 중에서 공통으로 들어 있는 곱셈식을 찾아 공통인 수와 나머지 수를 곱하면
30과 42의 최소공배수는 $2\times3\times5\times7=210$(이)야.
아~ □ 안에 알맞은 수를 써넣으면 다음과 같이 되는구나!

$30=2\times3\times5$
$42=2\times3\times7$ ➡ 최소공배수: 210

9 3, 3 / 3, 7 / 126

2
- 16의 약수: 1, 2, 4, 8, 16 ➡ 5개
- 20의 약수: 1, 2, 4, 5, 10, 20 ➡ 6개
- 25의 약수: 1, 5, 25 ➡ 3개
- 38의 약수: 1, 2, 19, 38 ➡ 4개

3
- 2의 약수: 1, 2
- 3의 약수: 1, 3
- 4의 약수: 1, 2, 4
- 5의 약수: 1, 5
- 6의 약수: 1, 2, 3, 6
- 7의 약수: 1, 7
- 8의 약수: 1, 2, 4, 8
- 9의 약수: 1, 3, 9

5 큰 수를 작은 수로 나누어 봅니다.
➡ $65\div13=5$, $36\div2=18$, $36\div9=4$

7 $27 = 3 \times 9$
$= \boxed{3 \times 3} \times 3$
$45 = 3 \times 15$
$= \boxed{3 \times 3} \times 5$
➡ 27과 45의 최대공약수: $3 \times 3 = 9$

9 $18 = 2 \times 9$
$= 2 \times \boxed{3 \times 3}$
$63 = 3 \times 21$
$= \boxed{3 \times 3} \times 7$
➡ 18과 63의 최소공배수: $3 \times 3 \times 2 \times 7 = 126$

쓰기 쉬운 서술형 18쪽

1 6, 90, 7, 105, 90, 105, 105 / 105
1-1 147
2 약수, 1, 2, 4, 5, 8, 10, 20, 40, 8 / 8개
2-1 6개
3 약수, 약수, 1, 3, 5, 15 / 1, 3, 5, 15
3-1 12, 24, 36
3-2 6개
3-3 270
4 2, 2, 4, 4 / 4명
4-1 18 cm
4-2 36 cm
4-3 오전 10시 24분

1-1 예 150보다 작은 21의 배수 중에서 가장 큰 수는 $21 \times 7 = 147$이고, 150보다 큰 21의 배수 중에서 가장 작은 수는 $21 \times 8 = 168$입니다. ---- ❶
따라서 147과 168 중에서 150에 더 가까운 수는 147입니다. ---- ❷

단계	문제 해결 과정
①	150보다 작은 수와 150보다 큰 수 중에서 150과 가장 가까운 21의 배수를 구했나요?
②	21의 배수 중에서 150에 가장 가까운 수를 구했나요?

2-1 예 50이 □의 배수이므로 □는 50의 약수입니다. ---- ❶
따라서 □ 안에 들어갈 수 있는 수는 1, 2, 5, 10, 25, 50으로 모두 6개입니다. ---- ❷

단계	문제 해결 과정
①	□와 50의 관계를 설명했나요?
②	□ 안에 들어갈 수 있는 수는 모두 몇 개인지 구했나요?

3-1 예 두 수의 공배수는 두 수의 최소공배수의 배수와 같습니다. ---- ❶
따라서 두 수의 공배수는 12의 배수인 12, 24, 36, ... 입니다. ---- ❷

단계	문제 해결 과정
①	공배수와 최소공배수의 관계를 설명했나요?
②	두 수의 공배수를 구했나요?

3-2 예 두 수의 공약수는 두 수의 최대공약수의 약수와 같습니다. ---- ❶
따라서 두 수의 공약수는 28의 약수인 1, 2, 4, 7, 14, 28로 모두 6개입니다. ---- ❷

단계	문제 해결 과정
①	공약수와 최대공약수의 관계를 설명했나요?
②	두 수의 공약수의 개수를 구했나요?

3-3 예 두 수의 공배수는 두 수의 최소공배수의 배수와 같습니다. ---- ❶
따라서 두 수의 공배수는 45의 배수이므로 공배수 중에서 6번째로 작은 수는 $45 \times 6 = 270$입니다. ---- ❷

단계	문제 해결 과정
①	공배수와 최소공배수의 관계를 설명했나요?
②	두 수의 공배수 중에서 6번째로 작은 수를 구했나요?

4-1 예 정사각형의 한 변의 길이는 72와 54의 최대공약수입니다.
2) 72 54
3) 36 27
3) 12 9
4 3 ➡ 최대공약수: $2 \times 3 \times 3 = 18$ ---- ❶
따라서 잘라 만들 수 있는 가장 큰 정사각형의 한 변의 길이는 18 cm입니다. ---- ❷

단계	문제 해결 과정
①	72와 54의 최대공약수를 구했나요?
②	잘라 만들 수 있는 가장 큰 정사각형의 한 변의 길이는 몇 cm인지 구했나요?

4-2 예 정사각형의 한 변의 길이는 12와 18의 최소공배수입니다.

2) 12　18
3) 6　9
　　2　3 ➡ 최소공배수: $2\times3\times2\times3=36$ ···· ❶

따라서 만든 정사각형의 한 변의 길이는 36 cm입니다. ···· ❷

단계	문제 해결 과정
①	12와 18의 최소공배수를 구했나요?
②	만든 정사각형의 한 변의 길이는 몇 cm인지 구했나요?

4-3 예 두 버스가 동시에 출발하는 시각의 간격은 8과 6의 최소공배수입니다.

2) 8　6
　　4　3 ➡ 최소공배수: $2\times4\times3=24$ ···· ❶

따라서 24분마다 동시에 출발하므로 다음번에 처음으로 두 버스가 동시에 출발하는 시각은 오전 10시 24분입니다. ···· ❷

단계	문제 해결 과정
①	8과 6의 최소공배수를 구했나요?
②	다음번에 처음으로 두 버스가 동시에 출발하는 시각을 구했나요?

2단원 수행 평가 24~25쪽

1 (1) 1, 2, 13, 26 (2) 1, 3, 7, 9, 21, 63
2 ④
3 ②, ③
4 ②
5 14 / 210
6 6 / 240
7 1, 5, 7, 35
8 112
9 7개
10 쿠키: 5개, 초콜릿: 4개

1 (1) $26\div1=26$, $26\div2=13$, $26\div13=2$, $26\div26=1$이므로 26의 약수는 1, 2, 13, 26입니다.
(2) $63\div1=63$, $63\div3=21$, $63\div7=9$, $63\div9=7$, $63\div21=3$, $63\div63=1$이므로 63의 약수는 1, 3, 7, 9, 21, 63입니다.

2 ① $6\times5=30$ ② $6\times8=48$ ③ $6\times12=72$ ⑤ $6\times17=102$
따라서 6의 배수가 아닌 것은 ④ 86입니다.

3 ② $13\times4=52$이므로 13은 52의 약수이고, 52는 13의 배수입니다.
③ $25\times3=75$이므로 25는 75의 약수이고, 75는 25의 배수입니다.

4 ① 34의 약수: 1, 2, 17, 34 ➡ 4개
② 56의 약수: 1, 2, 4, 7, 8, 14, 28, 56 ➡ 8개
③ 44의 약수: 1, 2, 4, 11, 22, 44 ➡ 6개
④ 62의 약수: 1, 2, 31, 62 ➡ 4개
⑤ 99의 약수: 1, 3, 9, 11, 33, 99 ➡ 6개

5 $42=2\times3\times7$
$70=2\times5\times7$
최대공약수: $2\times7=14$
최소공배수: $2\times7\times3\times5=210$

6 최대공약수: $2\times3=6$
최소공배수: $2\times3\times5\times8=240$

7 두 수의 공약수는 최대공약수의 약수와 같습니다.
따라서 두 수의 공약수는 35의 약수인 1, 5, 7, 35입니다.

8 두 수의 공배수는 최소공배수인 16의 배수와 같습니다.
따라서 $16\times6=96$, $16\times7=112$이므로 두 수의 공배수 중에서 가장 작은 세 자리 수는 112입니다.

9 100보다 크고 150보다 작은 수 중에서 7의 배수는 105, 112, 119, 126, 133, 140, 147로 모두 7개입니다.

서술형
10 예 학생 수는 60과 48의 최대공약수입니다.

2) 60　48
2) 30　24
3) 15　12
　　5　4 ➡ 최대공약수: $2\times2\times3=12$

최대 12명의 학생에게 나누어 줄 수 있으므로 한 학생이 쿠키를 $60\div12=5$(개)씩, 초콜릿을 $48\div12=4$(개)씩 받을 수 있습니다.

평가 기준	배점
나누어 줄 수 있는 학생 수를 구했나요?	5점
한 학생이 쿠키와 초콜릿을 각각 몇 개씩 받을 수 있는지 구했나요?	5점

3 규칙과 대응

➕ 개념 적용 26쪽

1 사각형과 삼각형으로 규칙적인 배열을 만들고 있습니다. 삼각형이 40개일 때 사각형은 몇 개 필요할까요?

어떻게 풀었니?

모양에서 변하는 조각과 변하지 않는 조각을 찾아서 사각형의 수와 삼각형의 수가 어떻게 변하는지 표로 나타내어 보자!

사각형 양옆에 있는 삼각형 조각 2개의 수는 변하지 않고 사각형 위에 있는 삼각형 조각의 수만 변하고 있어.

사각형의 수(개)	1	2	3	4	…
삼각형의 수(개)	3 (2+1)	4 (2+2)	5 (2+3)	6 (2+4)	…

사각형이 1개 늘어날 때마다 삼각형도 1개 늘어나고 있으니까 사각형의 수와 삼각형의 수의 차이에 변함이 없겠지?

즉, 삼각형의 수는 사각형의 수보다 항상 2만큼 더 커.

아~ 사각형의 수는 삼각형의 수보다 2만큼 더 작으니까 삼각형이 40개일 때 사각형은 38개 필요하구나!

2

초록색 사각판의 수(개)	1	2	3	4	…
파란색 사각판의 수(개)	4	5	6	7	…

/ 27

3 배열 순서에 맞게 다각형을 그리고 있습니다. 빈칸에 알맞은 다각형을 그리고, 수 카드의 수와 다각형의 변의 수 사이의 대응 관계를 써 보세요.

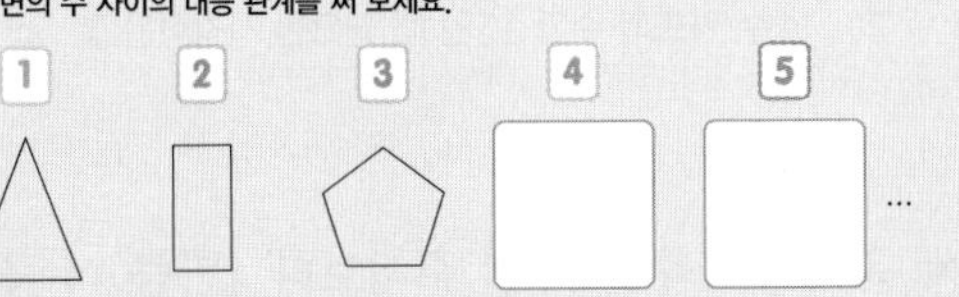

어떻게 풀었니?

수 카드의 수와 다각형의 변의 수 사이의 대응 관계를 물어봤으니까, 수 카드의 수에 따라 다각형의 변의 수가 어떻게 변하는지 표로 나타내어 알아보자!

수 카드의 수	1	2	3	4	5	…
다각형의 변의 수(개)	3	4	5	6	7	…

표를 보면 수 카드의 수에 2을/를 더한 수가 다각형의 변의 수와 같네.

즉, 수 카드의 수와 다각형의 변의 수 사이의 대응 관계는 다음과 같아.

대응 관계 다각형의 변의 수는 수 카드의 수보다 2만큼 더 큽니다.

그럼 수 카드의 수가 4일 때는 변이 6개인 다각형을 그리고,

수 카드의 수가 5일 때는 변이 7개인 다각형을 그려야겠지?

아~ 빈 곳에 다각형을 각각 그리면 오른쪽과 같이 되는구나!

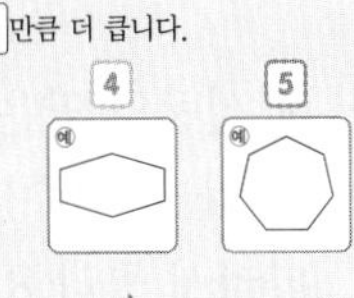

4 예 (팔각형 그림)

/ 예 다각형의 변의 수는 수 카드의 수의 2배입니다.

5 지하철은 1초에 30 m를 이동합니다. 지하철 이동 거리와 걸린 시간 사이의 대응 관계를 기호를 사용하여 식으로 나타내어 보세요.

지하철 이동 거리를 □, 걸린 시간을 □(이)라고 할 때, 두 양 사이의 대응 관계를 식으로 나타내면 □입니다.

어떻게 풀었니?

지하철 이동 거리와 걸린 시간 사이의 대응 관계를 알아보자!

지하철 이동 거리와 걸린 시간 사이의 대응 관계를 표를 이용하여 알아보면 다음과 같아.

이동 거리(m)	30	60	90	120	…
걸린 시간(초)	1	2	3	4	…

지하철 이동 거리는 걸린 시간의 30배야.

(걸린 시간)×30=(지하철 이동 거리)

(지하철 이동 거리)÷30=(걸린 시간)

대응 관계를 기호를 사용하여 식으로 나타내려면 두 양을 나타낼 기호를 정한 다음, 대응 관계에 알맞게 식으로 나타내면 돼. 이때 기호는 ◎, ○, □, △ 등 모양에 관계없이 하고 싶은 기호를 정하면 돼.

만약 지하철 이동 거리를 ◎, 걸린 시간을 △라고 하면 위의 식에서 지하철 이동 거리 대신에 ◎를, 걸린 시간 대신에 △를 써서 나타내면 되지.

아~ 두 양 사이의 대응 관계를 식으로 나타내면 △×30=◎ 또는 ◎÷30=△(이)구나!

6 예 ○, ☆, ○×3=☆ 또는 ☆÷3=○

7 다음과 같이 성냥개비로 정사각형을 만들고 있습니다. 표를 완성하고 정사각형 7개를 만드는 데 필요한 성냥개비는 몇 개인지 구해 보세요.

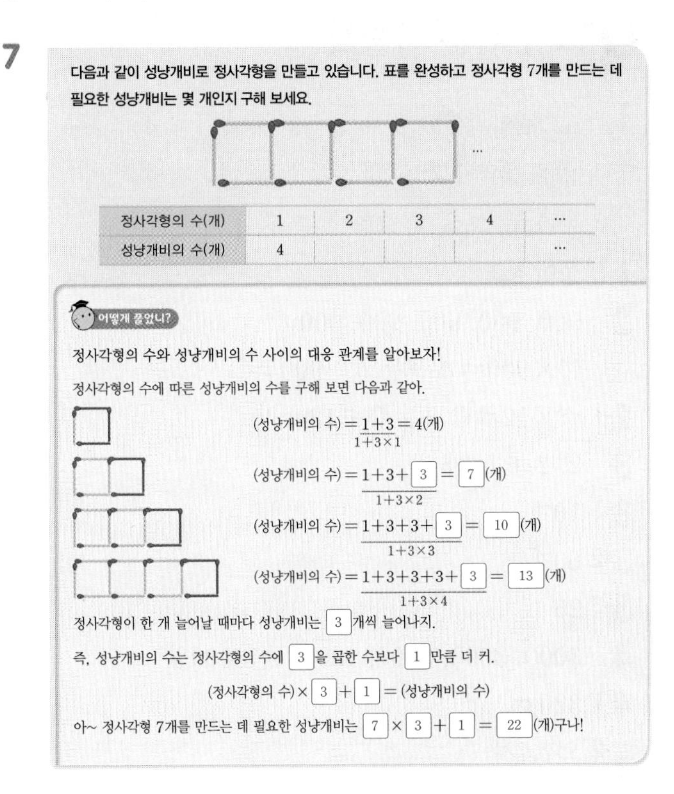

정사각형의 수(개)	1	2	3	4	…
성냥개비의 수(개)	4				…

어떻게 풀었니?

정사각형의 수와 성냥개비의 수 사이의 대응 관계를 알아보자!

정사각형의 수에 따른 성냥개비의 수를 구해 보면 다음과 같아.

(성냥개비의 수)=1+3=4(개) (1+3×1)

(성냥개비의 수)=1+3+3=7(개) (1+3×2)

(성냥개비의 수)=1+3+3+3=10(개) (1+3×3)

(성냥개비의 수)=1+3+3+3+3=13(개) (1+3×4)

정사각형이 한 개 늘어날 때마다 성냥개비는 3개씩 늘어나지.

즉, 성냥개비의 수는 정사각형의 수에 3을 곱한 수보다 1만큼 더 커.

(정사각형의 수)×3+1=(성냥개비의 수)

아~ 정사각형 7개를 만드는 데 필요한 성냥개비는 7×3+1=22(개)구나!

8 17개

---

2 파란색 사각판의 수는 초록색 사각판의 수보다 3만큼 더 큽니다.

따라서 파란색 사각판이 30개일 때 초록색 사각판은 30−3=27(개) 필요합니다.

4 수 카드의 수가 2일 때는 사각형, 3일 때는 육각형, 5일 때는 십각형이므로 다각형의 변의 수는 수 카드의 수의

2배입니다.
따라서 수 카드의 수가 4일 때는 팔각형을 그립니다.

6 (세발자전거의 수) × 3 = (바퀴의 수)
➡ ○ × 3 = ☆
(바퀴의 수) ÷ 3 = (세발자전거의 수)
➡ ☆ ÷ 3 = ○

8 정삼각형이 한 개 늘어날 때마다 성냥개비는 2개씩 늘어납니다.
(정삼각형의 수) × 2 + 1 = (성냥개비의 수)이므로 정삼각형 8개를 만드는 데 필요한 성냥개비는
$8 \times 2 + 1 = 17$(개)입니다.

쓰기 쉬운 서술형 30쪽

1

그림의 수(장)	1	2	3	4	…
누름 못의 수(개)	2	3	4	5	…

누름 못, 그림, 1, 그림, 누름 못, 1

1-1 풀이 참조
2 900, 900, 900, 900, 900 / ○×900=△ 또는 △÷900=○
2-1 ☆×12=◎ 또는 ◎÷12=☆
3 2, 2, 6 / 6개
3-1 10개
3-2 60개
3-3 26
4 3000, 3000, 3000, 18000 / 18000원
4-1 320 g
4-2 오후 7시
4-3 11개

1-1 예 자른 횟수와 리본 끈 도막의 수 사이의 대응 관계를 표로 나타내면 다음과 같습니다.

자른 횟수(번)	1	2	3	…
리본 끈 도막의 수(개)	2	3	4	…

---- ❶

따라서 리본 끈 도막의 수는 자른 횟수보다 1만큼 더 큽니다. 또는 자른 횟수는 리본 끈 도막의 수보다 1만큼 더 작습니다. ---- ❷

단계	문제 해결 과정
①	두 양 사이의 대응 관계를 표를 이용하여 알아보았나요?
②	두 양 사이의 대응 관계를 설명했나요?

2-1 예 상자의 수가 한 개씩 늘어날 때마다 도넛의 수는 12개씩 늘어나므로 도넛의 수는 상자의 수의 12배입니다. ---- ❶
따라서 (상자의 수) × 12 = (도넛의 수)이므로
☆ × 12 = ◎ 또는 ◎ ÷ 12 = ☆입니다. ---- ❷

단계	문제 해결 과정
①	상자의 수와 도넛의 수 사이의 대응 관계를 설명했나요?
②	☆과 ◎ 사이의 대응 관계를 식으로 나타내었나요?

3-1 예 삼각형의 수는 배열 순서의 2배입니다. ---- ❶
따라서 다음에 올 삼각형은 $5 \times 2 = 10$(개)입니다. ---- ❷

단계	문제 해결 과정
①	배열 순서와 삼각형의 수 사이의 대응 관계를 설명했나요?
②	다음에 올 삼각형은 몇 개인지 구했나요?

3-2 예 사각형의 수는 배열 순서의 4배입니다. ---- ❶
따라서 수 카드의 수가 15일 때 필요한 사각형은
$15 \times 4 = 60$(개)입니다. ---- ❷

단계	문제 해결 과정
①	배열 순서와 사각형의 수 사이의 대응 관계를 설명했나요?
②	수 카드의 수가 15일 때 필요한 사각형은 몇 개인지 구했나요?

3-3 예 육각형의 수는 배열 순서보다 4만큼 더 큽니다. ---- ❶
따라서 육각형이 30개일 때 배열 순서는 $30 - 4 = 26$이므로 수 카드의 수는 26입니다. ---- ❷

단계	문제 해결 과정
①	배열 순서와 육각형의 수 사이의 대응 관계를 설명했나요?
②	육각형이 30개일 때 수 카드의 수를 구했나요?

4-1 예 설탕의 양은 콜라 캔의 수의 40배이므로
(콜라 캔의 수) × 40 = (설탕의 양)입니다. ---- ❶
따라서 콜라 8캔에 들어 있는 설탕은
$8 \times 40 = 320$ (g)입니다. ---- ❷

단계	문제 해결 과정
①	두 양 사이의 대응 관계를 식으로 나타내었나요?
②	콜라 8캔에 들어 있는 설탕의 양을 구했나요?

4-2 ⑩ 하노이의 시각은 서울의 시각보다 2시간 느리므로 (서울의 시각) $-$ 2시간 $=$ (하노이의 시각)입니다. ···· ❶
따라서 서울이 오후 9시일 때 하노이는
오후 9시 $-$ 2시간 $=$ 오후 7시입니다. ···· ❷

단계	문제 해결 과정
①	두 양 사이의 대응 관계를 식으로 나타내었나요?
②	서울이 오후 9시일 때 하노이의 시각을 구했나요?

4-3 ⑩ 꽃다발의 수는 장미의 수를 15로 나눈 몫이므로 (장미의 수) $\div 15 =$ (꽃다발의 수)입니다. ···· ❶
따라서 장미 165송이로는 꽃다발을
$165 \div 15 = 11$(개) 만들 수 있습니다. ···· ❷

단계	문제 해결 과정
①	두 양 사이의 대응 관계를 식으로 나타내었나요?
②	장미 165송이로 만들 수 있는 꽃다발의 수를 구했나요?

3단원 수행 평가 36~37쪽

1 

2 40, 25

3 ⑩ 떡의 수는 상자의 수의 20배입니다.

4 ◇×20=○ 또는 ○÷20=◇

5 연서

6 □×5=△ 또는 △÷5=□ / 50개

7 ○+2=◇ 또는 ◇−2=○

8 11개

9 15명

10 750개

1 사각형이 1개 늘어날 때마다 삼각형은 2개씩 늘어납니다.

2 사각형 1개에 삼각형이 2개씩 필요하므로 사각형이 20개일 때 삼각형은 40개 필요합니다.
또 삼각형이 50개일 때 사각형은 25개 필요합니다.

3 '상자의 수는 떡의 수를 20으로 나눈 몫과 같습니다.'도 정답입니다.

5 연서: 대응 관계를 나타낸 식 ◎÷6 = ☆에서 ◎는 개미 다리의 수, ☆은 개미의 수를 나타냅니다.

6 오각형은 변이 5개이므로 오각형의 변의 수는 오각형의 수의 5배입니다.
➡ □×5 = △ 또는 △÷5 = □
따라서 오각형이 10개일 때 오각형의 변은 모두
$10 \times 5 = 50$(개)입니다.

7 사각형의 수는 배열 순서보다 2만큼 더 큽니다.
➡ ○ + 2 = ◇ 또는 ◇ − 2 = ○

8 $9 + 2 = 11$(개)

9 (입장료) $\div 7000 =$ (입장객 수)입니다.
따라서 입장료가 105000원일 때 입장객은
$105000 \div 7000 = 15$(명)입니다.

서술형
10 ⑩ 윤성이는 하루에 수학 문제를 $10 + 15 = 25$(개)씩 풀므로 $25 \times$ (날수) $=$ (윤성이가 푼 수학 문제 수)입니다.
따라서 6월은 30일까지 있으므로 윤성이가 30일 동안 푼 수학 문제는 모두 $25 \times 30 = 750$(개)입니다.

평가 기준	배점
푼 수학 문제 수와 날수 사이의 대응 관계를 식으로 나타내었나요?	5점
30일 동안 푼 수학 문제 수를 구했나요?	5점

4 약분과 통분

➕ 개념 적용 38쪽

1 주어진 분수와 크기가 같은 분수를 모두 찾아 ○표 하세요.

$\frac{14}{42}$ | $\frac{1}{3}$ $\frac{4}{14}$ $\frac{2}{6}$ $\frac{27}{84}$ $\frac{42}{126}$ $\frac{7}{22}$

어떻게 풀었니?

$\frac{14}{42}$와 크기가 같은 분수를 만들어 보자!

분모와 분자에 0이 아닌 같은 수를 곱하거나 분모와 분자를 0이 아닌 같은 수로 나누면 크기가 같은 분수가 돼.

먼저, $\frac{1}{3}$이 $\frac{14}{42}$와 크기가 같은 분수인지 알아보기 위해 $\frac{14}{42}$의 분모를 3이 되도록 바꿔 봐.

$\frac{14}{42}=\frac{14\div\boxed{14}}{42\div14}=\frac{\boxed{1}}{3}$이니까 $\frac{1}{3}$은 크기가 같은 분수야.

마찬가지 방법으로 $\frac{14}{42}$를 주어진 분수들과 각각 분모나 분자를 같게 만든 다음 비교해 봐.

$\frac{14}{42}=\frac{14\div\boxed{3}}{42\div3}$(×) (나누어떨어지지 않음, 14), $\frac{14}{42}=\frac{14\div\boxed{7}}{42\div\boxed{7}}=\frac{\boxed{2}}{6}$(○), $\frac{14}{42}=\frac{14\times\boxed{2}}{42\times\boxed{2}}=\frac{\boxed{28}}{84}$(×),

$\frac{14}{42}=\frac{14\times\boxed{3}}{42\times\boxed{3}}=\frac{\boxed{42}}{126}$(○), $\frac{14}{42}=\frac{14\div\boxed{2}}{42\div\boxed{2}}=\frac{7}{\boxed{21}}$(×)

아~ $\frac{14}{42}$와 크기가 같은 분수인 $\boxed{\frac{1}{3}}$, $\boxed{\frac{2}{6}}$, $\boxed{\frac{42}{126}}$에 ○표 하면 되는구나!

2 $\frac{3}{4}$, $\frac{90}{120}$, $\frac{15}{20}$에 ○표

3 $\frac{36}{84}$을 약분하려고 합니다. 다음 중 분모와 분자를 나눌 수 있는 수를 모두 찾아 ○표 하세요.

2 3 4 5 6 7 8

어떻게 풀었니?

$\frac{36}{84}$의 분모와 분자를 나눌 수 있는 수를 찾아보자!

분모와 분자를 공약수로 나누어 간단히 하는 것을 약분한다고 해.

즉, $\frac{36}{84}$을 약분하려면 분모와 분자를 84와 36의 공약수로 나누어야 하지.

84와 36의 공약수는 두 수의 최대공약수의 약수로 구할 수 있어.

2) 84 36
2) 42 18
3) 21 9
7 3

→ 최대공약수: $\boxed{2}\times\boxed{2}\times\boxed{3}=\boxed{12}$

공약수: $\boxed{1}$, $\boxed{2}$, $\boxed{3}$, $\boxed{4}$, $\boxed{6}$, $\boxed{12}$

이때, 1은 모든 수의 공약수가 되지만, 분모와 분자를 1로 나누면 자기 자신이 되니까 1은 제외해야 해.

그러니까 $\frac{36}{84}$의 분모와 분자를 나눌 수 있는 수는 $\boxed{2}$, $\boxed{3}$, $\boxed{4}$, $\boxed{6}$, $\boxed{12}$(이)야.

아~ 분모와 분자를 나눌 수 있는 수인 $\boxed{2}$, $\boxed{3}$, $\boxed{4}$, $\boxed{6}$에 ○표 하면 되는구나!

4 2, 3, 6, 9에 ○표

5 세 분수의 크기를 비교하여 □ 안에 알맞은 수를 써넣으세요.

$\left(\frac{4}{5}, \frac{5}{6}, \frac{11}{18}\right)$ → □ < □ < □

어떻게 풀었니?

분모가 다른 세 분수의 크기를 비교해 보자!

세 분수의 크기를 비교할 때에는 두 분수씩 차례로 비교해도 되지만 한꺼번에 통분해서 비교하면 더 간단해져.

세 분수를 한꺼번에 통분하려면 세 수 5, 6, 18의 최소공배수를 구해서 공통분모로 하면 돼.

5와 6의 최소공배수: 30

30과 18의 최소공배수: $\boxed{90}$ → 5, 6, 18의 최소공배수: $\boxed{90}$

세 수의 최소공배수 $\boxed{90}$을/를 공통분모로 하여 통분하면

$\left(\frac{4}{5}, \frac{5}{6}, \frac{11}{18}\right)$ → $\left(\frac{\boxed{72}}{\boxed{90}}, \frac{\boxed{75}}{\boxed{90}}, \frac{\boxed{55}}{\boxed{90}}\right)$

이니까 가장 큰 분수는 $\boxed{\frac{5}{6}}$이고, 가장 작은 분수는 $\boxed{\frac{11}{18}}$(이)지.

아~ □ 안에 $\boxed{\frac{11}{18}}$, $\boxed{\frac{4}{5}}$, $\boxed{\frac{5}{6}}$을/를 차례로 써넣으면 되는구나!

6 $\frac{8}{15}$, $\frac{5}{9}$, $\frac{3}{5}$

7 학교와 도서관 중 윤하네 집에서 더 가까운 곳은 어디인지 써 보세요.

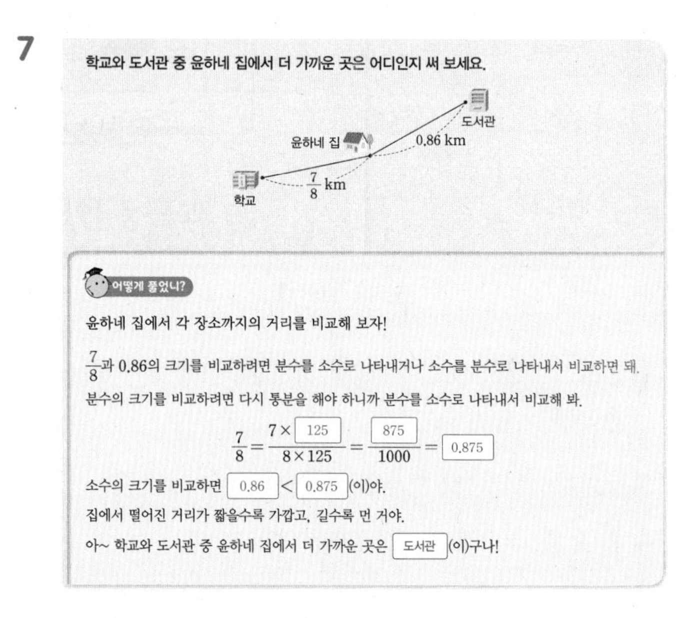

어떻게 풀었니?

윤하네 집에서 각 장소까지의 거리를 비교해 보자!

$\frac{7}{8}$과 0.86의 크기를 비교하려면 분수를 소수로 나타내거나 소수를 분수로 나타내서 비교하면 돼.

분수의 크기를 비교하려면 다시 통분을 해야 하니까 분수를 소수로 나타내서 비교해 봐.

$\frac{7}{8}=\frac{7\times\boxed{125}}{8\times125}=\frac{\boxed{875}}{1000}=\boxed{0.875}$

소수의 크기를 비교하면 $\boxed{0.86}<\boxed{0.875}$(이)야.

집에서 떨어진 거리가 짧을수록 가깝고, 길수록 먼 거야.

아~ 학교와 도서관 중 윤하네 집에서 더 가까운 곳은 $\boxed{도서관}$(이)구나!

8 서점

---

2 $\frac{45}{60}=\frac{45\div15}{60\div15}=\frac{3}{4}$, $\frac{45}{60}=\frac{45\times2}{60\times2}=\frac{90}{120}$,
$\frac{45}{60}=\frac{45\div3}{60\div3}=\frac{15}{20}$

4 $\frac{54}{90}$를 약분할 때 분모와 분자를 나눌 수 있는 수는 90과 54의 공약수입니다.
90과 54의 최대공약수가 18이므로 90과 54의 공약수는 1, 2, 3, 6, 9, 18이고 1을 제외한 공약수 2, 3, 6, 9, 18로 약분할 수 있습니다.
따라서 분모와 분자를 나눌 수 있는 수를 모두 찾으면 2, 3, 6, 9입니다.

6 세 수 5, 9, 15의 최소공배수는 45입니다.

$\left(\frac{3}{5}, \frac{5}{9}, \frac{8}{15}\right) \Rightarrow \left(\frac{27}{45}, \frac{25}{45}, \frac{24}{45}\right)$

$\Rightarrow \frac{24}{45} < \frac{25}{45} < \frac{27}{45} \Rightarrow \frac{8}{15} < \frac{5}{9} < \frac{3}{5}$

8 $1\frac{11}{25} = 1\frac{44}{100} = 1.44$이므로 $1.44 < 1.725$입니다.

따라서 수영장과 서점 중 주하네 집에서 더 가까운 곳은 서점입니다.

쓰기 쉬운 서술형 42쪽

1 곱하면에 ○표, 5, 45, 5, 5, 5, $\frac{20}{45}$ / $\frac{20}{45}$

1-1 $\frac{56}{64}$

2 $\frac{36}{120}$, $\frac{36}{120}$, 36, 12, 120, 12, $\frac{3}{10}$ / $\frac{3}{10}$

2-1 $\frac{7}{15}$

3 25, 75, 0.75, <, 오렌지주스 / 오렌지주스

3-1 소고기

3-2 수지

3-3 은하, 민경, 서울

4 3, 3, $\frac{12}{21}$, 5, 21, $\frac{17}{21}$, $\frac{17}{21}$ / $\frac{17}{21}$

4-1 $\frac{8}{33}$

4-2 $\frac{11}{23}$

4-3 $\frac{24}{49}$

1-1 예 분모와 분자에 0이 아닌 같은 수를 곱하면 크기가 같은 분수가 됩니다. 분모가 60보다 크고 70보다 작아야 하므로 $8 \times 8 = 64$에서 분모와 분자에 각각 8을 곱해야 합니다. ---- ❶

따라서 구하는 분수는 $\frac{7}{8} = \frac{7 \times 8}{8 \times 8} = \frac{56}{64}$입니다. ---- ❷

단계	문제 해결 과정
①	$\frac{7}{8}$과 크기가 같은 분수를 만드는 방법을 설명했나요?
②	분모가 60보다 크고 70보다 작은 분수를 구했나요?

2-1 예 사용한 비즈는 전체의 $\frac{49}{105}$입니다. ---- ❶

따라서 기약분수로 나타내면

$\frac{49}{105} = \frac{49 \div 7}{105 \div 7} = \frac{7}{15}$입니다. ---- ❷

단계	문제 해결 과정
①	사용한 비즈는 전체의 얼마인지 분수로 나타내었나요?
②	사용한 비즈는 전체의 얼마인지 기약분수로 나타내었나요?

3-1 예 $\frac{16}{25} = \frac{16 \times 4}{25 \times 4} = \frac{64}{100} = 0.64$입니다. ---- ❶

따라서 $0.7 > \frac{16}{25}$이므로 더 적은 양을 사 온 고기는 소고기입니다. ---- ❷

단계	문제 해결 과정
①	소고기의 양을 소수로 나타내었나요?
②	더 적은 양을 사 온 고기를 구했나요?

3-2 예 $\frac{5}{8} = \frac{5 \times 125}{8 \times 125} = \frac{625}{1000} = 0.625$,

$\frac{103}{200} = \frac{103 \times 5}{200 \times 5} = \frac{515}{1000} = 0.515$입니다. ---- ❶

따라서 $\frac{103}{200} < \frac{5}{8} < 0.63$이므로 학교에서 가장 먼 곳에 사는 친구는 수지입니다. ---- ❷

단계	문제 해결 과정
①	학교에서 연주와 도연이네 집까지의 거리를 각각 소수로 나타내었나요?
②	학교에서 가장 먼 곳에 사는 친구를 구했나요?

3-3 예 $\frac{7}{20} = \frac{7 \times 5}{20 \times 5} = \frac{35}{100} = 0.35$,

$\frac{2}{5} = \frac{2 \times 2}{5 \times 2} = \frac{4}{10} = 0.4$입니다. ---- ❶

따라서 $\frac{7}{20} < \frac{2}{5} < 0.48$이므로 찰흙을 적게 사용한 사람부터 차례로 쓰면 은하, 민경, 서울입니다. ---- ❷

단계	문제 해결 과정
①	은하와 민경이가 사용한 찰흙의 양을 각각 소수로 나타내었나요?
②	찰흙을 적게 사용한 사람부터 차례로 썼나요?

4-1 예 4로 약분하기 전의 분수는 $\frac{2 \times 4}{9 \times 4} = \frac{8}{36}$입니다. ---- ❶

분모에 3을 더하기 전의 분수는 $\frac{8}{36-3} = \frac{8}{33}$입니다.

따라서 처음 분수는 $\frac{8}{33}$입니다. ---- ❷

단계	문제 해결 과정
①	약분하기 전의 분수를 구했나요?
②	처음 분수를 구했나요?

4-2 예 6으로 약분하기 전의 분수는 $\frac{3\times6}{5\times6}=\frac{18}{30}$ 입니다. ---- ❶

분모와 분자에 각각 7을 더하기 전의 분수는 $\frac{18-7}{30-7}=\frac{11}{23}$ 입니다.

따라서 처음 분수는 $\frac{11}{23}$ 입니다. ---- ❷

단계	문제 해결 과정
①	약분하기 전의 분수를 구했나요?
②	처음 분수를 구했나요?

4-3 예 5로 약분하기 전의 분수는 $\frac{4\times5}{11\times5}=\frac{20}{55}$ 입니다. ---- ❶

분모에 6을 더하고 분자에서 4를 빼기 전의 분수는 $\frac{20+4}{55-6}=\frac{24}{49}$ 입니다.

따라서 처음 분수는 $\frac{24}{49}$ 입니다. ---- ❷

단계	문제 해결 과정
①	약분하기 전의 분수를 구했나요?
②	처음 분수를 구했나요?

4단원 수행 평가 48~49쪽

1 (1) 8, 8, 32 (2) 9, 9, 3
2 (1) 5, 5, 65, 0.65 (2) 4, 4, 36, 0.36
3 (1) $\frac{2}{7}$ (2) $\frac{5}{6}$
4 (1) $\frac{15}{36}$, $\frac{16}{36}$ (2) $\frac{27}{42}$, $\frac{22}{42}$
5 $\frac{5}{8}$
6 <
7 ㉡, ㉠, ㉢
8 0.8
9 $\frac{24}{44}$
10 선우

1 (1) 분모와 분자에 0이 아닌 같은 수를 곱하면 크기가 같은 분수가 됩니다.
(2) 분모와 분자를 0이 아닌 같은 수로 나누면 크기가 같은 분수가 됩니다.

2 (1) $20\times5=100$이므로 분모와 분자에 각각 5를 곱합니다.
(2) $25\times4=100$이므로 분모와 분자에 각각 4를 곱합니다.

3 (1) $\frac{12}{42}=\frac{12\div6}{42\div6}=\frac{2}{7}$
(2) $\frac{20}{24}=\frac{20\div4}{24\div4}=\frac{5}{6}$

4 (1) $\left(\frac{5}{12}, \frac{4}{9}\right) \Rightarrow \left(\frac{5\times3}{12\times3}, \frac{4\times4}{9\times4}\right) \Rightarrow \left(\frac{15}{36}, \frac{16}{36}\right)$
(2) $\left(\frac{9}{14}, \frac{11}{21}\right) \Rightarrow \left(\frac{9\times3}{14\times3}, \frac{11\times2}{21\times2}\right) \Rightarrow \left(\frac{27}{42}, \frac{22}{42}\right)$

5 $\frac{65}{104}=\frac{65\div13}{104\div13}=\frac{5}{8}$

6 $\left(\frac{7}{12}, \frac{11}{15}\right) \Rightarrow \left(\frac{7\times5}{12\times5}, \frac{11\times4}{15\times4}\right) \Rightarrow \left(\frac{35}{60}, \frac{44}{60}\right)$
$\Rightarrow \frac{7}{12}<\frac{11}{15}$

7 ㉠ $\frac{27}{50}=\frac{54}{100}=0.54$ ㉢ $\frac{3}{8}=\frac{375}{1000}=0.375$
$\Rightarrow 0.55>\frac{27}{50}>\frac{3}{8}$

8 수 카드 2장을 골라 만들 수 있는 진분수는 $\frac{2}{3}, \frac{2}{4}, \frac{3}{4}, \frac{2}{5}, \frac{3}{5}, \frac{4}{5}$ 입니다.
이 중에서 가장 큰 수는 $\frac{4}{5}$ 입니다.
$\Rightarrow \frac{4}{5}=\frac{8}{10}=0.8$

9 $\frac{6}{11}$의 분모와 분자의 합은 $11+6=17$입니다.
$68\div17=4$이므로 분모와 분자의 합이 68인 분수는 $\frac{6}{11}$의 분모와 분자에 각각 4를 곱한 수입니다.
따라서 구하는 분수는 $\frac{6\times4}{11\times4}=\frac{24}{44}$ 입니다.

서술형
10 예 $1\frac{53}{125}=1\frac{424}{1000}=1.424$이므로 선우가 가지고 있는 리본 끈의 길이는 1.424 m입니다.
따라서 $1.41<1.424$이므로 더 긴 리본 끈을 가지고 있는 사람은 선우입니다.

평가 기준	배점
선우가 가지고 있는 리본 끈의 길이를 소수로 나타내었나요?	7점
더 긴 리본 끈을 가지고 있는 사람은 누구인지 구했나요?	3점

5 분수의 덧셈과 뺄셈

⊕ 개념 적용 50쪽

1 분수 막대를 보고 □ 안에 알맞은 수를 써넣으세요.

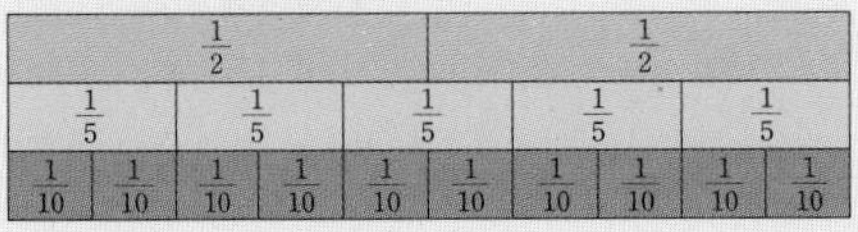

$\frac{1}{2}$은 $\frac{1}{10}$ 막대 □개, $\frac{2}{5}$는 $\frac{1}{10}$ 막대 □개입니다. ➡ $\frac{1}{2}+\frac{2}{5}=\frac{□}{10}$

어떻게 풀었니?

분수 막대를 보고 진분수의 덧셈을 해 보자!

$\frac{1}{2}$과 $\frac{2}{5}$는 분모가 다르니까 더하려면 다른 분수 막대로 바꿔야 해.

$\frac{1}{2}$, $\frac{2}{5}$와 길이가 같은 분수 막대를 각각 찾아보면 다음과 같아.

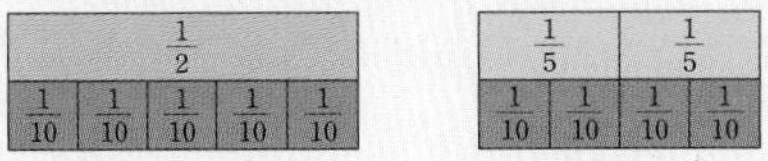

위의 그림에서 $\frac{1}{2}$은 $\frac{1}{10}$ 막대 5개이고, $\frac{2}{5}$는 $\frac{1}{10}$ 막대 4개이니까

$\frac{1}{2}$과 $\frac{2}{5}$를 합하면 $\frac{1}{10}$ 막대 9개야. $\frac{1}{10}$ 막대 9개인 수는 $\frac{9}{10}$(이)지.

아~ $\frac{1}{2}+\frac{2}{5}=\frac{9}{10}$(이)구나!

2 5

3 두 계산 결과를 각각 수직선에 표시해 보세요.

$1\frac{5}{6}+1\frac{2}{3}$ $2\frac{5}{8}+1\frac{1}{2}$

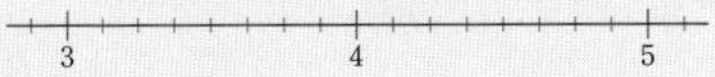

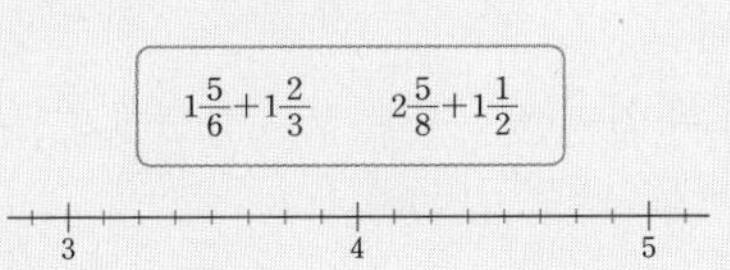

어떻게 풀었니?

대분수의 덧셈을 하고 계산 결과를 수직선에 나타내어 보자!

대분수의 덧셈은 자연수는 자연수끼리, 분수는 분수끼리 계산하면 돼. 이때 분수끼리의 합이 1보다 크면 자연수로 받아올림하면 돼.

$$1\frac{5}{6}+1\frac{2}{3}=1\frac{5}{6}+1\frac{4}{6}=2\frac{9}{6}=3\frac{3}{6}=3\frac{1}{2}$$

$$2\frac{5}{8}+1\frac{1}{2}=2\frac{5}{8}+1\frac{4}{8}=3\frac{9}{8}=4\frac{1}{8}$$

계산 결과를 수직선에 나타내기 위해 수직선의 작은 눈금 한 칸의 크기를 알아보면

3과 4 사이를 8칸으로 똑같이 나누었으니까 작은 눈금 한 칸의 크기는 $\frac{1}{8}$(이)야.

계산 결과 $3\frac{1}{2}$을/를 분모가 8인 분수로 나타내면 $3\frac{4}{8}$이니까 3에서 오른쪽으로 4칸 간 곳에, 계산 결과 $4\frac{1}{8}$은/는 4에서 오른쪽으로 1칸 간 곳에 표시하면 돼.

아~ 계산 결과를 각각 수직선에 표시하면 오른쪽과 같구나!

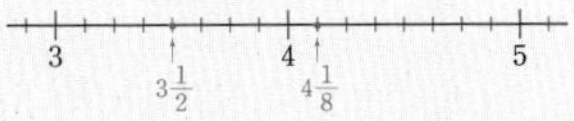

4

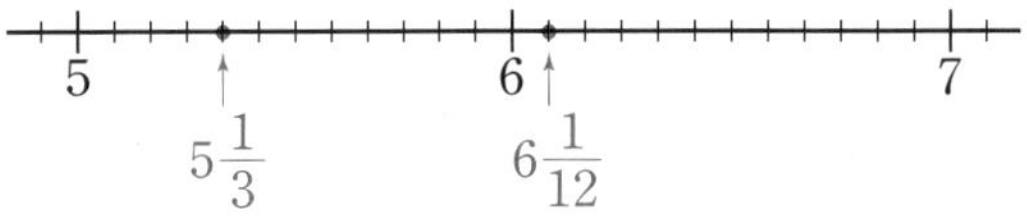

5 가장 큰 분수와 가장 작은 분수의 차를 구해 보세요.

$2\frac{4}{5}$ $1\frac{1}{4}$ $2\frac{3}{10}$

어떻게 풀었니?

먼저 세 분수의 크기를 비교해 보자!

대분수는 자연수 부분이 클수록 큰 분수이니까 가장 작은 분수는 $1\frac{1}{4}$(이)야.

$2\frac{4}{5}$와 $2\frac{3}{10}$을 통분하여 크기를 비교하면

$$\left(2\frac{4}{5}, 2\frac{3}{10}\right) \Rightarrow \left(2\frac{8}{10}, 2\frac{3}{10}\right) \Rightarrow 2\frac{4}{5} > 2\frac{3}{10}$$

이니까 가장 큰 분수는 $2\frac{4}{5}$(이)야.

가장 큰 분수와 가장 작은 분수의 차를 구하는 거니까 가장 큰 분수에서 가장 작은 분수를 빼면 돼.

$$2\frac{4}{5}-1\frac{1}{4}=2\frac{16}{20}-1\frac{5}{20}=1\frac{11}{20}$$

통분

아~ 가장 큰 분수와 가장 작은 분수의 차는 $1\frac{11}{20}$(이)구나!

6 $1\frac{7}{24}$

7 계산 결과가 2와 3 사이의 수인 뺄셈에 ○표 하세요.

$4\frac{1}{5}-2\frac{2}{3}$ $5\frac{1}{3}-2\frac{4}{7}$ $6\frac{3}{5}-2\frac{1}{8}$

어떻게 풀었니?

대분수의 뺄셈 결과를 어림해 보자!

대분수의 뺄셈은 자연수는 자연수끼리, 분수는 분수끼리 계산하면 돼. 이때, 분수끼리 뺄 수 없으면 자연수에서 1을 빌려 와야 하지.

즉, 분수끼리 뺄 수 없다면 자연수끼리 계산한 결과가 1만큼 작아지게 되는 거야.

$4\frac{1}{5}-2\frac{2}{3}$ 자연수: $4-2=2$, 분수: $\frac{1}{5}<\frac{2}{3}$ ➡ 뺄 수 없음

➡ 받아내림이 있으므로 계산 결과는 1와/과 2 사이

$5\frac{1}{3}-2\frac{4}{7}$ 자연수: $5-2=3$, 분수: $\frac{1}{3}<\frac{4}{7}$ ➡ 뺄 수 없음

➡ 받아내림이 있으므로 계산 결과는 2와/과 3 사이

$6\frac{3}{5}-2\frac{1}{8}$ 자연수: $6-2=4$, 분수: $\frac{3}{5}>\frac{1}{8}$ ➡ 뺄 수 있음

➡ 받아내림이 없으므로 계산 결과는 4와/과 5 사이

직접 계산해서 확인해 볼까?

$4\frac{1}{5}-2\frac{2}{3}=1\frac{8}{15}$, $5\frac{1}{3}-2\frac{4}{7}=2\frac{16}{21}$, $6\frac{3}{5}-2\frac{1}{8}=4\frac{19}{40}$

아~ 계산해 보지 않아도 계산 결과가 2와 3 사이의 수인 뺄셈은 $\left(4\frac{1}{5}-2\frac{2}{3}, 5\frac{1}{3}-2\frac{4}{7}, 6\frac{3}{5}-2\frac{1}{8}\right)$(이)구나!

8 $5\frac{2}{3}-1\frac{7}{8}$에 ○표

2 $\frac{1}{2}$은 $\frac{1}{6}$ 막대 3개, $\frac{1}{3}$은 $\frac{1}{6}$ 막대 2개입니다.

➡ $\frac{1}{2}+\frac{1}{3}=\frac{5}{6}$

4 $2\frac{1}{2}+2\frac{5}{6}=2\frac{3}{6}+2\frac{5}{6}=4\frac{8}{6}=5\frac{2}{6}=5\frac{1}{3}$

$3\frac{3}{4}+2\frac{1}{3}=3\frac{9}{12}+2\frac{4}{12}=5\frac{13}{12}=6\frac{1}{12}$

6 $3\frac{3}{4}=3\frac{9}{12}$이므로 $3\frac{11}{12}>3\frac{3}{4}>2\frac{5}{8}$입니다.

➡ $3\frac{11}{12}-2\frac{5}{8}=3\frac{22}{24}-2\frac{15}{24}=1\frac{7}{24}$

8 $7\frac{5}{6}-3\frac{1}{4}$ ➡ $7-3=4$, $\frac{5}{6}>\frac{1}{4}$이므로 계산 결과는 4와 5 사이입니다.

$8\frac{4}{7}-5\frac{3}{5}$ ➡ $8-5=3$, $\frac{4}{7}<\frac{3}{5}$이므로 계산 결과는 2와 3 사이입니다.

$5\frac{2}{3}-1\frac{7}{8}$ ➡ $5-1=4$, $\frac{2}{3}<\frac{7}{8}$이므로 계산 결과는 3과 4 사이입니다.

쓰기 쉬운 서술형 54쪽

1 20, 33, 53, 5, 5, 5, 1, 2, 3, 4 / 1, 2, 3, 4

1-1 10개

2 $8\frac{1}{5}$, $1\frac{5}{8}$, $8\frac{1}{5}$, $1\frac{5}{8}$, 8, 8, 1, 25, $9\frac{33}{40}$ / $9\frac{33}{40}$

2-1 $5\frac{5}{21}$

3 $2\frac{2}{5}$, $3\frac{1}{3}$, 2, 6, 3, 5, $5\frac{11}{15}$, $5\frac{11}{15}$ / $5\frac{11}{15}$ kg

3-1 $2\frac{1}{8}$ kg

3-2 $3\frac{1}{18}$ km

3-3 $2\frac{19}{20}$ L

4 $\frac{5}{8}$, $\frac{7}{12}$, $\frac{7}{12}$, $\frac{5}{8}$, 14, 15, 29, $1\frac{5}{24}$ / $1\frac{5}{24}$

4-1 $\frac{32}{45}$

4-2 $4\frac{2}{15}$

4-3 $7\frac{5}{36}$

1-1 예 $7\frac{1}{6}-4\frac{4}{5}=7\frac{5}{30}-4\frac{24}{30}$

$=6\frac{35}{30}-4\frac{24}{30}=2\frac{11}{30}$이므로

$2\frac{\square}{30}<2\frac{11}{30}$에서 $\square<11$입니다. ···· ❶

따라서 □ 안에 들어갈 수 있는 자연수는 1, 2, 3, ..., 10으로 모두 10개입니다. ···· ❷

단계	문제 해결 과정
①	대분수의 뺄셈을 계산하여 □의 범위를 구했나요?
②	□ 안에 들어갈 수 있는 자연수의 개수를 구했나요?

2-1 예 가장 큰 대분수는 자연수 부분이 가장 크므로 $7\frac{2}{3}$이고, 가장 작은 대분수는 자연수 부분이 가장 작으므로 $2\frac{3}{7}$입니다. ···· ❶

따라서 두 대분수의 차는

$7\frac{2}{3}-2\frac{3}{7}=7\frac{14}{21}-2\frac{9}{21}=5\frac{5}{21}$입니다. ···· ❷

단계	문제 해결 과정
①	가장 큰 대분수와 가장 작은 대분수를 만들었나요?
②	만든 대분수의 차를 구했나요?

3-1 예 (태인이의 몸무게) − (유빈이의 몸무게)

$=43\frac{7}{8}-41\frac{3}{4}$ ···· ❶

$=43\frac{7}{8}-41\frac{6}{8}=2\frac{1}{8}$ (kg)

따라서 태인이는 유빈이보다 $2\frac{1}{8}$ kg 더 무겁습니다. ···· ❷

단계	문제 해결 과정
①	태인이는 유빈이보다 몇 kg 더 무거운지 구하는 과정을 썼나요?
②	태인이는 유빈이보다 몇 kg 더 무거운지 구했나요?

3-2 예 (수지네 집에서 학교를 지나 도서관까지 가는 거리)

$=1\frac{1}{6}+1\frac{8}{9}$ ···· ❶

$=1\frac{3}{18}+1\frac{16}{18}=2\frac{19}{18}=3\frac{1}{18}$ (km)

따라서 수지네 집에서 학교를 지나 도서관까지 가는 거리는 $3\frac{1}{18}$ km입니다. ···· ❷

단계	문제 해결 과정
①	수지네 집에서 학교를 지나 도서관까지 가는 거리를 구하는 과정을 썼나요?
②	수지네 집에서 학교를 지나 도서관까지 가는 거리를 구했나요?

3-3 예 (은우가 마신 주스의 양) $= 1\frac{5}{8} - \frac{3}{10}$

$= 1\frac{25}{40} - \frac{12}{40}$

$= 1\frac{13}{40}$ (L) ···· ❶

따라서 현지와 은우가 마신 주스는 모두

$1\frac{5}{8} + 1\frac{13}{40} = 1\frac{25}{40} + 1\frac{13}{40} = 2\frac{38}{40} = 2\frac{19}{20}$ (L)

입니다. ···· ❷

단계	문제 해결 과정
①	은우가 마신 주스의 양을 구했나요?
②	현지와 은우가 마신 주스의 양을 구했나요?

4-1 예 어떤 수를 □라고 하면 $\square + \frac{2}{9} = \frac{14}{15}$ 입니다. ···· ❶

따라서 $\square = \frac{14}{15} - \frac{2}{9} = \frac{42}{45} - \frac{10}{45} = \frac{32}{45}$ 입니다.

···· ❷

단계	문제 해결 과정
①	어떤 수를 □라고 하여 식을 세웠나요?
②	어떤 수를 구했나요?

4-2 예 어떤 수를 □라고 하면 $\square - 2\frac{5}{6} = 1\frac{3}{10}$ 입니다.

···· ❶

따라서

$\square = 1\frac{3}{10} + 2\frac{5}{6} = 1\frac{9}{30} + 2\frac{25}{30} = 3\frac{34}{30}$

$= 4\frac{4}{30} = 4\frac{2}{15}$ 입니다. ···· ❷

단계	문제 해결 과정
①	어떤 수를 □라고 하여 식을 세웠나요?
②	어떤 수를 구했나요?

4-3 예 어떤 수를 □라고 하면 $\square - 1\frac{7}{9} = 3\frac{7}{12}$ 이므로

$\square = 3\frac{7}{12} + 1\frac{7}{9} = 3\frac{21}{36} + 1\frac{28}{36} = 4\frac{49}{36} = 5\frac{13}{36}$

입니다. ···· ❶

따라서 바르게 계산하면

$5\frac{13}{36} + 1\frac{7}{9} = 5\frac{13}{36} + 1\frac{28}{36} = 6\frac{41}{36} = 7\frac{5}{36}$

입니다. ···· ❷

단계	문제 해결 과정
①	어떤 수를 구했나요?
②	바르게 계산한 값을 구했나요?

5단원 수행 평가 60~61쪽

1 2, 15, 20, 15, $2\frac{5}{18}$
2 (1) $1\frac{13}{28}$ (2) $\frac{1}{20}$
3 $>$
4 $6\frac{1}{30}$
5 $\frac{3}{7} + \frac{9}{14}$에 ○표
6 $5\frac{11}{12}$ L
7 $\frac{23}{24}$
8 4개
9 $\frac{9}{20}$
10 $2\frac{17}{60}$ m

1 두 분수를 통분한 후 자연수는 자연수끼리, 분수는 분수끼리 빼서 계산합니다.

2 (1) $\frac{3}{4} + \frac{5}{7} = \frac{21}{28} + \frac{20}{28} = \frac{41}{28} = 1\frac{13}{28}$

(2) $\frac{7}{12} - \frac{8}{15} = \frac{35}{60} - \frac{32}{60} = \frac{3}{60} = \frac{1}{20}$

3 $1\frac{3}{4} + 2\frac{1}{6} = 1\frac{9}{12} + 2\frac{2}{12} = 3\frac{11}{12}$

$4\frac{5}{8} - 1\frac{7}{10} = 4\frac{25}{40} - 1\frac{28}{40}$

$= 3\frac{65}{40} - 1\frac{28}{40} = 2\frac{37}{40}$

➡ $3\frac{11}{12} > 2\frac{37}{40}$

4 $2\frac{3}{10} + 3\frac{11}{15} = 2\frac{9}{30} + 3\frac{22}{30} = 5\frac{31}{30} = 6\frac{1}{30}$

5 $\frac{2}{5}+\frac{5}{12}=\frac{24}{60}+\frac{25}{60}=\frac{49}{60}$

$\frac{3}{7}+\frac{9}{14}=\frac{6}{14}+\frac{9}{14}=\frac{15}{14}=1\frac{1}{14}$

$\frac{4}{9}+\frac{3}{8}=\frac{32}{72}+\frac{27}{72}=\frac{59}{72}$

따라서 계산 결과가 1보다 큰 것은 $\frac{3}{7}+\frac{9}{14}$입니다.

6 (수조에 들어 있는 물의 양)

$=$ (처음에 들어 있던 물의 양) $+$ (더 부은 물의 양)

$=4\frac{13}{20}+1\frac{4}{15}=4\frac{39}{60}+1\frac{16}{60}$

$=5\frac{55}{60}=5\frac{11}{12}$ (L)

7 $\square+\frac{7}{8}=1\frac{5}{6}$

➡ $\square=1\frac{5}{6}-\frac{7}{8}=1\frac{20}{24}-\frac{21}{24}$

$=\frac{44}{24}-\frac{21}{24}=\frac{23}{24}$

8 $5\frac{4}{7}-2\frac{1}{3}=5\frac{12}{21}-2\frac{7}{21}=3\frac{5}{21}$

$3\frac{\square}{21}<3\frac{5}{21}$에서 $\square<5$입니다.

따라서 □ 안에 들어갈 수 있는 자연수는 1, 2, 3, 4로 모두 4개입니다.

9 어떤 수를 □라고 하면 $\square+\frac{1}{4}=\frac{19}{20}$이므로

$\square=\frac{19}{20}-\frac{1}{4}=\frac{19}{20}-\frac{5}{20}=\frac{14}{20}=\frac{7}{10}$입니다.

따라서 바르게 계산하면

$\frac{7}{10}-\frac{1}{4}=\frac{14}{20}-\frac{5}{20}=\frac{9}{20}$입니다.

서술형

10 예 (남은 리본 끈의 길이)

$=$ (처음에 있던 리본 끈의 길이)

$-$ (사용한 리본 끈의 길이)

$=3\frac{7}{10}-1\frac{5}{12}=3\frac{42}{60}-1\frac{25}{60}=2\frac{17}{60}$ (m)

평가 기준	배점
남은 리본 끈은 몇 m인지 구하는 식을 세웠나요?	5점
남은 리본 끈은 몇 m인지 구했나요?	5점

6 다각형의 둘레와 넓이

➕ 개념 적용 62쪽

1

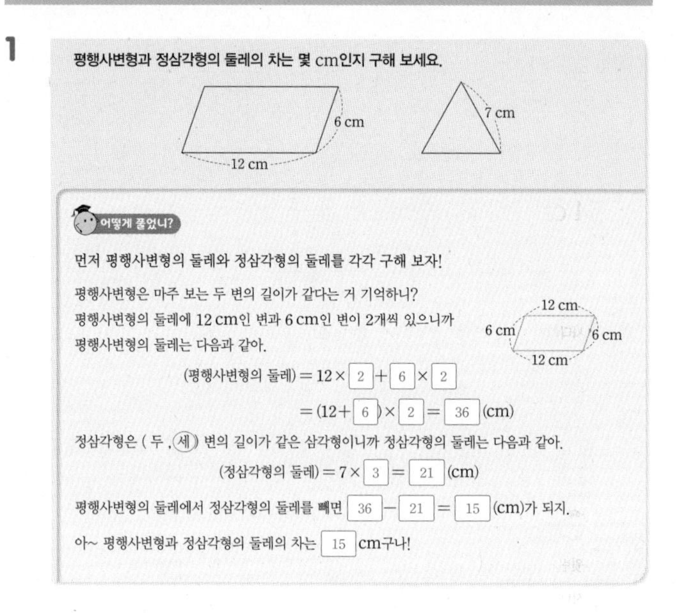

2 8 cm

3

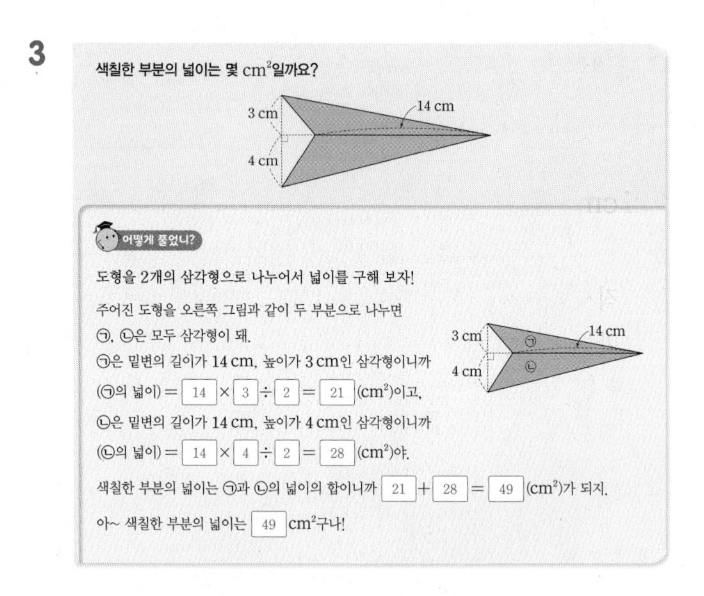

4 (1) $96\ \text{cm}^2$ (2) $44\ \text{cm}^2$

5

마름모 ㄱㄴㄷㄹ에서 선분 ㄴㄹ의 길이는 선분 ㄱㄷ의 길이의 2배입니다. 마름모의 넓이는 몇 cm^2일까요?

ㄱ ㄴ ㄷ ㄹ 8 cm

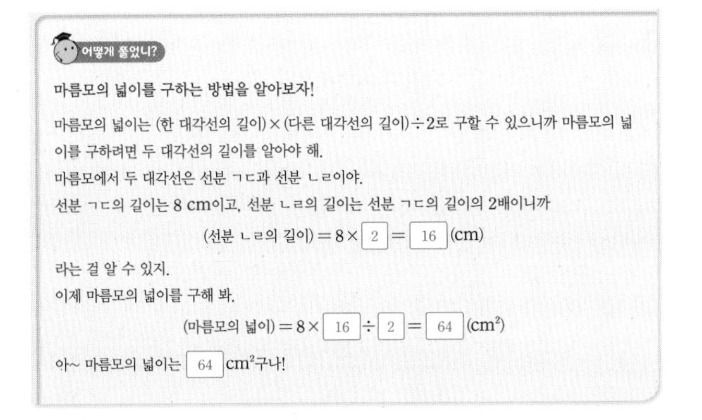
어떻게 풀었니?

마름모의 넓이를 구하는 방법을 알아보자!

마름모의 넓이는 (한 대각선의 길이)×(다른 대각선의 길이)÷2로 구할 수 있으니까 마름모의 넓이를 구하려면 두 대각선의 길이를 알아야 해.
마름모에서 두 대각선은 선분 ㄱㄷ과 선분 ㄴㄹ이야.
선분 ㄱㄷ의 길이는 8 cm이고, 선분 ㄴㄹ의 길이는 선분 ㄱㄷ의 길이의 2배이니까

(선분 ㄴㄹ의 길이) = 8 × [2] = [16] (cm)

라는 걸 알 수 있지.
이제 마름모의 넓이를 구해 봐.

(마름모의 넓이) = 8 × [16] ÷ [2] = [64] (cm^2)

아~ 마름모의 넓이는 [64] cm^2구나!

6 54 cm^2

7

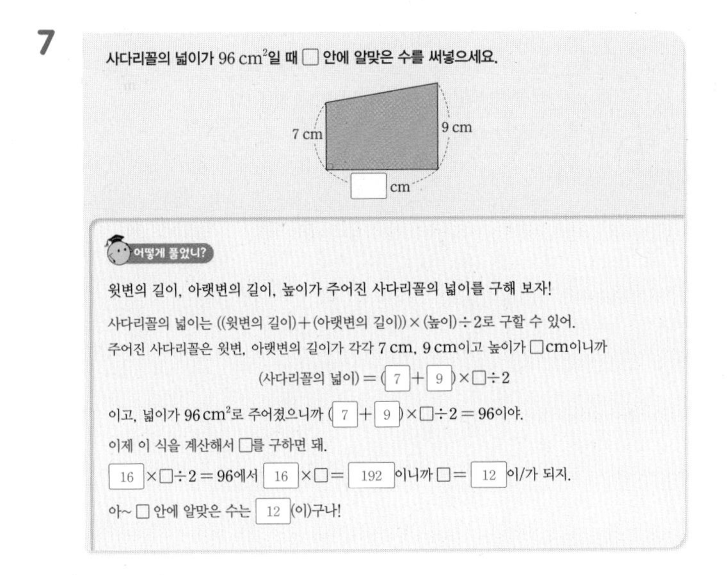
사다리꼴의 넓이가 96 cm^2일 때 □ 안에 알맞은 수를 써넣으세요.

어떻게 풀었니?

윗변의 길이, 아랫변의 길이, 높이가 주어진 사다리꼴의 넓이를 구해 보자!

사다리꼴의 넓이는 ((윗변의 길이)+(아랫변의 길이))×(높이)÷2로 구할 수 있어.
주어진 사다리꼴은 윗변, 아랫변의 길이가 각각 7 cm, 9 cm이고 높이가 □cm이니까

(사다리꼴의 넓이) = ([7] + [9]) × □ ÷ 2

이고, 넓이가 96 cm^2로 주어졌으니까 ([7] + [9]) × □ ÷ 2 = 96이야.
이제 이 식을 계산해서 □를 구하면 돼.
[16] × □ ÷ 2 = 96에서 [16] × □ = [192]이니까 □ = [12]이/가 되지.
아~ □ 안에 알맞은 수는 [12](이)구나!

8 6 cm　　**9** 11

---

2 (직사각형의 둘레) = $(14+8)\times 2 = 44$ (cm)
(마름모의 둘레) = $9 \times 4 = 36$ (cm)
➡ (직사각형과 마름모의 둘레의 차)
$= 44 - 36 = 8$ (cm)

4 (1)

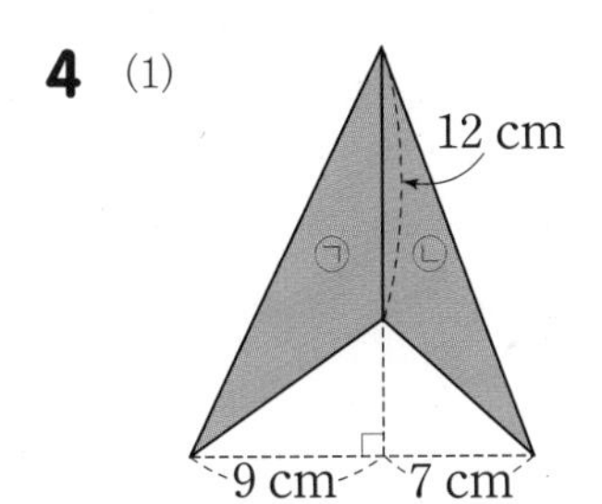

(㉠의 넓이) = $12 \times 9 \div 2 = 54$ (cm^2)
(㉡의 넓이) = $12 \times 7 \div 2 = 42$ (cm^2)
➡ (색칠한 부분의 넓이)
= (㉠의 넓이) + (㉡의 넓이)
$= 54 + 42 = 96$ (cm^2)

(2) (색칠한 부분의 넓이)
= (정사각형의 넓이) − (삼각형의 넓이)
$= 8 \times 8 - 8 \times 5 \div 2 = 64 - 20 = 44$ (cm^2)

6 선분 ㄴㄹ의 길이는 선분 ㄱㄷ의 길이의 3배이므로
$6 \times 3 = 18$ (cm)입니다.
따라서 마름모의 넓이는 $6 \times 18 \div 2 = 54$ (cm^2)입니다.

8 사다리꼴의 높이를 □cm라고 하면
$(4+10) \times □ \div 2 = 42$입니다.
$14 \times □ \div 2 = 42$, $14 \times □ = 84$, $□ = 84 \div 14 = 6$

9 $(8 + □) \times 10 \div 2 = 95$, $(8 + □) \times 10 = 190$,
$8 + □ = 190 \div 10 = 19$,
$□ = 19 - 8 = 11$

쓰기 쉬운 서술형 　　66쪽

1 5, 30, 5, 6, 6 / 6 cm
1-1 7 cm
1-2 5 cm
1-3 4 cm
2 2, 28, 28, 14, 9, 9 / 9 cm
2-1 6
2-2 9 cm
2-3 11 cm
3 10, 70, 10, 70, 10, 140, 14, 14 / 14 cm
3-1 12 cm
4 13, 11, 9, 7, 143, 63, 80, 80 / 80 cm^2
4-1 31 cm^2

1-1 예 정팔각형은 8개의 변의 길이가 모두 같습니다.
(한 변의 길이) = $56 \div 8$ ···· ❶
$= 7$ (cm)
따라서 한 변의 길이는 7 cm입니다. ···· ❷

단계	문제 해결 과정
①	정팔각형의 한 변의 길이를 구하는 과정을 썼나요?
②	정팔각형의 한 변의 길이를 구했나요?

1-2 예 정십이각형은 12개의 변의 길이가 모두 같습니다.
(한 변의 길이) $= 60 \div 12$ ···· ❶
$= 5$ (cm)
따라서 한 변의 길이는 5 cm입니다. ···· ❷

단계	문제 해결 과정
①	정십이각형의 한 변의 길이를 구하는 과정을 썼나요?
②	정십이각형의 한 변의 길이를 구했나요?

1-3 예 (정육각형의 둘레) $= 6 \times 6 = 36$ (cm)입니다. ···· ❶
따라서 정구각형의 둘레도 36 cm이므로
(정구각형의 한 변의 길이) $= 36 \div 9 = 4$ (cm)입니다. ···· ❷

단계	문제 해결 과정
①	정육각형의 둘레를 구했나요?
②	정구각형의 한 변의 길이를 구했나요?

2-1 예 평행사변형의 둘레가 26 cm이므로
$(7 + \square) \times 2 = 26$입니다. ···· ❶
따라서 $7 + \square = 26 \div 2$, $7 + \square = 13$, $\square = 6$입니다. ···· ❷

단계	문제 해결 과정
①	평행사변형의 둘레를 구하는 식을 썼나요?
②	□ 안에 알맞은 수를 구했나요?

2-2 예 (평행사변형의 둘레) $= (10 + 8) \times 2 = 36$ (cm)입니다. ···· ❶
따라서 마름모의 둘레도 36 cm이므로 마름모의 한 변의 길이는 $36 \div 4 = 9$ (cm)입니다. ···· ❷

단계	문제 해결 과정
①	평행사변형의 둘레를 구했나요?
②	마름모의 한 변의 길이를 구했나요?

2-3 예 직사각형의 가로를 □ cm라고 하면 세로는
$(\square - 3)$ cm이므로 $(\square + \square - 3) \times 2 = 38$입니다. ···· ❶
$\square + \square - 3 = 38 \div 2$, $\square + \square - 3 = 19$,
$\square + \square = 22$, $\square = 11$입니다.
따라서 직사각형의 가로는 11 cm입니다. ···· ❷

단계	문제 해결 과정
①	직사각형의 둘레를 구하는 식을 썼나요?
②	직사각형의 가로를 구했나요?

3-1 예 마름모의 다른 대각선의 길이를 □ cm라고 하면
$\square \times 15 \div 2 = 90$입니다. ···· ❶
$\square \times 15 = 90 \times 2$, $\square \times 15 = 180$, $\square = 12$
따라서 마름모의 다른 대각선의 길이는 12 cm입니다. ···· ❷

단계	문제 해결 과정
①	마름모의 넓이를 구하는 식을 썼나요?
②	마름모의 다른 대각선의 길이를 구했나요?

4-1 예 (색칠한 부분의 넓이) $= (5 + 9) \times 7 \div 2 - 9 \times 4 \div 2$ ···· ❶
$= 49 - 18 = 31$ (cm^2)
따라서 색칠한 부분의 넓이는 31 cm^{2}입니다. ···· ❷

단계	문제 해결 과정
①	색칠한 부분의 넓이를 구하는 과정을 썼나요?
②	색칠한 부분의 넓이를 구했나요?

6단원 수행 평가 72~73쪽

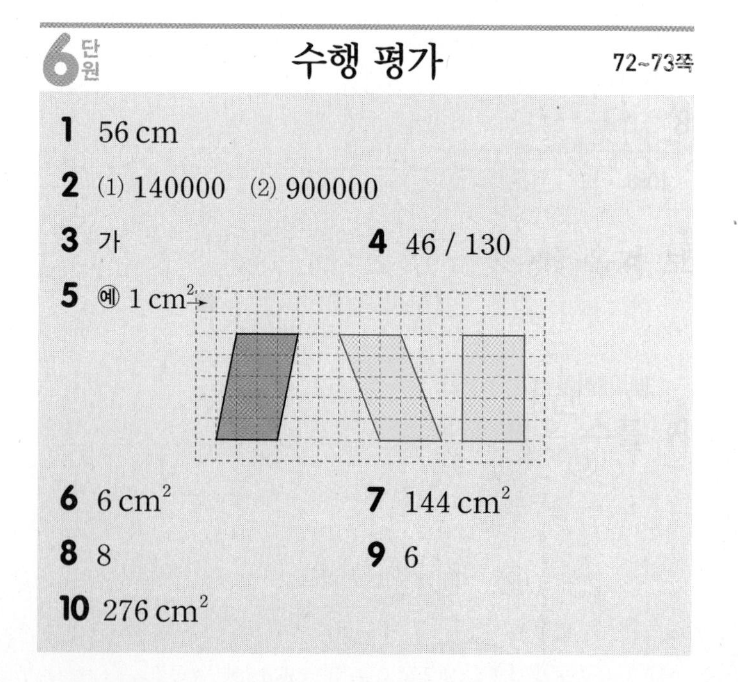
1 56 cm
2 (1) 140000 (2) 900000
3 가
4 46 / 130
5 예 1 cm^2
6 6 cm^2
7 144 cm^2
8 8
9 6
10 276 cm^2

1 (정다각형의 둘레) $=$ (한 변의 길이) $\times$ (변의 수)이므로
(정칠각형의 둘레) $= 8 \times 7 = 56$ (cm)입니다.

2 (1) $1\text{ m}^2 = 10000\text{ cm}^2$
(2) $1\text{ km}^2 = 1000000\text{ m}^2$

3 [1 cm²]의 수를 세어 봅니다.
가: 1 cm^2가 11개, 나: 1 cm^2가 10개,
다: 1 cm^2가 10개, 라: 1 cm^2가 9개
따라서 넓이가 가장 넓은 도형은 가입니다.

4 (직사각형의 둘레) $= (10+13)\times 2 = 46$ (cm)
(직사각형의 넓이) $= 10\times 13 = 130$ (cm^2)

5 밑변의 길이와 높이가 각각 같은 평행사변형은 넓이가 같습니다.

6 마름모의 두 대각선의 길이를 재어 보면 각각 3 cm, 4 cm입니다.
(마름모의 넓이) $= 3\times 4\div 2 = 6$ (cm^2)

7 (정사각형의 한 변의 길이) $= 48\div 4 = 12$ (cm)
(정사각형의 넓이) $= 12\times 12 = 144$ (cm^2)

8 $15\times\square\div 2 = 60$, $15\times\square = 120$,
$\square = 120\div 15 = 8$입니다.

9 (사다리꼴의 넓이) $= (5+7)\times 5\div 2 = 30$ (cm^2)
평행사변형의 넓이도 30 cm^2이므로
$5\times\square = 30$, $\square = 6$입니다.

서술형
10 예

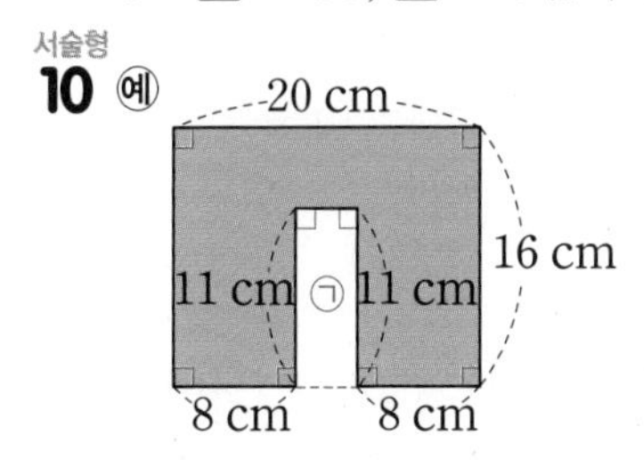

(다각형의 넓이) = (큰 직사각형의 넓이) − (㉠의 넓이)
$= 20\times 16 - 4\times 11$
$= 320 - 44 = 276$ (cm^2)

평가 기준	배점
다각형의 넓이를 구하는 식을 세웠나요?	5점
다각형의 넓이를 구했나요?	5점

1~6 단원 총괄 평가 74~77쪽

1 $9\times 7-(26+16)\div 3=49$
(계산 순서: ① $26+16$, ② 9×7, ③ $\div 3$, ④ $-$)

2 72 cm

3 12 / 120

4 (1) $\frac{15}{48}$, $\frac{28}{48}$ (2) $\frac{33}{54}$, $\frac{34}{54}$

5 (1) $1\frac{7}{12}$ (2) $\frac{5}{6}$

6 44 / 108

7 ◎×8=△ 또는 △÷8=◎ / 120개

8 <

9 $(25+29)\div 6=9$ / 9송이

10 1, 3, 5, 9, 15, 45

11 60 cm

12 9

13 3개

14 오후 3시

15 $11\frac{43}{45}$

16 2개

17 $1\frac{11}{21}$

18 4

19 주스

20 129 cm^2

---

1 $9\times 7 - (26+16)\div 3 = 9\times 7 - 42\div 3$
$= 63 - 42\div 3$
$= 63 - 14 = 49$

2 (정다각형의 둘레) = (한 변의 길이) × (변의 수)이므로
(정팔각형의 둘레) $= 9\times 8 = 72$ (cm)입니다.

3 $24 = 2\times 2\times 2\times 3$
$60 = 2\times 2\times 3\times 5$
최대공약수: $2\times 2\times 3 = 12$
최소공배수: $2\times 2\times 3\times 2\times 5 = 120$

4 (1) $\left(\frac{5}{16}, \frac{7}{12}\right) \Rightarrow \left(\frac{5\times 3}{16\times 3}, \frac{7\times 4}{12\times 4}\right)$
$\Rightarrow \left(\frac{15}{48}, \frac{28}{48}\right)$

(2) $\left(\frac{11}{18}, \frac{17}{27}\right) \Rightarrow \left(\frac{11\times 3}{18\times 3}, \frac{17\times 2}{27\times 2}\right)$
$\Rightarrow \left(\frac{33}{54}, \frac{34}{54}\right)$

5 (1) $\frac{5}{6}+\frac{3}{4}=\frac{10}{12}+\frac{9}{12}=\frac{19}{12}=1\frac{7}{12}$

(2) $1\frac{8}{15}-\frac{7}{10}=1\frac{16}{30}-\frac{21}{30}=\frac{46}{30}-\frac{21}{30}$

$=\frac{25}{30}=\frac{5}{6}$

6 (평행사변형의 둘레) $=(9+13)\times2=44$ (cm)

(평행사변형의 넓이) $=9\times12=108$ (cm^2)

7 거미는 다리가 8개이므로 거미 다리의 수는 거미의 수의 8배입니다.

➡ ◎$\times8=$△ 또는 △$\div8=$◎

따라서 거미가 15마리일 때 거미 다리는 모두 $15\times8=120$(개)입니다.

8 $2\frac{3}{5}+3\frac{1}{8}=2\frac{24}{40}+3\frac{5}{40}=5\frac{29}{40}$

$8\frac{7}{10}-2\frac{3}{4}=8\frac{14}{20}-2\frac{15}{20}=7\frac{34}{20}-2\frac{15}{20}$

$=5\frac{19}{20}=5\frac{38}{40}$

➡ $5\frac{29}{40}<5\frac{38}{40}$

9 튤립은 모두 $(25+29)$송이이므로 꽃병 한 개에 꽂아야 하는 튤립은 $(25+29)\div6=54\div6=9$(송이)입니다.

10 두 수의 공약수는 최대공약수의 약수와 같습니다.

따라서 두 수의 공약수는 45의 약수인 1, 3, 5, 9, 15, 45입니다.

11 직사각형 모양의 종이를 겹치지 않게 이어 붙여 가장 작은 정사각형을 만들어야 하므로 정사각형의 한 변의 길이는 20과 12의 최소공배수입니다.

2) 20 12
2) 10 6
5 3 ➡ 최소공배수: $2\times2\times5\times3=60$

따라서 정사각형의 한 변의 길이를 60 cm로 해야 합니다.

12 (마름모의 넓이) $=6\times$□$\div2=27$

$6\times$□$=54$에서 □$=9$입니다.

13 $\frac{7}{10}=\frac{35}{50}$, $\frac{21}{25}=\frac{42}{50}$이므로

$\frac{35}{50}$와 $\frac{42}{50}$ 사이의 분수 중에서 분모가 50인 분수는

$\frac{36}{50}$, $\frac{37}{50}$, $\frac{38}{50}$, $\frac{39}{50}$, $\frac{40}{50}$, $\frac{41}{50}$입니다.

이 중에서 기약분수는 $\frac{37}{50}$, $\frac{39}{50}$, $\frac{41}{50}$로 모두 3개입니다.

14 프라하의 시각은 서울의 시각보다 7시간 느리므로 (서울의 시각) $-7=$ (프라하의 시각)입니다.

따라서 서울이 오후 10시일 때 프라하는 오후 10시 $-$ 7시간 $=$ 오후 3시입니다.

15 만들 수 있는 가장 큰 대분수: $9\frac{2}{5}$

만들 수 있는 가장 작은 대분수: $2\frac{5}{9}$

➡ $9\frac{2}{5}+2\frac{5}{9}=9\frac{18}{45}+2\frac{25}{45}=11\frac{43}{45}$

16 세 분수의 분자를 같게 하여 비교합니다.

$\frac{3}{8}<\frac{6}{\square}<\frac{5}{11}$ ➡ $\frac{30}{80}<\frac{30}{\square\times5}<\frac{30}{66}$

➡ $66<\square\times5<80$

따라서 □ 안에 들어갈 수 있는 자연수는 14, 15로 모두 2개입니다.

17 어떤 수를 □라고 하면 $\square-\frac{3}{7}=\frac{2}{3}$이므로

$\square=\frac{2}{3}+\frac{3}{7}=\frac{14}{21}+\frac{9}{21}=\frac{23}{21}=1\frac{2}{21}$입니다.

따라서 바르게 계산하면

$1\frac{2}{21}+\frac{3}{7}=1\frac{2}{21}+\frac{9}{21}=1\frac{11}{21}$입니다.

18 삼각형의 밑변의 길이가 12 m일 때 높이는 6 m이므로 (삼각형의 넓이) $=12\times6\div2=36$ (m^2)입니다.

삼각형의 밑변의 길이가 18 m일 때 높이는 □m이므로 $18\times\square\div2=36$, $18\times\square=72$, $\square=72\div18=4$ 입니다.

서술형

19 예 $1\frac{1}{8}=1\frac{125}{1000}=1.125$이므로 우유는 1.125 L 있습니다.

따라서 $1.15>1.125>1.08$이므로 가장 많이 있는 음료는 주스입니다.

평가 기준	배점
우유의 양을 소수로 나타내었나요?	3점
가장 많이 있는 음료는 무엇인지 구했나요?	2점

서술형

20 예 (다각형의 넓이)

$=$ (사다리꼴의 넓이) $+$ (삼각형의 넓이)

$=(9+12)\times10\div2+6\times8\div2$

$=105+24=129$ (cm^2)

평가 기준	배점
다각형의 넓이를 구하는 식을 세웠나요?	3점
다각형의 넓이를 구했나요?	2점

수능국어 실전대비 독해 학습의 완성!

디딤돌 수능독해 Ⅰ~Ⅲ

- 글쓴이의 작문 과정을 추론하며 생각을 읽어내는 구조 학습
- 출제자의 의도를 파악하고 예측하는 기출 속 이슈 및 특별 부록

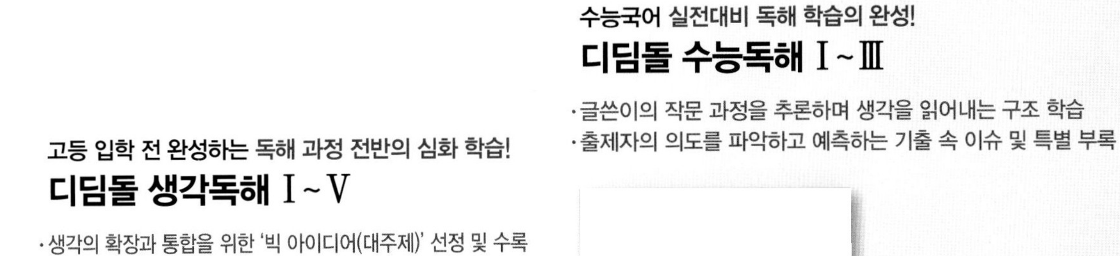

고등 입학 전 완성하는 독해 과정 전반의 심화 학습!

디딤돌 생각독해 Ⅰ~Ⅴ

- 생각의 확장과 통합을 위한 '빅 아이디어(대주제)' 선정 및 수록
- 대주제 별 다양한 영역의 생각 읽기 및 생각의 구조화 학습

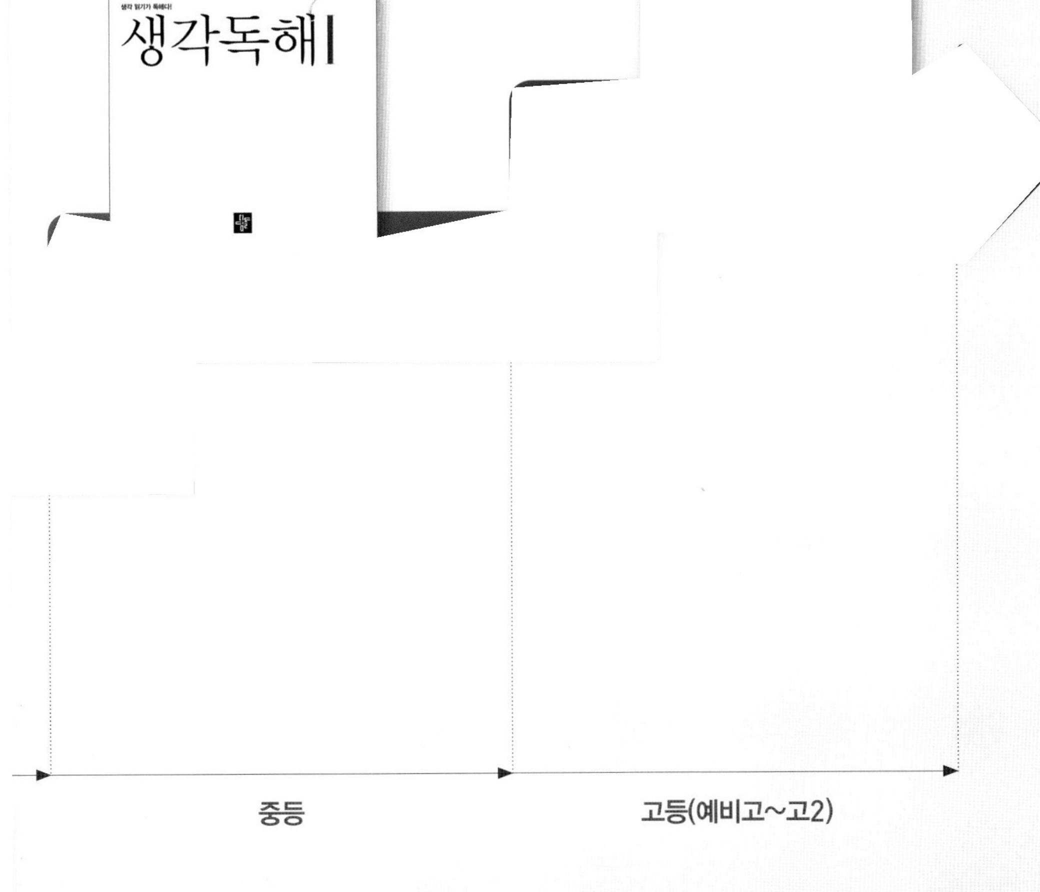

기초부터 실전까지

독해는 디딤돌

중등

고등(예비고~고2)

다음에는 뭐 풀지?

다음에 공부할 책을 고르기 어려우시다면, 현재 성취도를 먼저 체크해 보세요.
최상위로 가는 맞춤 학습 플랜만 있다면 내 실력에 꼭 맞는 교재를 선택할 수 있어요!
단계에 따라 내 실력을 진단해 보고, 다음 학습도 야무지게 준비해 봐요!

첫 번째, 단원평가의 맞힌 문제 수 또는 점수를 모두 더해 보세요.

단원	맞힌 문제 수	OR	점수 (문항당 5점)
1단원			
2단원			
3단원			
4단원			
5단원			
6단원			
합계			

※ 단원평가는 각 단원의 마지막 코너에 있는 20문항 문제지입니다.